Leitfäden der Informatik

Thomas Ihringer
Diskrete Mathematik

# Leitfäden der Informatik



Die Leitfäden der Informatik behandeln

- Themen aus der Theoretischen, Praktischen und Technischen Informatik entsprechend dem aktuellen Stand der Wissenschaft in einer systematischen und fundierten Darstellung des jeweiligen Gebietes.
- Methoden und Ergebnisse der Informatik, aufgearbeitet und dargestellt aus Sicht der Anwendungen in einer für Anwender verständlichen, exakten und präzisen Form.

Die Bände der Reihe wenden sich zum einen als Grundlage und Ergänzung zu Vorlesungen der Informatik an Studierende und Lehrende in Informatik-Studiengängen an Hochschulen, zum anderen an „Praktiker", die sich einen Überblick über die Anwendungen der Informatik(-Methoden) verschaffen wollen; sie dienen aber auch in Wirtschaft, Industrie und Verwaltung tätigen Informatikern und Informatikerinnen zur Fortbildung in praxisrelevanten Fragestellungen ihres Faches.

# Diskrete Mathematik

## Eine Einführung in Theorie und Anwendungen

Von Prof. Dr. rer. nat. Thomas Ihringer
Technische Universität Darmstadt

2., durchgesehene Auflage

Springer Fachmedien Wiesbaden GmbH 1999

Prof. Dr. rer. nat. Thomas Ihringer

Geboren 1953 in Darmstadt. Von 1972 bis 1979 Studium der Mathematik und Betriebswirtschaftslehre, danach wiss. Mitarbeiter und Hochschulassistent. 1982 Promotion und 1987 Habilitation für Mathematik an der Technischen Hochschule Darmstadt. 1987/88 Vertretung einer Professur am Fachbereich Mathematik der Universität Kaiserslautern, November 1990 Gastdozentur an der Brandenburgischen Landeshochschule Potsdam. Seit 1996 außerplanmäßiger Professor an der Technischen Universität Darmstadt.

Die Deutsche Bibliothek – CIP-Einheitsaufnahme

**Ihringer, Thomas:**
Diskrete Mathematik : eine Einführung in Theorie und Anwendungen / von Thomas Ihringer. – 2., durchges. Aufl. – Stuttgart ; Leipzig : Teubner, 1999
(Leitfäden der Informatik)

ISBN 978-3-519-12125-1 ISBN 978-3-663-09810-2 (eBook)
DOI 10.1007/978-3-663-09810-2



Ursprünglich erschienen bei B. G. Teubner Stuttgart 1994

Einband: Peter Pfitz, Stuttgart

# Vorwort

Das vorliegende Lehrbuch wendet sich in erster Linie an Studenten der Informatik und der Mathematik, aber auch der Ingenieur- und Naturwissenschaften. Es eignet sich insgesamt für einen ein- bis zweisemestrigen Kurs, beispielsweise im dritten Studienjahr. Durch Kombination einiger Kapitel können ohne weiteres und fast beliebig kleinere Vorlesungen zusammengestellt werden. Bei entsprechender Aufarbeitung lassen sich einzelne Themen auch in Mathematik- oder Informatikkursen an Gymnasien verwenden.

Der Leser sollte mit elementaren mathematischen Schreib- und Bezeichnungsweisen umgehen können. Außerdem werden Kenntnisse über „Vektorräume" vorausgesetzt, wie sie im ersten Studienjahr in der Linearen Algebra gelehrt werden. Weitere Vorkenntnisse, beispielsweise aus Algebra und Zahlentheorie, sind nützlich, aber nicht unbedingt erforderlich, da alles Notwendige im Text entwickelt wird.

Die hier präsentierten Themen wurden von mir in den letzten Jahren mehrfach in Vorlesungen an der Technischen Hochschule Darmstadt erprobt. Schon vorher hat Prof. B. Ganter in Darmstadt ähnliche Vorlesungen gehalten; aufgrund anderer Verpflichtungen war es ihm leider nicht möglich, als Autor an diesem Buch mitzuwirken.

Die Hörer meiner Vorlesungen haben durch ihr großes Interesse und die gleichermaßen kritischen wie hilfreichen Kommentare zur Entstehung des Buches stark beigetragen. Mit völliger Selbstverständlichkeit haben sich einige von ihnen an der mühevollen Arbeit des Korrekturlesens beteiligt. Das engagierte und fachkundige Anfertigen der Druckvorlagen durch die Diplom–Mathematiker(innen) Frau I. Gerharz, Frau S. Keller und Herrn A. Lauth verdient besondere Anerkennung, und dasselbe gilt für das (wie immer) perfekte Herstellen der Zeichnungen durch Frau U. Gruner. Die Zusammenarbeit mit dem zuständigen Herausgeber, Herrn Prof. V. Claus, und auch mit den Mitarbeitern des Teubner–Verlags war angenehm und völlig unkompliziert. Bei ihnen allen möchte ich mich auf diesem Weg herzlich bedanken.

Mein ganz besonderer Dank gilt meiner Frau Lilo und unseren Kindern Ferdinand und Christian, die mich jederzeit unterstützt und meine durch das Schreiben des Buches hervorgerufene, über etliche Monate andauernde geistige Abwesenheit geduldig ertragen haben!

Darmstadt, im August 1994 — Thomas Ihringer

Die zweite Auflage erscheint nahezu unverändert. Es wurden lediglich Schreibfehler ausgebessert und einige mißverständliche Formulierungen klargestellt. Bei allen, die mir diesbezüglich mit Hinweisen und Fehlerlisten behilflich waren, bedanke ich mich herzlich.

Frau S. Puhlmann hat mit völliger Selbstverständlichkeit die unscheinbare, aber mühsame (und letztlich perfekt ausgeführte) Aufgabe übernommen, die Verbesserungen in die Druckvorlagen einzuarbeiten. Für ihre Hilfe und Geduld bedanke ich mich ganz besonders.

Darmstadt, im Oktober 1998 Thomas Ihringer

# Inhaltsverzeichnis

# Einleitung

Die *Diskrete Mathematik* ist in den letzten Jahren immer weiter in den Mittelpunkt des Interesses gerückt, von der Forschung über die Lehre bis hin zu den praktischen Anwendungen. Den Hintergrund hierfür bildet zweifellos der enorme Aufschwung der elektronischen Datenverarbeitung, denn für die damit zusammenhängenden technischen Entwicklungen werden mathematische Kenntnisse aller Art über *endliche Strukturen* benötigt.

Der besondere Reiz der Diskreten Mathematik, gerade für den Lernenden, liegt in der Vielfalt des Gebiets, das sich an den unterschiedlichsten Anwendungen orientiert und kombinatorische Überlegungen mit mathematischem Hintergrundwissen verbindet. Eine große Rolle spielt auch der algorithmische Aspekt, denn viele Rechenverfahren, die früher nur von theoretischem Interesse waren, können heutzutage mit Hilfe moderner, schneller Computer zur praktischen Lösung von Problemen eingesetzt werden.

Dieses Buch gibt in sechs Kapiteln einen Einstieg in sechs zentrale Bereiche der Diskreten Mathematik. Es beginnt in Kapitel I mit der GRAPHENTHEORIE, die als der „klassische Kern" der Diskreten Mathematik betrachtet werden kann und sich durch ihre große Anschaulichkeit auszeichnet. In der KOMBINATORISCHEN OPTIMIERUNG in Kapitel II geht es um effektive Rechenverfahren („Algorithmen") für kombinatorische Probleme. Die meisten der behandelten Probleme sind graphentheoretischer Natur, wodurch die praktische Bedeutung der Graphentheorie unterstrichen wird. Die ENDLICHE GEOMETRIE in Kapitel III verbindet in faszinierender Weise kombinatorische Fragestellungen mit geometrischen Gesichtspunkten. Die Sicherung von Daten gegen „Störungen" bzw. gegen „unbefugten Zugriff" ist das höchst aktuelle Thema von CODIERUNGSTHEORIE UND KRYPTOGRAPHIE in Kapitel IV. In vielen Bereichen der Mathematik und auch in praktischen Anwendungen spielen GEORDNETE MENGEN, die in Kapitel V behandelt werden, eine Rolle. Methoden aus der Ordnungstheorie können beispielsweise verwendet werden, um bestimmte Zusammenhänge in strukturierter Form darzustellen. Auch die Boolesche Algebra wird in diesem Kapitel vorgestellt, obwohl sie nur teilweise von ordnungstheoretischer Natur ist. Die ABLAUFPLANUNG in Kapitel VI zählt eigentlich zur Kombinatorischen Optimierung; sie beschäftigt sich mit Optimierungsproblemen auf geordneten Mengen, die von größter Bedeutung sind, z.B. in der Projektplanung, der industriellen Fertigung und der Computertechnik.

An etlichen Stellen werden Hilfsmittel aus anderen mathematischen Gebieten benutzt, beispielsweise aus Algebra und Zahlentheorie. Die verwendeten Hilfsmittel aus der Linearen Algebra sind elementar und werden als bekannt vorausgesetzt. Alles übrige über Gruppen, Ringe, Körper und das Rechnen modulo $n$ wird sorgfältig entwickelt, und zwar jeweils dort, wo es zuerst benötigt wird.

Mathematik läßt sich nur durch aktives Üben erlernen. Dies wird im Buch durch ca. 270 Aufgaben aller Schwierigkeitsgrade unterstützt. Die anspruchsvollsten Aufgaben sind mit einem $*$ gekennzeichnet. Zu schwierigen oder besonders wichtigen Aufgaben findet man Lösungshinweise am Ende des Buches. Außerdem werden insgesamt sieben sog. „Miniprojekte" angeboten, in denen das selbständige Schreiben mathematischer Texte geübt werden soll: Zu einem vorgegebenen Thema ist mit Hilfe der angegebenen Literatur jeweils eine Ausarbeitung zu schreiben, die von einem Leser mit elementaren mathematischen Grundkenntnissen (etwa einem Studenten nach dem ersten Studienjahr) verstanden werden kann. Die Ausarbeitungen sollen interessant und verständlich sein, aber auch knapp und prägnant (z.B. muß nicht jede Definition explizit angeben sein). Ansonsten bestehen alle Freiheiten der Gestaltung, weshalb zu den Miniprojekten auch keine Lösungshinweise gegeben werden.

Alles weitere zu Inhalt und Organisation des Buches entnimmt man dem Inhaltsverzeichnis oder unmittelbar dem Text.

# Kapitel I

# Graphentheorie

Die große Bedeutung der Graphentheorie liegt nicht nur in der Anschaulichkeit der verwendeten Begriffe, sondern vor allem auch darin, daß sich Probleme verschiedenster Art graphentheoretisch formulieren lassen. Die Entwicklung der Graphentheorie begann schon im Jahr 1736, als Euler die nach ihm benannten Graphen untersuchte (siehe Abschnitt 2). In den darauffolgenden 250 Jahren wurden graphentheoretische Methoden auf Fragestellungen aus ganz unterschiedlichen Gebieten angewendet, beispielsweise aus Elektrotechnik, Chemie, Physik, Psychologie, Operations Research und – nicht zuletzt – der Mathematik selbst. In diesem Kapitel werden einige der wichtigsten Teilbereiche der Graphentheorie vorgestellt. Der bedeutende algorithmische Aspekt der Graphentheorie ist dann das hauptsächliche Thema von Kapitel II.

## 1 Die Sprache der Graphentheorie

Schon das folgende Beispiel zeigt, daß viele praktische Probleme graphentheoretisch formuliert werden können:

**1.1 Beispiel.** Geplant ist ein Tischtennisturnier mit fünf Teilnehmern $a$, $b$, $c$, $d$, $e$ und einer Tischtennisplatte. Bedingungen:

(1) Jeder Teilnehmer spielt gegen jeden anderen genau einmal,

(2) kein Teilnehmer spielt in zwei aufeinanderfolgenden Spielen.

In Veranschaulichung (i) in Abbildung 1 stellt jede der zehn Linien eines der Spiele dar. In Veranschaulichung (ii) repräsentieren die zehn Punkte die Spiele, und zwei Punkte sind genau dann verbunden, wenn sie keinen gemeinsamen Spieler haben. Der doppelt eingezeichnete Weg liefert eine Lösung für die Bedingungen (1), (2).

Nach der Abbildung folgen präzise Definitionen:

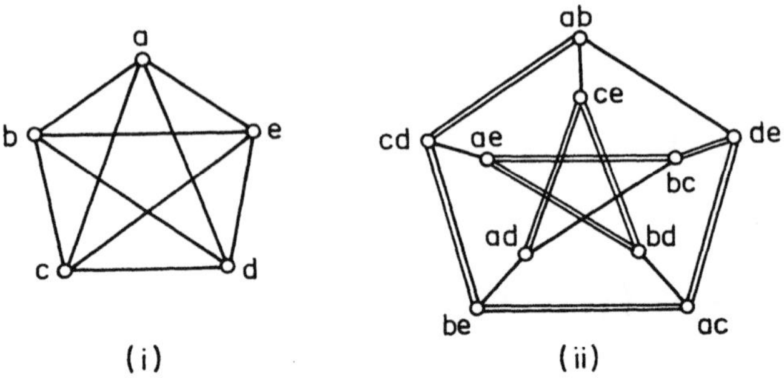


Abb. 1

**1.2 Definition.** Ein **Graph** ist ein Paar $G = (V, E)$, wobei $V$ eine beliebige Menge ist und $E$ eine Menge zweielementiger Teilmengen von $V$, also $E \subseteq \{\{v, w\} \mid v, w \in V,\ v \neq w\}$. Die Elemente von $V$ heißen **Ecken** (engl.: vertices) und die Elemente von $E$ **Kanten** (engl.: edges) von $G$.

**1.3 Beispiel.** Der Graph $G = (V, E)$ mit $V = \{p, q, r, s, t\}$ und $E = \{\{p, q\}, \{p, s\}, \{p, t\}, \{q, r\}, \{q, s\}, \{q, t\}, \{r, s\}, \{s, t\}\}$ hat fünf Ecken und acht Kanten. Graphen veranschaulicht man durch **Diagramme**, hier z.B. durch jedes der Diagramme in Abbildung 2.

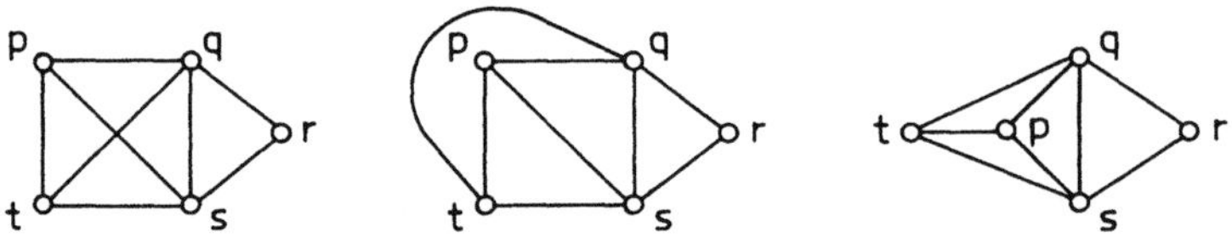


Abb. 2

Man beachte: **Ein Diagramm ist kein Graph**. Derselbe Graph kann viele verschiedene Diagramme haben, aber zur Angabe eines Graphen reicht natürlich *ein* Diagramm.

Nicht erlaubt in den hier betrachteten Graphen sind:

Mehrfachkanten

Schlingen

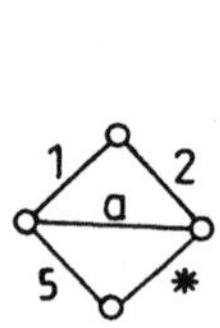


bewertete Kanten

**Sprech- und Schreibweisen.** Die Ecken eines Graphen werden auch **Punkte** oder

**Knoten** genannt, und die Kanten z.B. **Strecken**. Eine Kante $e=\{v,w\}$ wird oft in der Form $e=vw$ geschrieben. Man nennt $v$ und $w$ die **Endecken** von $e$ und sagt: $e$ ist **inzident** mit $v$ und $w$, $e$ **verbindet** $v$ und $w$, $v$ und $w$ sind **benachbart** u.ä.

In diesem Buch werden meistens **endliche Graphen** betrachtet, d.h. Graphen mit endlich vielen Ecken.

**1.4 Definition.** Zwei Graphen $G_1 = (V_1, E_1)$ und $G_2 = (V_2, E_2)$ heißen **isomorph**, falls es eine bijektive Abbildung $\varphi: V_1 \to V_2$ gibt, so daß für alle $x, y \in V_1$ folgendes gilt:

$$\{x,y\} \in E_1 \quad \iff \quad \{\varphi x, \varphi y\} \in E_2 \,.$$

Man nennt $\varphi$ dann einen **Isomorphismus** von $G_1$ auf $G_2$ und schreibt $G_1 \cong G_2$.

Ein Isomorphismus ist also eine bijektive Abbildung der Eckenmengen, die benachbarte Ecken auf benachbarte Ecken und nichtbenachbarte Ecken auf nichtbenachbarte Ecken abbildet. Zwei Graphen sind genau dann isomorph, wenn der eine Graph aus dem anderen durch Umbenennung der Ecken hervorgeht.

**1.5 Beispiele.** a) In Abbildung 3 wird durch die Wertetabelle ein Isomorphismus $\varphi$ des Graphen $G_1$ auf den Graphen $G_2$ gegeben.

b) Die Graphen in Abbildung 4 sind paarweise nicht isomorph.

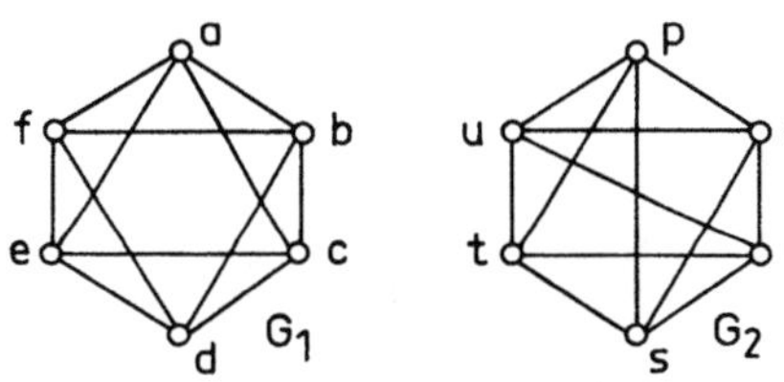


| x | a | b | c | d | e | f |
|---|---|---|---|---|---|---|
| φx | q | u | r | t | s | p |

Abb. 3

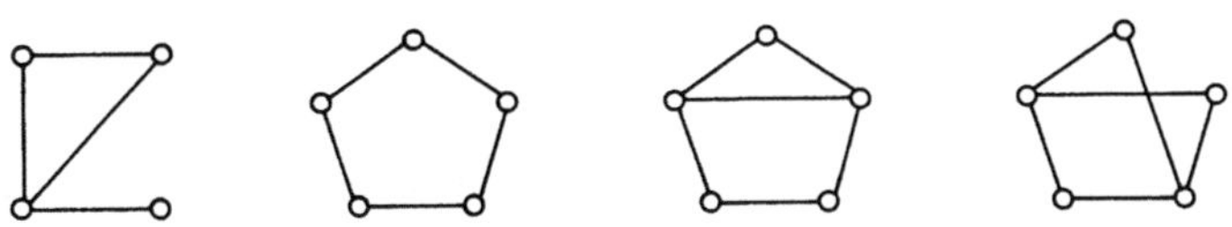

Abb. 4

c) Wenn man etwas schlampig sagt, daß es 34 Graphen mit 5 Ecken gibt, dann ist gemeint, daß es 34 **Isomorphieklassen** gibt. Unter einer Isomorphieklasse von Graphen versteht man dabei die Gesamtheit der zu einem vorgegebenen Graphen isomorphen Graphen. **Aufgabe** (wieder schlampig formuliert): Wieviele Graphen mit 4 Ecken gibt es?

| $n$ | Anzahl der Graphen mit $n$ Ecken |
|---|---|
| 1 | 1 |
| 2 | 2 |
| 3 | 4 |
| 4 | ? |
| 5 | 34 |
| 6 | 156 |
| 7 | 1 044 |
| 8 | 12 344 |
| 9 | 308 168 |

Man betrachtet oft „Teile“ von Graphen:

**1.6 Definition.** Sei $G = (V, E)$ ein Graph. Ein Graph $H = (W, F)$ mit $W \subseteq V$ und $F \subseteq E$ heißt **Teilgraph** von $G$ (in Zeichen: $H \subseteq G$). Gilt zusätzlich $F = E \cap \{\{v, w\} \mid v, w \in W\}$, dann heißt $H$ **Untergraph** von $G$ (in Zeichen: $H \leq G$). In diesem Fall nennt man $H$ auch den von $W$ **aufgespannten** (oder **induzierten**) Untergraphen von $G$.

**1.7 Beispiel.** In Abbildung 5 ist $H_1$ ein Teilgraph von $G$, und $H_2$ ist der von $\{a, b, c, d, e\}$ aufgespannte Untergraph.

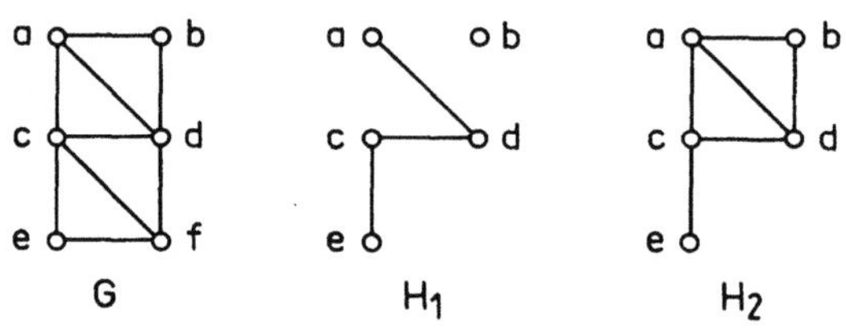


Abb. 5

**1.8 Definition.** Für jede Ecke $v$ eines Graphen $G = (V, E)$ bezeichnet $\operatorname{grd} v := |\{e \in E \mid v \in e\}|$ den **Grad** von $v$. Der Grad gibt also die Anzahl der mit $v$ inzidenten Kanten an. Haben alle Ecken eines Graphen denselben Grad $r$, dann nennt man $G$ **regulär** (genauer: $r$–**regulär**).

Man überlegt leicht, daß die folgenden beiden Resultate gelten:

**1.9 Lemma.** *Ist $\varphi$ ein Isomorphismus des Graphen $G$ auf den Graphen $H$, so gilt $\operatorname{grd} v = \operatorname{grd} \varphi(v)$ für alle Ecken $v$ von $G$.*

**1.10 Handschlaglemma.** *Für jeden endlichen Graphen $G = (V, E)$ gilt*

$$\sum_{v \in V} \operatorname{grd} v = 2 \cdot |E| .$$

*Insbesondere ist die Summe der Grade eines endlichen Graphen gerade.*

In 1.10 kann man sich $V$ als eine Gruppe von Personen vorstellen und $E$ als die Paare von Personen, die sich per Handschlag begrüßen.

**1.11 Definition.** Sei $G = (V, E)$ ein Graph. Eine Folge $(v_0, v_1, \dots, v_n)$ von Ecken von $G$ heißt ein **Kantenzug**, wenn $e_i := \{v_i, v_{i+1}\} \in E$ gilt für $i = 0, 1, \dots, n-1$, d.h. wenn je zwei aufeinanderfolgende Ecken durch eine Kante verbunden sind. Im Fall $v_0 = v_n$ handelt es sich um einen **geschlossenen** und sonst um einen **offenen** Kantenzug. Wenn die Kanten $e_i$ alle verschieden sind, spricht man im offenen Fall von einem **Weg** und im geschlossenen Fall von einem **Kreis**. Kommt außerdem jede Ecke $v_j$ nur einmal vor, dann heißt der Weg ein **einfacher Weg** bzw. der Kreis ein **einfacher Kreis** (wobei im Fall des Kreises natürlich $v_0 = v_n$ erlaubt ist). Die **Länge** eines Kantenzugs ist die Anzahl der in ihm enthaltenen Kanten. Der Kantenzug $(v_0, v_1, \dots, v_n)$ hat also die Länge $n$.

**1.12 Beispiel.** Im Graphen aus Abbildung 6 ist $(a, b, c, d, e, c, b, f)$ ein Kantenzug der Länge 7, $(a, b, d)$ kein Kantenzug, $(a, b, c, d, e, c, b, f, a)$ ein geschlossener Kantenzug, $(a, b, c, d, e, c, g)$ ein Weg, $(a, b, c, d, e, f, a)$ ein Kreis.

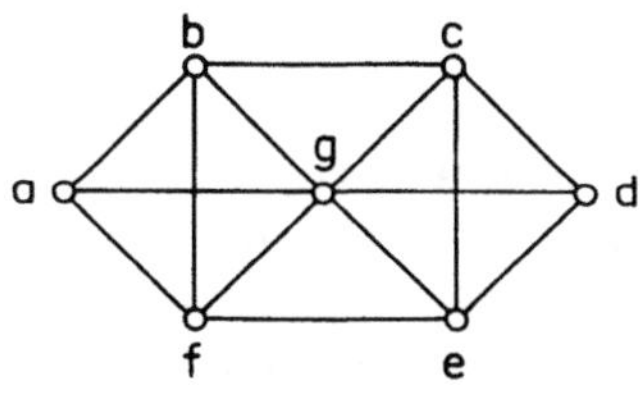


Abb. 6

**1.13 Definition.** Zwei Ecken $v$ und $w$ eines Graphen $G = (V, E)$ heißen **verbindbar**, wenn es einen Kantenzug von $v$ nach $w$ gibt. Sind je zwei Ecken von $G$ verbindbar, dann heißt $G$ **zusammenhängend**. Allgemein ist Verbindbarkeit eine Äquivalenzrelation auf der Eckenmenge $V$. Die **Zusammenhangskomponenten** von $G$ sind die Äquivalenzklassen dieser Äquivalenzrelation. Oft versteht man unter den Zusammenhangskomponenten auch die von diesen Äquivalenzklassen aufgespannten Untergraphen von $G$, d.h. Äquivalenzklassen *plus* Kanten.

Abbildung 7 zeigt einen nicht zusammenhängenden Graphen mit vier Zusammenhangskomponenten.

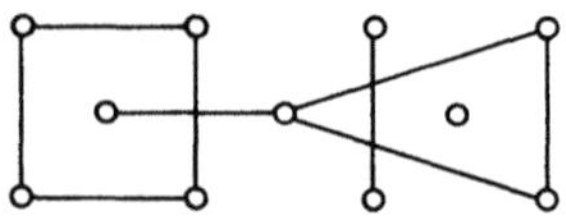

Abb. 7

**1.14 Lemma.** *Ein Graph $G$ ist genau dann zusammenhängend, wenn für jede disjunkte Zerlegung $V = V_1 \dot\cup V_2$ der Eckenmenge $V$ mit $V_1, V_2 \neq \emptyset$ eine Kante $e = \{v, w\}$ existiert mit $v \in V_1$ und $w \in V_2$.*

**Beweis.** $\Rightarrow$: Sei $V = V_1 \dot\cup V_2$, $a \in V_1$ und $b \in V_2$. Da $G$ zusammenhängend ist, existiert ein Kantenzug $(a = v_0, v_1, \ldots, v_n = b)$. Offenbar gibt es ein $i$ mit $v_i \in V_1$ und $v_{i+1} \in V_2$, und $e = \{v_i, v_{i+1}\}$ ist die gesuchte Kante.

$\Leftarrow$: Werde angenommen, daß $G$ nicht zusammenhängend ist. Sei $V_1$ eine Zusammenhangskomponente von $G$, und sei $V_2 := V \setminus V_1$. Nach Voraussetzung gibt es eine Kante $e = \{v, w\}$ mit $v \in V_1$, $w \in V_2$. Also gehören $v$ und $w$ zur selben Zusammenhangskomponente von $G$. Dieser Widerspruch zeigt, daß $G$ zusammenhängend ist. □

Bei vielen Anwendungen ist es nützlich, Graphen zu betrachten, deren Kanten eine „Richtung" haben. Hierfür müssen die Kanten in 1.2 durch **geordnete** Paare $(v, w)$ ersetzt werden:

**1.15 Definition.** Ein **gerichteter Graph** oder auch **Digraph** (engl.: directed graph) ist ein Paar $G = (V, E)$, wobei $V$ eine Menge ist und $E$ eine Menge von geordneten Paaren $(v, w)$ mit $v, w \in V$ und $v \neq w$. Man nennt $(v, w)$ dann wieder eine **Kante** von $G$, aber oft auch **Bogen** (mit **Anfangsecke** $v$ und **Endecke** $w$). Anstelle von $(v, w)$ wird auch kurz $vw$ geschrieben, wobei es im Unterschied zu ungerichteten Graphen auf die Reihenfolge von $v$ und $w$ ankommt.

Viele der für ungerichtete Graphen definierten Begriffe übertragen sich auf gerichtete Graphen. Beispielsweise heißt eine Eckenfolge $(v_0, v_1, \ldots, v_n)$ ein **Kantenzug** des gerichteten Graphen, wenn $(v_0, v_1, \ldots, v_n)$ ein Kantenzug des **zugeordneten ungerichteten Graphen** ist (der dadurch entsteht, indem jede Kante $(v, w) \in E$ durch $\{v, w\}$ ersetzt wird). Die Folge heißt **gerichteter Kantenzug**, falls für $i = 0, 1, \ldots, n-1$ immer $(v_i, v_{i+1}) \in E$ gilt. Entsprechend definiert man **Wege** und **Kreise** bzw. **gerichtete Wege** und **gerichtete Kreise**. Ein gerichteter Graph heißt **zusammenhängend**, wenn der zugeordnete ungerichtete Graph **zusammenhängend** ist, und **stark zusammenhängend**, wenn es für je zwei Ecken $a$ und $b$ von $G$ immer einen gerichteten Kantenzug von $a$ nach $b$ gibt.

**1.16 Beispiele.** Die Digraphen $G_1$ und $G_2$ sind beide zusammenhängend, aber nur $G_2$ ist stark zusammenhängend. $G_1$ und $G_2$ haben denselben zugeordneten ungerichteten Graphen (siehe Abbildung 8).

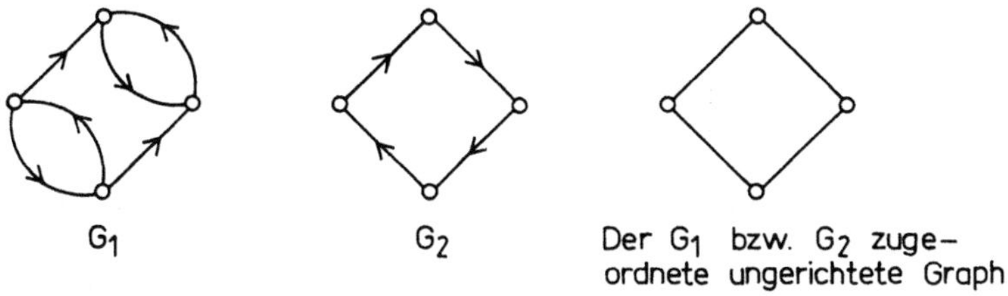


Abb. 8

## Aufgaben

*1. Fünf Tischtennisspieler wollen ein Doppelturnier durchführen. Bei einem Doppel spielen jeweils zwei Spieler gegen zwei andere Spieler, der übrigbleibende ist Schiedsrichter. Jede solche Kombination soll auch gespielt werden. Das Turnier dauert mehrere Tage, und kein Team spielt zweimal an einem Tag.

a) Veranschauliche das Turnier mit Hilfe eines Graphen.

b) Wieviele Tage sind für das Turnier mindestens nötig?

2. Zeichne Diagramme von allen Graphen mit 4 Ecken. Wieviele verschiedene (d.h. paarweise nicht isomorphe) Graphen mit 4 Ecken gibt es?

3. Sind die Graphen $G_1$ und $G_2$ isomorph? Beweise die Antwort durch Angabe eines Isomorphismus bzw. eines Grunds, warum kein Isomorphismus existieren kann.

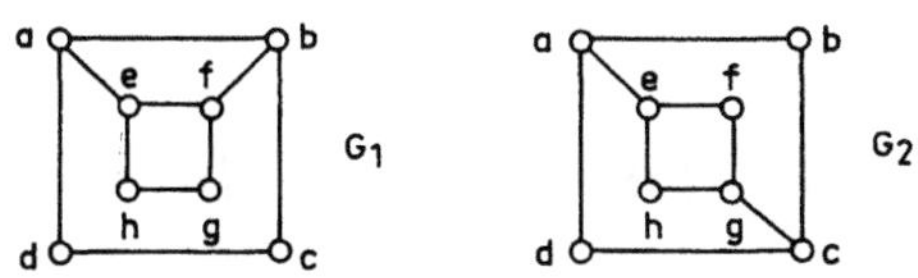


4. Dieselbe Frage für die folgenden beiden Graphen:

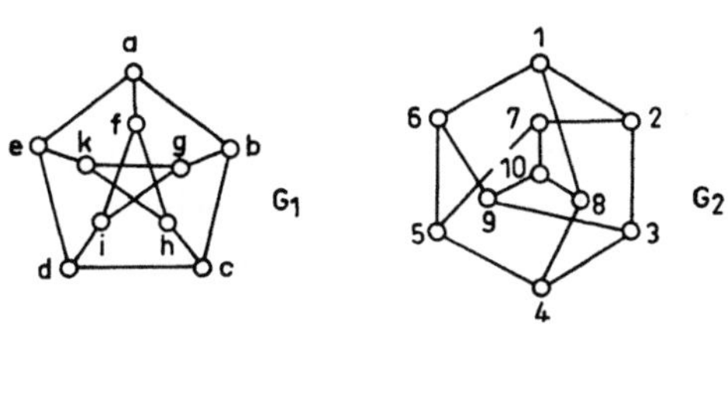

5. Das **Komplement** eines Graphen $G = (V, E)$ ist definiert als der Graph $\overline{G} = (V, \overline{E})$ mit
$$\overline{E} := \{\{v, w\} \mid v, w \in V,\ v \neq w\} \setminus E\,.$$
   a) Zeige: Ist $\varphi$ ein Isomorphismus des Graphen $G_1$ auf den Graphen $G_2$, dann ist $\varphi$ auch ein Isomorphismus von $\overline{G_1}$ auf $\overline{G_2}$.
   b) Welche Graphen mit 4 bzw. mit 5 Ecken sind **selbstkomplementär**, d.h. isomorph zu ihrem eigenen Komplement?

6. Welche Graphen mit 4 Ecken haben einen Teilgraphen bzw. einen Untergraphen mit Diagramm 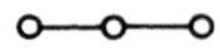 ?

7. Zeige: Für jeden endlichen Graphen ist die Anzahl der Ecken ungeraden Grads gerade.

8. Zeichne Diagramme aller **kubischen** (d.h. 3-regulären) Graphen mit bis zu 8 Ecken. Wieviele solche Graphen gibt es?

9. Sei $G$ ein Graph mit $n$ Ecken. Zeige: Gilt $\operatorname{grd} v \geq \frac{n-1}{2}$ für alle Ecken $v$, dann ist $G$ zusammenhängend.

10. Zeige: Für jeden nicht zusammenhängenden Graphen $G$ ist das Komplement $\overline{G}$ zusammenhängend.

11. a) Zeichne alle Digraphen, die 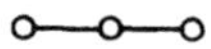 als zugeordneten ungerichteten Graphen haben.
    b) Welche dieser Digraphen sind zusammenhängend bzw. stark zusammenhängend?

12. Formuliere und beweise ein zu 1.14 analoges Resultat für stark zusammenhängende gerichtete Graphen.

# 2 Eulersche und hamiltonsche Graphen

Als vielleicht erste graphentheoretische Veröffentlichung erschien im Jahr 1736 Eulers Arbeit, die durch die Fragestellung motiviert war, ob es einen Spazierweg durch Königsberg gibt, auf dem jede der sieben Königsberger Brücken über den Pregel genau einmal überquert wird (*Königsberger Brückenproblem*). Euler bemerkte, daß sich Probleme dieser Art graphentheoretisch formulieren lassen: Man ersetzt verschiedene Landgebiete durch die Ecken eines Graphen und verbindet zwei Ecken durch eine Kante, wenn die zugehörigen Landgebiete durch eine Brücke verbunden sind. Die Spazierwege entsprechen dann *eulerschen Wegen* (bzw. *eulerschen Kreisen*, wenn die Spazierwege am Ausgangspunkt enden sollen):

**2.1 Definition.** Ein **eulerscher Weg** bzw. ein **eulerscher Kreis** eines Graphen $G$ ist ein Weg bzw. ein Kreis, der jede Kante von $G$ genau einmal enthält. Ein Graph, der einen eulerschen Kreis enthält, wird **eulersch** genannt.

Eulers Charakterisierung der nach ihm benannten Graphen ist verblüffend einfach:

**2.2 Satz.** *Ein endlicher zusammenhängender Graph ist genau dann eulersch, wenn alle Ecken geraden Grad haben.*

**Beweis.** Sei $G$ ein endlicher zusammenhängender Graph mit eulerschem Kreis $K = (v_0, v_1, \ldots, v_{m-1}, v_0)$. Tritt die Ecke $v$ in der Folge $v_0, v_1, \ldots, v_{m-1}$ genau $t$-mal auf, so gilt $\operatorname{grd} v = 2t$, d.h. $v$ hat geraden Grad.

Für den Beweis der umgekehrten Richtung siehe 2.5! □

Der folgende Algorithmus von Hierholzer (1873 posthum veröffentlicht) berechnet nicht nur eulersche Kreise, sondern liefert auch eine Anleitung für den Nachweis der noch unbewiesenen Richtung von 2.2:

**2.3 Algorithmus.** Gegeben sei ein endlicher zusammenhängender Graph $G$, der nur Ecken von geradem Grad besitzt.

(1) Ausgehend von einer beliebigen Ecke $v_0$ von $G$ wird ein Kreis konstruiert: Wähle, solange dies möglich ist, sukzessive Ecken $v_1, v_2, \ldots$ mit der Eigenschaft, daß $(v_0, v_1, \ldots, v_i)$ jeweils ein Weg von $G$ ist. Auf diese Weise erhält man schließlich einen Weg $K_0 = (v_0, v_1, \ldots, v_k)$, der unter den gegebenen Voraussetzungen automatisch ein Kreis ist. Falls $K_0$ ein eulerscher Kreis ist, dann STOP.

(2) Ansonsten wähle eine in $K_0$ enthaltene Ecke $w$, die mit einer nicht in $K_0$ enthaltenen Kante inzidiert. Wie in (1) konstruiert man ausgehend von $w$ einen Kreis $K_1'$, wobei die in $K_0$ enthaltenen Kanten nicht verwendet werden dürfen. Der Kreis $K_1$ entstehe, indem zuerst $K_0$ bis $w$ durchlaufen wird, dann $K_1'$ und anschließend der Rest von $K_0$. Entsprechend konstruiere, falls nötig, Kreise $K_2$, $K_3, \ldots$. Wenn ein eulerscher Kreis $K_l$ erreicht ist, dann STOP.

Eventuelle Unklarheiten der obigen mehr umgangssprachlichen Formulierung des Algorithmus werden hoffentlich von folgendem Beispiel beseitigt:

**2.4 Beispiel.** Beim Graphen in Abbildung 9 kann der Algorithmus in Schritt (1) beispielsweise $v_0 = a$ und

$$K_0 = (a, b, h, a)$$

wählen. In $K_0$ sind alle mit $a$ inzidenten Kanten verbraucht worden; daher ist die Konstruktion von $K_0$ beendet. In Schritt (2) wird dann z.B.

$$K_1' = (b,c,d,f,c,h,g,b)\,, \quad K_1 = (a,b,c,d,f,c,h,g,b,h,a)\,,$$
$$K_2' = (d,e,f,g,d)\,, \quad K_2 = (a,b,c,d,e,f,g,d,f,c,h,g,b,h,a)$$

konstruiert, wobei $K_2$ ein eulerscher Kreis ist. Man beachte, daß sich „mit etwas Glück" natürlich schon in Schritt (1) ein eulerscher Kreis hätte ergeben können.

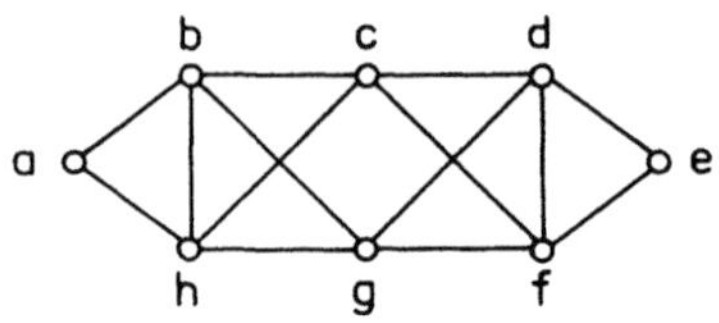


Abb. 9

**2.5 Behauptung.** *Algorithmus 2.3 ist korrekt, d.h. er liefert unter den gegebenen Voraussetzungen einen eulerschen Kreis.*

**Beweis.** Der in Schritt (1) konstruierte Weg ist tatsächlich ein Kreis: Würde der Weg in $v \neq v_0$ enden, und wäre $v$ von diesem Weg zuvor $t$-mal durchlaufen worden, so gälte $\mathrm{grd}\, v = 2t+1$, ein Widerspruch. Entsprechend sieht man, daß die in Schritt (2) konstruierten Wege $K_i'$ ebenfalls Kreise sind. Es bleibt zu zeigen, daß der STOP-Befehl in (1) oder in (2) erreicht wird. Andernfalls käme es für ein $i$ zu der Situation, daß $K_i$ noch nicht alle Kanten von $G$ enthält (z.B. nicht die Kante $e$), aber alle Ecken $v$ von $K_i$ nur mit den in $K_i$ enthaltenen Kanten inzidieren. Dann kann es aber in $G$ von keiner der Ecken von $K_i$ einen Weg zu einer der beiden mit $e$ inzidenten Ecken geben. Das widerspricht der Voraussetzung, daß $G$ zusammenhängend ist. Damit ist nicht nur die Behauptung, sondern auch 2.2 bewiesen. □

Der sehr bedeutende algorithmische Aspekt der Graphentheorie wird in Kapitel II behandelt. Dort werden dann auch Überlegungen zur Komplexität von Algorithmen angestellt. Dabei wird sich beispielsweise zeigen, daß der Algorithmus von Hierholzer (der dann wesentlich konkreter beschrieben werden muß, als dies hier geschehen ist) eine zur Anzahl der Kanten des Graphen proportionale Anzahl von Rechenschritten benötigt.

Es sei noch angemerkt, daß sich ganz analog zu 2.2 auch Graphen charakterisieren lassen, die einen offenen eulerschen Weg besitzen, d.h. einen eulerschen Weg, der kein Kreis ist (siehe Aufgabe 15).

Im Jahr 1859 stellte Hamilton als Gesellschaftsspiel („around the world") das Problem, in dem Graphen (= Landkarte) aus Abbildung 20(v) einen Kreis (= Rundreise) zu finden, der jede Ecke (= Stadt) genau einmal durchläuft:

**2.6 Definition.** Ein **hamiltonscher Weg** bzw. ein **hamiltonscher Kreis** eines Graphen $G$ ist ein Weg bzw. ein Kreis, der jede Ecke von $G$ genau einmal enthält. Ein Graph $G$ mit hamiltonschem Kreis wird **hamiltonsch** genannt.

**2.7 Beispiele.** a) Trivialerweise sind alle **vollständigen Graphen** hamiltonsch (d.h. alle Graphen, bei denen je zwei Ecken durch eine Kante verbunden sind). Der vollständige Graph aus Abbildung 1(i) hat beispielsweise den hamiltonschen Kreis $(a, b, c, d, e, a)$.

b) Abbildung 1(ii) zeigt den sog. **Petersengraphen** mit einem hamiltonschen Weg. **Frage:** Ist der Petersengraph hamiltonsch?

Erstaunlicherweise ist keine befriedigende Charakterisierung hamiltonscher Graphen bekannt, im Gegensatz zu den sehr ähnlich definierten eulerschen Graphen. Es existieren lediglich Teillösungen für Spezialfälle wie z.B. das folgende Resultat von Dirac (1952):

**2.8 Satz.** *Sei $G$ ein Graph mit $n \geq 3$ Ecken. Haben alle Ecken von $G$ einen Grad $\geq n/2$, dann ist $G$ hamiltonsch.*

**Beweis.** Aus $G$ wird ein Graph $G'$ gebildet, indem $k$ neue Ecken angefügt werden, von denen jede mit allen Ecken von $G$ durch eine neue Kante verbunden wird. Dabei sei $k$ die kleinste Anzahl solcher Ecken, die nötig ist, damit $G'$ hamiltonsch wird ($k = n$ reicht sicher). Werde $k > 0$ angenommen, d.h. $G$ sei nicht hamiltonsch. Diese Annahme wird zum Widerspruch geführt: Sei $K = (a, x, b, \ldots, a)$ ein hamiltonscher Kreis von $G'$ mit Ecken $a$ und $b$ von $G$ und einer neuen Ecke $x$. Offenbar sind $a$

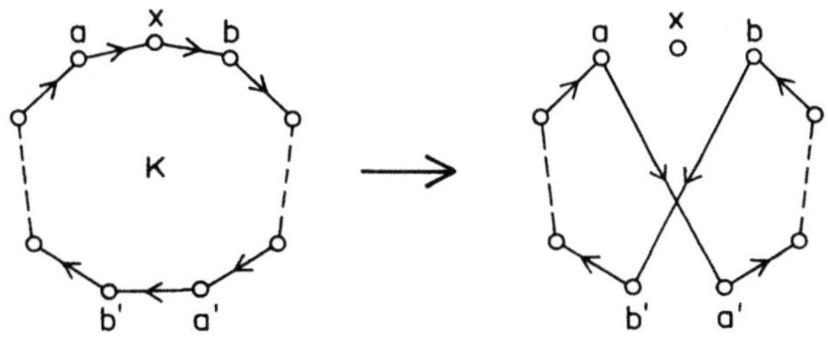


Abb. 10

und $b$ nicht benachbart, denn sonst wäre $x$ für den hamiltonschen Kreis und damit auch für $G'$ überflüssig (wegen $n \geq 3$). Im Kreis $K$ kann eine zu $b$ benachbarte Ecke $b'$ nie direkt auf eine zu $a$ benachbarte Ecke $a'$ folgen: Sonst könnte man $K = (a, x, b, \ldots, a', b', \ldots, a)$ durch den Kreis $K' = (a, a', \ldots, b, b', \ldots, a)$ ersetzen, und $x$ wäre wieder überflüssig (der zwischen $b$ und $a'$ gelegene Teil von $K$ wird umgedreht, siehe Abbildung 10). Mit

$A$ := Menge der Nachbarn von $a$ in $G'$,

$B$ := Menge der Nachbarn von $b$ in $G'$,

$F$ := Menge der Ecken von $G'$, die in $K$ direkt auf eine Ecke aus $A$ folgen

gilt also $B \cap F = \emptyset$ (hier geht ein, daß $a$ und $b$ nicht benachbart sind). Wegen $|B| \geq \frac{n}{2} + k$ und $|F| = |A| \geq \frac{n}{2} + k$ folgt $|B \cup F| = |B| + |F| \geq n + 2k$. Dies ist ein Widerspruch, da $G'$ nur $n + k$ Ecken besitzt. □

Es ist sehr leicht zu entscheiden, ob ein Graph eulersch ist (Gradbedingung). Hingegen ist das Problem, ob ein Graph hamiltonsch ist, „NP–vollständig". Das bedeutet, kurz gesagt, daß kein Algorithmus bekannt ist (und es sehr wahrscheinlich keinen Algorithmus geben kann), der in polynomialer Rechenzeit entscheidet, ob ein gegebener Graph hamiltonsch ist. Man kann dieses Problem also als „schwierig" bezeichnen. Mehr zum Begriff „NP–Vollständigkeit" in Abschnitt II.7 !

## Aufgaben

13. Bestimme mit dem Algorithmus von Hierholzer einen eulerschen Kreis von $G$.

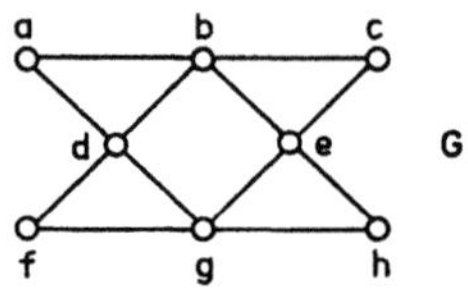


14. Der **vollständige Graph** $K_n$ ist ein Graph mit $n$ Ecken, bei dem je zwei Ecken durch eine Kante verbunden sind. Der **vollständig bipartite Graph** $K_{m,n}$ ist ein Graph, dessen Eckenmenge die disjunkte Vereinigung $V = V_1 \dot{\cup} V_2$ einer $m$–elementigen Menge $V_1$ und einer $n$–elementigen Menge $V_2$ ist und dessen Kanten genau die $\{v_1, v_2\}$ mit $v_1 \in V_1$ und $v_2 \in V_2$ sind. Eine Skizze von $K_5$ und von $K_{3,3}$ findet man in Abbildung 18.
    a) Zeichne Diagramme der Graphen $K_3$, $K_4$, $K_{1,3}$, $K_{2,3}$.
    b) Welche der Graphen $K_n$ bzw. $K_{m,n}$ sind eulersch?
    c) Welche dieser Graphen sind hamiltonsch?

15. a) Welche Bedingung erfüllen die Grade eines Graphen mit eulerschem Weg?
    b) Beweise, daß ein endlicher zusammenhängender Graph genau dann einen eulerschen Weg besitzt, wenn er die Gradbedingung aus a) erfüllt.

16. Ein gerichteter Graph heißt **eulersch**, wenn er einen *gerichteten* Kreis besitzt, der jede Kante genau einmal enthält. Beweise: Ein endlicher zusammenhängender gerichteter Graph ist genau dann eulersch, wenn in jede Ecke genausoviele Kanten hineingehen, wie aus ihr hinausgehen. Zur Sprechweise: Eine gerichtete Kante $(v, w)$ geht „aus $v$ hinaus" und „in $w$ hinein".

*17. Wieviele eulersche Kreise gibt es im vollständigen Graphen $K_5$ ?

18. Welche der fünf Graphen in Abbildung 20 sind hamiltonsch?

19. Ist der Petersengraph (Abb. 1 (ii)) hamiltonsch?

20. Zeige mit einem Gegenbeispiel, daß 2.8 falsch wird, wenn $\frac{n}{2}$ durch $\frac{n-1}{2}$ ersetzt wird.

*21. a) Konstruiere $n$ hamiltonsche Kreise des Graphen $K_{2n+1}$ mit der Eigenschaft, daß je zwei dieser Kreise keine Kante gemeinsam haben.

b) Neun Freunde besuchen im gemeinsamen Urlaub jeden Abend ihre Lieblingskneipe. Dort sitzen sie an einem runden Tisch, und keiner hat an zwei verschiedenen Abenden denselben Tischnachbarn. Wie lange kann der Urlaub höchstens dauern?

22. Der **Kantengraph** (engl.: line graph) eines Graphen $G=(V,E)$ ist definiert als der Graph $L(G) := (E, E')$ mit $E' = \{\{e,f\} \subseteq E \mid e \neq f,\, e \cap f \neq \emptyset\}$. Der Kantengraph von $G$ hat also die Kanten von $G$ als Ecken, und zwei Ecken des Kantengraphen bilden eine Kante, wenn sie als Kanten von $G$ benachbart sind.

a) Zeichne Diagramme der Kantengraphen von $K_3$, $K_4$, $K_{1,3}$, $K_{2,3}$.

b) Welcher Zusammenhang besteht zwischen den Eckengraden eines Graphen $G$ und den Eckengraden von $L(G)$?

c) Zeige: Der Kantengraph eines eulerschen Graphen ist eulersch und hamiltonsch.

*23. Zeige: Der Kantengraph eines hamiltonschen Graphen ist hamiltonsch.

**MINIPROJEKT** „1–Faktorisierungen". Es soll eine Ausarbeitung geschrieben werden, in der zumindest die auf die Definition und das Beispiel folgenden Fragen beantwortet werden.

**Definition.** Ein 1–**Faktor** eines Graphen ist ein Teilgraph, der alle Ecken des Graphen enthält, und dessen Ecken alle Grad 1 haben. Ist $G$ ein Graph, und sind $G_1, \ldots, G_k$ 1–Faktoren von $G$, so daß jede Kante von $G$ in genau einem der 1–Faktoren enthalten ist, dann nennt man die Gesamtheit dieser 1–Faktoren eine 1–**Faktorisierung** von $G$.

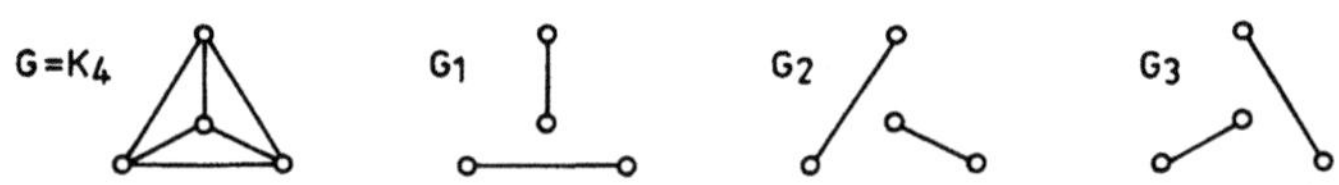


Eine 1–Faktorisierung von $K_4$

(1) Welche der Graphen $K_n$ bzw. $K_{m,n}$ besitzen eine 1–Faktorisierung? (Für eine Definition von $K_n$ bzw. $K_{m,n}$ siehe Aufgabe 14.)

(2) Verwende eines der Ergebnisse aus (1), um „Bundesliga–Spielpläne" zu erstellen. Bedingungen:
   (i) Insgesamt $n$ Mannschaften,
   (ii) an jedem Spieltag spielt jede Mannschaft genau ein Spiel (falls $n$ ungerade ist, darf eine Mannschaft aussetzen),
   (iii) nach Durchführung aller Spieltage hat jede Mannschaft genau einmal gegen jede der anderen Mannschaften gespielt.

**Hinweis:** Zur Bearbeitung des Themas kann z.B. das Buch „Graphentheorie" von F. Harary verwendet werden.

# 3 Bäume und Wälder

In diesem Abschnitt wird eine für unzählige Anwendungen wichtige Klasse von Graphen vorgestellt:

**3.1 Definition.** Ein **kreisfreier Graph** (d.h. ein Graph, der keine nichttrivialen Kreise enthält) heißt **Wald**. Ein zusammenhängender Wald wird **Baum** genannt.
**Anmerkung:** Ein **nichttrivialer Kreis** enthält mehr als eine Ecke, ist also von der Form $(v_0, v_1, \ldots, v_n = v_0)$ mit $n > 0$. Im folgenden ist mit „Kreis" immer ein „nichttrivialer Kreis" gemeint.

Offenbar ist ein Graph genau dann ein Wald, wenn alle Zusammenhangskomponenten des Graphen Bäume sind. Abbildung 11 zeigt alle Bäume mit 6 Ecken.

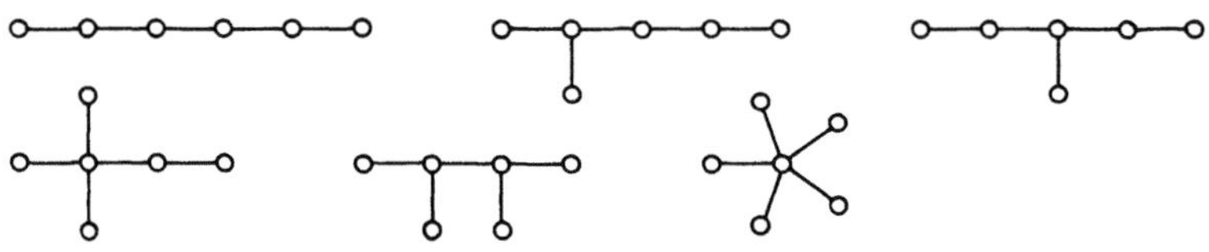

Abb. 11

Bei Bäumen handelt es sich um besonders einfach strukturierte Graphen. Wie R. J. Wilson in seinem Buch schreibt, lassen sie sich daher oft als Testobjekte verwenden: „Beim Versuch, in der Graphentheorie ein allgemeines Resultat zu beweisen oder eine allgemeine Vermutung zu untersuchen, ist es häufig zweckmäßig, das Ganze zunächst einmal mit Bäumen zu versuchen".

Zuerst wird gezeigt, daß sich Bäume auf verschiedene Weise sehr einfach charakterisieren lassen. Anschließend wird untersucht, wieviele Bäume es auf einer gegebenen Eckenmenge gibt.

**3.2 Satz.** *Für einen Graphen $G$ mit $n$ Ecken sind folgende Aussagen äquivalent:*

*(i)* *G ist ein Baum,*

*(ii)* *je zwei Ecken von G sind durch genau einen Weg verbunden,*

*(iii)* *G ist zusammenhängend, aber für jede Kante e von G ist* $G\setminus e$ *nicht zusammenhängend (*$G\setminus e$ *bezeichnet den Graphen, der aus G durch Wegnahme der Kante e entsteht),*

*(iv)* *G ist zusammenhängend und hat genau* $n-1$ *Kanten,*

*(v)* *G ist kreisfrei und hat genau* $n-1$ *Kanten,*

*(vi)* *G ist kreisfrei, aber für je zwei nicht benachbarte Ecken* $v, w$ *von G enthält* $G\cup\{v,w\}$ *genau einen Kreis (*$G\cup\{v,w\}$ *bezeichnet den Graphen, der aus G durch Zufügen der Kante* $\{v,w\}$ *entsteht).*

**Beweis.** (i) $\Rightarrow$ (ii) : Da $G$ zusammenhängend ist, sind je zwei Ecken von $G$ durch einen Weg verbunden. Werde angenommen, daß $P=(v_0, v_1, \ldots)$ und $Q=(w_0, w_1, \ldots)$ zwei verschiedene $a$ und $b$ verbindende Wege sind. Gelte $v_k \neq w_k$ , aber $v_i = w_i$ für alle $i<k$ (wegen $v_0 = w_0 = a$ gilt $k \geq 1$). Sei $v$ die erste der in $P$ auf $v_k$ folgenden Ecken, die in $Q$ enthalten ist. Durchläuft man zuerst $P$ von $v_{k-1}$ bis $v$ und anschließend $Q$ in umgekehrter Richtung von $v$ bis $w_{k-1} = v_{k-1}$ , so erhält man einen Kreis. Dieser Widerspruch zeigt, daß $a$ und $b$ nur durch *einen* Weg verbunden sind.

(ii) $\Rightarrow$ (iii) : Es ist klar, daß $G$ zusammenhängend ist. Sei $e = \{v, w\}$ eine Kante von $G$. Dann ist $(v, w)$ der einzige Weg in $G$, der $v$ und $w$ verbindet. In $G\setminus e$ können $v$ und $w$ also nicht verbunden sein und liegen daher in verschiedenen Zusammenhangskomponenten.

(iii) $\Rightarrow$ (iv) : Aus (iii) folgt unmittelbar, daß die Wegnahme einer Kante von $G$ die Anzahl der Zusammenhangskomponenten jeweils um 1 erhöht. Am Anfang hat $G$ eine Zusammenhangskomponente und nach Wegnahme aller Kanten $n$ Zusammenhangskomponenten. Der Graph $G$ hat also $n-1$ Kanten.

(iv) $\Rightarrow$ (v) : Werde angenommen, daß $G$ einen Kreis $K$ enthält. Die Anzahl der Ecken und damit auch der Kanten von $K$ sei $k$. Da $G$ zusammenhängend ist, können Kanten von $G$ ausgewählt werden, so daß mit Hilfe dieser Kanten alle restlichen $n-k$ Ecken mit $K$ verbunden werden. Hierfür werden mindestens $n-k$ Kanten benötigt, da jede zusätzliche Kante höchstens eine zusätzliche Ecke mit $K$ verbindet. Insgesamt hat $G$ daher mindestens $k+(n-k) = n$ Kanten, ein Widerspruch.

(v) $\Rightarrow$ (vi) : Mit einem ähnlichen Argument wie in „(iii) $\Rightarrow$ (iv)“ sieht man, daß $G$ zusammenhängend ist, denn fügt man die Kanten von $G$ sukzessive hinzu, so reduziert sich die Anzahl der Zusammenhangskomponenten pro Kante um 1. Sei $\{v,w\}$ *keine* Kante von $G$. Dann besteht jeder $\{v,w\}$ enthaltende Kreis von $G \cup \{v,w\}$ aus $\{v,w\}$ sowie einem Weg von $w$ nach $v$ in $G$. Da $G$ kreisfrei ist, gibt es nur einen solchen Weg und deshalb auch nur einen $\{v,w\}$ enthaltenden Kreis von $G \cup \{v,w\}$. **Anmerkung:** Der Leser wird bemerkt haben, daß Kreise, die sich nur durch den Anfangspunkt oder den Umlaufsinn (oder beides) unterscheiden, zumindest in 3.2 als gleich betrachtet werden.

(vi) $\Rightarrow$ (i) : Es muß nur gezeigt werden, daß $G$ zusammenhängend ist. Doch dies ist klar, denn lägen $v$ und $w$ in verschiedenen Zusammenhangskomponenten von $G$, dann könnte $G \cup \{v, w\}$ keinen Kreis enthalten. □

**3.3 Korollar.** *Ein Wald mit n Ecken und k Zusammenhangskomponenten hat $n-k$ Kanten.*

Die Methode des doppelten Abzählens, die jetzt vorgestellt wird, beruht darauf, daß man eine bestimmte Anzahl auf zwei verschiedene Arten zählt. Angesichts des dahintersteckenden, völlig offensichtlichen Sachverhalts mag überraschen, welch große Rolle diese Methode für die gesamte Kombinatorik spielt:

**Prinzip der doppelten Abzählung:** In jeder Zahlenmatrix ist die Summe der Zeilensummen gleich der Summe der Spaltensummen.

Beispielsweise erhält man das „Handschlaglemma“ 1.10 ohne weiteres mit diesem Prinzip. An verschiedenen Stellen dieses Buches werden weniger triviale Anwendungen gegeben, darunter eine recht raffinierte im Beweis des folgenden Satzes von Cayley (1889):

**3.4 Satz.** *Es gibt genau $n^{n-2}$ verschiedene Bäume mit Eckenmenge $V = \{1, \ldots, n\}$.*

**Anmerkung.** In diesem Satz hat **verschieden** *nicht* die Bedeutung „nichtisomorph“, sondern wirklich die Bedeutung „verschieden“. Beispielsweise sind die beiden Graphen in Abbildung 12 isomorph, aber verschieden.

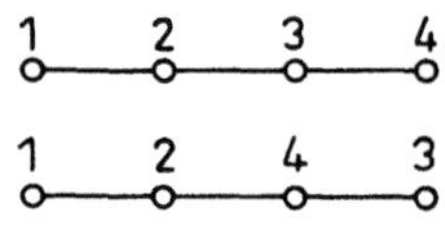


Abb. 12

**Beweis von 3.4.** Sei $t(n, k)$ die Anzahl derjenigen Bäume auf $V = \{1, \ldots, n\}$ , in denen die Ecke $v = 1$ den Grad $k$ hat. Es wird eine Formel für $t(n, k)$ bestimmt; das Ergebnis folgt dann durch Aufsummieren über alle $k$.

Sei $B$ ein Baum auf $V$ mit $\operatorname{grd} 1 = k-1$ und $C$ ein Baum auf $V$ mit $\operatorname{grd} 1 = k$ . Das Paar $(B, C)$ von Bäumen heißt **verwandtes Paar**, falls es eine Kante $\{x, y\}$ von $B$ mit $C = (B \backslash \{x, y\}) \cup \{1, y\}$ gibt, also falls $C$ aus $B$ entsteht, indem eine Kante $\{x, y\}$ entfernt und anschließend eine neue Kante $\{1, y\}$ eingefügt wird. Natürlich ist $\{x, y\}$ dann automatisch eine *nicht* mit der Ecke 1 inzidente Kante (da der Eckengrad von 1 in $C$ größer wird), und $y$ ist diejenige der beiden Ecken $x$ und $y$, die in $B \backslash \{x, y\}$ *nicht* in der Zusammenhangskomponente von 1 liegt. Ein Beispiel findet man in

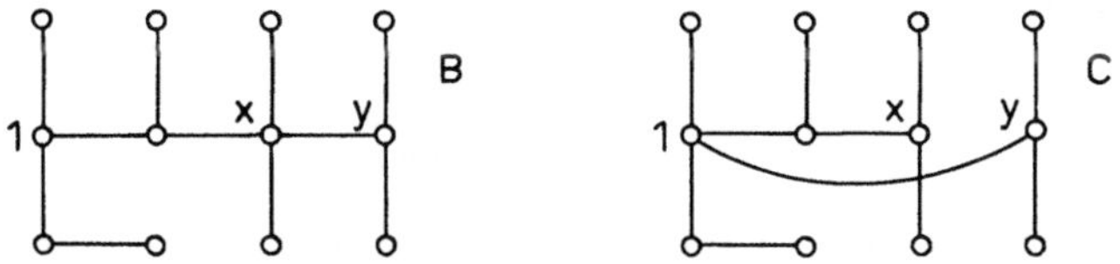


Abb. 13

Abbildung 13. Es seien $B_1$, $B_2, \ldots$, $B_{t(n,k-1)}$ die Bäume mit $\mathrm{grd}\,1 = k-1$ und $C_1$, $C_2$, $\ldots$, $C_{t(n,k)}$ die Bäume mit $\mathrm{grd}\,1 = k$. Die $t(n,k-1) \times t(n,k)$-Matrix $A = (a_{ij})$ sei definiert durch

$$a_{ij} := \begin{cases} 1 & \text{falls } (B_i, C_j) \text{ verwandtes Paar,} \\ 0 & \text{sonst.} \end{cases}$$

In der $i$-ten Zeile von $A$ stehen genauso viele Einsen, wie es verwandte Paare $(B_i, C)$ gibt, also genau $(n-1)-(k-1) = n-k$ Einsen, da aus $B_i$ jede der $n-1$ Kanten entfernt werden kann mit Ausnahme der $k-1$ mit der Ecke 1 inzidenten Kanten. Die Summe der Zeilensummen von $A$ ist daher $t(n,k-1)(n-k)$. In der $j$-ten Spalte von $A$ stehen genau soviele Einsen wie es verwandte Paare $(B, C_j)$ gibt. Diese Anzahl ist schwieriger zu bestimmen: Die in $C_j$ mit 1 verbundenen Ecken seien $y_1, \ldots, y_k$. Entfernt man eine dieser Verbindungen aus $C_j$, beispielsweise die Kante $\{1, y_r\}$, so entsteht ein Graph mit zwei Zusammenhangskomponenten. Die $y_r$ enthaltende dieser beiden Komponenten werde mit $V_r$ bezeichnet, und $n_r := |V_r|$ sei die Anzahl der Ecken von $V_r$. In Abbildung 14 gilt beispielsweise $n_1 = 1$, $n_2 = 2$, $n_3 = 3$, $n_4 = 5$.

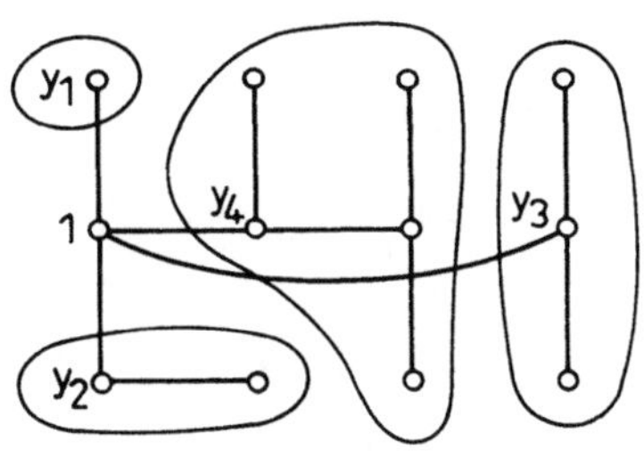


Abb. 14

Ein verwandtes Paar $(B, C_j)$ entsteht genau dann, wenn $B = (C_j \setminus \{1, y_r\}) \cup \{x, y_r\}$ gilt, wobei $y_r$ eine der in $C_j$ mit 1 verbundenen Ecken ist, und $x$ eine der $n-1-n_r$ in $V \setminus (\{1\} \cup V_r)$ enthaltenen Ecken. Es gibt also genau $(n-1-n_1) + \ldots + (n-1-n_k) = k(n-1)-(n-1) = (k-1)(n-1)$ Einsen in der $j$-ten Spalte von $A$. Die Summe der Spaltensummen von $A$ ist daher $t(n,k)(k-1)(n-1)$. Das Prinzip der doppelten Abzählung liefert

$$t(n,k-1)(n-k) = t(n,k)(k-1)(n-1)$$

oder, etwas anders hingeschrieben,

$$t(n,k-1) = (n-1)\,\frac{k-1}{n-k}\,t(n,k)\,.$$

Ausgehend von $t(n,n-1) = 1$ (die Ecke 1 ist mit allen anderen Ecken verbunden) erhält man hieraus

$$\begin{aligned} t(n,n-2) &= (n-1)\,\frac{n-2}{n-(n-1)}\,t(n,n-1) \\ &= (n-1)\,\frac{n-2}{1} = (n-1)\binom{n-2}{1}, \\ t(n,n-3) &= (n-1)\,\frac{n-3}{n-(n-2)}\,t(n,n-2) \\ &= (n-1)^2\,\frac{n-3}{2}\binom{n-2}{1} = (n-1)^2\binom{n-2}{2}, \end{aligned}$$

usw.

Allgemein ergibt sich

$$t(n,n-i) = (n-1)^{i-1}\binom{n-2}{i-1}$$

für alle $i$. Für die Anzahl $t(n)$ aller Bäume gilt daher

$$\begin{aligned} t(n) &= \sum_{i=1}^{n-1} t(n,n-i) \\ &= \sum_{i=1}^{n-1} (n-1)^{i-1}\binom{n-2}{i-1} \\ &= \sum_{i=0}^{n-2} (n-1)^{i}\binom{n-2}{i} \\ &= ((n-1)+1)^{n-2} = n^{n-2}, \end{aligned}$$

wie behauptet, wobei das vorletzte Gleichheitszeichen mit Hilfe der *binomischen Formel* folgt:

$$\sum_{i=0}^{m} a^i\, b^{m-i}\binom{m}{i} = (a+b)^m\,.$$

□

Viele graphentheoretische Abzählprobleme lassen sich nur mit wesentlich größerem Aufwand lösen. Für die Anzahl der Isomorphieklassen von Bäumen mit $n$ Ecken (also die Anzahl paarweise *nichtisomorpher* Bäume mit $n$ Ecken) ist nicht einmal ein geschlossener arithmetischer Ausdruck bekannt. Genauso verhält es sich mit der Anzahl von Isomorphieklassen von Graphen mit $n$ Ecken. In beiden Fällen kann die Anzahl auf komplizierte Art rekursiv berechnet werden. Eine knappe Darstellung dieser und anderer Abzählprobleme findet man im Buch „Graphentheorie“ von F. Harary.

## Aufgaben

24. Zeichne Diagramme von allen Bäumen mit 7 Ecken. Wieviele paarweise nichtisomorphe Bäume mit 7 Ecken gibt es?

25. a) Wieviele zu 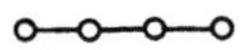 isomorphe Bäume gibt es auf der Eckenmenge $V = \{1, 2, 3, 4\}$?
    b) Dieselbe Frage für 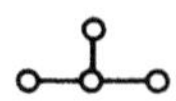 .
    c) Vergleiche die Resultate in a) und b) mit 3.4.

26. Man betrachte den Beweis von 3.4:
    a) Wieviele verwandte Paare $(B, C')$ gibt es mit $B$ aus Abbildung 13?
    b) Wieviele verwandte Paare $(B', C)$ gibt es mit $C$ aus Abbildung 13?

27. Beweise 1.10 mit dem Prinzip der doppelten Abzählung.

28. Die Anzahl der $k$-elementigen Teilmengen von $\{1, \ldots, n\}$ werde mit $f(n, k)$ bezeichnet. Leite mit dem Prinzip der doppelten Abzählung eine Formel für $f(n, k)$ her.

29. a) Wieviele verschiedene Graphen gibt es auf der Eckenmenge $V = \{1, \ldots, n\}$?
    b) Wieviele verschiedene Graphen mit $k$ Kanten gibt es auf $V = \{1, \ldots, n\}$?

    **Anmerkung.** Wie in 3.4 ist auch hier wirklich „verschieden“ gemeint (und nicht „nichtisomorph“).

30. Zeige: Jeder endliche Baum mit mindestens zwei Ecken hat mindestens zwei Ecken von Grad 1.

# 4 Planare Graphen

Um möglichst übersichtliche Diagramme von Graphen zu erhalten, wird man oft versuchen, Schnittpunkte der Kanten soweit möglich zu vermeiden. Es stellt sich unmittelbar die Frage, welche Graphen sich zeichnen lassen, ohne daß sich die Kanten schneiden. Dabei wird man jede Kante formal als Jordankurve darstellen: Eine

**Jordankurve** des $\mathbb{R}^n$ ist eine Menge der Form $\{f(t) \mid t \in [0,1]\}$, wobei $f\colon [0,1] \to \mathbb{R}^n$ eine injektive stetige Abbildung ist. Jordankurven sind also, vereinfacht gesagt, stetige schnittpunktfreie Kurven mit Anfangs- und Endpunkt. Abbildung 15 zeigt: a) eine Jordankurve, b), c), d) keine Jordankurven.

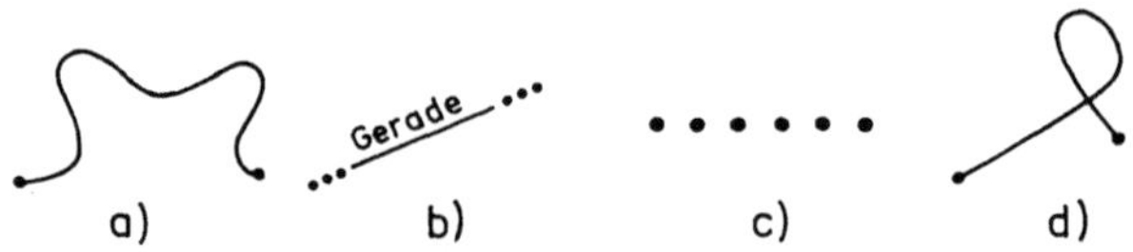


Abb. 15

**4.1 Definition.** Ein Graph heißt **einbettbar** in den $\mathbb{R}^n$, wenn seine Ecken als paarweise verschiedene Punkte des $\mathbb{R}^n$ und seine Kanten als Jordankurven des $\mathbb{R}^n$ dargestellt werden können, wobei diese Jordankurven die den zugehörigen Ecken entsprechenden Endpunkte haben und sich paarweise (außer in den Eckpunkten) nirgends schneiden.

Man kann sich überlegen, daß jeder endliche Graph in den $\mathbb{R}^3$ eingebettet werden kann. Hier interessiert aber vor allem die Einbettbarkeit in den $\mathbb{R}^2$, d.h. die reelle Ebene:

**4.2 Definition.** Ein Graph heißt **planar** (oder **plättbar**), wenn er in den $\mathbb{R}^2$ eingebettet werden kann. Das zugehörige Diagramm einer solchen Einbettung heißt **ebenes Diagramm**.

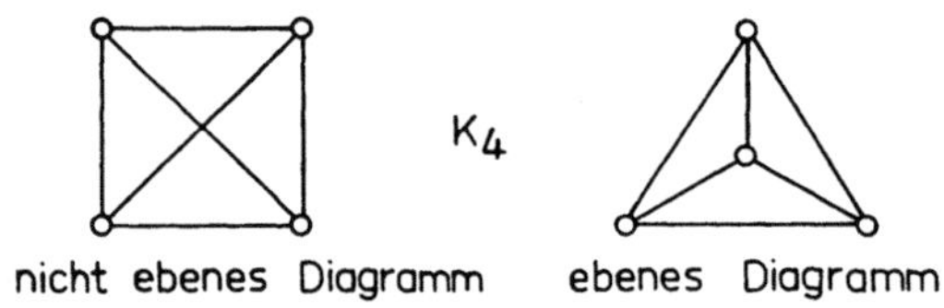


Abb. 16

Jedes ebene Diagramm eines Graphen unterteilt die Ebene in zusammenhängende Gebiete, die man **Flächen** des Diagramms nennt. Genau eines dieser Gebiete ist unbeschränkt und wird das **Außengebiet** genannt.

**Anmerkung.** Man kann natürlich sehr viel präziser definieren, was eine Fläche in einem Diagramm ist: Zwei nicht zum Diagramm gehörige Punkte $x, y \in \mathbb{R}^2$ werden **äquivalent** genannt, wenn sie durch eine Jordankurve verbunden werden können, die disjunkt zum Diagramm ist. Dadurch erhält man eine Äquivalenzrelation auf der Menge der nicht zum Diagramm gehörigen Punkte, deren Äquivalenzklassen die **Flächen** sind.

Ein planarer Graph kann sehr verschiedene ebene Diagramme haben. Die folgende berühmte Formel zeigt, daß die Anzahl der Flächen dabei immer gleich ist, also eine *Invariante* des Graphen. Mit diesem Resultat hat Euler 1752 die *topologische Graphentheorie* begründet:

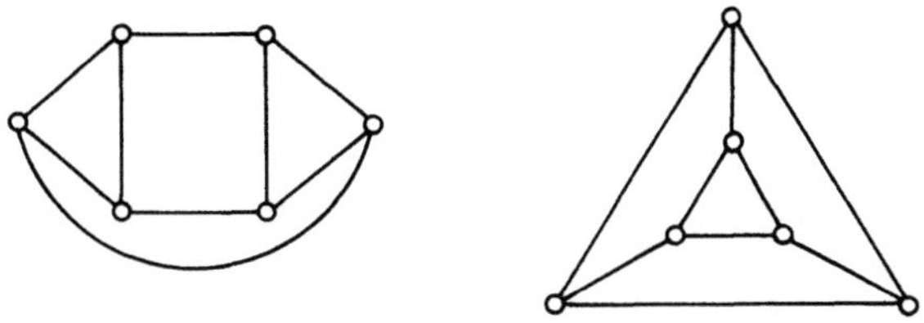


Abb. 17

**4.3 Eulersche Polyederformel.** *Sei $f$ die Anzahl der Flächen eines ebenen Diagramms eines zusammenhängenden Graphen mit $n$ Ecken und $m$ Kanten. Dann gilt*

$$n + f = m + 2\,.$$

**Beweis.** Der Beweis erfolgt durch Induktion über $m$. Für $m = 0$ ist 4.3 sicher richtig (denn dann gilt $n{=}f{=}1$). Nun werde angenommen, daß die Formel für zusammenhängende Graphen mit $m-1$ Kanten schon bewiesen ist. Sei $G$ ein zusammenhängender Graph mit $m$ Kanten. Ist $G$ ein Baum, so gilt die Formel wegen $m = n-1$, $f = 1$. Ist $G$ kein Baum, dann erhält man einen zusammenhängenden Teilgraphen $G'$, indem man eine Kante $e$ von $G$ wegläßt, die in einem Kreis von $G$ enthalten ist. Nach Induktionsvoraussetzung erfüllt $G'$ die Polyederformel. Jedes ebene Diagramm von $G$ entsteht durch das Hinzufügen der Kante $e$ zu einem ebenen Diagramm von $G'$. Hierdurch wird eine Fläche dieses Diagramms in zwei Teile geteilt. (Um dies formal korrekt zu begründen, benötigt man den sog. „Jordanschen Kurvensatz"; da der Sachverhalt anschaulich klar ist, soll hierauf nicht näher eingegangen werden.) Also steigen linke und rechte Seite der Polyederformel jeweils um 1, und die Formel stimmt auch für $G$. □

Die Polyederformel läßt sich auch für nicht zusammenhängende Graphen formulieren:

**4.4 Korollar.** *Für jedes ebene Diagramm eines Graphen mit $k$ Zusammenhangskomponenten gilt*

$$n + f = m + k + 1\,.$$

**Beweis.** Man wende 4.3 auf jede Zusammenhangskomponente des Graphen an. □

Ausgehend von 4.3 sollen jetzt weitere Eigenschaften planarer Graphen (bzw. ihrer ebenen Diagramme) hergeleitet werden. Dabei wird das im vorigen Abschnitt vorgestellte Prinzip der doppelten Abzählung verwendet: Gegeben sei ein ebenes Diagramm eines zusammenhängenden Graphen $G$ mit $n$ Ecken, $m \geq 3$ Kanten $e_1, \ldots, e_m$ und $f$ Flächen $F_1, \ldots, F_f$. Die $m \times f$ – Matrix $A = (a_{ij})$ sei definiert durch

$$a_{ij} := \begin{cases} 1 & \text{falls die Kante } e_i \text{ zum Rand der Fläche } F_j \text{ gehört,} \\ 0 & \text{sonst.} \end{cases}$$

Jede Kante gehört zum Rand von höchstens zwei Flächen (eine Kante kann auch zum Rand von nur einer Fläche gehören). Also enthält jede Zeile der Matrix höchstens zwei Einsen, d.h. die Gesamtzahl der Einsen ist höchstens $2m$. Andererseits wird jede Fläche von mindestens drei Kanten berandet (hier wird die Voraussetzung $m \geq 3$ benötigt). Daher gibt es insgesamt mindestens $3f$ Einsen. Es folgt $3f \leq 2m$, und ersetzt man mit der Polyederformel $f$ durch $m - n + 2$, so ergibt sich $m \leq 3n - 6$. Dies gilt trivialerweise auch im Fall $m = 2$, und erst recht für unzusammenhängende Graphen (man addiert die entsprechenden Ungleichungen, die für jede Zusammenhangskomponente gelten):

**4.5 Satz.** *Für jeden planaren Graphen mit $n$ Ecken und $m \geq 2$ Kanten gilt*

$$m \leq 3n - 6\,.$$

Wenn jeder Kreis mindestens vier Kanten enthält, dann erhält man mit obigem Beweis sogar:

**4.6 Satz.** *Für jeden planaren Graphen mit $n$ Ecken und $m \geq 2$ Kanten, der keine Kreise der Länge 3 enthält, gilt*

$$m \leq 2n - 4\,.$$

Das folgende Korollar wird im nächsten Abschnitt beim Beweis des „Fünffarbensatzes" verwendet:

**4.7 Korollar.** *Jeder endliche planare Graph besitzt eine Ecke von Grad $\leq 5$.*

**Beweis.** Sei $G = (V, E)$ ein Graph mit $n$ Ecken, $m$ Kanten und $\operatorname{grd} v \geq 6$ für alle $v \in V$. Mit 1.10 folgt dann

$$2m = \sum_{v \in V} \operatorname{grd} v \geq 6n\,.$$

Wegen 4.5 kann $G$ daher nicht planar sein. □

Das nächste Resultat folgt mit 4.5 bzw. 4.6; es läßt sich aber auch „anschaulich" direkt beweisen:

**4.8 Korollar.** *Die Graphen $K_5$ und $K_{3,3}$ sind nicht planar.*

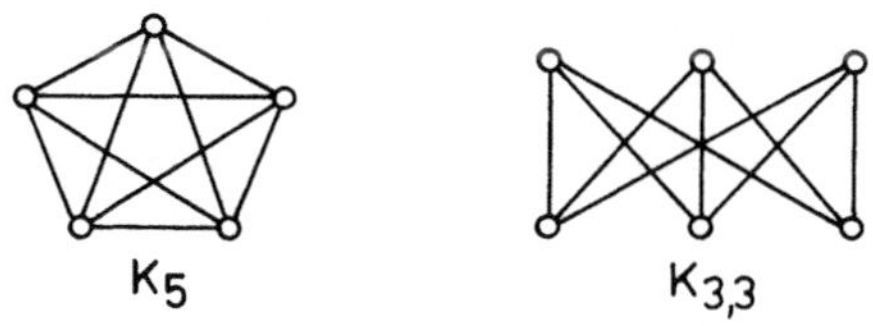


Abb. 18

Man kann mit 4.5 und 4.6 die Nichtplanarität noch für viele weitere Graphen beweisen. Die Bedeutung von $K_5$ und $K_{3,3}$ liegt darin, daß *jeder* nichtplanare Graph einen dieser beiden Graphen in gewissem Sinn als „Unterstruktur" enthält. Um dieses Resultat von Kuratowski (1930) präzise formulieren zu können, wird der Begriff der *Unterteilung* eines Graphen benötigt:

**4.9 Definition.** Es sei $G=(V,E)$ ein Graph, $\{a,b\}\in E$ eine Kante von $G$, und $x$ ein *nicht* in $V$ enthaltenes Element. Man sagt, daß der Graph $G'=(V',E')$ durch **Einfügen der Ecke $x$ in die Kante $\{a,b\}$** entsteht, falls $V'=V\cup\{x\}$ und $E'=(E\setminus\{\{a,b\}\})\cup\{\{a,x\},\{x,b\}\}$.

Ein Graph $H$ heißt **Unterteilung** eines Graphen $G$, wenn er aus $G$ durch das sukzessive Einfügen von endlich vielen neuen Ecken gewonnen werden kann.

**4.10 Satz.** *Ein endlicher Graph ist genau dann planar, wenn er keine Unterteilung von $K_5$ oder $K_{3,3}$ als Teilgraph enthält.*

Es ist klar, daß ein planarer Graph diese Bedingung erfüllen muß, da man sonst ein ebenes Diagramm von $K_5$ oder $K_{3,3}$ erhalten würde. Der Beweis der Umkehrung ist schwieriger und vor allem langwierig, weshalb hier darauf verzichtet wird. Der interessierte Leser kann ihn z.B. im Buch von Harary nachlesen.

**4.11 Beispiel.** Der Petersengraph enthält eine Unterteilung des $K_{3,3}$ als Teilgraph. Er ist daher nicht planar (siehe Abbildung 19).

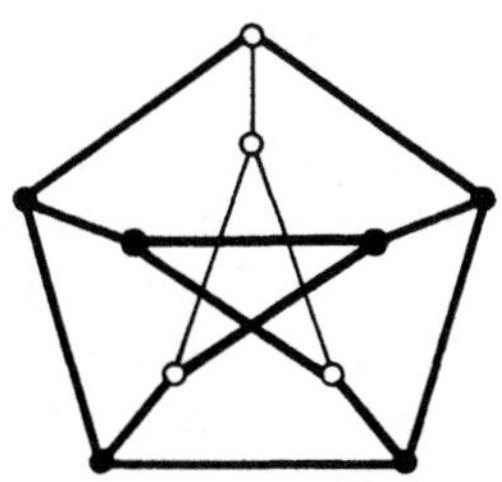

Abb. 19

Es gibt übrigens sehr schnelle Algorithmen, mit denen man testen kann, ob ein gegebener endlicher Graph planar ist. Ein solcher Algorithmus wurde z.B. 1974 von Hopcroft und Tarjan gefunden; eine gute Beschreibung findet man im Buch von P. Läuchli.

Im letzten Teil dieses Abschnitts werden besonders „regelmäßig" aufgebaute planare Graphen untersucht:

**4.12 Definition.** Ein endlicher planarer Graph $G$ heißt **platonisch**, wenn es natürliche Zahlen $r, s \geq 3$ gibt, so daß folgendes gilt:

(1) $G$ ist $r$-regulär, d.h. alle Ecken haben Grad $r$,

(2) $G$ besitzt ein ebenes Diagramm, in dem alle Flächen von Kreisen der Länge $s$ berandet werden.

Die platonischen Graphen lassen sich genau beschreiben:

**4.13 Satz.** *Es gibt (bis auf Isomorphie) genau die fünf in Abbildung 20 dargestellten platonischen Graphen.*

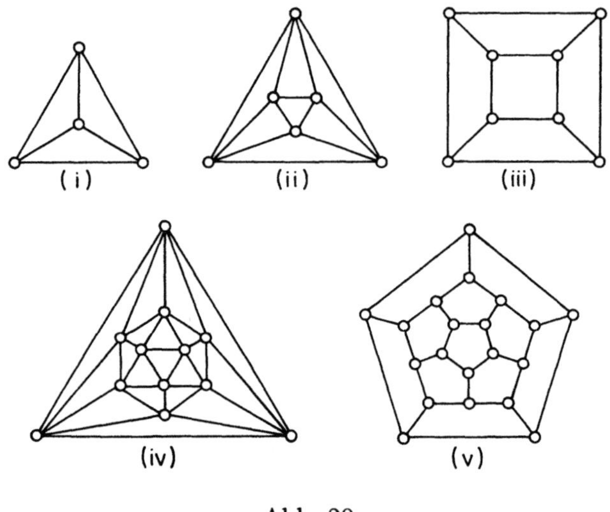


Abb. 20

**Beweis.** Gegeben sei ein platonischer Graph $G$ und ein ebenes Diagramm dieses Graphen. Da ein Kreis keine Kante doppelt enthalten kann, folgt aus 4.12 (2), daß jede der $f$ Flächen von $s$ verschiedenen Kanten berandet wird. Insgesamt gibt es daher $fs$ „Inzidenzen" von Flächen mit Kanten. Umgekehrt kann sich nie auf beiden Seiten einer Kante dieselbe Fläche befinden, denn in diesem Fall käme die Kante in dem die Fläche berandenden Kantenzug doppelt vor. Also gehört jede Kante zum Rand von genau zwei verschiedenen Flächen. Es folgt (Prinzip der doppelten Abzählung):

(1) $$fs = 2m\,.$$

Jede der $n$ Ecken hat Grad $r$. Das „Handschlaglemma“ liefert also:

(2) $$nr = 2m\,.$$

Erweitert man beide Seiten der eulerschen Polyederformel $n+f-m = 2$ mit dem Faktor $2r$, so ergibt sich $2nr + 2fr - 2mr = 4r$ und hieraus mit (1) und (2) $2fs + 2fr - fsr = 4r$, d.h.

(3) $$f(2s + 2r - sr) = 4r\,.$$

Da $f$ und $4r$ positive Zahlen sind, folgt $2s + 2r - sr > 0$, d.h. $(s-2)(r-2) - 4 = sr - 2s - 2r < 0$. Also gilt

(4) $$(s-2)(r-2) < 4\,.$$

Nun sind $s-2$ und $r-2$ positive Zahlen, und es gibt nur die folgenden fünf Produkte solcher Zahlen mit einem Ergebnis kleiner 4:

(5) $$1\cdot 1\,,\ 1\cdot 2\,,\ 2\cdot 1\,,\ 1\cdot 3\,,\ 3\cdot 1\,.$$

Damit sind alle Möglichkeiten für $s$ und $r$ bestimmt. Aus $s$ und $r$ lassen sich $f$, $m$ und $n$ bestimmen. Aus (3) erhält man

(6) $$f = \frac{4r}{2s + 2r - sr}\,,$$

und aus (1) und (2) dann

(7) $$m = \frac{fs}{2}\,,\ n = \frac{2m}{r}\,.$$

Damit ergibt sich die folgende Tabelle für die möglichen Parameter eines platonischen Graphen:

| $s$ | $r$ | $f$ | $m$ | $n$ | zugehöriger platonischer Körper |
|---|---|---|---|---|---|
| 3 | 3 | 4 | 6 | 4 | Tetraeder |
| 3 | 4 | 8 | 12 | 6 | Oktaeder |
| 4 | 3 | 6 | 12 | 8 | Hexaeder |
| 3 | 5 | 20 | 30 | 12 | Ikosaeder |
| 5 | 3 | 12 | 30 | 20 | Dodekaeder |

Abbildung 20 zeigt, daß es zu jeder Möglichkeit auch einen Graphen gibt. Man muß sich jetzt noch davon überzeugen, daß die Parameter den Graphen (bis auf Isomorphie) schon eindeutig festlegen. Der Beweis hierfür sei jedem als Übungsaufgabe überlassen. □

In der Tabelle fällt eine gewisse Symmetrie auf: Vertauscht man $s$ und $r$, so gibt es jeweils wieder einen platonischen Graphen, bei dem $f$ und $n$ vertauscht sind, während $m$ erhalten bleibt. Das ist kein Zufall. Man braucht nämlich nur in jeder Fläche im Diagramm eines platonischen Graphen einen Punkt als Ecke eines neuen Graphen zu wählen, und zwei (neue) Ecken durch eine Kante zu verbinden, wenn die zugehörigen (alten) Flächen in ihren Rändern eine gemeinsame Kante haben. Dann vertauschen $s$ und $r$ ihre Bedeutung, und ebenso $f$ und $n$, während sich $m$ nicht ändert. (Dieses Verfahren funktioniert für jeden planaren Graphen, nur hat der so erhaltene „geometrische Dualgraph" eventuell Mehrfachkanten oder Schlingen.)

Natürlich haben die eulersche Polyederformel und platonische Graphen etwas mit Polyedern und platonischen Körpern zu tun. Folgendes Zitat ist dem interessanten Buch „Von Zahlen und Figuren" von H. Rademacher und O. Toeplitz entnommen, aus dem auch der obige Beweis stammt: „Unter einem **Polyeder** wird ein allseitig von ebenen Flächenstücken begrenzter Körper verstanden; und **regulär** ist ein Polyeder nach der Definition Euklids, wenn alle begrenzenden Flächen einander kongruente Vielecke mit lauter gleichen Seiten und Winkeln (reguläre Polygone) sind." Reguläre Polyeder werden oft auch **platonische Körper** genannt. Mit 4.13 kann man folgern, daß es höchstens fünf platonische Körper geben kann (bis auf Kongruenz). Bekanntlich gibt es tatsächlich fünf Exemplare. Sie sind in Abbildung 21 dargestellt.

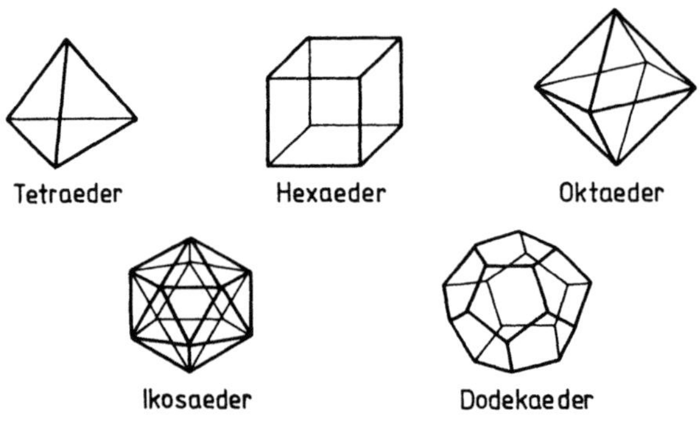


Abb. 21

## Aufgaben

31. Überlege anschaulich, daß die Graphen $K_5$ und $K_{3,3}$ nicht planar sind.

32. (R. J. Wilson) Drei Nachbarn gehen zum gleichen Lebensmittelgeschäft, zur gleichen Gaststätte und zum gleichen Postamt. Da sie untereinander verfeindet sind, möchten sie von jedem ihrer Häuser zu jedem der drei anderen Orte Wege finden, die sich nicht überschneiden. Ist dies überhaupt möglich?

33. Bestimme die bei der Herleitung von 4.5 verwendete Matrix $A$ für den Graphen mit folgendem Diagramm:

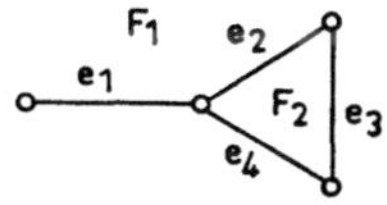


34. Beweise 4.6.

*35. Sei $G$ ein planarer Graph, in dem jede Ecke mindestens Grad 3 hat, mit einem ebenen Diagramm, in dem jede Fläche von mindestens 5 Kanten berandet wird. Zeige, daß das Diagramm von $G$ (und damit jedes ebene Diagramm von $G$) mindestens 12 Flächen hat.

36. Sei $G$ ein planarer Graph mit $n \geq 2$ Ecken. Mit $n_r$ werde die Anzahl der Ecken von Grad $\leq r$ bezeichnet.

a) Zeige: $n_r \geq \dfrac{n(r-5)+12}{r+1}$ .

**Hinweis:** Man „verfeinere" den Beweis von 4.7.

b) Was bedeutet diese Formel für $r = 5$ bzw. $r = 6$ ?

37. Welche der folgenden Graphen sind Unterteilungen von 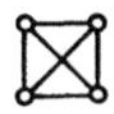 ?

38. Wieviele paarweise nichtisomorphe Unterteilungen des Graphen $K_5$ mit insgesamt 8 Ecken gibt es?

39. Welche der folgenden Graphen sind planar? Falls einer nicht planar ist, finde eine Unterteilung von $K_5$ oder von $K_{3,3}$ als Teilgraph.

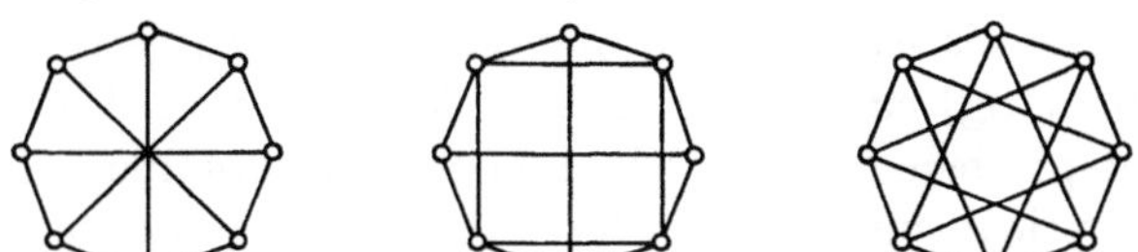

(i) (ii) (iii)

*40. Der Beweis von 4.13 soll vervollständigt werden: Zeige, daß jeder der fünf platonischen Graphen durch das zugehörige Parametertupel eindeutig bestimmt ist.

# 5 Färbungen

Schon im vorigen Jahrhundert wurde die Frage erörtert, wieviele Farben man zur Färbung von Landkarten benötigt, wenn Länder mit gemeinsamer Grenze verschiedene Farben bekommen sollen. Die Landkarte einer Insel wie in Abbildung 22(i) erfordert drei Farben: das Meer blau, wie üblich, und zwei Farben für die Länder. Die Landkarte in (ii) erfordert dagegen vier Farben, während in (iii) wieder drei Farben ausreichen. Man könnte nun erwarten, daß für größere Landkarten i.a. immer mehr Farben benötigt werden. Diese Erwartung stellt sich als falsch heraus: Es

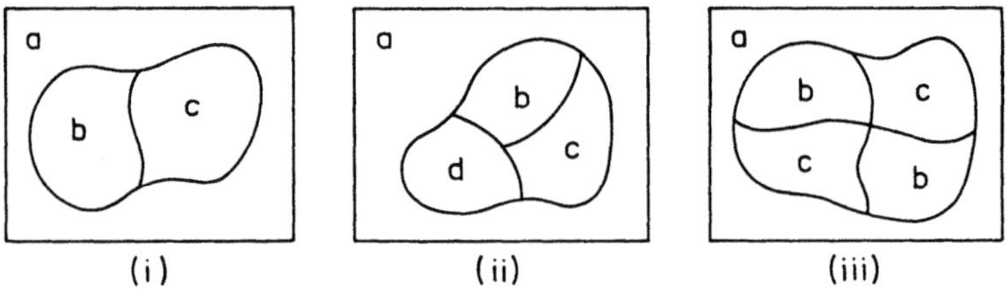


Abb. 22

wird gezeigt werden, daß fünf Farben immer reichen. Ob man sogar immer mit vier Farben auskommt, war lange Zeit ein offenes Problem.

**Vier–Farben–Vermutung.** Jede Landkarte kann so mit vier Farben gefärbt werden, daß benachbarte Länder immer verschiedene Farben haben.

Die Vier–Farben–Vermutung hat als Katalysator in vielen Bereichen der Graphentheorie gewirkt. Dies hängt damit zusammen, daß jede Landkarte als das Diagramm eines (endlichen) planaren Graphen aufgefaßt werden kann: Die Stellen, wo Grenzlinien zusammentreffen, werden als Ecken eines Graphen betrachtet, und die Grenzlinien selbst als Kanten. Um Mehrfachkanten zu vermeiden, werden schließlich noch (falls nötig) einige zusätzliche Ecken eingefügt. Die Landkarten aus Abbildung 22 entsprechen z.B. den Diagrammen aus Abbildung 23. Die Färbung der Landkarte entspricht nun einer Färbung der Flächen des Diagramms (wobei auch

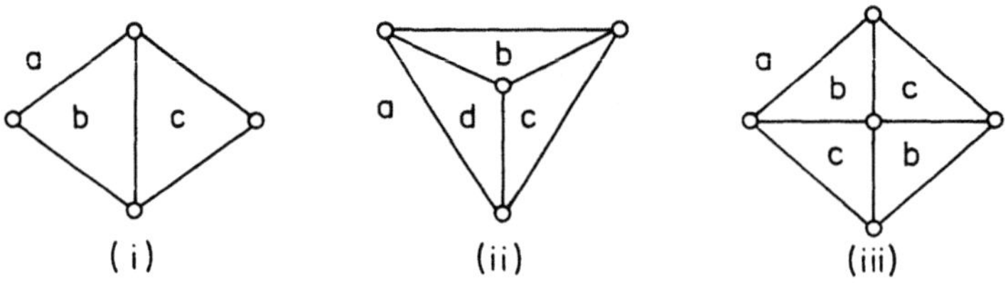


Abb. 23

das Außengebiet gefärbt wird). Dabei kann vorausgesetzt werden, daß der Graph keine **Brücke** hat (d.h. keine Kante, deren Wegnahme die Anzahl der Zusammenhangskomponenten des Graphen erhöht), da sonst ein Land eine Grenze mit sich selbst hätte:

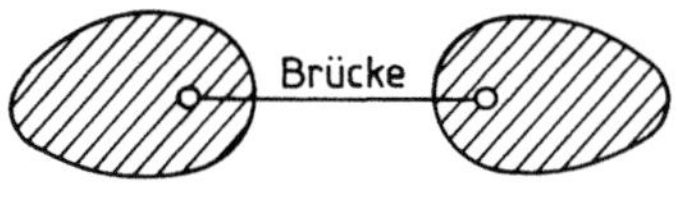


Abb. 24

**5.1 Definition.** Eine **Landkarte** ist ein ebenes Diagramm eines brückenlosen, planaren endlichen Graphen. Eine solche Landkarte wird $k$–**färbbar** genannt, wenn man jeder Fläche eine von $k$ gegebenen Farben zuordnen kann, so daß benachbarte Flächen (d.h. Flächen mit gemeinsamer Randkante) verschieden gefärbt sind.

Es ist klar, daß „Farben" im mathematischen Sinn einfach die Elemente irgendeiner Menge sind; beispielsweise können $a, b, c, \ldots$ oder $1, 2, 3, \ldots$ als Farben dienen. Anstelle von Färbungen der Flächen kann man natürlich auch Färbungen der Ecken oder der Kanten eines Graphen betrachten. Hier werden vor allem Eckenfärbungen untersucht:

**5.2 Definition.** Ein endlicher Graph $G$ heißt $k$–**färbbar** (genauer: $k$–**eckenfärbbar**), wenn man jeder Ecke des Graphen eine von $k$ Farben zuordnen kann, so daß benachbarte Ecken verschieden gefärbt sind. Die **chromatische Zahl** $\chi(G)$ von $G$ ist definiert als die kleinste natürliche Zahl $n$, für die $G$ $n$–färbbar ist.

**5.3 Beispiele.** Es gilt $\chi(K_n) = n$, $\chi(\overline{K_n}) = 1$, $\chi(K_{m,n}) = 2$, $\chi(C_{2n}) = 2$, $\chi(C_{2n+1}) = 3$. Hierbei bezeichnet $K_n$ den vollständigen Graphen auf $n$ Ecken, $\overline{K_n}$ das Komplement von $K_n$, $K_{m,n}$ den vollständigen bipartiten Graphen auf $m+n$ Ecken (vgl. Aufgabe 14) und $C_k$ einen Kreis mit $k$ Ecken. Siehe Abbildung 25!

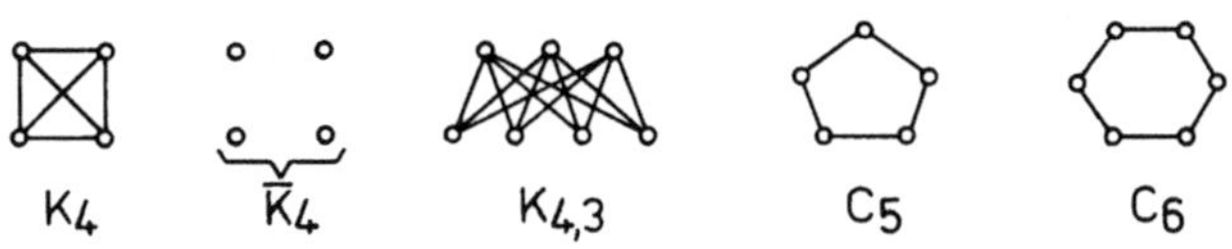


Abb. 25

**5.4 Satz.** *Sei $k$ eine natürliche Zahl. Genau dann sind alle Landkarten $k$–färbbar, wenn alle endlichen planaren Graphen $k$–färbbar (also $k$–*ecken*färbbar) sind.*

**Beweis.** Werde zuerst vorausgesetzt, daß alle endlichen planaren Graphen $k$–färbbar sind. Sei $G$ irgendeine Landkarte. Der Graph $G'$ entstehe auf folgende Weise:

Man zeichnet in jede Fläche von $G$ einen Punkt und verbindet zwei solche Punkte durch eine Linie, wenn sie in benachbarten Flächen liegen. Diese Punkte und Linien ergeben dann die Ecken und Kanten von $G'$. Offenbar ist $G'$ ein planarer Graph, bei

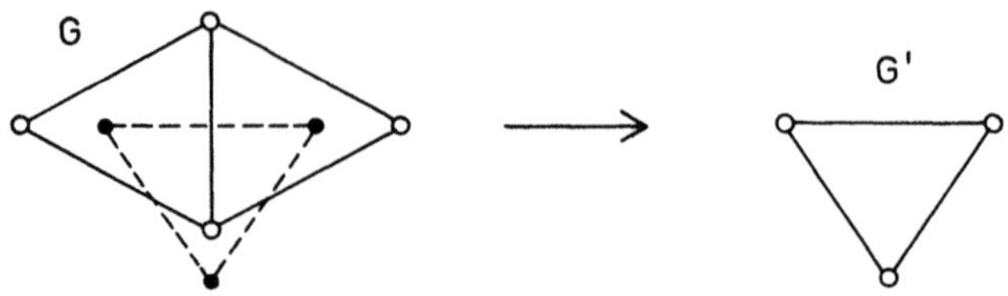


Abb. 26

dem zwei Ecken genau dann benachbart sind, wenn die entsprechenden Flächen von $G$ benachbart sind. Also ist die Landkarte $G$ $k$–färbbar, denn $G'$ ist nach Voraussetzung $k$–färbbar.

Nun werde vorausgesetzt, daß alle Landkarten $k$–färbbar sind, und $H$ sei ein endlicher planarer Graph. Weiter werde angenommen, daß $H$ zusammenhängend ist (sonst ist $H$ schon $k$–färbbar, wenn die Zusammenhangskomponenten von $H$ diese Eigenschaft haben). Sei ein ebenes Diagramm von $H$ gegeben. In jede Fläche dieses Diagramms zeichnet man einen Punkt. Anschließend zeichnet man für *jede* Kante von $H$ eine Linie, die die Punkte in den an die Kante grenzenden Flächen verbindet und diese Kante genau einmal und sonst keine weitere Kante schneidet. Wenn diese Linien sich gegenseitig nicht schneiden, dann nennt man das entstandene Diagramm $H^*$ den **geometrischen Dualgraphen** des Ausgangsdiagramms von $H$. Bei $H^*$ handelt es sich nicht unbedingt um das Diagramm eines Graphen, denn es können Mehrfachkanten und auch Schlingen auftreten (vgl. Abbildung 27). Nun wird ein

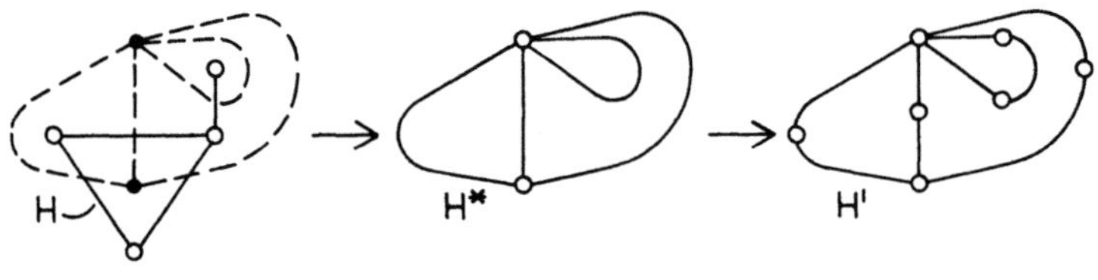


Abb. 27

ebenes Diagramm $H'$ eines planaren Graphen hergestellt, indem in alle Mehrfachkanten von $H^*$ je eine Ecke und in alle Schlingen von $H^*$ je zwei Ecken eingefügt werden. Da $H'$ keine Brücke besitzt (Begründung?), handelt es sich bei $H'$ um eine Landkarte. Aufgrund der Konstruktion ist klar, daß benachbarte Ecken von $H$ benachbarten Flächen von $H'$ entsprechen. Daher ist der Graph $H$ $k$–färbbar, denn die Landkarte $H'$ ist nach Voraussetzung $k$–färbbar. □

Wegen 5.4 können jetzt eckengefärbte Graphen untersucht werden. Tatsächlich reichen zur Färbung von Landkarten fünf Farben auf jeden Fall aus, wie schon 1890 von Heawood gezeigt wurde:

**5.5 Satz.** *Jeder endliche planare Graph ist 5-färbbar.*

Der **Beweis** wird mit Induktion über die Anzahl $n$ der Ecken geführt. Für $n \leq 5$ ist der Satz sicher richtig. Er gelte nun für alle planaren Graphen mit $n$ Ecken, und $G$ sei ein planarer Graph mit $n+1$ Ecken. Nach 4.7 enthält $G$ eine Ecke $v$ von Grad kleiner gleich 5. Der durch Wegnahme von $v$ entstehende Untergraph $G'$ ist nach Voraussetzung 5-färbbar, wobei die Farben mit $1, \ldots, 5$ bezeichnet werden. Wird eine der Farben, z.B. $j$, bei der Färbung der zu $v$ benachbarten Ecken nicht benutzt, dann kann $v$ die Farbe $j$ zugeordnet werden, und $G$ ist 5-färbbar. Es braucht also nur noch der Fall betrachtet werden, daß $\operatorname{grd} v = 5$ gilt, und daß alle Farben bei den Nachbarecken von $v$ vorkommen. In einem gegebenen Diagramm von $G$

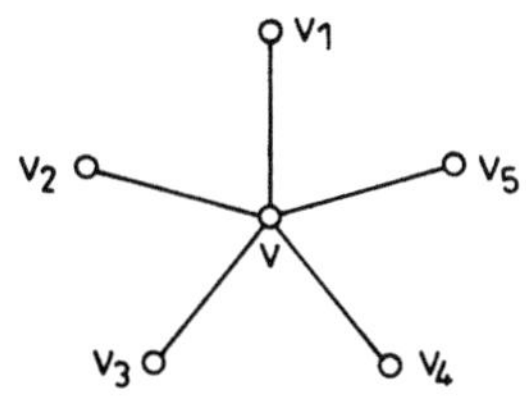


Abb. 28

seien die Nachbarecken wie in Abbildung 28 angeordnet; die zur Farbe $i$ gehörige Ecke sei $v_i$. Mit $G_{13}$ werde der Untergraph von $G'$ bezeichnet, der von den mit 1 oder 3 gefärbten Ecken aufgespannt wird. Wenn $v_1$ und $v_3$ zu verschiedenen Zusammenhangskomponenten von $G_{13}$ gehören (d.h. wenn $v_1$ und $v_3$ in $G'$ nicht durch einen Weg nur aus mit 1 oder 3 gefärbten Ecken verbunden sind), dann können in der Zusammenhangskomponente von $G_{13}$, in der $v_1$ liegt, die Farben 1 und 3 überall vertauscht werden. Auf diese Weise entsteht wieder eine 5-Färbung von $G'$, bei der aber keine der zu $v$ benachbarten Ecken mit 1 gefärbt ist, so daß nun $v$ mit 1 gefärbt werden kann. Es bleibt der Fall zu untersuchen, daß $v_1$ und $v_3$ zur selben Zusammenhangskomponente von $G_{13}$ gehören. Es gibt dann einen $v_1$ und $v_3$ verbindenden Weg in $G'$, dessen Ecken ausschließlich mit 1 und 3 gefärbt sind. Dieser Weg bildet zusammen mit dem Weg $(v_3, v, v_1)$ einen Kreis, der entweder die Ecke $v_2$ oder die Ecken $v_4$ und $v_5$ einschließt (siehe Abbildung 29). In beiden Fällen kann es keinen Weg zwischen $v_2$ und $v_4$ geben, dessen Ecken alle mit 2 oder 4 gefärbt sind, d.h. $v_2$ und $v_4$ liegen in verschiedenen Zusammenhangskomponenten des Untergraphen $G_{24}$ von $G'$, der von den mit 2 oder 4 gefärbten Ecken aufgespannt wird. Ähnlich wie oben für $G_{13}$ können jetzt in der Zusammenhangskomponente von $G_{24}$,

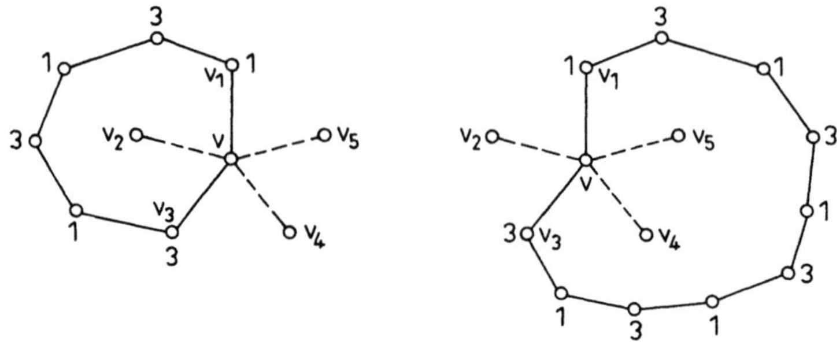


Abb. 29

die $v_2$ enthält, die Farben 2 und 4 vertauscht werden. Auf diese Weise ergibt sich eine 5–Färbung von $G'$, bei der die Nachbarecken von $v$ nicht mit 2 gefärbt sind, so daß man jetzt $v$ mit 2 färben kann. □

Natürlich interessiert die Frage, ob jeder endliche planare Graph sogar 4–färbbar ist. (Das ist die Vier–Farben–Vermutung in der Formulierung für eckengefärbte Graphen.) Diese Frage gilt heute als positiv beantwortet: Im Jahr 1977 haben Appel, Haken und Koch einen Beweis angegeben, bei dem so umfangreiche Fallunterscheidungen vorgenommem werden, daß diese bisher nur auf dem Computer bearbeitet werden können. Es macht daher Schwierigkeiten, die Korrektheit des Beweises und insbesondere der verwendeten Computerprogramme nachzuprüfen. Wenn der Beweis stimmt (davon gehen viele Mathematiker aus), dann bleibt immer noch die Frage, ob es einen „einfachen“, vollständig von Hand überprüfbaren Beweis gibt. Es wurden viele falsche „Beweise“ der Vier–Farben–Vermutung angegeben, der erste 1879 von Kempe. Der Fehler in Kempes Beweis wurde erst elf Jahre später von Heawood entdeckt, der sogleich zeigte, daß die Behauptung stimmt, wenn man „vier“ durch „fünf“ ersetzt (siehe oben).

Abschließend wird in diesem Abschnitt untersucht, auf wieviele verschiedene Arten ein Graph (ecken-) gefärbt werden kann:

**5.6 Definition.** Ist $G$ ein endlicher Graph, und stehen $x$ verschiedene Farben zur Verfügung, dann wird die Anzahl der Möglichkeiten, die Ecken von $G$ mit diesen Farben zu färben, mit $f(G,x)$ bezeichnet. Hierbei darf es vorkommen, daß nicht alle $x$ Farben verwendet werden. Man nennt $f(G,x)$ das **chromatische Polynom** von $G$.

Zum Beispiel kann man den Graphen  auf 12 verschiedene Arten mit den „Farben“ 1, 2, 3 färben; in diesem Fall gilt also $f(G,3) = 12$. Drei dieser

Färbungen sind in Abbildung 30 angegeben. Ein anderes einfaches Beispiel liefern die vollständigen Graphen $K_n$ : Man kann für die erste Ecke alle $x$ Farben verwenden,

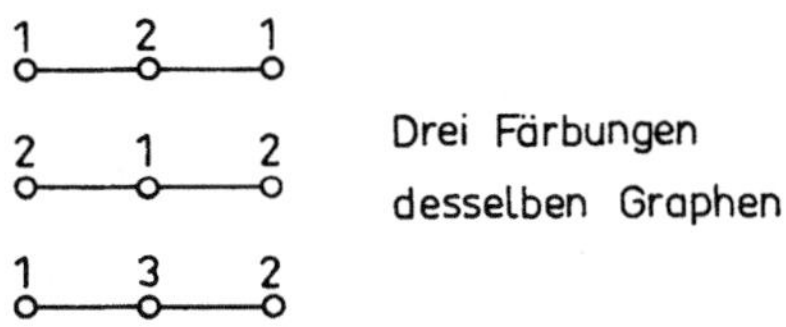


Abb. 30

für die zweite dann noch $x-1$, usw. Es ergibt sich

$$f(K_n, x) = x(x-1)(x-2)\dots(x-n+1)\,.$$

Ein weiteres Beispiel:

$$f(\overline{K_n}, x) = x^n\,.$$

Es wird sich herausstellen, daß $f(G,x)$ immer ein Polynom in $x$ ist, weshalb die Bezeichnung „chromatisches Polynom" gerechtfertigt ist. Um dies zu beweisen, wird der folgende Satz benötigt, in dem die aus $G$ gebildeten Graphen $G_{\{a,b\}}$ und $G_{a=b}$ vorkommen: Sind $a$ und $b$ verschiedene Ecken von G, und ist $\{a,b\}$ keine Kante von $G$, dann entsteht $G_{\{a,b\}}$ , indem zu $G$ die Kante $\{a,b\}$ hinzugefügt wird, und $G_{a=b}$ , indem die Ecken $a$ und $b$ miteinander identifiziert werden. Genauer gesagt, es werden $a$ und $b$ inklusive den mit $a$ und $b$ inzidenten Kanten aus $G$ entfernt, und es wird eine neue Ecke $c$ hinzugefügt mit der Eigenschaft, daß $\{v,c\}$ genau dann eine Kante des neuen Graphen $G_{a=b}$ wird, wenn $\{v,a\}$ oder $\{v,b\}$ eine Kante von $G$ ist. Abbildung 31 zeigt ein Beispiel. Man beachte, daß immer sowohl der

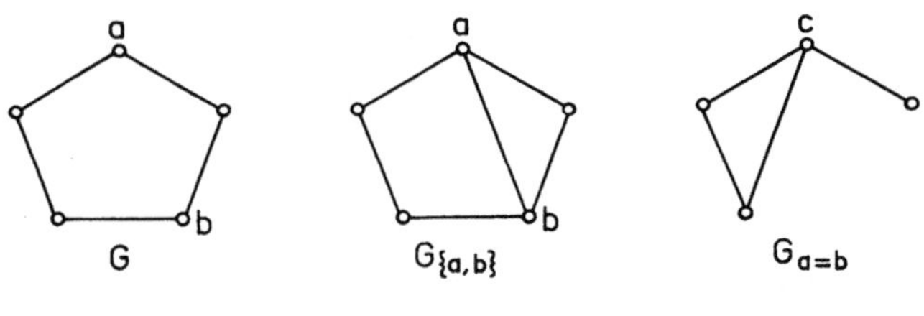


Abb. 31

Graph $G_{\{a,b\}}$ wie auch der Graph $G_{a=b}$ ein nicht verbundenes Paar von Ecken weniger hat als $G$, so daß man nach (eventuell) mehrfacher Anwendung dieser Umwandlungsmethode schließlich vollständige Graphen erhält. Das folgende Ergebnis liefert daher eine Methode zur Berechnung von $f(G,x)$ für alle endlichen Graphen $G$:

**5.7 Satz.** *Sind a und b zwei nicht benachbarte Ecken eines endlichen Graphen G, dann gilt*

$$f(G,x) = f(G_{\{a,b\}},x) + f(G_{a=b},x)\,.$$

**Beweis.** Die Anzahl der Färbungen von $G$ mit $x$ Farben, bei denen $a$ und $b$ verschieden gefärbt sind, ist genau die Anzahl der Färbungen von $G_{\{a,b\}}$ mit $x$ Farben. Die Anzahl der Färbungen von $G$ mit $x$ Farben, bei denen $a$ und $b$ gleich gefärbt sind, ist genau die Anzahl der Färbungen von $G_{a=b}$ mit $x$ Farben. Hieraus ergibt sich die Behauptung. □

**5.8 Korollar.** *Für jeden endlichen Graphen G ist $f(G,x)$ ein Polynom in x.*

Mit wiederholter Anwendung von 5.7 erhält man für das Beispiel in Abbildung 32

$$f(G,x) = x(x-1)(x-2)(x-3)(x-4) + 3x(x-1)(x-2)(x-3) + 2x(x-1)(x-2)\,,$$

also

$$f(G,x) = x^5 - 7x^4 + 19x^3 - 23x^2 + 10x\,.$$

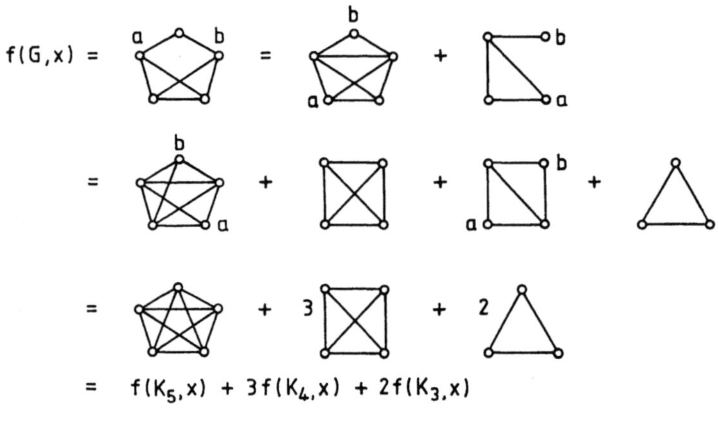


Abb. 32

Der Beweis des folgenden Satzes ist eine Übungsaufgabe:

**5.9 Satz.** *Sei G ein endlicher Graph mit n Ecken und m Kanten. Dann hat das chromatische Polynom $f(G,x)$ den Grad n, der Koeffizient von $x^n$ in $f(G,x)$ ist 1, der Koeffizient von $x^{n-1}$ ist $-m$, und das konstante Glied ist 0.*

Es ist ein ungelöstes Problem, welche Polynome als chromatische Polynome von Graphen auftreten. Wüßte man, welche die chromatischen Polynome *planarer* Graphen sind, dann hätte man auch einen Beweis für (oder gegen) die Vier–Farben–Vermutung: die chromatische Zahl $\chi(G)$ eines Graphen $G$ ist nämlich die kleinste natürliche Zahl $x$ mit $f(G,x) > 0$.

Besonders gut lassen sich Färbungen von Graphen für Stundenplanprobleme verwenden: Wenn beispielsweise Vorlesungszeiten festgelegt werden sollen, dann betrachtet man die Vorlesungen als die Ecken eines Graphen, und man verbindet zwei Ecken durch eine Kante, wenn die zugehörigen Vorlesungen nicht gleichzeitig stattfinden sollen (z.B. weil beide Vorlesungen von demselben Professor gehalten werden, oder weil sich der Hörerkreis der Vorlesungen überschneidet). Wenn man jetzt jede der möglichen Vorlesungszeiten als „Farbe" auffaßt, dann entspricht eine Eckenfärbung des Graphen einem möglichen Stundenplan. Mit dem chromatischen Polynom läßt sich ausrechnen, wieviele solche Stundenpläne es gibt, und insbesondere, ob es überhaupt einen gibt. Einen Stundenplan zu finden, der meist noch zahlreichen anderen Nebenbedingungen genügen soll, ist allerdings ein anderes Problem.

## Aufgaben

41. a) Färbe die folgende Landkarte mit möglichst wenigen Farben.
    b) An welchen Stellen des Diagramms sind die Ecken der zugehörigen graphentheoretischen Landkarte $G$?
    c) Zeichne den Graphen $G'$ (vgl. Abbildung 26).

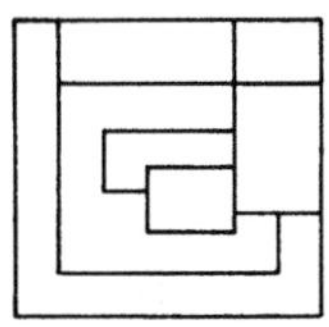

42. Bestimme die chromatischen Zahlen der fünf platonischen Graphen (siehe Abbildung 20).

43. Beweise: Jeder endliche Baum ist 2–färbbar.

44. Zeichne den geometrischen Dualgraphen $H^*$ und die Landkarte $H'$ (vgl. Abbildung 27) ausgehend von dem folgenden Diagramm des Graphen $H$:

a) 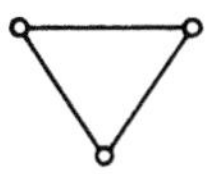 , b) 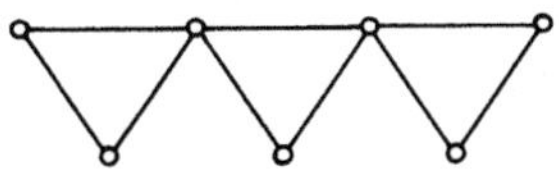 ,

c) 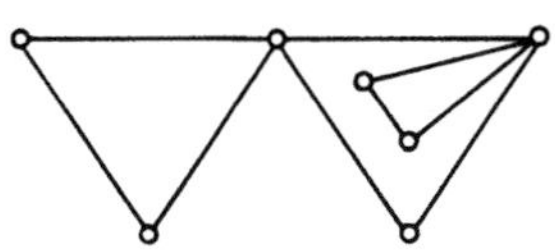 .

45. Beweise folgende Aussage: Die Vier–Farben–Vermutung ist genau dann richtig, wenn jede *kubische* Landkarte (also jede Landkarte, deren Ecken alle Grad 3 haben) 4–färbbar ist. **Hinweis:** Man muß jede Landkarte in geeigneter Weise in eine kubische Landkarte verwandeln. Was macht man mit Ecken von Grad 2, was mit Ecken von Grad größer gleich 4?

46. Berechne das chromatische Polynom von

a)  , b) 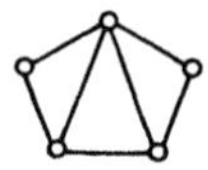 .

47. Beweise 5.9.

48. Sei $G$ ein endlicher Graph mit den Zusammenhangskomponenten $G_1, \ldots, G_k$. Beweise, daß $f(G,x) = \prod_{i=1}^{k} f(G_i,x)$ gilt.

*49. Beweise, daß der Koeffizient von $x$ im chromatischen Polynom $f(G,x)$ von 0 verschieden ist, falls $G$ zusammenhängend ist. **Hinweis:** Man benutze 5.7 (eventuell mehrfach) in der Form $f(H_{\{a,b\}},x) = f(H,x) - f(H_{a=b},x)$, wobei man mit $H_{\{a,b\}} = G$ starte. Schließlich verwende man $f(\overline{K_r},x) = x^r$.

50. Berechne die chromatischen Polynome der Graphen $K_{1,n}$, $K_{2,n}$, $K_{3,n}$.

# 6 Der Heiratssatz

Das Ziel dieses Abschnitts ist die Beantwortung des *Heiratsproblems*: Wenn in einer gewissen Anzahl von Männern und Frauen jeder der Männer einige der Frauen kennt, unter welchen Bedingungen ist es möglich, daß jeder der Männer eine seiner Bekannten heiratet? Man kann diese Fragestellung aus verschiedenen Gründen kritisieren (z.B. wegen der einseitigen Formulierung aus Sicht der Männer), sie ist aber zweifellos sehr einprägsam.

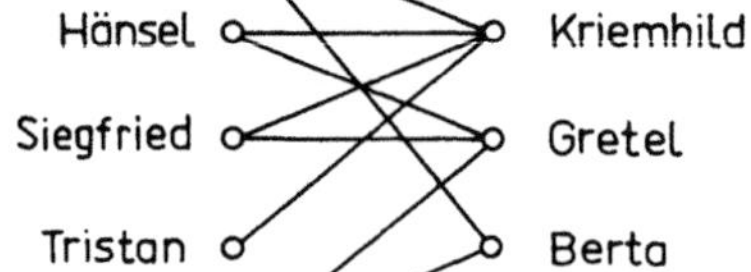


Abb. 33

Für eine positive Lösung des Heiratsproblems ist es offensichtlich notwendig, daß je $k$ Männer insgesamt mindestens $k$ Frauen kennen (für jedes $k$). Der *Heiratssatz* von Hall (6.7) besagt nun, daß diese Bedingung schon hinreichend ist. Zuerst wird aber der *Satz von Menger* bewiesen, aus dem dann der *Satz von König und Egerváry* hergeleitet werden kann, der wiederum für den Beweis des Heiratssatzes verwendet wird. Doch zunächst werden für die abstrakte, graphentheoretische Formulierung des Heiratsproblems einige Definitionen benötigt:

**6.1 Definition.** Ein Graph $G=(V,E)$ heißt **bipartit**, falls die Eckenmenge $V$ in zwei disjunkte Teilmengen $S$ und $T$ zerlegt werden kann (d.h. $V = S \dot{\cup} T$), so daß alle Kanten von $G$ von der Form $\{s,t\}$ sind, mit $s \in S$, $t \in T$. Anstelle von $G$ schreibt man dann auch $G(S,T)$.

Der Graph des Heiratsproblems in Abbildung 33 ist bipartit. Von den Graphen in Abbildung 34 sind die ersten beiden bipartit, aber der dritte nicht.

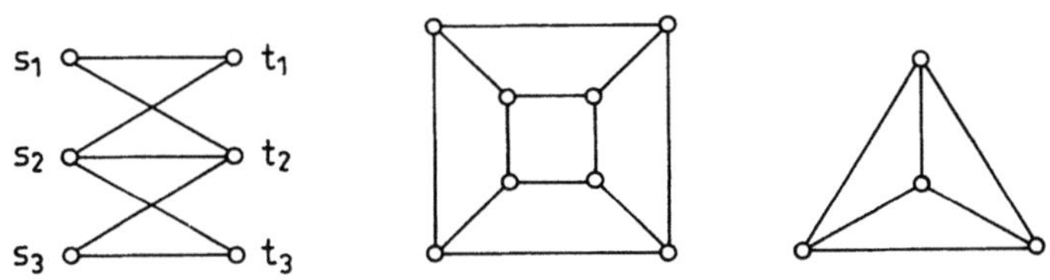


Abb. 34

**6.2 Definition.** Unter einer **Heirat** (engl.: matching) eines bipartiten Graphen $G$ versteht man eine Menge $M$ von Kanten von $G$, so daß keine zwei Kanten eine Ecke gemeinsam haben, d.h. mit $e_1 \cap e_2 = \emptyset$ für je zwei verschiedene Kanten $e_1$, $e_2 \in M$.

Das Heiratsproblem besteht also darin zu entscheiden, ob ein gegebener bipartiter Graph eine Heirat der Mächtigkeit $|S|$ besitzt (bei der also „alle Männer verheiratet werden"). Zur Behandlung dieses Problems wird jetzt weiter ausgeholt:

**6.3 Definition.** Sei $G=(V,E)$ ein Graph, und $s$ und $t$ seien zwei Ecken von $G$. Eine Menge von Wegen von $s$ nach $t$ heißt **eckendisjunkt**, wenn keine Ecke von $G$ (von $s$ und $t$ abgesehen) in mehr als einem dieser Wege vorkommt. Entsprechend heißen die Wege **kantendisjunkt**, wenn keine Kante von $G$ in mehr als einem dieser Wege vorkommt. Eine Teilmenge $W$ von $V \setminus \{s,t\}$ wird eine $s$ und $t$ **trennende Eckenmenge** genannt, wenn jeder Weg von $s$ nach $t$ eine Ecke aus $W$ enthält. Eine Teilmenge $F$ von $E$ wird eine $s$ und $t$ **trennende Kantenmenge** genannt, wenn jeder Weg von $s$ nach $t$ eine Kante aus $F$ enthält.

Der Graph in Abbildung 35 hat drei kantendisjunkte, aber nur zwei eckendisjunkte Wege von $s$ nach $t$. Die kleinste $s$ und $t$ trennende Eckenmenge hat zwei Ecken (schwarz gezeichnet), während die kleinste $s$ und $t$ trennende Kantenmenge

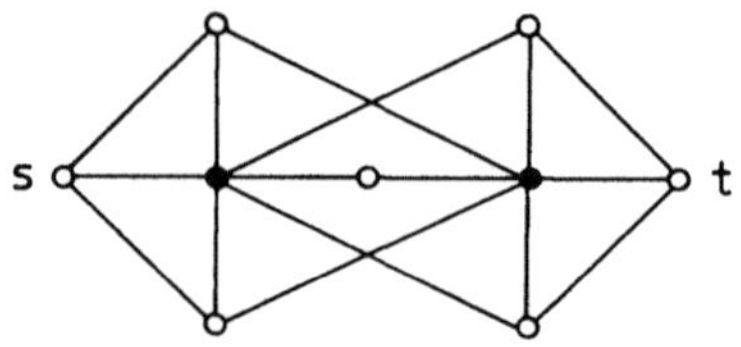


Abb. 35

aus drei Kanten besteht. Dahinter steckt ein allgemeiner Sachverhalt, der in den folgenden beiden Sätzen beschrieben wird:

**6.4 Satz.** *In einem endlichen Graphen $G$ mit zwei nichtbenachbarten Ecken $s$ und $t$ ist die maximale Anzahl eckendisjunkter Wege von $s$ nach $t$ gleich der minimalen Anzahl von Ecken in einer $s$ und $t$ trennenden Eckenmenge.*

**Beweis.** Klar ist, daß es nicht mehr $s$ und $t$ verbindende eckendisjunkte Wege gibt als Ecken in irgendeiner $s$ und $t$ trennenden Eckenmenge, da sonst eine Ecke in mehreren Wegen vorkäme. Also muß lediglich gezeigt werden, daß es *mindestens* $k$ solche Wege gibt, wobei $k$ die Anzahl von Ecken in einer $s$ und $t$ trennenden Eckenmenge minimaler Mächtigkeit bezeichnet. Der Beweis hierfür wird mit Induktion über die Anzahl der Ecken von $G$ geführt. Die Induktionsverankerung ist einfach: Wenn $G$ nur zwei Ecken hat, nämlich $s$ und $t$, dann gilt $k = 0$, und die Behauptung gilt trivialerweise. Sei $G$ jetzt ein Graph mit mehr als zwei Ecken, und werde vorausgesetzt, daß die Behauptung für alle Graphen mit weniger Ecken als $G$ richtig ist.

Werde zunächst angenommen, daß es eine $s$ und $t$ trennende Eckenmenge $W$ minimaler Mächtigkeit (also mit $|W| = k$) mit folgender Eigenschaft gibt:

(∗) Es gibt eine Ecke von $W$, die nicht mit $s$ benachbart ist, und eine Ecke von $W$, die nicht mit $t$ benachbart ist.

Der Untergraph $G_s$ von $G$ enthalte $s$ und die Ecken von $W$, sowie alle Ecken von $G$, die von $s$ aus auf Wegen erreichbar sind, die keine Ecke von $W$ enthalten. Der Graph $H_s$ entstehe aus $G_s$, indem eine neue Ecke $t'$ hinzugefügt wird, die mit allen Ecken von $W$ durch eine Kante verbunden wird. Entsprechend werden die Graphen $G_t$ und $H_t$ definiert, indem von $t$ (anstelle von $s$) ausgegangen und schließlich eine neue Ecke $s'$ hinzugefügt wird. Abbildung 36 zeigt $H_s$ und $H_t$ für den Graphen aus Abbildung 35. Man überlegt leicht, daß $W$ eine $s$ und $t'$ trennende Eckenmenge minimaler Mächtigkeit von $H_s$ und auch eine $s'$ und $t$ trennende Eckenmenge minimaler Mächtigkeit von $H_t$ ist. Wegen (∗) haben die Graphen $H_s$ und $H_t$ beide weniger Ecken als $G$. Aufgrund der Induktionsvoraussetzung gibt es also $k$ eckendisjunkte $s$ und $t'$ verbindende Wege in $H_s$ und entsprechend $k$ eckendisjunkte $s'$ und

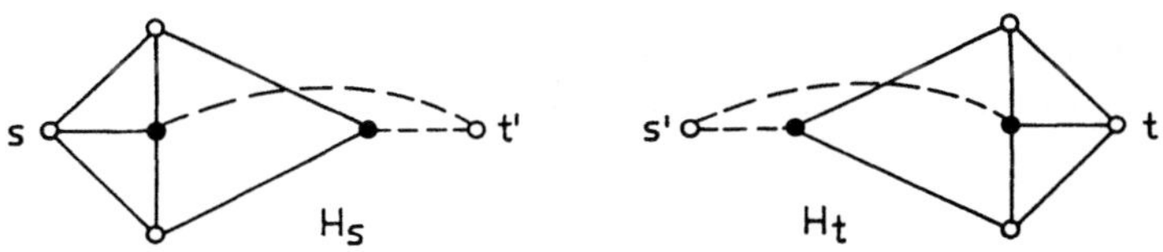


Abb. 36

$t$ verbindende Wege in $H_t$. Nun ist klar, wie diese Wege zu $k$ eckendisjunkten $s$ und $t$ verbindenden Wegen zusammengefügt werden können; als „Verbindungsstellen" dienen die Ecken in $W$.

Es bleibt noch der Fall zu untersuchen, daß (*) nicht gilt. Werde also vorausgesetzt:

(**) In jeder $s$ und $t$ trennenden Eckenmenge minimaler Mächtigkeit von $G$ sind alle Ecken mit $s$ benachbart oder alle Ecken mit $t$ benachbart.

Die Anzahl der Elemente in jeder dieser Eckenmengen wird nach wie vor mit $k$ bezeichnet. Falls es in $G$ eine von $s$ und $t$ verschiedene Ecke $v$ gibt, die in keiner $k$–elementigen $s$ und $t$ trennenden Eckenmenge vorkommt, dann haben auch in dem Graphen $G \setminus v$, der durch Wegnahme von $v$ (und der mit $v$ inzidenten Kanten) entsteht, die $s$ und $t$ trennenden Eckenmengen minimaler Mächtigkeit genau $k$ Elemente. Also liefert die Induktionsvoraussetzung, angewandt auf $G \setminus v$, die behauptete Anzahl $k$ eckendisjunkter Wege (die Ecke $v$ ist für diese Wege gar nicht nötig). Ab jetzt kann daher vorausgesetzt werden, daß jede von $s$ und $t$ verschiedene Ecke von $G$ zu $s$ oder zu $t$ benachbart ist (möglicherweise auch zu $s$ und zu $t$). Sei $P$ ein $s$ und $t$ verbindender Weg minimaler Länge in $G$; ein solcher Weg enthält höchstens zwei von $s$ und $t$ verschiedene Ecken. Entfernt man diese Ecken aus $G$, dann haben im entstehenden Untergraphen die $s$ und $t$ trennenden Eckenmengen minimaler Mächtigkeit genau $k-1$ Elemente (eine genaue Begründung dieser Aussage sei dem Leser überlassen; sie folgt mit (**)). Nach Induktionsvoraussetzung gibt es im Untergraphen $k-1$ eckendisjunkte $s$ und $t$ verbindende Wege, und zusammen mit $P$ also die gewünschten $k$ Wege in $G$. □

**6.5 Satz.** *Sei $G$ ein endlicher Graph, und $s$ und $t$ seien zwei Ecken von $G$. Dann ist die maximale Anzahl kantendisjunkter Wege von $s$ nach $t$ gleich der minimalen Anzahl von Kanten in einer $s$ und $t$ trennenden Kantenmenge.*

Der **Beweis** läßt sich ganz analog zu dem von 6.4 führen. Im wesentlichen muß an einigen Stellen das Wort „Ecke" durch „Kante" ersetzt werden. Die Einzelheiten seien dem Leser überlassen. □

Satz 6.4 stammt aus dem Jahr 1927 von Menger. Erstaunlicherweise wurde 6.5 (die „Kantenform" des Satzes von Menger) trotz der völligen Analogie erst 1956 entdeckt, u.a. von Ford und Fulkerson. Für den Heiratssatz wird allerdings nur die „Eckenform“ benötigt. Zunächst wird aber die Maximalzahl von Kanten charakterisiert, die eine Heirat eines gegebenen bipartiten Graphen enthalten kann (Egerváry, König, 1931). Unter einer **überdeckenden Eckenmenge** (engl.: vertex cover) eines Graphen versteht man eine Eckenmenge, die von jeder Kante von $G$ mindestens eine der Endecken enthält:

**6.6 Satz.** *In einem endlichen bipartiten Graphen $G$ ist die maximale Mächtigkeit einer Heirat gleich der minimalen Mächtigkeit einer $G$ überdeckenden Eckenmenge.*

**Beweis.** Sei $G = G(S,T)$. Es wird ein Graph $H$ konstruiert, indem zu $G$ zwei neue Ecken $s$ und $t$ hinzugefügt werden, wobei $s$ mit allen Ecken in $S$ und $t$ mit allen Ecken in $T$ durch eine Kante verbunden wird (siehe Abbildung 37). Jede Kante $\{x,y\}$ von

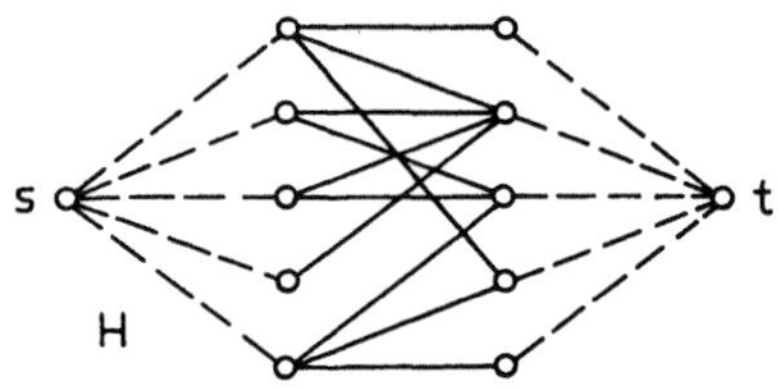


Abb. 37

$G$ mit $x \in S$, $y \in T$ entspricht einem Weg $(s,x,y,t)$ von $H$. Umgekehrt enthält jeder $s$ und $t$ verbindende Weg der Länge drei von $H$ genau eine Kante von $G$. Eine Menge solcher Wege ist genau dann eckendisjunkt, wenn die zugehörigen Kanten eine Heirat von $G$ bilden. Die maximale Mächtigkeit einer Heirat von $G$ ist daher gleich der maximalen Anzahl von $s$ und $t$ verbindenden eckendisjunkten Wegen von $H$ (diese Maximalzahl wird mit Wegen der Länge drei erreicht). Klar ist, daß die $G$ überdeckenden Eckenmengen genau die $s$ und $t$ trennenden Eckenmengen von $H$ sind. Das gewünschte Ergebnis ergibt sich nun, indem 6.4 auf den Graphen $H$ angewendet wird. □

Der Heiratssatz von Hall (1935) charakterisiert diejenigen bipartiten Graphen $G(S,T)$, die eine **vollständige Heirat** besitzen, d.h. eine Heirat $M$ mit $|M| = |S|$. Dafür wird für alle $I \subseteq S$ definiert:

$$\varphi(I) := \{b \in T \mid \exists\, a \in I\colon \{a,b\} \text{ Kante von } G(S,T)\}\,.$$

**6.7 Heiratssatz.** *Ein endlicher bipartiter Graph $G(S,T)$ besitzt genau dann eine vollständige Heirat, falls für alle $I \subseteq S$ gilt:*

$$|I| \le |\varphi(I)|\,.$$

**Beweis.** Wenn es eine vollständige Heirat gibt, dann gilt offenbar $|I| \leq |\varphi(I)|$ für alle $I \subseteq S$. Für den Beweis der Umkehrung werde angenommen, daß die maximale Mächtigkeit einer Heirat echt kleiner als $|S|$ ist. Wegen 6.6 existiert dann eine überdeckende Eckenmenge $F = S' \dot\cup T'$ mit $S' \subseteq S$ und $T' \subseteq T$, so daß $|S' \cup T'| < |S|$ gilt. Die Endecken der in $I := S \setminus S'$ beginnenden Kanten sind alle in $T'$ enthalten, d.h. es gilt $\varphi(I) \subseteq T'$. Hieraus folgt $|I| = |S| - |S'| > |T'| \geq |\varphi(I)|$, ein Widerspruch. □

**6.8 Beispiel.** Im Beispiel in Abbildung 33 können nicht alle Männer eine ihrer Bekannten heiraten, denn für $I := \{$Hänsel, Siegfried, Tristan$\}$ gilt $|I| > |\varphi(I)|$.

Die Resultate dieses Abschnitts lassen sich alle auch mit Hilfe des Satzes von Ford und Fulkerson herleiten, der in Abschnitt II.4 vorgestellt werden wird. Dies hat den Vorteil, daß man dann auch den Algorithmus von Ford und Fulkerson zum systematischen Auffinden einer möglichst großen Anzahl kanten- oder eckendisjunkter Wege zwischen zwei Ecken und natürlich auch von Heiraten maximaler Mächtigkeiten verwenden kann.

## Aufgaben

51. (R. J. Wilson) Ein Bauunternehmer sucht einen Maurer, einen Zimmermann, einen Installateur und einen Baggerführer. Für diese Stellen gibt es fünf Bewerber: einer bewirbt sich um die Stelle des Maurers, einer um die des Zimmermanns, einer möchte die Maurer- oder die Installateurstelle haben, und zwei weitere möchten als Baggerführer oder Installateur arbeiten. Kann der Bauunternehmer alle vier Stellen besetzen? Formuliere diese Fragestellung mit einem geeigneten bipartiten Graphen als Heiratsproblem.

52. Welche der folgenden Graphen sind bipartit?

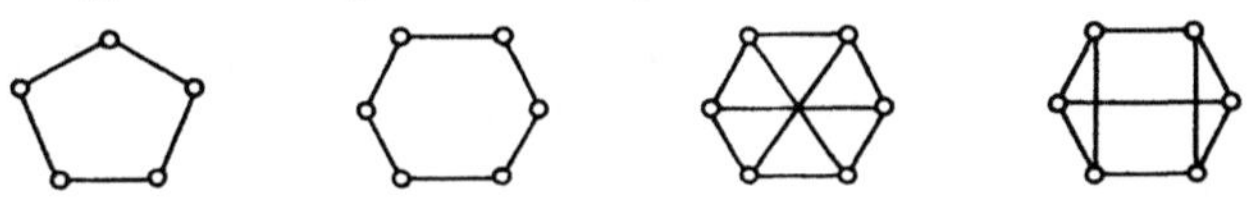

53. Beweise: Ein Graph ist genau dann bipartit, wenn er keine Kreise ungerader Länge enthält.

54. In folgendem Graphen finde man
    a) eine möglichst große Anzahl eckendisjunkter Wege von $s$ nach $t$,
    b) eine möglichst große Anzahl kantendisjunkter Wege von $s$ nach $t$,
    c) eine möglichst kleine $s$ und $t$ trennende Eckenmenge,
    d) eine möglichst kleine $s$ und $t$ trennende Kantenmenge.

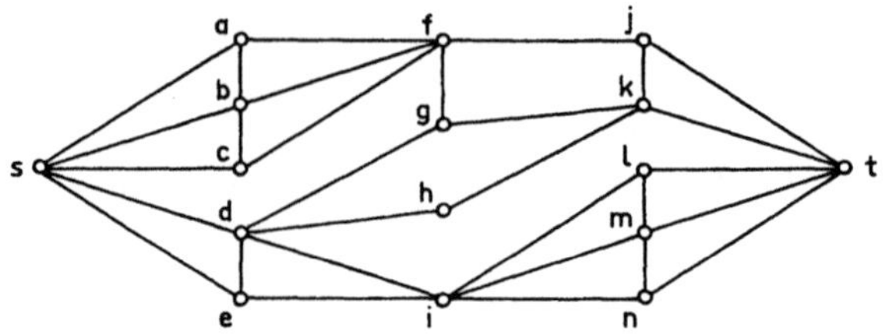


55. Beweise 6.5.

56. Finde in folgendem bipartiten Graphen

    a) eine Heirat maximaler Mächtigkeit,

    b) eine überdeckende Eckenmenge minimaler Mächtigkeit,

    c) eine Menge $I \subseteq S$ mit $|I| > |\varphi(I)|$.

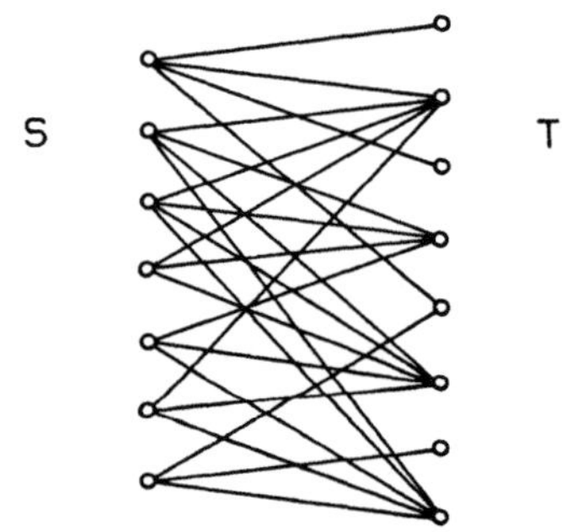


57. Sei $\mathcal{S} = (S_1, \ldots, S_n)$ eine Familie von Teilmengen einer Menge $A$. Eine Menge $\{t_1, \ldots, t_n\}$ paarweise verschiedener Elemente $t_i$ mit $t_1 \in S_1, \ldots, t_n \in S_n$ heißt **Transversale** von $\mathcal{S}$ (auch: **System verschiedener Repräsentanten**).

    a) Besitzt $\mathcal{S} = (S_1, \ldots, S_5)$ eine Transversale, für $S_1 = \{a, b\}$, $S_2 = \{b, c, d, f\}$, $S_3 = \{b, e\}$, $S_4 = \{a, b, e\}$, $S_5 = \{a, b\}$?

    b) Dieselbe Frage für $S_1$ bis $S_4$ wie oben, aber $S_5 = \{a, f\}$.

58. Beweise: Eine Familie $\mathcal{S} = (S_1, \ldots, S_n)$ von Teilmengen einer Menge $A$ besitzt genau dann eine Transversale, falls für alle $I \subseteq \{1, \ldots, n\}$ gilt:

$$|I| \le \left| \bigcup_{i \in I} S_i \right|.$$

59. Beweise: Ein endlicher bipartiter Graph $G(S, T)$ besitzt genau dann eine Heirat der Mächtigkeit $|S| - d$ (also eine Heirat von **Defekt** $d$), falls für alle $I \subseteq S$ gilt:

$$|I| - d \le |\varphi(I)|.$$

Hierbei ist $\varphi$ wie in 6.7 definiert.

60. Sei $\mathcal{S}=(S_1,\ldots,S_n)$ eine Familie von Teilmengen einer Menge $A$. Unter einer **partiellen Transversalen** von $\mathcal{S}$ der Mächtigkeit $k$ versteht man eine Menge $\{t_1,\ldots,t_k\}$ paarweise verschiedener Elemente $t_i$ mit $t_1 \in S_{i_1}, \ldots, t_k \in S_{i_k}$ für eine $k$–elementige Teilmenge $\{i_1,\ldots,i_k\} \subseteq \{1,\ldots,n\}$.

    Beweise: Eine Familie $\mathcal{S}=(S_1,\ldots S_n)$ von Teilmengen einer Menge $A$ besitzt genau dann eine partielle Transversale der Mächtigkeit $k$, falls für alle $I \subseteq \{1,\ldots,n\}$ gilt:

$$|I| - n + k \leq \left| \bigcup_{i \in I} S_i \right| .$$

61. (Haremssatz) Sei $G(S,T)$ ein endlicher bipartiter Graph. Jedem $s \in S$ sei eine natürliche Zahl $p_s$ zugeordnet. Es soll eine Teilmenge $K$ von Kanten gefunden werden, so daß jedes $s \in S$ mit genau $p_s$ Kanten und jedes $t \in T$ mit höchstens einer Kante von $K$ inzidiert. Unter welchen Bedingungen existiert eine solche Menge $K$? (Vgl. 6.7.)

**MINIPROJEKT** „Folgerungen und Verallgemeinerungen des Heiratssatzes". Die nötigen Beweise können der Literatur (oder den Lösungshinweisen) entnommen werden. Es geht darum, das Thema lesenswert darzustellen:

(1) In der Ausarbeitung soll gezeigt werden, wie man mit dem Heiratssatz die Resultate aus den Aufgaben 58 – 61 herleiten kann.

(2) Die Resultate können durch geeignete Veranschaulichungen und Beispiele illustriert werden.

(3) Wer möchte, kann weitere mit dem Heiratssatz verwandte Resultate behandeln, so z.B. den Satz über eine gemeinsame Transversale von zwei Mengenfamilien (siehe Wilson, S. 130) oder den Satz von Mendelsohn und Dulmage (siehe Lawler, S. 191).

**Hinweise:** In der Literatur findet sich insbesondere zu den Punkten (2) und (3) eine Fülle an Material, so z.B. in den Büchern „Graphen, Netzwerke und Algorithmen" von D. Jungnickel, „Combinatorial optimization ..." von E. L. Lawler und „Einführung in die Graphentheorie" von R. J. Wilson.

# 7 Exkurs: Gruppen und Permutationen

In diesem Abschnitt werden elementare Tatsachen aus der Theorie der *Gruppen* und speziell der *Permutationsgruppen* bereitgestellt. Gruppentheoretische Kenntnisse werden zuerst in Abschnitt 8 benötigt, wo *Automorphismengruppen* von Graphen betrachtet werden.

**7.1 Definition.** Eine **Gruppe** ist ein Paar $(G,\cdot)$, bestehend aus einer nichtleeren Menge $G$ sowie einer **zweistelligen Operation** $\cdot$ auf $G$ (d.h. eine Abbildung von $G\times G$ nach $G$, $(x,y)\mapsto x\cdot y$ ), so daß folgende Regeln erfüllt sind:

(1) $\forall\, x,y,z \in G$: $(x\cdot y)\cdot z = x\cdot(y\cdot z)$ (Assoziativität),

(2) $\exists\, e\in G\ \forall x\in G$: $e\cdot x = x\cdot e = x$ (neutrales Element),

(3) $\forall\, x\in G\ \exists x^{-1}\in G$: $x\cdot x^{-1} = x^{-1}\cdot x = e$ (inverse Elemente).

Gilt außerdem noch

(4) $\forall\, x,y \in G$: $x\cdot y = y\cdot x$ (Kommutativität),

so spricht man von einer **abelschen Gruppe**.

**7.2 Bemerkungen.** a) Anstelle von $x\cdot y$ wird oft einfach $xy$ geschrieben.

b) Man sieht leicht, daß das neutrale Element $e$ einer Gruppe eindeutig bestimmt ist, d.h. es kann nicht zwei verschiedene solche Elemente geben. Regel (3) ist etwas ungenau formuliert: sie bezieht sich auf das (eindeutig bestimmte) neutrale Element $e$. Natürlich ist für jedes $x$ auch das inverse Element $x^{-1}$ eindeutig bestimmt.

c) In abelschen Gruppen wird oft $+,-,0$ anstelle von $\cdot\,,\,^{-1}, e$ verwendet (**additive Schreibweise**).

**7.3 Beispiele.** a) $(\mathbb{Z},+)$, $(\mathbb{Q},+)$ und $(\mathbb{Q}\setminus\{0\},\cdot)$ sind abelsche Gruppen. $(\mathbb{Z},\cdot)$, $(\mathbb{Q},\cdot)$, $(\mathbb{N},\cdot)$ und $(\mathbb{N},+)$ sind keine Gruppen. Für jedes $n\in\mathbb{N}$ ist $(\mathbb{Z}_n,+)$ eine abelsche Gruppe (auf der Grundmenge $\mathbb{Z}_n = \{0,1,\ldots,n-1\}$ wird „modulo $n$" gerechnet).

b) Die folgende Verknüpfungstafel definiert eine Gruppenoperation auf der Grundmenge $G = \{e,s,t,u,v,w\}$:

| $\cdot$ | $e$ | $s$ | $t$ | $u$ | $v$ | $w$ |
|---|---|---|---|---|---|---|
| $e$ | $e$ | $s$ | $t$ | $u$ | $v$ | $w$ |
| $s$ | $s$ | $e$ | $w$ | $v$ | $u$ | $t$ |
| $t$ | $t$ | $v$ | $e$ | $w$ | $s$ | $u$ |
| $u$ | $u$ | $w$ | $v$ | $e$ | $t$ | $s$ |
| $v$ | $v$ | $t$ | $u$ | $s$ | $w$ | $e$ |
| $w$ | $w$ | $u$ | $s$ | $t$ | $e$ | $v$ |

c) Eine **Permutation** auf einer Menge $A$ ist eine bijektive Abbildung $f\colon A\to A$. Die Menge aller Permutationen auf $A$ wird mit $S_A$ bezeichnet. (Im Fall $A=\{1,\ldots,n\}$ schreibt man auch $S_n$.) Für zwei Permutationen $f$, $g$ auf $A$ ist die **Hintereinanderausführung** (oder **Verkettung, Komposition**) $f\circ g$ definiert durch

$$(f\circ g)(x) := f\,(g(x))$$

für alle $x\in A$. Für jede Menge $A$ ist $(S_A,\circ)$ eine Gruppe (die **symmetrische Gruppe** auf $A$).

**7.4 Definition.** Ist $(G, \cdot)$ eine Gruppe und $H$ eine Teilmenge von $G$, die mit der in $G$ erklärten Gruppenoperation $\cdot$ selbst eine Gruppe darstellt, dann nennt man $H$ eine **Untergruppe** von $G$ (in Zeichen: $H \leq G$).

**7.5 Bemerkungen.** a) Offenbar ist $H$ genau dann eine Untergruppe von $G$, wenn folgendes gilt:

(1) $H$ ist nichtleer,

(2) für alle $a, b \in H$ gilt $ab \in H$,

(3) für alle $a \in H$ gilt $a^{-1} \in H$.

b) Man müßte $H$ eigentlich genauer die „Grundmenge einer Untergruppe" nennen; die Untergruppe selbst ist das Paar $(H, \cdot)$, wobei man die Gruppenoperation $\cdot$ auf $H$ eingeschränkt denken muß.

Sei $H$ eine Untergruppe von $G$. Für jedes $g \in G$ ist die **Linksnebenklasse** von $g$ als die Menge $gH := \{gh \mid h \in H\}$ definiert (entsprechend nennt man $Hg := \{hg \mid h \in H\}$ die **Rechtsnebenklasse** von $g$). Die Menge aller Linksnebenklassen der Untergruppe $H$ wird mit $G/H$ bezeichnet. Für je zwei Elemente $g_1, g_2 \in G$ gilt entweder $g_1H = g_2H$ oder $g_1H \cap g_2H = \emptyset$. Die Linksnebenklassen bilden also eine disjunkte Überdeckung der Menge $G$. Außerdem sind alle Linksnebenklassen gleich groß, d.h. es gilt $|g_1H| = |g_2H|$: durch $g_1h \mapsto g_2h$ wird eine bijektive Abbildung von $g_1H$ auf $g_2H$ definiert. Es folgt:

**7.6 Satz von Lagrange.** *Sei $G$ eine endliche Gruppe und $H$ eine Untergruppe von $G$. Dann gilt*

$$|H| \,\Big|\, |G|.$$

*Die **Ordnung** (d.h. die Anzahl der Elemente) der Untergruppe teilt also die Ordnung der Gruppe.*

Die **Ordnung** eines Elements $a \in G$ ist definiert als die Zahl $\mathrm{ord}(a) := \min\{k \in \mathbb{N} \mid a^k = e\}$, d.h. als die kleinste natürliche Zahl $k$ mit $a^k = e$. (Wenn eine solche Zahl nicht existiert, dann setzt man $\mathrm{ord}(a) = \infty$.) Für jedes $a \in G$ ist $\langle a \rangle := \{a^i \mid i \in \mathbb{Z}\}$ offenbar die kleinste Untergruppe von $G$, die $a$ enthält (die von $a$ **erzeugte Untergruppe**; eine solche von einem Element erzeugte Untergruppe wird **zyklisch** genannt). Wenn $a$ von endlicher Ordnung ist, dann hat die Untergruppe $\langle a \rangle$ genau $\mathrm{ord}(a)$ Elemente, nämlich $a, a^2, \ldots, a^{\mathrm{ord}(a)}$. Mit 7.6 folgt hieraus Teil a) des folgenden Korollars:

**7.7 Korollar.** *a) Für jedes Element $a$ einer endlichen Gruppe $G$ gilt*

$$\mathrm{ord}(a) \,\Big|\, |G|.$$

*b) Für jedes Gruppenelement $a$ von endlicher Ordnung und jede Zahl $k \in \mathbb{Z}$ gilt*

$$a^k = e \quad \Longleftrightarrow \quad \operatorname{ord}(a) \mid k\,.$$

**7.8 Korollar.** *Für jedes Element a einer endlichen Gruppe G gilt*

$$a^{|G|} = e\,.$$

Das Interesse an Gruppen richtet sich in diesem Buch vor allem auf Permutationsgruppen:

**7.9 Definition.** Sei $A$ eine Menge. Jede Untergruppe $G$ der symmetrischen Gruppe $S_A$ wird **Permutationsgruppe** auf $A$ genannt. Die Anzahl $|A|$ der Elemente von $A$ heißt **Grad** von $G$.

Eine Permutationsgruppe auf $A$ ist also eine nichtleere Menge von Permutationen der Menge $A$, die gegen Hintereinanderausführung und Inversenbildung abgeschlossen ist. In diesem Buch wird stillschweigend vorausgesetzt, daß alle Permutationsgruppen *endlichen* Grad $|A|$ haben.

**7.10 Bemerkung.** *a) Für alle $n \in \mathbb{N}$ gilt $|S_n| = n!$.*
*b) Für jede Permutationsgruppe G auf A von Grad n (also mit $|A|=n$) gilt $|G| \,\Big|\, n!$.*

Es gibt verschiedene Möglichkeiten, Permutationen darzustellen. Man kann Permutationen in Form von **Wertetabellen** schreiben, z.B.

$$f = \begin{pmatrix} 0 & 1 & 2 & 3 & 4 & 5 & 6 & 7 & 8 & 9 \\ 0 & 5 & 8 & 6 & 1 & 4 & 7 & 3 & 9 & 2 \end{pmatrix}, \quad g = \begin{pmatrix} 0 & 1 & 2 & 3 & 4 & 5 & 6 & 7 & 8 & 9 \\ 0 & 1 & 6 & 8 & 5 & 4 & 2 & 9 & 3 & 7 \end{pmatrix}.$$

Als **Produkt ziffernfremder Zyklen** schreibt man $f$ und $g$ als

$$f = (1\,5\,4)(2\,8\,9)(3\,6\,7)\,, \quad g = (2\,6)(3\,8)(4\,5)(7\,9)\,.$$

Hierbei steht z.B. $(1\,5\,4)$ für die Permutation, die 1 auf 5 abbildet, 5 auf 4, 4 auf 1, und die alle anderen Elemente festläßt (solche Permutationen heißen **Zyklen**). Eine Menge von Zyklen ist **ziffernfremd**, wenn jede „Ziffer" (= Element) höchstens in einem der Zyklen vorkommt. So sind z.B. $(1\,5\,4)$ und $(2\,8\,9)$ ziffernfremd, nicht aber $(2\,8\,9)$ und $(2\,6)$.

**7.11 Definition.** Die Permutationsgruppe $G$ operiere auf der Menge $A$, und es sei $a \in A$. Die **Bahn** (oder der **Orbit**) von $a$ unter $G$ ist

$$a^G := \{g(a) \mid g \in G\}\,.$$

Der **Stabilisator** (oder die **Standuntergruppe**) von $a$ in $G$ ist

$$G_a := \{g \in G \mid g(a) = a\}\,.$$

Allgemeiner definiert man den **Stabilisator** einer Teilmenge $B \subseteq A$ als

$$G_B := \{g \in G \mid \forall\, b \in B : g(b) = b\}.$$

Im Fall $B = \{b_1, \ldots, b_n\}$ schreibt man anstelle von $G_B$ auch $G_{b_1 \ldots b_n}$.

Die Bahn von $a$ besteht aus den Elementen von $A$, zu denen man von $a$ aus durch Anwendung von Permutationen aus $G$ gelangen kann. Wenn es nur eine einzige Bahn gibt, d.h. wenn $a^G = A$ gilt, dann nennt man $G$ **transitiv**. Der Stabilisator von $a$ ist selbst eine Permutationsgruppe, also eine Untergruppe von $G$. Die folgenden beiden Ergebnisse sind für die Untersuchungen des nächsten Abschnitts von großer Bedeutung:

**7.12 Lemma.** *Für jede Permutationsgruppe $G$ auf $A$ und jedes Element $a \in A$ gilt*

$$|G| = |a^G||G_a|.$$

**Beweis.** Für $f, g \in G$ gilt genau dann $f(a) = g(a)$, wenn $(g^{-1}f)(a) = a$ gilt. Dies ist gleichbedeutend mit $(g^{-1}f) \in G_a$, was man auch als $f \in gG_a$ schreiben kann. Jedes Element von $a^G$ entspricht also genau einer Linksnebenklasse $gG_a$ von $G_a$ in $G$. Es gibt aber bekanntlich $|G|/|G_a|$ viele solche Nebenklassen. Daraus folgt $|a^G| = |G|/|G_a|$. □

Wenn man den Beweis von 7.12 näher betrachtet, kommt man (zusätzlich zur Bestimmung der Anzahl der Elemente von $G$) zu einer näheren Beschreibung der Elemente von $G$:

**7.13 Lemma.** *Die Bahn $a^G$ bestehe aus genau $k$ verschiedenen Elemente $a_1, \ldots, a_k$. Für jedes $a_i$ sei $g_i$ eine Permutation mit $g_i(a) = a_i$. Dann läßt sich jedes $g \in G$ in genau einer Weise in der Form*

$$g = g_i h$$

*mit $i \in \{1, \ldots, k\}$ und $h \in G_a$ darstellen.*

**Beweis.** $G$ ist die disjunkte Vereinigung der Linksnebenklassen $g_1 G_a, \ldots, g_k G_a$. □

## Aufgaben

62. Bei welchen der folgenden Verknüpfungstafeln handelt es sich um die Verknüpfungstafel einer Gruppe?

| $\cdot$ | $a$ | $b$ | $c$ | $d$ |
|---|---|---|---|---|
| $a$ | $a$ | $b$ | $c$ | $d$ |
| $b$ | $b$ | $a$ | $d$ | $c$ |
| $c$ | $c$ | $d$ | $c$ | $d$ |
| $d$ | $d$ | $c$ | $d$ | $c$ |

| $\cdot$ | $a$ | $b$ | $c$ | $d$ |
|---|---|---|---|---|
| $a$ | $a$ | $b$ | $c$ | $d$ |
| $b$ | $b$ | $c$ | $d$ | $a$ |
| $c$ | $c$ | $d$ | $a$ | $b$ |
| $d$ | $d$ | $a$ | $b$ | $c$ |

| $\cdot$ | $a$ | $b$ | $c$ | $d$ | $e$ | $f$ |
|---|---|---|---|---|---|---|
| $a$ | $a$ | $b$ | $c$ | $d$ | $e$ | $f$ |
| $b$ | $b$ | $c$ | $a$ | $e$ | $f$ | $d$ |
| $c$ | $c$ | $a$ | $b$ | $f$ | $d$ | $e$ |
| $d$ | $d$ | $e$ | $f$ | $b$ | $a$ | $c$ |
| $e$ | $e$ | $f$ | $d$ | $a$ | $c$ | $b$ |
| $f$ | $f$ | $d$ | $e$ | $c$ | $b$ | $a$ |

63. a) Schreibe jede der durch ihre Wertetabelle gegebenen Permutationen

$$g=\begin{pmatrix}1&2&3&4&5&6&7&8&9\\9&1&8&2&7&3&6&4&5\end{pmatrix},\quad h=\begin{pmatrix}1&2&3&4&5&6&7&8&9\\2&1&4&3&6&9&7&8&5\end{pmatrix}$$

als Produkt ziffernfremder Zyklen.

b) Berechne $g^{-1}$, $g \circ h$, $h \circ g$.

c) Welche Ordnungen haben $g$, $h$, $g^{-1}$, $g \circ h$, $h \circ g$?

64. Die Permutation $g$ sei als das Produkt von ziffernfremden Zyklen $z_1, \ldots, z_k$ dargestellt: $g = z_1 \circ \ldots \circ z_k$. Zeige, daß $\mathrm{ord}(g)$ das kleinste gemeinsame Vielfache der Zahlen $\mathrm{ord}(z_1), \ldots, \mathrm{ord}(z_k)$ ist.

65. a) Stelle eine Verknüpfungstafel der symmetrischen Gruppe $(S_3, \circ)$ auf.

b) Bestimme alle Untergruppen von $S_3$.

66. Bestimme alle Elemente der von der Permutation $(1\,2\,3\,4)$ erzeugten Untergruppe $H = \langle(1\,2\,3\,4)\rangle$ von $S_4$ und alle Elemente der Linksnebenklasse $gH$ für $g = (1\,4)$.

67. a) Beweise 7.10.

b) Zeige: Für jede transitive Permutationsgruppe $G$ von Grad $n$ gilt $n \,\big|\, |G|$.

68. Zeige: Für je zwei Elemente $a, b$ einer Gruppe $(G, \cdot)$ gilt

a) $\mathrm{ord}(bab^{-1}) = \mathrm{ord}(a)$,

b) $\mathrm{ord}(ab) = \mathrm{ord}(ba)$.

# 8 Symmetrien von Graphen

In diesem Abschnitt werden *Automorphismen* von Graphen betrachtet:

**8.1 Definition.** Ein **Automorphismus** eines Graphen $\Gamma = (V, E)$ ist eine bijektive Abbildung $\alpha\colon V \to V$, so daß für alle $x, y \in V$ folgendes gilt:

$$\{x, y\} \in E \iff \{\alpha x, \alpha y\} \in E\,.$$

Ein Automorphismus von $\Gamma$ ist also ein Isomorphismus von $\Gamma$ auf sich selbst (vgl. 1.4).

**Anmerkung.** Graphen werden jetzt mit $\Gamma$ bezeichnet (zur Unterscheidung von Gruppen).

**8.2 Beispiel.** Die Permutationen $f$ und $g$ aus dem vorigen Abschnitt (siehe nach 7.10) sind Automorphismen des Petersengraphen, wenn man die Ecken so bezeichnet wie in Abbildung 38.

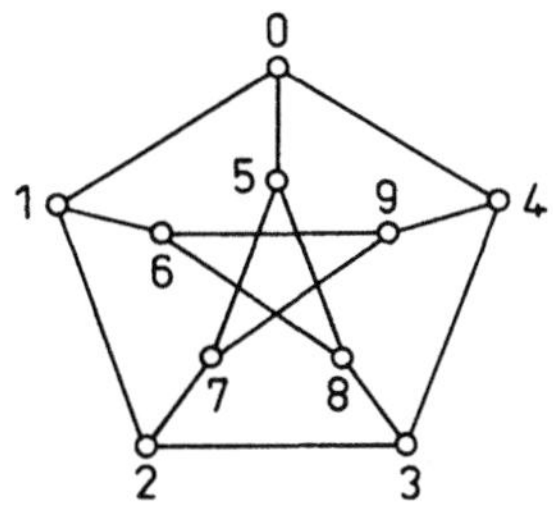


Abb. 38

Man kann die Automorphismen als die **Symmetrien** eines Graphen auffassen: Ist $\alpha$ ein Automorphismus von $\Gamma$ mit $\alpha x = y$, dann bedeutet dies, daß $\Gamma$ an der Stelle $y$ „genauso aussieht“ wie an der Stelle $x$. Beispielsweise haben die Ecken $x$ und $y$ dann denselben Grad, $x$ ist in genauso vielen Dreiecken (d.h. Kreisen der Länge 3) enthalten wie $y$, usw.

Für jeden Graphen $\Gamma = (V, E)$ bilden die Automorphismen eine Permutationsgruppe auf $V$. Diese Gruppe wird **Automorphismengruppe** von $\Gamma$ genannt und mit $G(\Gamma)$ bezeichnet.

**8.3 Beispiele.** a) Die Automorphismengruppe des vollständigen Graphen $K_n$ ist die volle symmetrische Gruppe $S_n$.

b) Der $n$-elementige Kreis $C_n$ hat als Automorphismengruppe die Diedergruppe $D_n$ (sprich: Di-eder). Diese Gruppe besteht aus $2n$ Elementen.

c) Der Graph $\Gamma$ aus Abbildung 39 hat nur die identische Abbildung als Automorphismus.

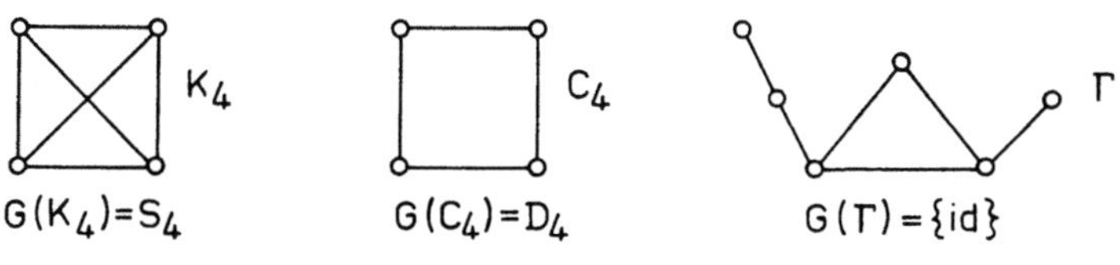


Abb. 39

Mit 7.13 ergibt sich unmittelbar das folgende Verfahren:

**8.4 Verfahren zur Bestimmung der Automorphismengruppe eines Graphen.** Der Graph sei $\Gamma = (V, E)$, und die Automorphismengruppe werde mit $G$ bezeichnet.

1) Wähle eine Ecke $a \in V$. Bestimme anschließend eine möglichst kleine Menge $A = \{g_1, \dots, g_l\} \subseteq G$ mit $a^G = \{g_1(a), \dots, g_l(a)\}$. Dann gilt $g_i(a) \neq g_j(a)$ für $i \neq j$, und jedes $g \in G$ läßt sich in genau einer Weise in der Form $g = g_i h$ mit $i \in \{1, \dots, l\}$ und $h \in G_a$ schreiben.

2) Falls die Elemente von $G_a$ nicht bekannt sind, dann wird das Verfahren mit $G_a$ anstelle von $G$ wiederholt: Wähle eine Ecke $b \neq a$ und bestimme anschließend eine möglichst kleine Menge $B = \{h_1, \dots, h_m\} \subseteq G_a$ mit $b^{G_a} = \{h_1(b), \dots, h_m(b)\}$. Jedes $g \in G$ läßt sich dann in genau einer Weise in der Form $g = g_i h_j k$ mit $i \in \{1, \dots, l\}$, $j \in \{1, \dots, m\}$ und $k \in G_{ab}$ schreiben.

3) Dieses Verfahren wird solange wiederholt, bis man schließlich einen Stabilisator erhält, dessen Elemente bekannt sind. Dies ist spätestens dann der Fall, wenn der zuletzt erhaltene Stabilisator nur noch aus der identischen Abbildung besteht.

Bei der Auswahl der Elemente $a, b, \dots$ kann man mehr oder weniger geschickt sein. Im allgemeinen ist es günstig, wenn die Bahnen $a^G$, $b^{G_a}$, ... groß sind, da das Verfahren dann nach weniger Schritten abbricht als bei kleinen Bahnen. Die Mengen $A, B, \dots$ findet man im wesentlichen durch Probieren.

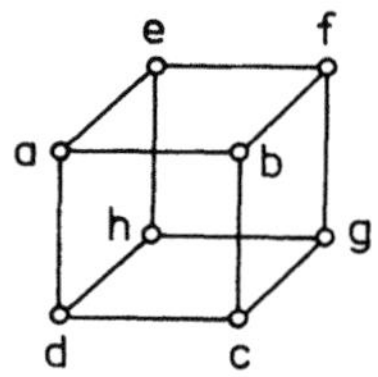


Abb. 40

**8.5 Beispiel.** Es ist unmittelbar klar, daß $\alpha_1 = (a\,b\,c\,d)(e\,f\,g\,h)$ und $\alpha_2 = (a\,e)(b\,f)(c\,g)(d\,h)$ Automorphismen des „Würfelgraphen“ $\Gamma$ sind (siehe Abbildung 40). Es gilt

$$id(a) = a,\ \alpha_1(a) = b,\ \alpha_1^2(a) = c,\ \alpha_1^3(a) = d,$$
$$\alpha_2(a) = e,\ \alpha_1\alpha_2(a) = f,\ \alpha_1^2\alpha_2(a) = g,\ \alpha_1^3\alpha_2(a) = h\,.$$

Das liefert $a^G = \{a, b, c, d, e, f, g, h\} = V$ (größer kann $a^G$ nicht sein; $G$ operiert transitiv auf $V$). Daher kann man $A = \{id, \alpha_1, \alpha_1^2, \alpha_1^3, \alpha_2, \alpha_1\alpha_2, \alpha_1^2\alpha_2, \alpha_1^3\alpha_2\}$ wählen. Als nächstes muß $G_a$ bestimmt werden. Es ist klar, daß $b^{G_a} \subseteq \{b, d, e\}$ gilt, denn da $a$ festbleibt, kann $b$ nur auf zu $a$ benachbarte Ecken abgebildet werden. Tatsächlich gilt sogar Gleichheit, denn mit dem Automorphismus $\beta = (b\,d\,e)(c\,h\,f)$ („Drehung um die Würfeldiagonale durch $a$ und $g$“) erhält man

$$id(b) = b,\ \beta(b) = d,\ \beta^2(b) = e\,.$$

Daher kann $B = \{id, \beta, \beta^2\}$ gewählt werden. Es ist leicht zu sehen, daß $G_{ab} = \{id, \gamma\}$ gilt mit $\gamma = (c\,f)(d\,e)$. Damit ist $G$ vollständig bestimmt: Jedes Element $g \in G$ läßt sich auf genau eine Weise in der Form

$$g = \alpha_1^i\, \alpha_2^j\, \beta^k\, \gamma^l$$

schreiben, mit $i \in \{0,1,2,3\}$, $j, l \in \{0,1\}$, $k \in \{0,1,2\}$. Legt man auf so große Genauigkeit keinen Wert, dann kann man stattdessen einfach festhalten, daß

$$G = \langle \alpha_1,\ \alpha_2,\ \beta,\ \gamma \rangle$$

gilt, d.h. die Gruppe $G$ wird von den Elementen $\alpha_1, \alpha_2, \beta, \gamma$ **erzeugt** (hierbei legt man sich nicht fest, in welcher Reihenfolge die Elemente multipliziert werden müssen).

Es sei noch darauf hingewiesen, daß das Verfahren mit etwas geringerem Aufwand die Anzahl $|G|$ der Elemente von $G$ liefert. Beispielsweise gilt für die Automorphismengruppe $G$ des Würfelgraphen: $|a^G| = 8$, $|b^{G_a}| = 3$, $|G_{ab}| = 2$. Mit 7.12 folgt

$$|G_a| = |b^{G_a}||G_{ab}| = 3 \cdot 2 = 6\,,$$
$$|G| = |a^G||G_a| = 8 \cdot 6 = 48\,.$$

## Aufgaben

69. Sei $G$ die Automorphismengruppe des Graphen 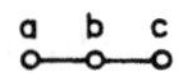

.
    a) Bestimme die Bahnen $a^G$, $b^G$, $c^G$ und die Stabilisatoren $G_a$, $G_b$, $G_c$.
    b) Bestimme $G$.

70. Bestimme die Automorphismengruppe $G(\Gamma)$ des Graphen $\Gamma$.

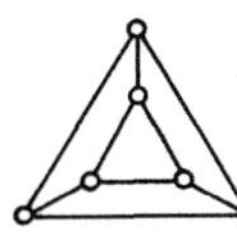

Γ

71. Beweise: Für jeden Graphen $\Gamma$ gilt $G(\Gamma) = G(\overline{\Gamma})$, d.h. der Graph $\Gamma$ und sein Komplement $\overline{\Gamma}$ haben dieselbe Automorphismengruppe.

72. a) Welchen bekannten Graphen $\Gamma = (V, E)$ erhält man mit der Definition

$$V := \{\{i,j\} \mid i,j \in \{1,2,3,4,5\},\ i \neq j\}\ ,$$
$$E := \{\{\{i,j\},\{k,l\}\} \subseteq V \mid \{i,j\} \cap \{k,l\} = \emptyset\}\,?$$

    b) Zeige: Für jede Permutation $g \in S_5$ erhält man einen Automorphismus $\overline{g}$ des Graphen $\Gamma$, indem man definiert:

$$\overline{g} : V \to V, \quad \{i,j\} \mapsto \{g(i), g(j)\}\,.$$

73. Sei $G$ die Automorphismengruppe des Petersengraphen.
    a) Bestimme die Bahnen $0^G$, $1^{G_0}$, $2^{G_{01}}$, $3^{G_{012}}$ sowie den Stabilisator $G_{0123}$ (Bezeichnungen wie in Abbildung 38).
    b) Wieviele Elemente hat $G$? Vgl. mit Aufgabe 72!

74. Sei $G$ eine Permutationsgruppe auf $A$. Für $a, b \in A$ und $g \in G$ gelte $g(a) = b$. Zeige, daß dann $G_b = gG_ag^{-1}$ gilt.

75. Bestimme die folgenden Untergruppen der symmetrischen Gruppe $S_4$:
    a) $\langle(1\,2\,3\,4)\rangle$, b) $\langle(1\,2\,3\,4), (2\,4)\rangle$, c) $\langle(1\,2\,3\,4), (1\,2)\rangle$.
    **Erinnerung:** Sind $g_1, \ldots, g_n$ Elemente einer Gruppe $G$, dann wird mit $\langle g_1, \ldots, g_n\rangle$ die von $g_1, \ldots, g_n$ erzeugte Untergruppe bezeichnet, d.h. die kleinste Untergruppe von $G$, die die Elemente $g_1, \ldots, g_n$ enthält.

# Literaturhinweise

Das Lehrbuch von *R. J. Wilson* über Graphentheorie ist gut lesbar und enthält viele Aufgaben aller Schwierigkeitsstufen. Das Buch von *F. Harary* enthält mehr Information als Wilsons Buch und ist eher als Nachschlagewerk geeignet. Einige Kapitel über Graphentheorie finden sich auch in der unterhaltsamen Einführung in die Kombinatorik von *H.-R. Halder und W. Heise*. Im Buch von *D. Jungnickel* wird die Graphentheorie sehr ausführlich aus algorithmischer Sicht behandelt. Besonders bemerkenswert ist die Entwicklung der Graphentheorie aus dem Vierfarbenproblem im Buch von *M. Aigner*. In diesen Büchern findet man in großer Zahl weitere und darunter auch viele aus historischer Sicht interessante Literaturhinweise. Hier sei nur die Arbeit von *L. Euler* über das Königsberger Brückenproblem erwähnt, mit der im Jahr 1736 die Entwicklung der Graphentheorie begann.

In Abschnitt 4 wurde wegen eines Planaritätstests auf das Buch von *P. Läuchli* verwiesen. Der besonders elementare Beweis von 4.13 („es gibt genau fünf platonische Graphen") ist dem Buch von *H. Rademacher und O. Toeplitz* entnommen. In den Aufgaben zu Abschnitt 6 wurde außer den schon genannten Titeln auf das Buch von *E. L. Lawler* hingewiesen. Informationen zum Thema „Gruppen und Permutationen" (Abschnitt 7) sind in zahlreichen Algebra–Lehrbüchern zu finden. Stellvertretend sei hier das ausgezeichnete Buch von *M. Artin* erwähnt. Einen hervorragenden Einblick in die Theorie der Permutationsgruppen gibt das „klassische" Buch von *H. Wielandt*. Schließlich soll noch *N. Biggs* Buch über algebraische Graphentheorie genannt werden, in dem auch Automorphismengruppen von Graphen behandelt werden:

M. Aigner: *Graphentheorie.* Teubner, Stuttgart, 1984.

M. Artin: *Algebra.* Birkhäuser, Basel, 1993.

N. Biggs: *Algebraic graph theory.* Cambridge University Press, Cambridge, 1979.

L. Euler: *Solutio problematis ad geometriam situs pertinentis.* Comment. Academiae Sci. Imper. Pertropolitanae 8 (1736), 128–140.

H.-R. Halder, W. Heise: *Einführung in die Kombinatorik.* Hanser, München, 1976.

F. Harary: *Graphentheorie.* Oldenbourg, München, 1974.

D. Jungnickel: *Graphen, Netzwerke und Algorithmen.* Bibliographisches Institut, Mannheim, 1987.

P. Läuchli: *Algorithmische Graphentheorie.* Birkhäuser, Basel, 1991.

E. L. Lawler: *Combinatorial optimization: networks and matroids.* Holt, Rinehart and Winston, New York, 1976.

H. Rademacher, O. Toeplitz: *Von Zahlen und Figuren.* Nachdruck der Orginalausgabe von 1930, Springer, Berlin, 1968.

H. Wielandt: *Finite permutation groups.* Academic Press, New York, 1964.

R. J. Wilson: *Einführung in die Graphentheorie.* Vandenhoeck und Ruprecht, Göttingen, 1976.

# Kapitel II

# Kombinatorische Optimierung

Die Kombinatorische Optimierung beschäftigt sich mit Lösungsverfahren („Algorithmen") für kombinatorische Probleme. Sie ist daher von größter Bedeutung für praktische Anwendungen. Zunächst werden in Abschnitt 1 wichtige Grundfragen über notwendige Eigenschaften, über Schreibweisen und über die Qualität (insbesondere die Komplexität) von Algorithmen geklärt. Allerdings werden diese Fragen nur in sehr elementarer Weise und anhand eines Beispiels diskutiert, nämlich des schon in Kapitel I betrachteten Algorithmus von Hierholzer. In den darauffolgenden Abschnitten werden dann einige der bekanntesten graphentheoretischen Algorithmen behandelt. Der Bereich der Graphentheorie wird in Abschnitt 6 verlassen, in dem die für die Kombinatorische Optimierung (aber auch für viele andere mathematische Gebiete) äußerst wichtigen Matroide und der berühmte „Greedy–Algorithmus" vorgestellt werden. Schließlich gibt der letzte Abschnitt einen Einblick in den Bereich der sogenannten NP–vollständigen Probleme, also solcher Probleme, die aus algorithmischer Sicht als besonders schwierig gelten.

Alle Graphen dieses Kapitels sind als *endlich* vorausgesetzt.

## 1 Algorithmen und ihre Komplexität

Selbstverständlich wäre es möglich, den Begriff „Algorithmus" mathematisch präzise zu definieren und alles weitere hierauf aufzubauen. Für die Zwecke dieses Buches ist ein solches Vorgehen jedoch unnötig und auch nicht angebracht; es wird in erster Linie auf ein gutes intuitives Verständnis ankommen. Der an genauerer Information interessierte Leser sei auf die Literatur verwiesen.

Ein **Algorithmus** ist, kurz gesagt, ein allgemeines Verfahren, mit dem jedes einzelne Problem einer ganzen *Problemklasse* gelöst werden kann. Beispielsweise läßt sich der Algorithmus von Hierholzer auf die Problemklasse „eulersche Kreise" anwenden: er löst für jeden zusammenhängenden eulerschen Graphen das Problem, einen eulerschen Kreis zu finden (siehe Abschnitt I.2). Von einem Algorithmus sollte man nur dann sprechen, wenn ein Lösungsverfahren bei Anwendung auf jedes Problem der betrachteten Problemklasse

— in allen Einzelheiten eindeutig festgelegt und „mechanisch“ durchführbar ist,
— nach endlich vielen Einzelschritten terminiert, d.h. beendet wird,
— eine korrekte Lösung liefert.

Der erste dieser Punkte bedeutet insbesondere, daß die Reihenfolge der Einzelschritte festliegt und der Algorithmus sich ohne „Intuition“ oder „Geschicklichkeit“ durchführen läßt. Dies wäre sicherlich erreicht, wenn man nur Computerprogramme als Algorithmen zuließe, allerdings mit dem Nachteil, daß man sich dann mit an sich uninteressanten technischen Besonderheiten einer Programmiersprache zu beschäftigen hätte. Oft ist es üblich, nur bestimmte Elemente einer Programmiersprache zu verwenden, um die Struktur von Algorithmen besonders klar herauszustellen. Als Beispiel soll Algorithmus I.2.3 in sogenanntem *Pseudo-Pascal* (auch *Pidgin-Pascal* genannt) dargestellt werden. Die weiteren Algorithmen in diesem Buch werden dann fast alle wieder in eher informeller Weise notiert.

**1.1 Algorithmus von Hierholzer.** Sei $G=(V,E)$ ein zusammenhängender eulerscher Graph. Der Graph sei durch Adjazenzlisten $A_v$, $v \in V$, dargestellt (die **Adjazenzliste** $A_v$ enthält alle zur Ecke $v$ benachbarten Ecken). Ausgehend von einer Ecke $v_0$ berechnet der Algorithmus einen eulerschen Kreis $K$:

```
(1)  K ← (v_0), m ← ½ Σ_{v∈V} |A_v|,
(2)  for i = 1,...,m−1 do
(3)      sei v der i-te Eintrag in K,
(4)      j ← i,
(5)      while A_v ≠ ∅ do
(6)          sei w der erste Eintrag in A_v,
(7)          füge w hinter der j-ten Stelle in K ein,
(8)          A_v ← A_v\{w}, A_w ← A_w\{v},
(9)          v ← w, j ← j+1,
(10)     end,
(11) end.
```

Die Funktionsweise von Rechenverfahren – und speziell von Algorithmen – versteht man oft am besten, indem man ein Beispiel durchrechnet:

**1.2 Beispiel.** Es wird noch einmal der Graph aus Abbildung I.9 bearbeitet, mit $v_0 = a$. Die Ecken seien in den Adjazenzlisten in alphabetischer Reihenfolge enthalten:

| $A_a$ | $A_b$ | $A_c$ | $A_d$ | $A_e$ | $A_f$ | $A_g$ | $A_h$ |
|---|---|---|---|---|---|---|---|
| $b\,h$ | $a\,c\,g\,h$ | $b\,d\,f\,h$ | $c\,e\,f\,g$ | $d\,f$ | $c\,d\,e\,g$ | $b\,d\,f\,h$ | $a\,b\,c\,g$ |

Nach Durchführung von Zeile (1) enthält $K$ nur die Startecke $v_0 = a$. Außerdem wird in (1) die Anzahl $m$ der Kanten von $G$ berechnet, also $m = 14$. Anschließend wird die in Zeile (2) beginnende for–Schleife genau $m-1$ mal bis zum zugehörigen end–Befehl in Zeile (11) durchlaufen. Die Zahl $i$ bezeichnet dabei die Stelle des schon vorhandenen Kreises $K$, an der ein neuer Kreis eingefügt werden soll. Natürlich ist dies nur möglich, wenn sich an der Stelle $i$ eine Ecke $v$ mit $A_v \neq \emptyset$ befindet. Für $i = 1$ und $v = a$ ist das der Fall, und die while–Schleife in den Zeilen (5) bis zum end–Befehl in (10) wird insgesamt genau achtmal durchlaufen, bis sich $j = 9$ und $A_a = \emptyset$ in Zeile (5) ergibt. Die Adjazenzlisten und $K$ haben dann folgendes Aussehen:

| $A_a$ | $A_b$ | $A_c$ | $A_d$ | $A_e$ | $A_f$ | $A_g$ | $A_h$ |
|---|---|---|---|---|---|---|---|
| | $g\,h$ | | $f\,g$ | | $d\,g$ | $b\,d\,f\,h$ | $b\,g$ |

,

$$K = a\,\underline{b\,c\,d\,e\,f\,c\,h}\,a\,.$$

Die neu hinzugekommenen Elemente in $K$ sind unterstrichen dargestellt. Außerdem sind in $K$ Klammern und Kommas weggelassen (beachte: $K$ ist eine *Liste*, d.h. eine *endliche Folge*).

In Zeile (2) wird jetzt $i = 2$ gesetzt, d.h. es wird ein Kreis an der Stelle $v \doteq b$ eingefügt. Nach weiteren sechs Durchläufen der while–Schleife gilt $A_v = \emptyset$ für alle $v$, und

$$K = a\,b\,\underline{g\,d\,f\,g\,h}\,b\,c\,d\,e\,f\,c\,h\,a\,.$$

Damit ist schon ein eulerscher Kreis erreicht, und für $i = 3, \ldots, m-1$ kommt zu $K$ keine weitere Ecke hinzu.

**1.3 Bemerkungen.** Ein in Pseudo–Pascal geschriebener Algorithmus besteht aus einer Liste von *Anweisungen*. Dabei kann es sich z.B. um *Wertzuweisungen* handeln (wie „ $K \leftarrow (v_0)$ “ oder „ $j \leftarrow i$ “), um *arithmetische Operationen* (meist in Verbindung mit einer Wertzuweisung, wie „ $j \leftarrow j+1$ “), aber auch *andere Operationen* aller Art (die umgangssprachlich formuliert werden dürfen, wie „füge $w$ hinter der $j$–ten Stelle in $K$ ein“). Für eine knappe und übersichtliche Darstellung der Algorithmen sind *for–Schleifen*, *while–Schleifen* und *if–Anweisungen* besonders wichtig. Jede for–Schleife hat die Form

$$\textbf{for } x \in L \textbf{ do } \mathrm{A}_1, \ldots, \mathrm{A}_k \textbf{ end}$$

(„führe für alle Elemente der Liste $L$ die Anweisungen $\mathrm{A}_1, \ldots, \mathrm{A}_k$ aus“). Jede while–Schleife hat die Form

$$\textbf{while } \mathrm{B} \textbf{ do } \mathrm{A}_1, \ldots, \mathrm{A}_k \textbf{ end}$$

(„solange die Bedingung B erfüllt ist, führe die Anweisungen $\mathrm{A}_1, \ldots, \mathrm{A}_k$ aus“). Jede if–Anweisung hat die Form

$$\textbf{if } \mathrm{B} \textbf{ then } \mathrm{A}_1, \ldots, \mathrm{A}_k \textbf{ else } \mathrm{C}_1, \ldots, \mathrm{C}_l \textbf{ end}$$

(„falls die Bedingung B erfüllt ist, führe $A_1, \ldots, A_k$ aus; ansonsten führe $C_1, \ldots, C_l$ aus"). Dabei kann der else-Teil (also „**else** $C_1, \ldots, C_l$") wegfallen. Falls die Anweisungen zu umfangreich sind, können sie in mehreren Zeilen untereinander geschrieben werden, wie z.B. in 1.1 im Fall der for–Schleife und der while–Schleife geschehen. Schließlich sei noch bemerkt, daß for–Schleifen, while–Schleifen und if–Anweisungen ineinandergeschachtelt auftreten können (z.B. ist in 1.1 die while–Schleife in der for–Schleife enthalten).

Im wesentlichen tut 1.1 dasselbe wie die in Abschnitt I.2 vorgestellte Variante; insbesondere ist der Algorithmus also korrekt. Die Kriterien vom Anfang dieses Abschnitts („eindeutig festgelegt und mechanisch durchführbar, terminiert, korrekt") werden für die Problemklasse „eulersche Kreise" auch von ganz anderen Algorithmen erfüllt. Eine Möglichkeit besteht beispielsweise darin, alle Kantenfolgen der Länge $m := |E|$ durchzutesten, bis sich eine zu einem eulerschen Kreis gehörige Folge findet. Ein solches Verfahren ist sicher nicht besonders intelligent. Vor allem aber ist es nur für kleine Graphen praktikabel, denn es gibt $m^m$ derartige Kantenfolgen, eine Anzahl, die schon für $m = 20$ von keinem heutigen Computer bewältigt werden kann. Kurz gesagt:

*Es gibt „gute" und es gibt „schlechte" Algorithmen.*

Im Rest dieses Abschnitts wird besprochen, wie die Qualität von Algorithmen anhand der benötigten Anzahl von *Rechenschritten* beurteilt werden kann. Natürlich muß diese Anzahl in Abhängigkeit vom Umfang der Eingabedaten betrachtet werden. Unter „Umfang der Eingabedaten" versteht man in der Graphentheorie meist die Eckenzahl $n$ oder die Kantenzahl $m$ des jeweiligen Graphen. Die **Zeitkomplexität** (kurz auch: **Komplexität**) eines Algorithmus ist eine Funktion $f(n)$ (bzw. $f(m)$), welche die Anzahl von Rechenschritten angibt, die der Algorithmus zur Lösung von Problemen des Umfangs $n$ (bzw. $m$) *maximal* benötigt. Unter einem Rechenschritt versteht man dabei eine Wertzuweisung, eine elementare arithmetische Operation, eine Vergleichsoperation und anderes. Näheres hierzu wird bei der Analyse von 1.1 besprochen werden. Es ist klar, daß unterschiedliche Rechenschritte unterschiedlich viel Zeit in Anspruch nehmen können (auch unterschiedlich viel Zeit auf unterschiedlichen Computern, bei unterschiedlichen Programmiersprachen usw.). *Wesentlich ist, daß jeder Rechenschritt in einer vom Umfang der Eingabedaten unabhängigen Zeitdauer erledigt werden kann.* Dies ist gerechtfertigt, da die Komplexität i.a. nur größenordnungsmäßig betrachtet wird. Mit $\mathbb{R}^+$ wird die Menge der positiven reellen Zahlen bezeichnet:

**1.4 Definition.** Für jede Funktion $g\colon \mathbb{N} \to \mathbb{R}^+$ sei

$$\begin{aligned} O(g(n)) &= \{f\colon \mathbb{N} \to \mathbb{R}^+ \mid \exists\, c > 0\ \forall\, n \in \mathbb{N}\colon f(n) \le c\,g(n)\}\,, \\ \Omega(g(n)) &= \{f\colon \mathbb{N} \to \mathbb{R}^+ \mid \exists\, c > 0\ \forall\, n \in \mathbb{N}\colon f(n) \ge c\,g(n)\}\,, \\ \Theta(g(n)) &= O(g(n)) \cap \Omega(g(n))\ . \end{aligned}$$

Für $f(n) \in \Theta(g(n))$ verwendet man Formulierungen wie „$f(n)$ ist von der **Größenordnung** $g(n)$" oder „$f(n)$ hat die **Wachstumsrate** $g(n)$". Im Fall $f(n) \in O(g(n))$ bzw. $f(n) \in \Omega(g(n))$ ist $f(n)$ also höchstens bzw. mindestens von der Größenordnung $g(n)$. Entsprechend sagt man, ein Algorithmus hat die **Komplexität** $O(g(n))$ (bzw. $\Omega(g(n))$, bzw. $\Theta(g(n))$ ), wenn die Zeitkomplexität $f(n)$ des Algorithmus in $O(g(n))$ (bzw. in $\Omega(g(n))$, bzw. in $\Theta(g(n))$ ) enthalten ist.

**1.5 Beispiele.** Es gilt $1000n \in \Theta(n)$, $n/1000 \in \Theta(n)$, $n^2+n \in \Theta(n^2)$, $n^2+2^n \in \Theta(2^n)$. Es gilt auch $n^2+n \in O(n^3)$ und $n^2+n \in \Omega(n)$, obwohl dies nicht die bestmöglichen Abschätzungen sind. Für

$$f(n) := \begin{cases} n & \text{für } n \text{ gerade,} \\ n^2 & \text{für } n \text{ ungerade} \end{cases}$$

gilt $f(n) \in O(n^2)$ und $f(n) \in \Omega(n)$, aber es gibt kein Polynom $p(n)$ mit $f(n) \in \Theta(p(n))$.

Jetzt wird 1.1 auf seine Komplexität untersucht. Dabei wird wie üblich $m = |E|$ und $n = |V|$ gesetzt: In Zeile (1) werden die insgesamt $2m$ Einträge der Adjazenzlisten gezählt; dazu kommen eine Multiplikation (mit $\frac{1}{2}$) und zwei Wertzuweisungen. Jede der übrigen Zeilen erfordert pro Durchlauf zwischen einem und vier Rechenschritten (letzteres in Zeile (8)). Die Zeilen (2), (3), (4), (11) werden je $m-1$ mal durchlaufen. Die Bedingung „$A_v \neq \emptyset$" in Zeile (5) wird insgesamt $m$ mal mit dem Ergebnis „wahr" und $m-1$ mal mit dem Ergebnis „unwahr" getestet; also wird (6), (7), (8), (9) je $m$ mal und (10) $2m-1$ mal durchgeführt. Damit ergibt sich $f(m) = cm+d$ mit geeigneten Konstanten $c$ und $d$. Es folgt:

**1.6 Satz.** *Der Algorithmus von Hierholzer hat die Komplexität* $\Theta(m)$.

Wenn es für eine Problemklasse *einen* Lösungsalgorithmus von Komplexität $O(g(n))$ gibt, und wenn andererseits *jeder* Lösungsalgorithmus die Komplexität $\Omega(g(n))$ hat, dann sagt man, daß die gesamte Problemklasse die **Komplexität** $\Theta(g(n))$ hat. Offenbar hat die Problemklasse „eulersche Kreise" die Komplexität $\Omega(m)$, denn jeder Algorithmus muß jede Kante in den eulerschen Kreis einfügen:

**1.7 Satz.** *Die Problemklasse „eulersche Kreise" hat die Komplexität* $\Theta(m)$.

**1.8 Bemerkung.** a) Der in diesem Abschnitt gegebene „naive" Zugang zur Komplexität birgt einige Gefahren. Müßte man beispielsweise in Zeile (3) von 1.1 jedesmal bis zum $i$-ten Eintrag durchzählen, dann ließe sich die Komplexität $\Theta(m)$ für den Algorithmus nicht einhalten; stattdessen ergäbe sich $\Theta(n^2)$, was für viele Graphen wesentlich schlechter wäre. Es ist also notwendig, den $i$-ten Eintrag einer Liste „auf Anhieb" (d.h. in einer konstanten Anzahl von Rechenschritten) finden zu können.

Mit Hilfe geeigneter **Datenstrukturen** für Listen ist dies tatsächlich ohne weiteres möglich. Ein ähnliches Problem tritt in Zeile (8) auf, wo u.a. $A_v\backslash\{w\}$ berechnet werden muß. Dies gelingt bei Verwendung der richtigen Datenstrukturen ebenfalls auf Anhieb. Näheres zu diesem Thema findet man z.B. im Buch „Data structures and algorithms“ von A. V. Aho, J. E. Hopcroft und J. D. Ullman.

b) Die Wahl von *Adjazenzlisten* zur Darstellung des betrachteten Graphen ist in 1.1 auch aus Sicht der Komplexität sinnvoll. Beispielsweise ergäbe sich bei Verwendung einer *Inzidenzmatrix* (also einer $n\times n$–Matrix $A$ mit $a_{ij}=1$, falls die Ecken $i$ und $j$ durch eine Kante verbunden sind, und $a_{ij}=0$ sonst) die Komplexität $\Omega(n^2)$.

Allgemein hält man meist nur **polynomiale Algorithmen** (d.h. solche der Komplexität $O(n^k)$) für „gut“. Besonders gut sind natürlich **Linearzeitalgorithmen** wie z.B. der Algorithmus von Hierholzer.

Die Qualität von Algorithmen nach ihrer Zeitkomplexität zu beurteilen, ist oft ein sehr grobes Instrument. Ein Grund dafür ist, daß für jedes $n$ die *maximale* Rechenzeit $f(n)$ betrachtet wird („worst case analysis“). Beispielsweise hat der bekannte *Simplex-Algorithmus* „exponentielle“ Komplexität, obwohl er in den meisten Fällen sehr schnell ist. Die *Speicherplatzkomplexität* wurde in diesem Abschnitt völlig außer acht gelassen. Sie ist grundsätzlich ohnehin durch die Zeitkomplexität beschränkt (eine Tatsache, die wenig hilft, wenn ein Computer zu wenig Speicherplatz hat).

## Aufgaben

1. Führe für den durch die Adjazenzlisten $A_v$ gegebenen Graphen mit Hilfe folgender Tabellen den Algorithmus von Hierholzer durch. Die Startecke sei $v_0=a$; die Werte bis zum zweiten Erreichen von Zeile (5) sind schon eingetragen (bzw. gelöscht):

| $A_a$ | $A_b$ | $A_c$ | $A_d$ | $A_e$ | $A_f$ |
|---|---|---|---|---|---|
| ~~$b$~~ $f$ | ~~$a$~~ $c\,e\,f$ | $b\,d\,e\,f$ | $c\,e$ | $b\,c\,d\,f$ | $a\,b\,c\,e$ |

Liste $K$: $a\,b$

Die für $i>1$ hinzukommenden Ecken können z.B. so in $K$ eingefügt werden!

$m = 10$

$i = 1$

$v =$ ~~$a$~~ $b$

$j =$ ~~$1$~~ $2$

$w = b$

2. Welcher eulersche Kreis ergibt sich, wenn man 1.1 auf den Graphen aus Aufgabe 1 mit Adjazenzlisten in umgekehrt–alphabetischer Reihenfolge anwendet (aber wieder mit $v_0=a$)?

3. Sei $G$ ein eulerscher Graph. Einen eulerschen Kreis zu suchen, indem man die Kantenfolgen der Länge $m$ durchprobiert, ist keine gute Methode, da es $m^m$ solche Folgen gibt, aber oft nur wenige eulersche Kreise.
   a) Wieviele eulersche Kreise befinden sich mindestens unter diesen Folgen?
   b) Wieviele Kantenfolgen bleiben zum Durchprobieren übrig, wenn man die Startkante fest vorgibt und sich auf solche Folgen beschränkt, in denen jede der $m$ Kanten genau einmal vorkommt?

4. Gebe möglichst gute Abschätzungen der Form $f(n) \in O(g_1(n))$ und $f(n) \in \Omega(g_2(n))$ mit einfach aufgebauten Funktionen $g_1(n)$ und $g_2(n)$ für

   a) $f(n) = n! + 2^n$, b) $f(n) = \begin{cases} n! & \text{für } n \text{ gerade,} \\ 2^n & \text{für } n \text{ ungerade,} \end{cases}$

   c) $f(n) = \begin{cases} 1000 & \text{für } n \leq 100\,, \\ n & \text{sonst.} \end{cases}$

5. a) Wird durch
   $$f(n) \sim_\Theta g(n) \;:\Longleftrightarrow\; f(n) \in \Theta(g(n))$$
   eine Äquivalenzrelation $\sim_\Theta$ auf der Menge der Funktionen von $\mathbb{N}$ nach $\mathbb{R}^+$ definiert?
   b) Dieselbe Frage für die entsprechend definierten Relationen $\sim_O$ und $\sim_\Omega$.

6. Bedingt durch technologischen Fortschritt sei die Rechengeschwindigkeit von Computern auf das Zehnfache angewachsen. Wenn also zuvor in einer Stunde ein Problem des Umfangs $n_0$ bearbeitet werden konnte, kann bei Zeitkomplexität $f(n) = n$ nun offenbar ein Problem des Umfangs $N_0 = 10\,n_0$ bearbeitet werden.
   a) Wie vergrößert sich $n_0$ für die Zeitkomplexitäten $n^2$, $5\,n^2$, $n^k$, $2^n$, $c^n$?
   b) Begründe mit den Ergebnissen aus a), warum polynomiale Algorithmen den exponentiellen Algorithmen bei der Ausnutzung technologischen Fortschritts grundsätzlich überlegen sind.

# 2 Abstände in unbewerteten Graphen

In diesem Abschnitt wird der „graphentheoretische Abstand“ betrachtet. Dabei wird jeder Kante die „Länge“ 1 zugeordnet:

**2.1 Definition.** Die **Länge** eines Kantenzugs ist definiert als die Anzahl der Kanten des Kantenzugs. Der **Abstand** $d(a,b)$ zweier Ecken $a, b$ eines Graphen ist das Minimum der Längen aller Kantenzüge von $a$ nach $b$. Falls es keinen Kantenzug von $a$ nach $b$ gibt, dann wird $d(a,b) = \infty$ gesetzt.

Der folgende Algorithmus (Moore 1959) berechnet die Abstände zu einer gegebenen Ecke eines Graphen. Als zweites Beispiel ist auch dieser Algorithmus in Pseudo–Pascal notiert:

**2.2 Algorithmus von Moore.** Sei $G$ ein durch seine Adjazenzlisten $A_v$ gegebener Graph, und sei $v_0$ eine Ecke von $G$. Es werden Zahlen $d(v)$ sowie Mengen $V(0)$, $V(1)$, $V(2)$, ... berechnet:

(1) $d(v_0) \leftarrow 0\,,\; V(0) \leftarrow \{v_0\}\,,\; k \leftarrow 1\,,$
(2) **while** $V(k-1) \neq \emptyset$ **do**
(3) $\quad V(k) \leftarrow \emptyset\,,$
(4) $\quad$ **for** $v \in \bigcup\{A_u \mid u \in V(k-1)\}$ **do**
(5) $\quad\quad$ **if** $d(v)$ ist undefiniert **then**
(6) $\quad\quad\quad d(v) \leftarrow k\,,\; V(k) \leftarrow V(k) \cup \{v\}\,,$
(7) $\quad\quad$ **end,**
(8) $\quad$ **end,**
(9) $\quad k \leftarrow k+1\,,$
(10) **end.**

Dieses Beispiel zeigt, daß die Pseudo–Pascal–Schreibweise das Verständnis von Algorithmen nicht immer optimal unterstützt. Möglicherweise wird auf den ersten Blick nicht deutlich, wie einfach die Idee von 2.2 ist: Ausgehend von $V(0) = \{v_0\}$ werden sukzessive die Mengen $V(1)$, $V(2)$, ... berechnet. Dabei besteht $V(k)$ aus den Ecken, die mit Ecken aus $V(k-1)$ benachbart sind, aber nicht in $V(0) \cup \ldots \cup V(k-1)$ liegen. Mit Induktion über $k$ zeigt man sofort, daß jedes $V(k)$ genau aus den Ecken besteht, die Abstand $k$ von $v_0$ haben (Beweis als Übungsaufgabe). Auch die Komplexität ist schnell bestimmt: Zeile (1) liefert drei Rechenschritte und jede andere Zeile nicht mehr als insgesamt $2m$ Schritte. Zu Zeile (4) beachte man, daß die Vereinigungsmenge nicht wirklich berechnet werden muß; es genügt, die Elemente der jeweiligen Listen $A_u$ der Reihe nach aufzurufen. Die Komplexität ist also durch $\mathrm{O}(m)$ beschränkt. Andererseits muß im allgemeinen jede Kante des Graphen berücksichtigt werden, so daß sich für die Komplexität sogar $\Theta(m)$ ergibt. Damit ist insgesamt gezeigt:

**2.3 Satz.** *Nach Durchführung von 2.2 gilt für die Ecken $v$ von $G$:*

$$d(v_0, v) = \begin{cases} d(v) & \textit{falls } d(v) \textit{ definiert ist,} \\ \infty & \textit{sonst.} \end{cases}$$

*Der Algorithmus hat die Komplexität $\Theta(m)$.*

Da beim Algorithmus von Moore ausgehend von der Ecke $v_0$ „in die Breite gehend“ nach den Abständen zu anderen Ecken gesucht wird, spricht man bei diesem Verfahren auch von **breadth first search** (BFS).

**2.4 Korollar.** *Ein endlicher Graph ist genau dann zusammenhängend, wenn nach Durchführung von 2.2 für jede Ecke v die Zahl d(v) definiert ist.*

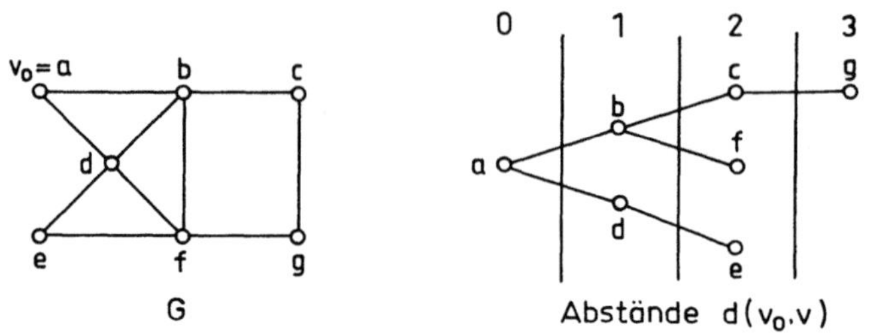


Abb. 1

Mit dem Algorithmus von Moore kann also überprüft werden, ob ein Graph zusammenhängend ist. Insbesondere kann man daher mit Komplexität $\Theta(m)$ nicht nur den Algorithmus von Hierholzer durchführen, sondern vorher auch die Voraussetzungen „zusammenhängend und eulersch" testen (die nötige Gradbedingung läßt sich ohnehin in $O(m)$ Schritten nachrechnen; vgl. I.2.2).

## Aufgaben

7. Führe den Algorithmus von Moore für den folgenden Graphen durch:

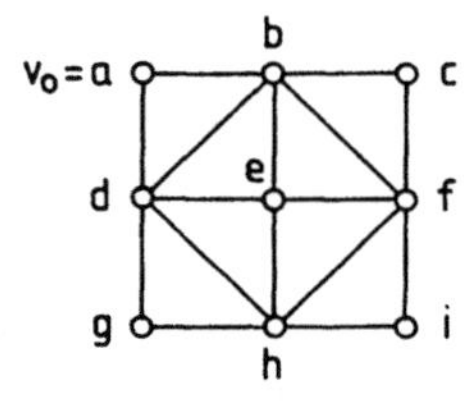


8. Es soll der Beweis von 2.3 vervollständigt werden: Zeige mit Induktion über $k$, daß für alle in 2.2 berechneten Mengen $V(k)$ tatsächlich $V(k)=\{v \in V \mid d(v_0,v)=k\}$ gilt.

9. Entwerfe einen Algorithmus, der die Zusammenhangskomponenten eines Graphen $G$ berechnet.

10. Der Algorithmus von Moore läßt sich auch auf gerichtete Graphen anwenden (der **Abstand** $d(a,b)$ zweier Ecken $a,b$ ist dann definiert als das Minimum der Längen aller *gerichteten* Kantenzüge von $a$ nach $b$, mit $d(a,b)=\infty$, falls kein solcher Kantenzug existiert). Führe den Algorithmus für den folgenden gerichteten Graphen durch:

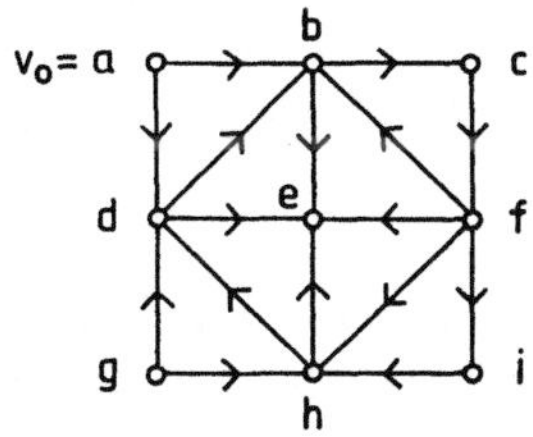


# 3 Abstände in Netzwerken

Jetzt wird jeder Kante eines Graphen eine *Länge* zugeordnet. Typische Beispiele sind Straßennetze mit Entfernungsangaben:

**3.1 Definition.** Ein **Netzwerk** ist ein Paar $(G, w)$, bestehend aus einem Graphen (oder gerichteten Graphen) $G = (V, E)$ sowie einer Bewertung der Kanten von $G$ mit reellen Zahlen, d.h. einer Funktion $w: E \to \mathbb{R}$. Für jede Kante $e$ heißt $w(e)$ die **Länge** (oder das **Gewicht**) von $e$. Für einen (im Fall eines Digraphen gerichteten) Kantenzug $K = (v_0, v_1, \ldots, v_k)$ ist $w(K) := w(v_0v_1) + w(v_1v_2) + \ldots + w(v_{k-1}v_k)$ die **Länge** von $K$. Hierbei steht z.B. $v_0v_1$ als Abkürzung für $\{v_0, v_1\}$ bzw. $(v_0, v_1)$.

Je nach Anwendung kann es sich bei den Längen bzw. Gewichten auch um Zeitdauern, Kosten, Gewinne und Verluste und vieles andere handeln. Daher ist es gerechtfertigt, auch negative Werte zuzulassen. Bei der Definition des Abstands in Netzwerken können negative Längen aber zu Problemen führen. Der Einfachheit halber werden die Längen jetzt als nichtnegativ vorausgesetzt:

**3.2 Definition.** Sei $(G, w)$ ein Netzwerk mit $w(e) \geq 0$ für alle Kanten $e$. Der **Abstand** $d(a, b)$ zweier Ecken $a, b$ von $G$ ist das Minimum der Längen aller Kantenzüge von $a$ nach $b$. Falls es keinen Kantenzug von $a$ nach $b$ gibt, wird $d(a, b) = \infty$ gesetzt.

**3.3 Beispiel.** In einem Netzwerk sei jeder Kante $e$ eine Wahrscheinlichkeit $p(e)$ für ihr „Funktionieren" zugeordnet (man denke z.B. an Telefon- oder Computernetze). Wenn man voraussetzt, daß eventuelle Fehler in den Leitungen (= Kanten) unabhängig voneinander auftreten, dann ist $p(v_0v_1) \cdot p(v_1v_2) \cdot \ldots \cdot p(v_{k-1}v_k)$ die Wahrscheinlichkeit für das Funktionieren eines Kantenzugs $(a = v_0, v_1, \ldots, v_k = b)$. Dieser Wert ist maximal (für alle Kantenzüge von $a$ nach $b$), wenn $\log p(v_0v_1) + \log p(v_1v_2) + \ldots + \log p(v_{k-1}v_k)$ maximal ist. Setzt man $w(e) := -\log p(e)$, dann ist die Frage nach der zuverlässigsten Verbindung von $a$ nach $b$ äquivalent zur Frage nach einem kürzesten Weg von $a$ nach $b$ (bzgl. $w$).

Der folgende Algorithmus (Dijkstra 1959) berechnet die Abstände zu einer gegebenen Ecke eines Netzwerks. Er kann – wie übrigens auch der Algorithmus von Moore im vorigen Abschnitt – gleichermaßen für gerichtete und für ungerichtete Graphen verwendet werden:

**3.4 Algorithmus von Dijkstra.** Gegeben sei ein Netzwerk $(G, w)$ mit $G = (V, E)$ und einer nichtnegativen Längenfunktion $w$ auf $E$, und eine Ecke $v_0$ von $G$. Für jedes $v \in V$ wird ein Wert $d(v)$ berechnet.

(1) Setze $d(v_0) := 0$, $d(v) := \infty$ für alle $v \in V \setminus \{v_0\}$, $U := V$.

(2) Falls $U = \emptyset$, dann STOP. Sonst weiter mit (3).

(3) Finde ein $u \in U$, für das $d(u)$ minimal ist.

(4) Für alle $v \in U$ mit $uv \in E$ sei $d(v) := \min\{d(v), d(u) + w(uv)\}$.

(5) Setze $U := U \setminus \{u\}$. Weiter mit (2).

Es ist leicht möglich, den Algorithmus in Pseudo–Pascal umzuformulieren. Er leistet tatsächlich das Gewünschte:

**3.5 Satz.** *Nach Durchführung von 3.4 gilt $d(v_0, v) = d(v)$ für alle $v \in V$. Die Komplexität des Algorithmus ist* $O(n^2)$.

**Beweis.** Klar ist, daß (nach Beendigung des Algorithmus) genau dann $d(v) = \infty$ gilt, wenn $v$ von $v_0$ aus nicht erreichbar ist, d.h. im Fall $d(v_0, v) = \infty$. Für alle anderen $v$ ist $d(v)$ offenbar die Länge eines Wegs von $v_0$ nach $v$, womit $d(v) \geq d(v_0, v)$ gezeigt ist. Es bleibt zu beweisen, daß Gleichheit gilt. Dies gelingt mit Induktion über die Ecken von $G$, und zwar in der Reihenfolge, in der die Ecken aus $U$ entfernt werden: Zuerst wird $v_0$ entfernt, und es gilt $d(v_0) = d(v_0, v_0) = 0$. Jetzt wird $d(v) = d(v_0, v)$ für alle vor der Ecke $u$ entfernten $v$ vorausgesetzt. Werde angenommen, daß $d(u) > d(v_0, u)$ gilt, und sei $(v_0, v_1, \ldots, v_k = u)$ ein kürzester Weg von $v_0$ nach $u$. Es gibt einen Index $i < k$, so daß $v_i$ vor $u$ aus $U$ entfernt wird, aber nicht $v_{i+1}$. Nach Induktionsvoraussetzung gilt $d(v_0, v_i) = d(v_i)$. Es folgt

$$\begin{aligned} d(u) &> d(v_0, u) \\ &= d(v_0, v_i) + w(v_i v_{i+1}) + \ldots + w(v_{k-1} u) \\ &\geq d(v_i) + w(v_i v_{i+1}) . \end{aligned}$$

Zum Zeitpunkt, zu dem $v_i$ aus $U$ entfernt wird, gilt aber $d(v_i) + w(v_i v_{i+1}) = d(v_{i+1})$, also $d(u) > d(v_{i+1})$. Daher ist $u \neq v_{i+1}$, und es ergibt sich ein Widerspruch, denn in Zeile (3) wird nicht $u$, sondern $v_{i+1}$ (oder eine andere Ecke) ausgewählt. Damit ist $d(u) = d(v_0, u)$ gezeigt.

Für die Abschätzung der Komplexität müßte Zeile (3) eigentlich präziser formuliert werden. Aber es ist klar, daß man bei jedem Durchlauf mit maximal $|U| - 1$ Vergleichen auskommt. In Zeile (4) sind jedesmal maximal $|U|$ Wertzuweisungen nötig. Die Schleife von (2) bis (5) wird insgesamt $|V|$ mal durchlaufen. Da immer $|U| \leq |V|$ gilt, ergibt sich mit $n = |V|$ die behauptete Komplexität. □

**3.6 Beispiel.** Für das Netzwerk aus Abbildung 2 liefert der Algorithmus von Dijkstra folgende Abstände von $v_0$. Die Ecken werden in der angegebenen Reihenfolge aus $U$ entfernt:

| $v$ | $a$ | $d$ | $f$ | $e$ | $g$ | $c$ | $b$ |
|---|---|---|---|---|---|---|---|
| $d(v)$ | 0 | 3 | 4 | 6 | 6 | 6 | 11 |

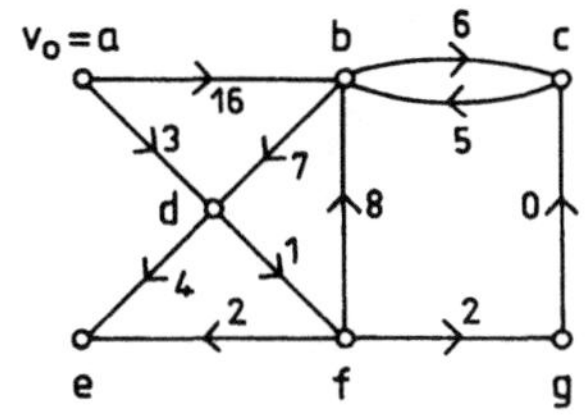


Abb. 2

Es sei noch angemerkt, daß 3.4 leicht so ergänzt werden kann, daß der Algorithmus nicht nur die Abstände, sondern auch kürzeste Wege berechnet.

## Aufgaben

11. Führe den Algorithmus von Dijkstra für das folgende (ungerichtete) Netzwerk durch:

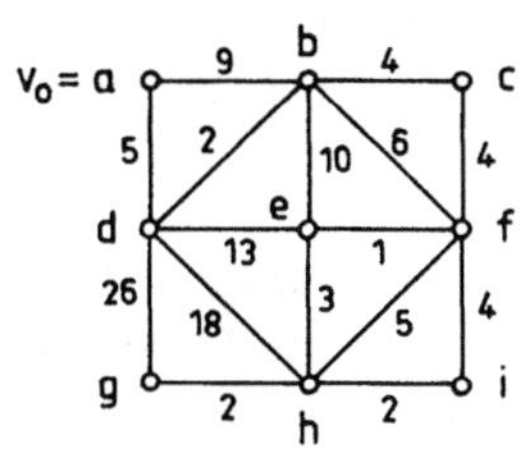


12. Formuliere 3.4 in Pseudo–Pascal.

13. Formuliere Zeile (3) von 3.4 detailliert als Algorithmus von Komplexität $O(|U|)$.

14. Wo wird im Beweis von 3.5 benutzt, daß die Kantenbewertungen $w(e)$ nichtnegativ sind?

15. Gebe ein Beispiel eines gerichteten Netzwerks an, in dem negative Kantenbewertungen vorkommen und der Algorithmus von Dijkstra falsche Abstände berechnet.

16. Gebe ein Beispiel eines (gerichteten oder ungerichteten) Netzwerks mit zwei Ecken $a$ und $b$ an, so daß es zwar einen Kantenzug von $a$ nach $b$ gibt, aber keinen Kantenzug minimaler Länge.

17. Ergänze 3.4 so, daß der Algorithmus nicht nur die Abstände von $v_0$ zu jeder anderen Ecke findet, sondern jeweils auch einen kürzesten Weg.

18. (J. A. Bondy, U. S. R. Murty) Eine Firma hat Filialen in sechs Städten $S_1$, $\ldots, S_6$. Die folgende Tabelle gibt die Flugpreise für die Direktverbindungen zwischen den Städten an („–" bedeutet, daß es keine Direktverbindung gibt). Finde die billigste Verbindung zwischen je zwei Städten.

| | $S_1$ | $S_2$ | $S_3$ | $S_4$ | $S_5$ |
|---|---|---|---|---|---|
| $S_6$ | 100 | 250 | – | 250 | 550 |
| $S_5$ | 250 | – | 200 | 100 | |
| $S_4$ | 400 | 200 | 100 | | |
| $S_3$ | – | 150 | | | |
| $S_2$ | 500 | | | | |

# 4 Maximale Flüsse

In diesem Abschnitt werden die Längen in den Netzwerken als *Kapazitäten* interpretiert: Es wird nach der maximalen Gesamtkapazität entlang sämtlicher Verbindungen zwischen zwei Ecken eines Netzwerks gesucht. Man denke an naheliegende Anwendungen bei Bewässerungssystemen, Stromversorgungsnetzen und Verkehrssystemen. Mit dem Begriff „Netzwerk" ist in diesem Abschnitt immer ein „Kapazitätsnetzwerk" gemeint:

**4.1 Definitionen.** Ein **Kapazitätsnetzwerk** (auch: **Flußnetzwerk**, engl.: flow network) ist ein Tupel $N = (G, c, s, t)$, bestehend aus einem gerichteten Graphen $G=(V,E)$, einer Gewichtsfunktion $c$ mit nichtnegativen Werten (die jetzt **Kapazitätsfunktion** genannt wird), sowie zwei ausgezeichneten Ecken von $G$, nämlich der **Quelle** $s$ und der **Senke** $t$.

Ein **Fluß** eines Netzwerks $N$ (von $s$ nach $t$) ist eine Abbildung $f\colon E \to \mathbb{R}$, die folgendes erfüllt:

(1) $0 \leq f(e) \leq c(e)$ für alle $e \in E$,

(2) $\sum\limits_{x\in A_v} f(v,x) = \sum\limits_{y\in B_v} f(y,v)$ für alle $v \in V\setminus\{s,t\}$.

Hierbei bezeichnet $A_v$ die Menge aller Endecken von Kanten mit Anfangsecke $v$, und $B_v$ die Menge aller Anfangsecken von Kanten mit Endecke $v$.

Der Fluß durch jede Kante ist nach Bedingung (1) nichtnegativ und durch die Kapazität beschränkt. Bedingung (2) besagt, daß aus jeder Ecke genausoviel herausfließt wie hineinfließt, natürlich mit Ausnahme von Quelle und Senke.

**4.2 Bemerkung.** *Für jeden Fluß $f$ eines Netzwerks $N$ mit Quelle $s$ und Senke $t$ gilt*

$$\sum_{x\in A_s} f(s,x) - \sum_{y\in B_s} f(y,s) = \sum_{y\in B_t} f(y,t) - \sum_{x\in A_t} f(t,x)\,.$$

**Beweis.** Klar ist, daß $\sum_{e\in E} f(e) = \sum_{v\in V}\sum_{x\in A_v} f(v,x) = \sum_{v\in V}\sum_{y\in B_v} f(y,v)$ gilt, denn es wird jeweils über alle Kanten summiert. Hiermit folgt

$$\begin{aligned} 0 &= \textstyle\sum_{v\in V}\left(\sum_{x\in A_v} f(v,x) - \sum_{y\in B_v} f(y,v)\right) \\ &= \left(\textstyle\sum_{x\in A_s} f(s,x) - \sum_{y\in B_s} f(y,s)\right) + \left(\sum_{x\in A_t} f(t,x) - \sum_{y\in B_t} f(y,t)\right), \end{aligned}$$

wobei die letzte Gleichheit unmittelbar aus Bedingung (2) folgt. □

Die Zahl auf beiden Seiten der Gleichung in 4.2 nennt man den **Wert** des Flusses $f$, in Zeichen: $\Phi(f)$. Natürlich wird das Hauptziel sein, für jedes Kapazitätsnetzwerk einen **maximalen Fluß** zu finden, d.h. einen Fluß $f$ mit maximalem $\Phi(f)$. Der folgende Satz charakterisiert maximale Flüsse; er ist grundlegend für die Ergebnisse dieses Abschnitts.

**4.3 Definition.** Auf dem Netzwerk $N$ sei ein Fluß $f$ gegeben. Eine Folge $(v_0, v_1, \ldots, v_k)$ von Ecken heißt **zunehmender Weg** bzgl. $f$ (engl.: augmenting path), falls für jedes $i \in \{1, \ldots, k\}$ eine der folgenden beiden Bedingungen gilt:

— $(v_{i-1}, v_i) \in E$ und $f(v_{i-1}, v_i) < c(v_{i-1}, v_i)$ („Vorwärtskante“),
— $(v_i, v_{i-1}) \in E$ und $f(v_i, v_{i-1}) > 0$ („Rückwärtskante“).

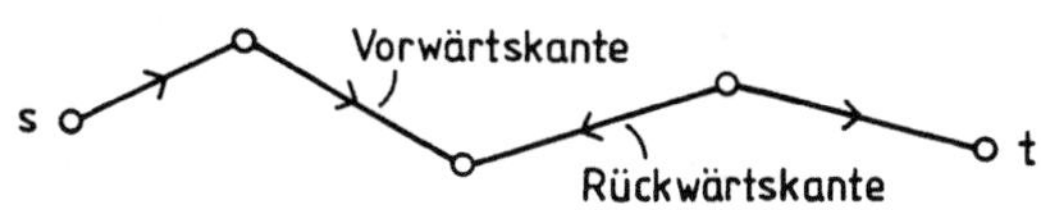


Abb. 3

**4.4 Satz.** *Ein Fluß $f$ in einem Netzwerk $N$ ist genau dann maximal, wenn es keinen zunehmenden Weg von $s$ nach $t$ bzgl. $f$ gibt.*

**Beweisskizze.** $\Rightarrow$: Wenn es einen zunehmenden Weg $W$ von $s$ nach $t$ gibt, dann kann der Wert von $f$ offenbar um das Minimum sämtlicher Werte $c(e)-f(e)$ (für Vorwärtskanten in $W$) und $f(e)$ (für Rückwärtskanten in $W$) erhöht werden.

$\Leftarrow$: Es gebe keinen zunehmenden Weg von $s$ nach $t$ bzgl. $f$. Sei $S$ die Menge derjenigen Ecken, die von $s$ aus mit einem zunehmenden Weg bzgl. $f$ erreichbar sind, und sei $T = V\backslash S$. Dann sind die Kanten zwischen $S$ und $T$ „gesättigt“: Für jede Kante $(v,w)$ mit $v \in S$, $w \in T$ gilt $f(v,w) = c(v,w)$, und für jede Kante $(w,v)$ mit $w \in T$ und $v \in S$ gilt $f(w,v) = 0$. Deshalb ist anschaulich klar, daß die Kanten zwischen $S$ und $T$ einen „Engpaß“ bilden, der eine Erhöhung des Werts von $f$ verhindert. Formal wird diese Tatsache in 4.6 nachgewiesen. □

In Analogie zum ungerichteten Fall (siehe Abschnitt I.6) nennt man eine Kantenmenge $F$ eines gerichteten Graphen eine $s$ und $t$ **trennende Kantenmenge**, wenn jeder gerichtete Weg des Graphen von $s$ nach $t$ eine Kante aus $F$ enthält. Bei den *Schnitten* handelt es sich um spezielle trennende Kantenmengen:

**4.5 Definitionen.** Sei $G = (V, E)$ ein gerichteter Graph. Für jede Teilmenge $S \subseteq V$ heißt $E_S := \{(v,w) \in E \mid v \in S,\ w \in V\backslash S\}$ ein **Schnitt** von $G$; im Fall $s \in S$, $t \in V\backslash S$ spricht man von einem $s$ und $t$ **trennenden Schnitt**.

In einem Netzwerk $N = (G, c, s, t)$ ist die **Kapazität** einer Kantenmenge $F$ (insbesondere eines Schnitts) definiert als

$$c(F) := \sum_{e \in F} c(e)\,.$$

Unter einem **minimalen Schnitt** von $N$ versteht man einen $s$ und $t$ trennenden Schnitt von minimaler Kapazität.

**4.6 Lemma.** *Für jeden Fluß $f$ und jeden $s$ und $t$ trennenden Schnitt $E_S$ eines Netzwerks $N$ gilt (mit $T := V\backslash S$):*

$$\Phi(f) = \sum_{e \in E_S} f(e) - \sum_{e \in E_T} f(e) \;\le\; c(E_S)\,.$$

**Beweis.** In der folgenden Rechnung ergibt sich die erste Gleichheit nach Definition von $\Phi(f)$, die zweite Gleichheit wegen Bedingung (2) für Flüsse, und die dritte Gleichheit, indem man unterscheidet, ob die Kanten $(v,x)$ bzw. $(y,v)$ ganz in $S$ liegen oder nicht:

$$\begin{aligned}
\Phi(f) &= \sum_{x \in A_s} f(s,x) - \sum_{y \in B_s} f(y,s) \\
&= \sum_{v \in S} \Big( \sum_{x \in A_v} f(v,x) - \sum_{y \in B_v} f(y,v) \Big) \\
&= \sum_{\substack{(v,x) \in E,\\ v,x \in S}} f(v,x) - \sum_{\substack{(y,v) \in E,\\ y,v \in S}} f(y,v) \\
&\qquad + \sum_{\substack{(v,x) \in E,\\ v \in S,\, x \in T}} f(v,x) - \sum_{\substack{(y,v) \in E,\\ v \in S,\, y \in T}} f(y,v)\,.
\end{aligned}$$

Im letzten Ausdruck ergeben die ersten beiden Summen insgesamt 0, da über dieselben Kanten summiert wird, und die restlichen beiden Summen sind gerade die aus dem Lemma (etwas anders geschrieben). Damit ist die behauptete Gleichheit gezeigt. Die Ungleichung $\Phi(f) \leq c(E_S)$ folgt jetzt mit Bedingung (1). □

Wie der Beweis von 4.4 zeigt, gibt es in jedem Netzwerk einen $s$ und $t$ trennenden Schnitt mit $\Phi(f) = c(E_S)$. Damit ist der folgende wichtige Satz bewiesen:

**4.7 Satz („max–flow min–cut").** *In jedem Netzwerk $N$ ist der Wert eines maximalen Flusses von der Quelle $s$ zur Senke $t$ gleich der Kapazität eines minimalen $s$ und $t$ trennenden Schnitts.*

Der Beweis von 4.4 liefert auch die **Grundidee für einen Algorithmus**: Gegeben sei ein Fluß $f$ auf $N$ von $s$ nach $t$ (auch $f(e)=0$ für alle Kanten $e$ ist möglich):

(1) Wenn es keinen zunehmenden Weg bzgl. $f$ gibt, dann STOP. Sonst weiter mit (2).

(2) Sei $W = (v_0, v_1, \ldots, v_k)$ ein zunehmender Weg bzgl. $f$, und sei
$$z := \min\Big(\{c(v_{i-1}, v_i) - f(v_{i-1}, v_i) \mid (v_{i-1}, v_i) \text{ Vorwärtskante von } W\} \cup \{f(v_i, v_{i-1}) \mid (v_i, v_{i-1}) \text{ Rückwärtskante von } W\}\Big).$$
Setze $f(v_{i-1}, v_i) := f(v_{i-1}, v_i) + z$ für jede Vorwärtskante $(v_{i-1}, v_i)$ und $f(v_i, v_{i-1}) := f(v_i, v_{i-1}) - z$ für jede Rückwärtskante $(v_i, v_{i-1})$. Weiter mit (1).

Auf dieser Idee beruht der berühmte **Markierungsalgorithmus**, der wie die übrigen Ergebnisse dieses Abschnitts von Ford und Fulkerson (1956) gefunden wurde. Das Problem, einen zunehmenden Weg tatsächlich zu finden, wird gelöst, indem man sukzessive die Ecken $y$ auf einem zunehmenden Weg mit drei Werten $v(y)$, $r(y)$, $z(y)$ „markiert". Dabei ist $v(y)$ der Vorgänger von $y$ im zunehmenden Weg, $r(y)$ gibt die Richtung der verwendeten Kante zwischen $v(y)$ und $y$ an ($r(y) = \rightarrow$ für Vorwärtskante, $r(y) = \leftarrow$ für Rückwärtskante), und $z(y)$ ist der mögliche zusätzliche Fluß auf dem Weg nach $y$:

**4.8 Algorithmus von Ford und Fulkerson.** Gegeben sei ein Netzwerk $N = (G, c, s, t)$ und ein Fluß $f$ auf $N$.

(1) Setze $S := \{s\}$, $R := \{s\}$, $z(s) := \infty$.

(2) Wähle eine Ecke $x \in R$. Setze $R := R \setminus \{x\}$.

(3) Füge jede Ecke $y \in V \setminus S$ mit $(x, y) \in E$ und $f(x, y) < c(x, y)$ zu $S$ und zu $R$ hinzu und setze
$$v(y) := x\,, \quad r(y) := \rightarrow\,, \quad z(y) := \min\{c(x,y) - f(x,y),\ z(x)\}\,.$$

(4) Füge jede Ecke $y \in V \setminus S$ mit $(y, x) \in E$ und $f(y, x) > 0$ zu $S$ und zu $R$ hinzu und setze
$$v(y) := x\,, \quad r(y) := \leftarrow\,, \quad z(y) := \min\{f(y,x),\ z(x)\}\,.$$

(5) Falls $R=\emptyset$, dann STOP. Falls $t\in S$, dann weiter mit (6). Ansonsten weiter mit (2).
(6) Sei $z:=z(t)$. Setze $y:=t$.
(7) Falls $r(y):=\rightarrow$, setze $f(v(y),y):=f(v(y),y)+z$. Falls $r(y):=\leftarrow$, setze $f(y,v(y)):=f(y,v(y))-z$.
(8) Setze $y:=v(y)$. Falls $y=s$, dann weiter mit (1). Ansonsten weiter mit (7).

Die Menge $S$ besteht jeweils aus den Ecken, zu denen ein zunehmender Weg gefunden wurde, und $R$ enthält diejenigen Ecken in $S$, von denen aus eine Verlängerung der zunehmenden Wege noch *nicht* versucht wurde. Im Falle $R=\emptyset$ lassen sich weitere zunehmende Wege nicht finden; der gefundene Fluß $f$ ist also maximal. Sind die Kapazitäten aller Kanten ganzzahlig, dann kommt der Algorithmus nach endlich vielen Schritten zu einem maximalen Fluß (denn jede Flußvergrößerung entlang eines zunehmenden Weges ist ganzzahlig). Der STOP–Befehl in Zeile (5) wird also erreicht. Dasselbe gilt im Fall rationaler Kapazitäten:

**4.9 Satz.** *Sei $N=(G,c,s,t)$ ein Netzwerk mit rationaler Kapazitätsfunktion $c$. Dann berechnet 4.8 einen maximalen Fluß $f$ und eine Eckenmenge $S$, für die $E_S$ ein minimaler Schnitt ist.*

Bei irrationalen Kapazitäten kann es vorkommen, daß der Algorithmus immer weitere Verbesserungen des Flußwerts findet, ohne jemals abzubrechen (im Extremfall sogar, ohne gegen den Wert eines maximalen Flusses zu konvergieren). Auch bei ganzzahliger Kapazitätsfunktion $c$ ist der Algorithmus nicht polynomial in $n=|V|$

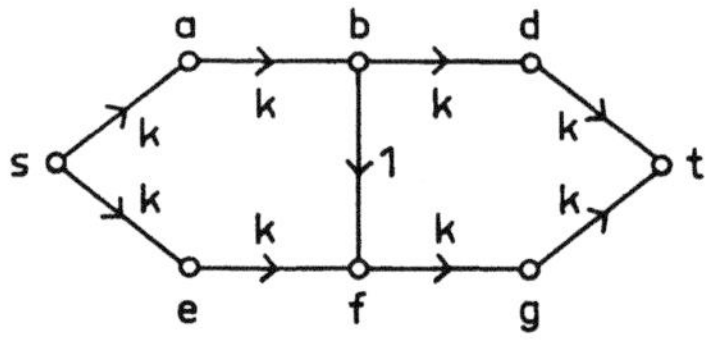


Abb. 4

oder $m=|E|$, da die Anzahl der Schritte von $c$ abhängen kann. Beim Netzwerk in Abbildung 4 benötigt man bei ungünstiger Auswahl der Ecken in Zeile (2) insgesamt $2k$ zunehmende Wege, nämlich abwechselnd $s\,a\,b\,f\,g\,t$ und $s\,e\,f\,b\,d\,t$.

Tatsächlich läßt sich für 4.8 polynomiale Komplexität erreichen, indem die Auswahl der Ecken in Zeile (2) in einer von Edmonds und Karp 1972 vorgeschlagenen Weise konkretisiert wird. Die Markierung der Ecken erfolgt dann entsprechend „breadth first search", d.h. es werden immer zunehmende Wege mit möglichst wenigen Kanten gesucht:

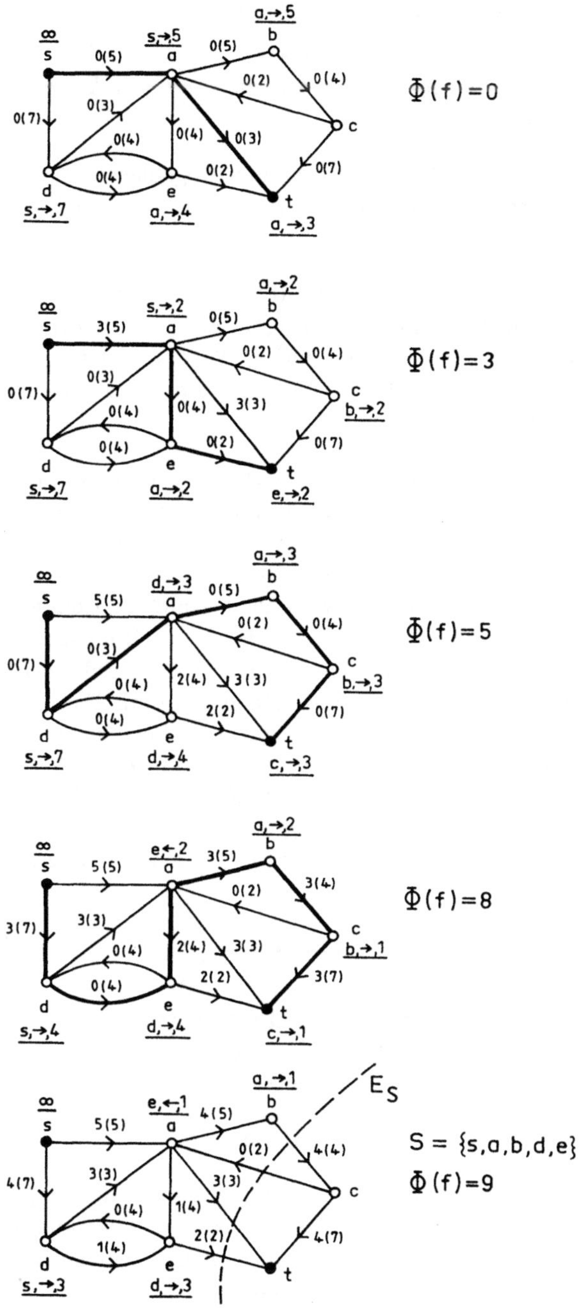


Abb. 5

**4.10 Satz.** *Ersetzt man Zeile* (2) *in 4.8 durch*

(2′) Wähle die Ecke $x \in R$, die zuerst in $R$ eingefügt wurde. Setze $R := R \setminus \{x\}$,

*dann funktioniert der Algorithmus für beliebige (d.h. auch irrationale) Kapazitäten und hat Komplexität* $O(nm^2)$.

Der **Beweis** ist nicht einfach und wird hier weggelassen. Es sei noch angemerkt, daß mit weiter verbesserten Methoden (z.B. von Sleator und Tarjan) sogar die Komplexität $O(nm \log n)$ erreichbar ist.

**4.11 Beispiel.** Für das Netzwerk in Abbildung 5 wird 4.8 in der Variante von Edmonds und Karp durchgeführt. Zu Beginn gilt $f(e) = 0$ für alle Kanten $e$ (Kapazitäten in Klammern). Die zunehmenden Wege sind fett gezeichnet. Zusätzlich sind die Markierungen der jeweils in $S$ befindlichen Ecken notiert. Man erhält einen maximalen Fluß mit $\Phi(f) = 9$.

Mit 4.4 ergibt sich eine sehr einfache Methode, alle Resultate von Abschnitt I.6 auf eine neue Art herzuleiten. Zusätzlich können mit dem Algorithmus von Ford und Fulkerson die gesuchten eckendisjunkten oder kantendisjunkten Wege bis hin zu den Heiraten maximaler Mächtigkeit effektiv berechnet werden:

Sei $G$ ein *gerichteter* Graph mit zwei Ecken $s$ und $t$. Indem allen Kanten die Kapazität 1 zugewiesen wird, entsteht ein Netzwerk $N$. Offenbar entspricht ein Fluß $f$ von $N$ mit Wert $\Phi(f) = k$ gerade $k$ kantendisjunkten gerichteten Wegen von $s$ nach $t$, und umgekehrt ergeben $k$ solche Wege einen Fluß mit Wert $k$. Ein $s$ und $t$ trennender Schnitt $E_S$ von $N$ mit Kapazität $c(E_S) = l$ besteht aus einer $l$-elementigen $s$ und $t$ trennenden Kantenmenge, und umgekehrt enthält jede solche Kantenmenge einen $s$ und $t$ trennenden Schnitt. Damit ist I.6.5 in der Variante für gerichtete Graphen bewiesen. Im Beispiel in Abbildung 6 gibt es zwei kantendisjunkte gerichtete Wege von $s$ nach $t$, und die fett gezeichneten Kanten bilden eine $s$ und $t$ trennende Kantenmenge.

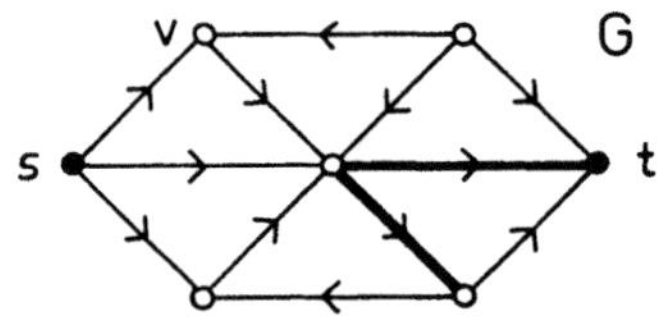


Abb. 6

Dieses Resultat kann zur Herleitung von I.6.4 (also der ursprünglichen „Eckenform" des Satzes von Menger) für gerichtete Graphen verwendet werden. Die Grundidee besteht darin, den Graphen $G$ folgendermaßen in einen Graphen $G'$ umzuwandeln: Jede Ecke $v \neq s, t$ von $G$ wird durch eine Kante $(v', v'')$ ersetzt, wobei die Kanten mit $v$ als Endecke bzw. Anfangsecke jetzt $v'$ als Endecke bzw. $v''$ als Anfangsecke haben (der Graph in Abbildung 6 wird so zum Graphen in Abbildung 7). Die ecken-

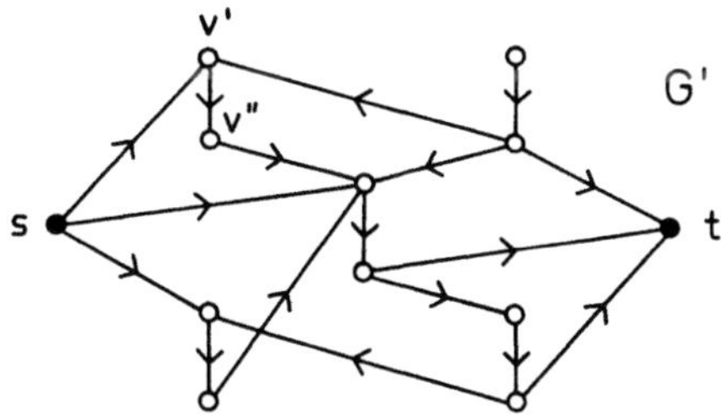


Abb. 7

disjunkten Wege von $G$ entsprechen genau den kantendisjunkten Wegen von $G'$. Außerdem überlegt man, daß es in $G'$ eine $s$ und $t$ trennende Kantenmenge minimaler Mächtigkeit gibt, die nur aus Kanten der Form $(v', v'')$ besteht. Jede solche Kantenmenge entspricht aber einer $s$ und $t$ trennenden Eckenmenge von $G$ von minimaler Mächtigkeit. Damit ist das „Eckenproblem" auf das „Kantenproblem" reduziert.

Es sei noch angemerkt, daß sich die in Abschnitt I.6 bewiesenen ungerichteten Versionen der Mengerschen Sätze auf die gerichteten Fälle zurückführen lassen, indem man jede ungerichtete Kante durch zwei gerichtete Kanten ersetzt.

Abschließend wird gezeigt, wie der Algorithmus von Ford und Fulkerson auf das Heiratsproblem angewandt werden kann. Als Beispiel wird noch einmal der bipartite Graph aus Abbildung I.33 betrachtet; der Graph wird mit $G$ oder genauer mit $G(V_1, V_2)$ bezeichnet. Zunächst werden zwei neue Ecken $s$ und $t$ hinzugefügt, sowie Kanten $(s, x)$ für alle $x \in V_1$ und $(y, t)$ für alle $y \in V_2$. Zusätzlich werden alle Kanten von $G$ von $V_1$ nach $V_2$ gerichtet. Ordnet man jeder Kante noch die Kapazität 1 zu, dann entspricht jeder maximale Fluß des so entstandenen Netzwerks $N$ gerade einer Heirat maximaler Mächtigkeit von $G$. Die Kanten, die nach Durchführung des Algorithmus Fluß 1 haben, sind in Abbildung 8 fett gezeichnet, und die Ecken der Menge $S$ sind schwarz gezeichnet. Offenbar ist $(V_1 \backslash S) \cup (V_2 \cap S)$ eine $G$ überdeckende

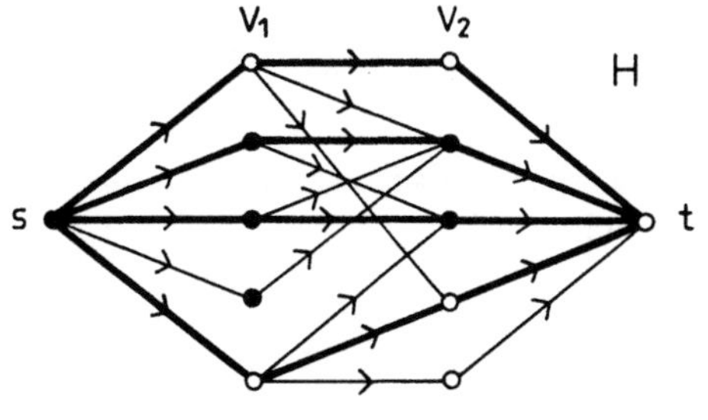


Abb. 8

Eckenmenge minimaler Mächtigkeit. Für die Menge $I = V_1 \cap S$ gilt $|I| > |\varphi(I)|$. Der Leser möge überlegen, daß dies nicht nur im Beispiel, sondern allgemein der Fall ist.

## Aufgaben

19. a) Im folgenden Flußnetzwerk $N$ (Kapazitäten in Klammern) ist für einige Kanten $e$ ein Wert $f(e)$ angegeben. Vervollständige diese Werte, so daß sich ein Fluß $f$ von $N$ ergibt. Bestimme den Wert $\Phi(f)$ dieses Flusses.
    b) Finde einen zunehmenden Weg bzgl. des in a) bestimmten Flusses.
    c) Berechne die Kapazität $c(E_S)$ des Schnitts $E_S$ mit $S = \{s, a, c\}$.

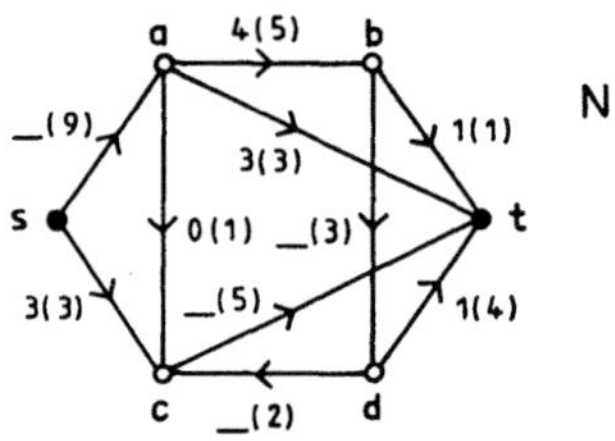


20. Bestimme einen maximalen Fluß und einen minimalen Schnitt für das Netzwerk $N$ aus Aufgabe 19.

21. Führe für das folgende Netzwerk den Algorithmus von Ford und Fulkerson durch. Zu Beginn gilt $f(e) = 0$ für alle Kanten $e$; die Kapazitäten stehen in Klammern:

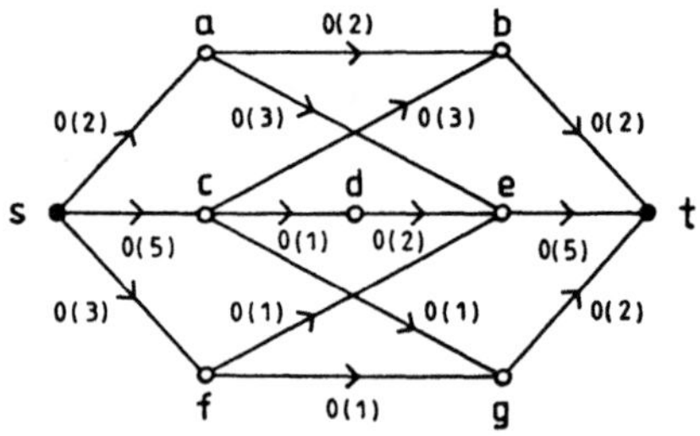


22. Zeige: In einem Netzwerk enthält jede $s$ und $t$ trennende Kantenmenge $F$ einen $s$ und $t$ trennenden Schnitt $E_S$.

*23. Beweise: Wenn man auf einen bipartiten Graphen $G(V_1, V_2)$, wie im Beispiel in Abbildung 8, den Algorithmus von Ford und Fulkerson anwendet, dann ist
    a) $M = \{\{x, y\} \mid x \in V_1,\ y \in V_2,\ f(x, y) = 1\}$ eine Heirat maximaler Mächtigkeit von $G(V_1, V_2)$,

b) $W = (V_1 \setminus S) \cup (V_2 \cap S)$ eine $G(V_1, V_2)$ überdeckende Eckenmenge minimaler Mächtigkeit,

c) $I = V_1 \cap S$ eine Eckenmenge mit $|I| > |\varphi(I)|$, falls $G(V_1, V_2)$ keine vollständige Heirat besitzt.

24. Bestätige die Ergebnisse von Aufgabe 23 für den folgenden bipartiten Graphen:

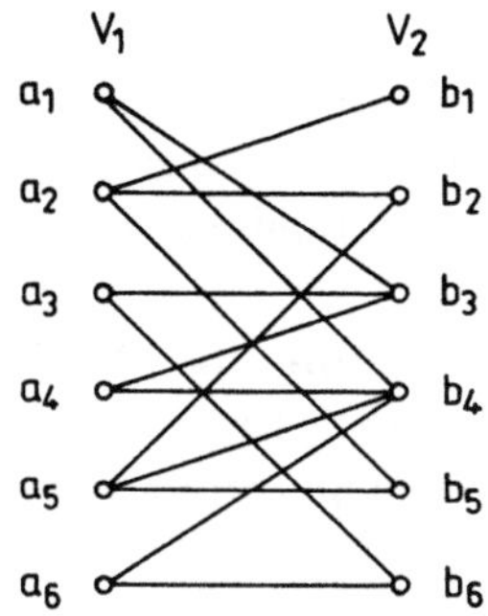


**MINIPROJEKT** „Algorithmus von Ford und Fulkerson". In der Ausarbeitung sollen folgende Punkte behandelt werden:

(1) Im Flußnetzwerk $N = (G, c, s, t)$ seien auch die Ecken Kapazitätsbeschränkungen unterworfen: Es sei eine Abbildung $d: V \to \mathbb{R}$ gegeben, und jeder Fluß $f$ auf $N$ soll zusätzlich für alle $v$ die Bedingung

$$\sum_{x \in A_v} f(v, x) \le d(v)$$

erfüllen. Man führe dieses Problem auf die Untersuchung eines gewöhnlichen Flußnetzwerks zurück.

(2) Wie kann der Fall mehrerer Quellen und Senken behandelt werden?

(3) Man gebe anschauliche Interpretationen für (1) und (2).

Natürlich können weitere Fragen bearbeitet werden, z.B. wie man verallgemeinerte Flußnetzwerke behandelt, bei denen in den Ecken „Gewinne" oder „Verluste" auftreten oder bei denen auf jeder Kante für den Fluß auch untere Schranken vorgeschrieben sind (siehe im Buch von E. L. Lawler, S. 134–142). Interessant sind auch Beispiele, bei denen der Algorithmus von Ford und Fulkerson den maximalen Fluß nie erreicht (sogar nicht einmal gegen ihn konvergiert; siehe z.B. im Buch von L. R. Ford und D. R. Fulkerson, S. 21).

# 5 Minimale aufspannende Wälder

Im Mittelpunkt dieses Abschnitts steht der Algorithmus von Kruskal, mit dem für jedes ungerichtete Netzwerk ein *aufspannender Wald* minimalen Gewichts berechnet werden kann. Als Beispiel stellt man sich das Straßennetz einer Stadt vor, in der zur Verkehrsberuhigung geplant ist, Straßenabschnitte von möglichst großer Gesamtlänge für den Durchgangsverkehr zu sperren – allerdings sollen je zwei Kreuzungen auf Durchgangsstraßen verbunden bleiben. Nimmt man die Straßenkreuzungen als Ecken, die Straßenabschnitte zwischen den Kreuzungen als Kanten und die Längen dieser Abschnitte als Gewichte eines Netzwerks, dann besteht die Aufgabe darin, einen aufspannenden Baum minimalen Gewichts zu finden:

**5.1 Definitionen.** Ein **aufspannender Wald** eines (ungerichteten) Graphen $G=(V,E)$ ist ein Teilgraph $H=(V,T)$ auf derselben Eckenmenge, der ein Wald ist und dieselben Zusammenhangskomponenten hat wie $G$. Falls $G$ zusammenhängend ist, dann ist auch $H$ zusammenhängend, und man spricht von einem **aufspannenden Baum**. Der Einfachheit halber nennt man oft die Kantenmenge $T$ selbst einen aufspannenden Wald (bzw. einen aufspannenden Baum).

Ein **minimaler aufspannender Wald** eines ungerichteten Netzwerks $(G,w)$ ist ein aufspannender Wald $T$ von minimalem Gewicht. Dabei ist das **Gewicht** von $T$ definiert als

$$w(T) := \sum_{e \in T} w(e)\,.$$

Beim Netzwerk in Abbildung 9 bilden die fett gezeichneten Kanten einen aufspannenden Baum, der aber nicht minimal ist.

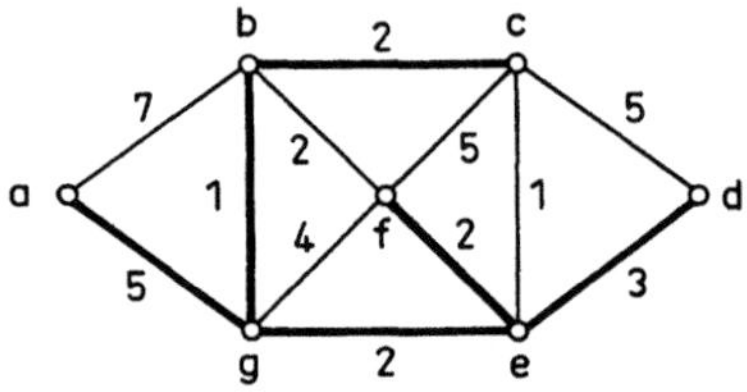


Abb. 9

**5.2 Satz.** *Sei* $G=(V,E)$ *ein endlicher Graph, und sei* $\mathcal{T}:=\{A\subseteq E \mid (V,A) \text{ ist ein Wald}\}$*. Dann gilt für alle* $A,B\in\mathcal{T}$*:*

$$|A| = |B|+1 \implies \exists\, a\in A\setminus B:\; B\cup\{a\}\in\mathcal{T}\,.$$

**Beweis.** Der Wald $(V, B)$ hat genau eine Zusammenhangskomponente mehr als der Wald $(V, A)$. Daher gibt es mindestens eine Kante $a \in A \setminus B$, die zwei verschiedene Zusammenhangskomponenten von $(V, B)$ verbindet. Doch dann ist auch $(V, B \cup \{a\})$ ein Wald, und es gilt $B \cup \{a\} \in \mathcal{T}$. □

Dieser Satz wird für den Korrektheitsbeweis des folgenden Algorithmus (Kruskal 1956) benötigt:

**5.3 Algorithmus von Kruskal.** Gegeben sei ein Netzwerk $(G, w)$ mit Kantenmenge $E$. Es wird eine Menge $T \subseteq E$ ausgewählt.

(1) Sortiere die Kanten in $E$ nach aufsteigendem Gewicht: Sei $E = \{e_1, \ldots, e_m\}$ mit $w(e_1) \leq \ldots \leq w(e_m)$.
(2) Setze $T := \emptyset$, $k := 1$.
(3) Falls die Kanten in $T \cup \{e_k\}$ einen Wald bilden, setze $T := T \cup \{e_k\}$.
(4) Falls $k = m$, dann STOP. Sonst setze $k := k + 1$ und weiter mit (3).

**5.4 Satz.** *Der Algorithmus von Kruskal berechnet einen minimalen aufspannenden Wald $T$ von $(G, w)$.*

**Beweis.** Es ist klar, daß die vom Algorithmus berechnete Menge $T$ ein aufspannender Wald von $(G, w)$ ist. Außerdem haben alle aufspannenden Wälder von $(G, w)$ gleichviele Elemente (dies folgt beispielsweise mit 5.2). Gelte also $|T| = k$, $T = \{f_1, \ldots, f_k\}$, mit $w(f_1) \leq \ldots \leq w(f_k)$. Sei $U = \{g_1, \ldots, g_k\}$ ein minimaler aufspannender Wald mit $w(g_1) \leq \ldots \leq w(g_k)$. Zu zeigen ist $w(U) \geq w(T)$. Werde angenommen, daß es einen Index $i$ mit $w(g_i) < w(f_i)$ gibt. Es kann vorausgesetzt werden, daß $i$ der kleinste solche Index ist, also daß $w(g_1) \geq w(f_1)$, ..., $w(g_{i-1}) \geq w(f_{i-1})$ gilt. Die Anwendung von 5.2 auf $A := \{g_1, \ldots, g_i\}$ und $B := \{f_1, \ldots, f_{i-1}\}$ liefert ein $g_j \in A \setminus B$, so daß die Kanten in $B \cup \{g_j\}$ einen Wald bilden. Wegen $w(g_j) \leq w(g_i) < w(f_i)$ hätte der Algorithmus also vor $f_i$ schon $g_j$ genommen. Dieser Widerspruch zeigt, daß $w(g_i) \geq w(f_i)$ für alle $i$ und damit auch $w(U) \geq w(T)$ gilt. □

**5.5 Bemerkungen.** a) Eine Komplexitätsabschätzung für 5.3 ist schwierig, da die Zeilen (1) und (3) zu ungenau formuliert sind. Man kann überlegen, daß das Sortieren in (1) in $O(m \log m)$ Schritten möglich ist (siehe z.B. im Buch von A. V. Aho, J. E. Hopcroft und J. D. Ullman). Für (3) empfiehlt es sich, über die Zusammenhangskomponenten von $(V, T)$ buchzuführen; es reicht dann jeweils zu überprüfen, ob $e_k$ verschiedene Komponenten verbindet. Bei geschickter Implementierung kann dies für sämtliche Durchläufe von (3) ebenfalls in insgesamt $O(m \log m)$ Schritten durchgeführt werden. Deshalb hat der Algorithmus diese Komplexität auch im ganzen.

b) Mit dem Algorithmus können ganz analog *maximale* aufspannende Wälder bestimmt werden: man ersetzt einfach die Gewichtsfunktion $w$ durch $-w$ (oder man fügt immer eine Kante *größtmöglichen* Gewichts in $T$ ein).

Kruskals Algorithmus ist denkbar einfach: er nimmt immer „gierig" (engl.: greedy) die bestmögliche Kante. Es handelt sich um einen Sonderfall des berühmten *Greedy-Algorithmus*, der auf zahlreiche Optimierungsprobleme auch außerhalb der Graphentheorie angewendet werden kann. Dies wird das Thema des nächsten Abschnitts sein.

## Aufgaben

25. Wieviele aufspannende Bäume hat der Graph
    a) $K_{2,3}$ , b) $K_4$ , c) $K_n$ ?

26. Führe 5.3 für das Netzwerk in Abbildung 9 durch.

27. Bestimme einen *maximalen* aufspannenden Baum für das Netzwerk in Abbildung 9.

28. Sei $(G, w)$ ein Netzwerk. Zeige, daß die Gewichte der Kanten eines minimalen aufspannenden Waldes eindeutig bestimmt sind. Genauer: Sind $T_1$ und $T_2$ minimale aufspannende Wälder von $(G, w)$, dann gilt $|\{e \in T_1 \mid w(e) = r\}| = |\{e \in T_2 \mid w(e) = r\}|$ für alle $r \in \mathbb{R}$ .

29. Wieviele minimale aufspannende Wälder hat das Netzwerk in Abbildung 9?

# 6 Matroide

Mit dem *Greedy-Algorithmus*, der in diesem Abschnitt behandelt wird, können kombinatorische Optimierungsprobleme ganz unterschiedlicher Art gelöst werden. In 5.3 wurde schon gezeigt, wie man minimale aufspannende Wälder in Netzwerken finden kann. Auf ebenso „gierige" Weise läßt sich das folgende Problem der *Ablaufplanung* lösen:

**6.1 Beispiel** (E. L. Lawler). Sei $J$ eine Menge von *Aufträgen* („*Jobs*"), die auf einer Maschine der Reihe nach ausgeführt werden sollen. Jeder Job $i$ belegt die Maschine für einen Arbeitstag. Außerdem sei jeweils ein *Fertigstellungstermin* $f(i)$ und eine *Strafe* $s(i)$ für Terminüberschreitung gegeben. Gesucht ist ein optimaler Plan, d.h. eine Reihenfolge der Jobs, bei der die Summe der fälligen Strafen möglichst gering ist. Natürlich können die verspäteten Jobs in beliebiger Reihenfolge zum Schluß ausgeführt werden. Also muß eine Menge $T \subseteq J$ gefunden werden, so daß alle Jobs in $T$ rechtzeitig beendet werden können, und die Gesamtstrafe

$$s = \sum_{i \in T} s(i)$$

dieser „pünktlichen" Menge $T$ maximal ist. Es läßt sich zeigen, daß man eine solche „optimale" Menge $T$ erhält, indem man sukzessive Job für Job in der Reihenfolge der Strafen auswählt (größere Strafe zuerst), wobei ein Job $i$ nur dann zurückgewiesen wird, wenn er zusammen mit den zuvor gewählten Jobs nicht pünktlich durchgeführt werden kann.

Beim Beispiel in der Tabelle ergibt sich auf diese Weise folgendes: Zuerst wird Job 1 gewählt, aber Job 2 zurückgewiesen, denn beide Jobs können nicht an einem

| Job $i$ | Fertigstellungs-termin $f(i)$ | Strafe $s(i)$ |
|---|---|---|
| 1 | 1 | 10 |
| 2 | 1 | 9 |
| 3 | 3 | 7 |
| 4 | 2 | 6 |
| 5 | 3 | 4 |
| 6 | 6 | 2 |

Tag erledigt werden. Dann werden die Jobs 3 und 4 gewählt (4 muß vor 3 durchgeführt werden), Job 5 wird zurückgewiesen (vier Jobs in drei Tagen ist unmöglich), und schließlich Job 6 gewählt. Es ergibt sich $T = \{1,3,4,6\}$, und eine optimale Reihenfolge ist z.B. $1,4,3,6,2,5$. In Kapitel VI erfährt man mehr zum Thema Ablaufplanung.

Die Korrektheit des eben beschriebenen Verfahrens wird sich mit den Methoden dieses Abschnitts leicht zeigen lassen. Der Leser möge im weiteren die Parallelen zu Abschnitt 5 beachten.

**6.2 Definitionen.** Sei $E$ eine Menge (hier immer endlich) und $\mathcal{T}$ eine nichtleere Menge von Teilmengen von $E$. Das Mengensystem $(E,\mathcal{T})$ heißt **Teilmengensystem**, falls für alle $A, B \subseteq E$ gilt:

$$(*) \qquad A \in \mathcal{T} \text{ und } B \subseteq A \quad \Longrightarrow \quad B \in \mathcal{T}.$$

Das **zu $(E,\mathcal{T})$ gehörige Optimierungsproblem** besteht darin, für jede beliebige Gewichtsfunktion $w\colon E \to \mathbb{R}$ eine in $\mathcal{T}$ maximale Menge $T$ (also eine in keiner Menge von $\mathcal{T}$ echt enthaltene Menge) zu finden, deren Gesamtgewicht

$$w(T) := \sum_{e\in T} w(e)$$

maximal ist.

Natürlich kann man genausogut maximale Mengen von *minimalem* Gesamtgewicht suchen; aufgrund der betrachteten Beispiele scheint die „Maximalversion" hier aber besser geeignet.

**6.3 Greedy–Algorithmus.** Gegeben sei ein Teilmengensystem $(E, \mathcal{T})$ und eine Gewichtsfunktion $w: E \to \mathbb{R}$. Es wird eine Menge $T \subseteq E$ ausgewählt.

(1) Sortiere die Elemente von $E$ nach absteigendem Gewicht. Sei $E = \{e_1, \ldots, e_m\}$ mit $w(e_1) \geq \ldots \geq w(e_m)$.
(2) Setze $T := \emptyset$, $k := 1$.
(3) Falls $T \cup \{e_k\} \in \mathcal{T}$, dann setze $T := T \cup \{e_k\}$.
(4) Falls $k = m$, dann STOP. Sonst setze $k := k+1$ und weiter mit (3).

Es fällt die fast völlige Übereinstimmung mit 5.3 auf. Allerdings berechnet der Greedy–Algorithmus nicht immer eine Menge $T$ maximalen Gewichts. Sei beispielsweise $E = \{a, b, c\}$, $\mathcal{T} = \{\emptyset, \{a\}, \{b\}, \{c\}, \{a, b\}\}$, $w(a) = w(b) = 2$, $w(c) = 3$. Dann berechnet der Algorithmus $T = \{c\}$ mit $w(T) = 3$, obwohl $T' = \{a, b\}$ mit $w(T') = 4$ optimal ist.

**6.4 Satz.** *Sei $(E, \mathcal{T})$ ein Teilmengensystem. Der Greedy–Algorithmus löst genau dann das zu $(E, \mathcal{T})$ gehörige Optimierungsproblem (für jede Gewichtsfunktion $w: E \to \mathbb{R}$), wenn zusätzlich für alle $A, B \in \mathcal{T}$ das folgende* ***Austauschaxiom*** *gilt:*

$$(**) \qquad |A| = |B| + 1 \implies \exists\, a \in A \backslash B: \ B \cup \{a\} \in \mathcal{T}.$$

Noch vor dem Beweis die grundlegenden Definitionen der Matroidtheorie:

**6.5 Definitionen.** Ein **Matroid** ist ein Teilmengensystem $(E, \mathcal{T})$, in dem das Austauschaxiom gilt. Die Mengen in $\mathcal{T}$ werden **unabhängige Mengen** genannt. Jede maximale unabhängige Menge heißt **Basis**. Die Basen des Matroids sind also die unabhängigen Mengen, die in keiner unabhängigen Menge echt enthalten sind.

Also kann 6.4 auch folgendermaßen formuliert werden: *Ein Teilmengensystem ist genau dann ein Matroid, wenn der Greedy–Algorithmus immer funktioniert, d.h. wenn er für jede Gewichtsfunktion eine Basis maximalen Gewichts berechnet.*

**Beweis von 6.4.** $\Leftarrow$: Es kann beinahe wörtlich der Beweis von 5.4 übernommen werden. Der Leser möge die nötigen kleinen Änderungen selbst überlegen.

$\Rightarrow$: Es werde vorausgesetzt, daß das Austauschaxiom für $(E, \mathcal{T})$ nicht gilt. Dann gibt es $A, B \in \mathcal{T}$, $|A| = |B| + 1$ so daß $B \cup \{a\} \notin \mathcal{T}$ für alle $a \in A \backslash B$ gilt. Sei $r := |A|$. Die Gewichtsfunktion $w: E \to \mathbb{R}$ sei definiert durch

$$w(x) := \begin{cases} r+1 & \text{für } x \in B, \\ r & \text{für } x \in A \backslash B, \\ 0 & \text{sonst.} \end{cases}$$

Der Greedy–Algorithmus wählt dann eine Menge $T$ mit $T \supseteq B$ und $T \cap (A \backslash B) = \emptyset$, von Gewicht $w(T) = |B| \cdot (r+1) = (r-1)(r+1) = r^2 - 1$. Wählt man stattdessen irgendeine in $\mathcal{T}$ maximale Menge $U$ mit $U \supseteq A$, dann ergibt sich $w(U) \geq |A| \cdot r =$

$r^2 > w(T)$. Der Greedy-Algorithmus löst also nicht das zu $(E, \mathcal{T})$ gehörige Optimierungsproblem. □

**6.6 Beispiele.** a) Sei $G=(V,E)$ ein endlicher Graph, und sei $\mathcal{T} = \{T \subseteq E \mid (V,T)$ ist ein Wald$\}$. Dann ist $(E,\mathcal{T})$ ein Matroid (ein sog. **graphisches Matroid**).

b) Sei $V$ ein Vektorraum, $E$ eine endliche Teilmenge von $V$, und $\mathcal{T} = \{T \subseteq E \mid T$ linear unabhängig in $V\}$. Dann ist $(E,\mathcal{T})$ ein Matroid (ein sog. **vektorielles Matroid**). Die Gültigkeit des Austauschaxioms (**) ist aus der Linearen Algebra wohlbekannt.

Die Anfänge der Matroidtheorie liegen in den dreißiger Jahren. Der Begriff „Matroid" wurde 1935 von Withney zur abstrakt-axiomatischen Untersuchung der linearen Unabhängigkeit eingeführt. Es sei noch angemerkt, daß es viele verschiedene (aber zueinander äquivalente) Definitionen für Matroide gibt. Anstelle der *unabhängigen Mengen* können die *Basen*, die *Kreise* (d.h. die minimalen abhängigen Mengen) oder anderes zur Definition herangezogen werden, wobei natürlich jeweils unterschiedliche Axiome verwendet werden müssen.

## Aufgaben

30. Sei $E = \{a,b,c,d\}$. In welchen der folgenden Fälle ist $(E,\mathcal{T})$ ein Matroid?

    a) $\mathcal{T} = \{\emptyset, \{a\}, \{b\}, \{c\}, \{d\}, \{a,b\}, \{c,d\}\}$ ,

    b) $\mathcal{T} = \{\emptyset, \{a\}, \{b\}, \{c\}, \{a,b\}, \{b,c\}\}$ ,

    c) $\mathcal{T} = \{\emptyset, \{a\}, \{b\}, \{a,b\}, \{a,c\}, \{b,c\}\}$ .

31. Sei $V = F^n$ der $n$-dimensionale Vektorraum über dem 2-elementigen Körper $F = \{0,1\}$. Man betrachte das vektorielle Matroid $(V,\mathcal{T})$ mit $\mathcal{T} = \{T \subseteq V \mid T$ linear unabhängig$\}$. Bestimme eine Basis maximalen Gewichts und eine Basis minimalen Gewichts für die durch $w(x_1,\ldots,x_n) := |\{i \mid x_i = 1\}|$ definierte Gewichtsfunktion (Anzahl der Einsen im Vektor $(x_1,\ldots,x_n)$).

32. Es werde das in 6.1 beschriebene Problem der Ablaufplanung betrachtet. Die Menge $\mathcal{T}$ bestehe aus allen Teilmengen $T$ von $J$ mit

    $$\forall n \in \mathbb{N} : \; |\{j \in T \mid f(j) \le n\}| \le n ,$$

    also aus allen Jobmengen, die pünktlich erledigt werden können.

    a) Zeige: $(J,\mathcal{T})$ ist ein Matroid.

    b) Modifiziere den Greedy-Algorithmus derart, daß er nicht nur eine Basis maximalen Gewichts (also von maximaler Gesamtstrafe), sondern auch eine optimale Reihenfolge der Jobs berechnet.

33. Sei eine endliche Menge $E$ und eine Zahl $k$ gegeben. Zeige, daß $(E, \mathcal{T})$ mit $\mathcal{T} := \{T \subseteq E \mid |T| \leq k\}$ ein Matroid ist (**uniformes Matroid**).

34. Sei $G = (V, E)$ ein gerichteter Graph, und sei $\mathcal{T} := \{T \subseteq E \mid$ keine zwei Kanten von $T$ haben eine gemeinsame Endecke$\}$. Zeige, daß $(E, \mathcal{T})$ ein Matroid ist (**head–partition–Matroid**).

*35. Beweise: Jedes graphische Matroid ist isomorph zu einem vektoriellen Matroid. **Anmerkung:** Zuerst muß ein geeigneter Isomorphiebegriff für Matroide gefunden werden.

*36. Beweise: Eine nichtleere Menge $\mathcal{B}$ von Teilmengen einer endlichen Menge $E$ ist genau dann die Menge aller Basen eines Matroids, wenn für alle $C, D \in \mathcal{B}$ folgendes gilt:

$$(\divideontimes) \qquad \forall c \in C \setminus D \ \exists d \in D \setminus C: \ (C \setminus \{c\}) \cup \{d\} \in \mathcal{B}.$$

37. Ein **Kreis** eines Matroids $(E, \mathcal{T})$ ist eine minimale abhängige Menge, also eine Menge $K \subseteq E$ mit $K \notin \mathcal{T}$, aber $K \setminus \{x\} \in \mathcal{T}$ für alle $x \in K$. Beschreibe die Kreise in graphischen Matroiden, in uniformen Matroiden und in head–partition–Matroiden.

*38. Sei $M = (E, \mathcal{T})$ ein Matroid, und sei

$$\mathcal{T}^* = \{U \subseteq E \mid \text{es gibt eine Basis } B \text{ von } M \text{ mit } U \subseteq E \setminus B\}.$$

Zeige, daß auch $M^* = (E, \mathcal{T}^*)$ ein Matroid ist (das zu $M$ **duale Matroid**).

39. Sei $M(G)$ das einem Graphen $G = (V, E)$ zugeordnete graphische Matroid. Ergänze und beweise: Eine Menge $U \subseteq E$ ist genau dann unabhängig im dualen Matroid $M(G)^*$, wenn die Graphen $G$ und $G \setminus U$ ______________ Zusammenhangskomponenten haben.

40. a) Sei $M = (E, \mathcal{T})$ ein Matroid. Zeige: Eine Menge $U \subseteq E$ ist genau dann eine Basis minimalen Gewichts des dualen Matroids $M^*$, wenn $E \setminus U$ eine Basis maximalen Gewichts von $M$ ist. **Anmerkung:** Man kann also eine Basis maximalen Gewichts von $M$ berechnen (und ganz analog auch eine Basis minimalen Gewichts), indem man den Greedy–Algorithmus auf $M^*$ anwendet (**dualer Greedy–Algorithmus**).

    b) Verwende den dualen Greedy–Algorithmus, um einen maximalen aufspannenden Baum und einen minimalen aufspannenden Baum des Netzwerks in Abbildung 9 zu berechnen.

# 7 NP–Vollständigkeit: Das Traveling–Salesman–Problem

Da meist nur Algorithmen mit polynomialer Rechenzeit als „gut" gelten, ist es eine wichtige Frage, für welche Probleme es solche Lösungsalgorithmen gibt. Die schwierigsten Probleme, für die diese Frage bisher nicht beantwortet werden konnte, werden *NP–vollständig* genannt. Allgemein wird vermutet, daß für die NP–vollständigen Probleme keine polynomialen Algorithmen existieren können. Aus diesem Grund ist man an Verfahren interessiert, die in hinreichend kurzer Rechenzeit gute Näherungslösungen liefern (und manchmal auch die optimale Lösung). In diesem Abschnitt wird die NP–Vollständigkeit sehr informell behandelt; als Beispiel dient durchgehend das dafür gut geeignete „Traveling–Salesman–Problem" (TSP):

Ein Handlungsreisender plant eine Rundreise durch verschiedene Städte; dabei möchte er am Ende der Reise wieder am Ausgangspunkt sein. In welcher Reihenfolge muß er die Städte besuchen, so daß seine Reise eine möglichst geringe Gesamtlänge hat? Das Problem läßt sich graphentheoretisch folgendermaßen formulieren:

**7.1 Problem.** Gegeben sei der vollständige Graph $K_n$ auf der $n$–elementigen Eckenmenge $V$ und eine Gewichtsfunktion $w$, die jeder Kante $e$ von $K_n$ eine positive reelle Zahl $w(e)$ zuordnet. Jede bijektive Abbildung $\rho$: $\{1,\ldots,n\} \to V$ wird eine **Rundreise** von $K_n$ genannt. Gesucht ist eine **optimale Rundreise**, d.h. eine Rundreise $\rho$, deren Gesamtlänge

$$w(\rho) := w\{\rho(1),\rho(2)\} + \ldots + w\{\rho(n-1),\rho(n)\} + w\{\rho(n),\rho(1)\}$$

minimal ist.

**7.2 Beispiel.** Durch die folgende Abbildung $\rho_0$ wird eine Rundreise durch die Städte Berlin, Dresden, Frankfurt, Hamburg, Hannover, Köln, München und Stuttgart gegeben:

| $i$ | 1 | 2 | 3 | 4 | 5 | 6 | 7 | 8 |
|---|---|---|---|---|---|---|---|---|
| $\rho_0(i)$ | Hg | B | Hr | K | F | D | M | S |

Mit den Entfernungsangaben der folgenden Tabelle hat diese Rundreise die Gesamtlänge $w(\rho_0) = 2347$, was sicher nicht optimal ist. Im Verlauf dieses Abschnitts werden bessere Lösungen und schließlich sogar eine optimale Rundreise gefunden.

| | B | D | F | Hg | Hr | K | M |
|---|---|---|---|---|---|---|---|
| S | 504 | 404 | 150 | 528 | 398 | 287 | 187 |
| M | 495 | 350 | 301 | 608 | 484 | 452 | |
| K | 475 | 472 | 151 | 348 | 246 | | |
| Hr | 251 | 315 | 261 | 130 | | | |
| Hg | 265 | 385 | 389 | | | | |
| F | 421 | 369 | | | | | |
| D | 165 | | | | | | |

Wie zu jedem **Optimierungsproblem** gehören zu dem in 7.1 formulierten Traveling–Salesman–Problem viele **Entscheidungsprobleme**, nämlich für jede reelle Zahl $L$ genau eines:

*Gibt es eine Rundreise* $\rho$ *auf* $K_n$ *mit* $w(\rho) \leq L$ *?*

Zu einem Entscheidungsproblem sind nur die Antworten „ja" oder „nein" möglich. Es ist klar, daß die Entscheidungsprobleme auf keinen Fall schwieriger sein können als das ursprüngliche Optimierungsproblem. Bei der Untersuchung der NP–Vollständigkeit werden deshalb (und weil sich dies als besonders praktikabel erwiesen hat) nur Entscheidungsprobleme betrachtet:

**NP–Vollständigkeit.** Die Klasse aller Entscheidungsprobleme, für die es einen polynomialen Lösungsalgorithmus gibt, wird mit **P** bezeichnet (genaugenommen müßte man von der Klasse all solcher Problem*klassen* sprechen). Die Klasse **NP** der nichtdeterministisch–polynomial lösbaren Probleme besteht aus den Entscheidungsproblemen, für die es in polynomial vielen Schritten möglich ist, eine positive Lösung hinzuschreiben und anschließend zu verifizieren. Das Traveling–Salesman–Entscheidungsproblem gehört sicher zur Klasse NP, denn es muß lediglich eine Rundreise notiert werden und dann nachgerechnet, ob sie Gesamtlänge kleiner gleich $L$ hat. Die größte ungelöste Frage der Komplexitätstheorie ist:

$$\mathrm{P} = \mathrm{NP}\,?$$

Es genügt offenbar, diese Frage für die schwierigsten Probleme in NP zu untersuchen. Ein Problem in NP wird **NP–vollständig** genannt, wenn *jedes* Problem in NP auf dieses Problem **transformiert** werden kann, wobei die Transformation (= „Übersetzung") in polynomialer Rechenzeit möglich sein muß. Ein NP–vollständiges Problem „enthält" also (in mehr oder weniger versteckter Form) alle Probleme in NP, so daß diese durch Lösen des NP–vollständigen Problems automatisch ebenfalls gelöst werden.

**7.3 Bemerkungen.** a) Natürlich können Algorithmen, Komplexität und insbesondere NP–Vollständigkeit mathematisch–präzise behandelt werden. Als formales Hilfsmittel eignet sich oft ein gedachtes, besonders einfaches Modell eines Computers, das *Turing–Maschine* genannt wird. Der interessierte Leser sei hierfür und für die restlichen unbewiesenen Aussagen dieses Abschnitts auf die Literatur verwiesen.

b) Bei Entscheidungsproblemen, die nicht in NP enthalten sind, haben oft schon die Lösungen einen nicht zu bewältigenden Umfang (von den Lösungs*verfahren* ganz abgesehen). *Unter diesem Gesichtspunkt* erscheint es nicht sinnvoll, sich mit solchen Problemen überhaupt zu beschäftigen (siehe auch Aufgabe 44).

c) Obwohl nur für Entscheidungsprobleme definiert, ist die *NP–Vollständigkeit* gerade für Optimierungsprobleme von Bedeutung, denn selbst der „genialste" Algorithmus für ein Optimierungsproblem muß mindestens eine Lösung hinschreiben (und normalerweise wird man auch den Wert der Lösung berechnen). Erstaunlicherweise konnte bislang nicht geklärt werden, ob es für jedes Optimierungsproblem, dessen Entscheidungsprobleme in NP liegen, einen „genialen" (d.h. polynomialen) Lösungsalgorithmus gibt.

Genau dann sind alle Probleme in NP polynomial lösbar (d.h. genau dann gilt $P = NP$), wenn *irgendein* NP–vollständiges Problem polynomial lösbar ist. Zunächst ist gar nicht klar, ob es NP–vollständige Probleme gibt. Als erstes wurde 1971 von Cook das folgende „Satisfizierbarkeitsproblem" (SAT) als NP–vollständig erkannt:

**7.4 Problem.** Gegeben sei ein boolescher Term $t(x_1, \ldots, x_n)$, d.h. ein aus den Variablen $x_1, \ldots, x_n$ und den booleschen Operationen in „sinnvoller" Weise gebildeter Ausdruck. Frage: Können die Variablen so mit Werten aus $\{0, 1\}$ belegt werden, daß $t(x_1, \ldots, x_n)$ den Wert 1 annimmt? Zu den „booleschen" Rechenregeln siehe Abschnitt V.3! Beispiele:

$$\begin{aligned} t(x_1, \ldots, x_4) &= (x_1 + x_2)(x_1' + x_4)\, x_3' , \\ t(x_1, \ldots, x_5) &= (x_1 + x_2)(x_1' + x_3')(x_1 + x_2' + x_3' + x_4')(x_4 + x_5')\, x_3 , \\ t(x_1, x_2) &= (x_1 + x_2)\, x_1'\, x_2' . \end{aligned}$$

Der erste Term ist satisfizierbar, denn es gilt $t(1, 0, 0, 1) = (1 + 0)(1' + 1)\, 0' = (1 + 0)(0 + 1)\, 1 = 1 \cdot 1 \cdot 1 = 1$. Auch der zweite Term ist satisfizierbar, aber der dritte nicht (Nachweis als Übungsaufgabe).

Die nicht ganz einfachen Beweise der folgenden beiden Sätze werden weggelassen.

**7.5 Satz.** *SAT ist NP–vollständig.*

Ausgehend von SAT konnten inzwischen zahlreiche Probleme als NP–vollständig nachgewiesen werden. Beispielsweise wurde 1972 von Karp gezeigt, daß SAT polynomial auf das Entscheidungsproblem HC transformiert werden kann, also auf das Problem, ob ein gegebener Graph einen hamiltonschen Kreis (engl.: hamiltonian circuit) besitzt:

**7.6 Satz.** *HC ist NP–vollständig.*

Dieser Satz soll jetzt benutzt werden, um die NP–Vollständigkeit des Traveling–Salesman–Problems nachzuweisen (natürlich nicht als Optimierungs-, sondern als Entscheidungsproblem). Der Beweis liefert ein besonders einfaches Beispiel für eine Transformation:

**7.7 Satz.** *TSP ist NP–vollständig.*

**Beweis.** Klar ist, daß TSP in NP liegt. Es wird HC auf TSP transformiert. Gegeben sei ein Graph $G = (V, E)$ mit $|V| = n$. Sei $K_n$ der vollständige Graph auf $V$. Auf der Kantenmenge von $K_n$ sei eine Gewichtsfunktion $w$ definiert durch

$$w(e) := \begin{cases} 1 & \text{falls } e \in E , \\ 2 & \text{sonst.} \end{cases}$$

Diese Transformation ist sicher in polynomialer Rechenzeit möglich, nämlich sogar mit Komplexität $O(n^2)$. Der Graph $G$ hat offenbar genau dann einen hamiltonschen Kreis, wenn $K_n$ eine Rundreise $\rho$ mit Gewicht $w(\rho) \leq n$ besitzt. Könnte man TSP mit einem polynomialen Algorithmus entscheiden, dann wäre dies also auch für HC möglich. □

Allgemein wird vermutet, daß es für die NP–vollständigen Probleme, und damit auch für TSP, keine polynomialen Algorithmen geben kann. Selbst wenn es polynomiale Algorithmen gäbe, dann dürften diese äußerst kompliziert sein. Aus diesem Grund besteht großes Interesse an Verfahren zur Berechnung guter Näherungslösungen. Anhand von TSP werden im Rest dieses Abschnitts einige Grundideen hierfür vorgestellt.

Gute **untere Schranken** für die Länge einer optimalen Rundreise können in erster Linie verwendet werden, um die Qualität von Näherungslösungen abzuschätzen. Entfernt man aus einer Rundreise eine Kante, dann erhält man einen hamiltonschen Weg, insbesondere also einen aufspannenden Baum von $K_n$. Mit Kruskals Algorithmus kann man leicht einen minimalen aufspannenden Baum $T$ von $(K_n, w)$ bestimmen. Für jede Rundreise $\rho$ gilt dann

$$w(T) \leq w(\rho)\,.$$

**7.8 Beispiel.** Diese Methode, das ursprüngliche Optimierungsproblem zu vereinfachen („Baum–Relaxation"), soll auf das Beispiel aus 7.2 angewendet werden. Als minimaler aufspannender Baum ergibt sich $T = \{\mathrm{HgHr}, \mathrm{FS}, \mathrm{FK}, \mathrm{BD}, \mathrm{MS}, \mathrm{HrK}, \mathrm{BHr}\}$ mit $w(T) = 1280$. Die Länge einer optimalen Rundreise liegt also zwischen 1280 und 2347.

Jede Rundreise besteht, wie schon erwähnt, aus einem aufspannenden Baum und einer zusätzlichen Kante. Nimmt man zu einem minimalen aufspannenden Baum $T$ von $(K_n, w)$ eine nicht in $T$ enthaltene Kante $e$ minimalen Gewichts hinzu, dann gilt für jede Rundreise $\rho$:

$$w(T \cup \{e\}) \leq w(\rho)\,.$$

**7.9 Beispiel.** In 7.8 kann die Kante $e = \mathrm{FHr}$ zu $T$ dazugenommen werden, und jede Rundreise hat mindestens die Länge $w(T \cup \{e\}) = 1280 + 261 = 1541$ („Baum–Kante–Relaxation").

Übrigens sind mit geringfügig größerem Aufwand weitere Verbesserungen dieses Resultats möglich. Als nächstes wird gezeigt, wie man oft (leider nicht immer) gute **Näherungslösungen** erhalten kann. Häufig gelingt es, solche zu finden, indem man in einem minimalen aufspannenden Baum $T$ von $(K_n, w)$ jede Kante durch zwei gerichtete Kanten ersetzt, für diese gerichtete Kantenmenge dann einen gerichteten eulerschen Kreis berechnet (z.B. mit einer „gerichteten Version“ des Algorithmus von Hierholzer), und anschließend jede Ecke des Kreises nur einmal verwendet:

**7.10 Beispiel.** Mit $T$ aus 7.8 erhält man (z.B.) den eulerschen Kreis $(\mathbf{D}, \mathbf{B}, \mathbf{Hr}, \mathbf{Hg}, \mathrm{Hr}, \mathbf{K}, \mathbf{F}, \mathbf{S}, \mathbf{M}, \mathrm{S}, \mathrm{F}, \mathrm{K}, \mathrm{Hr}, \mathrm{B}, \mathrm{D})$. Die fettgedruckten Ecken ergeben die Rundreise $\rho_1 = (\mathrm{D}, \mathrm{B}, \mathrm{Hr}, \mathrm{Hg}, \mathrm{K}, \mathrm{F}, \mathrm{S}, \mathrm{M})$ mit Länge $w(\rho_1) = 1732$.

Allgemein ist keine Aussage möglich, wie gut eine so berechnete Rundreise ist. Falls aber für je drei verschiedene Ecken $x, y, z$ von $K_n$ die **Dreiecksungleichung**

$$w(x,y) + w(y,z) \geq w(x,z)$$

erfüllt ist, dann kann die Rundreise nicht länger sein als der eulersche Kreis. Doch dessen Länge ist $2w(T)$:

**7.11 Bemerkung.** *Wenn $w$ die Dreiecksungleichung erfüllt, dann gilt für jede optimale Rundreise $\rho$:*

$$w(\rho) \leq 2w(T).$$

In dem betrachteten Beispiel gilt die Dreiecksungleichung. Doch ist dies keineswegs immer der Fall, denn die Gewichte können nicht nur als Abstände, sondern auch als Kosten, Zuverlässigkeiten und vieles mehr interpretiert werden.

Ausgehend von einer bereits bekannten Rundreise lassen sich oft kürzere Rundreisen berechnen. Naturgemäß sind die besten Ergebnisse zu erwarten, wenn mit einer guten Rundreise begonnen wird. Ein wichtiges Verfahren besteht darin, auf einer vorhandenen Rundreise mehrere Kanten zu entfernen und durch neue Kanten zu ersetzen, wobei die resultierende Rundreise nur dann genommen wird, wenn die Gesamtlänge abnimmt:

**7.12 Beispiel.** Ersetzt man in der Rundreise $\rho_1$ aus 7.10 die zwei Kanten BHr und HgK durch die Kanten BHg und HrK, so ergibt sich die Rundreise $\rho_2 = (\mathrm{D}, \mathrm{B}, \mathrm{Hg}, \mathrm{Hr}, \mathrm{K}, \mathrm{F}, \mathrm{S}, \mathrm{M})$ mit Länge $w(\rho_2) = 1644$ (siehe Abbildung 10). Diese Rundreise ist „2–optimal“, d.h. sie läßt sich durch das Ersetzen von *zwei* Kanten nicht weiter verbessern. Es wird sich herausstellen, daß $\rho_2$ sogar eine optimale Rundreise ist.

In der Praxis hat sich übrigens die „3–Optimierung“, bei der jeweils *drei* Kanten ersetzt werden, als besonders erfolgreich herausgestellt.

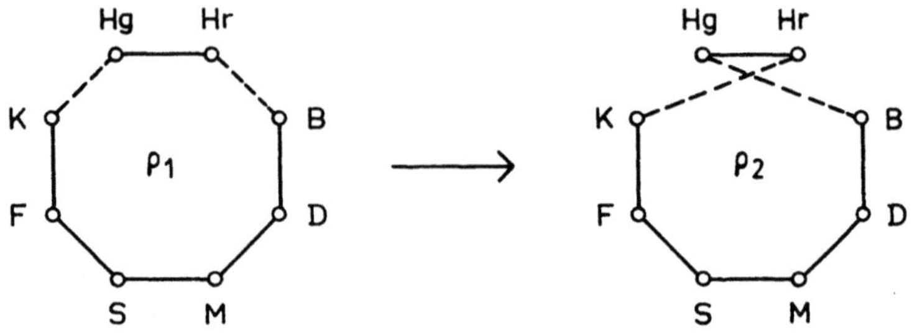


Abb. 10

Abschließend wird ein Beispiel für die in der Kombinatorischen Optimierung besonders wichtige Methode **branch and bound** vorgeführt. Im Prinzip werden alle Möglichkeiten (Verzweigungen, engl.: branches) durchprobiert, was eigentlich exponentiellen Rechenaufwand erfordert. Falls dann noch eine gute Näherungslösung (Schranke, engl.: bound) bekannt ist, kann die Suche in die meisten Richtungen stark abgekürzt werden, so daß man oft in vertretbarer Rechenzeit eine optimale Lösung erhält:

**7.13 Beispiel.** In 7.9 und 7.12 hat sich herausgestellt, daß die Länge einer optimalen Rundreise zwischen 1541 und 1644 liegt. Zuerst wird die Möglichkeit untersucht, daß eine Rundreise die kürzeste Kante, nämlich HgHr, nicht enthält. Bei der Baum–Kante–Relaxation darf dann die Kante HgHr nicht verwendet werden, und es ergibt sich eine Mindestlänge von 1676 (in $T$ wird anstelle von HgHr jetzt BHg genommen, aber die Kante $e$ bleibt dieselbe wie in 7.9). Da eine kürzere Rundreise bekannt ist, muß eine optimale Rundreise die Kante HgHr enthalten. Ganz analog kann dann der Reihe nach gezeigt werden, daß eine optimale Rundreise die Kanten FS, FK, BD, MS und HrK enthält. Im „Entscheidungsbaum" in Abbildung 11 sind Zweige, die nicht weiterverfolgt werden müssen, mit ⫲ markiert. Bei der Berechnung der Mindestlängen der Rundreisen mit der Baum–Kante–Relaxation muß jeweils berücksichtigt werden, welche Kanten schon fest ausgewählt und welche ausgeschlossen sind. Beispielsweise sind an der Stelle „mit FK" die Kanten HgHr, FS, FK fest ausgewählt, aber alle übrigen mit F inzidenten Kanten sind ausgeschlossen, da F lediglich mit zwei Kanten einer Rundreise inzidieren kann. Die Kante KS ist ausgeschlossen, da sonst ein Kreis der Länge 3 entsteht. An der Stelle „mit HrK" ergibt sich schließlich die Mindestlänge 1644, womit die in 7.12 berechnete Rundreise $\rho_2$ als optimal nachgewiesen ist.

Für das hier behandelte sehr kleine Beispiel hätte man eine optimale Rundreise natürlich auch ohne die in diesem Abschnitt entwickelten Methoden finden können. Andererseits werden für große Beispiele wesentlich subtilere Methoden benötigt,

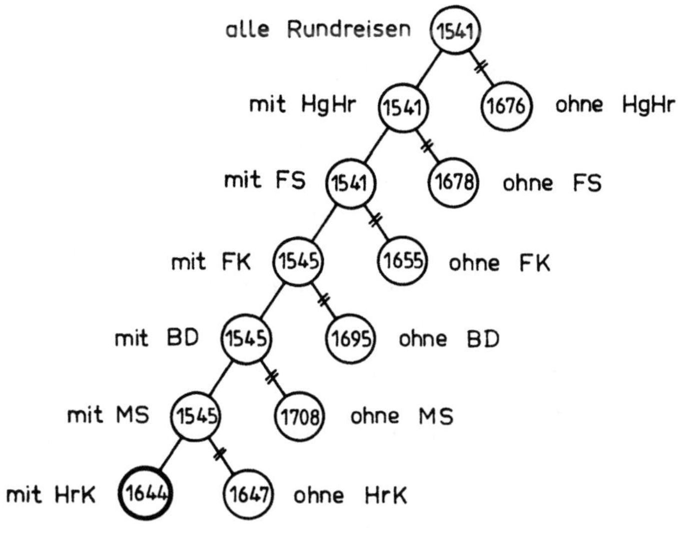


Abb. 11

über die sich der interessierte Leser in der angegebenen Literatur informieren möge. Bekannt sind optimale Rundreisen für Beispiele mit über 2000 Städten.

Im Jahr 1990 haben Dueck und Scheuer berichtet, daß man für viele große Beispiele mit der von ihnen entwickelten Methode *Threshold Accepting* in sehr kurzer Rechenzeit sehr gute Näherungslösungen erhalten kann: Das Verfahren ändert eine gegebene Rundreise wiederholt nach bestimmten Regeln ab. Dabei ist erlaubt, daß durch eine solche Änderung eine Verschlechterung bewirkt wird, solange diese nur unterhalb einer gegebenen *Schwelle* (engl.: threshold) liegt. Diese Schwelle kann während des Verfahrens verkleinert werden. Threshold Accepting verwendet übrigens für die Änderungen die in 7.12 beschriebene Prozedur (Ersetzen von je zwei Kanten).

## Aufgaben

41. Welche der folgenden Abbildungen $\rho_i$ sind Rundreisen auf dem vollständigen Graphen $K_4$ mit den Ecken $a, b, c, d$?

| $i$ | 1 | 2 | 3 | 4 |
|---|---|---|---|---|
| $\rho_1(i)$ | $d$ | $a$ | $c$ | $a$ |

| $i$ | 1 | 2 | 3 | 4 |
|---|---|---|---|---|
| $\rho_2(i)$ | $d$ | $a$ | $c$ | $b$ |

| $i$ | 1 | 2 | 3 |
|---|---|---|---|
| $\rho_3(i)$ | $d$ | $a$ | $c$ |

42. Zeige, daß der zweite boolesche Term in 7.4 satisfizierbar ist, aber der dritte nicht.

43. Mit HP wird das Entscheidungsproblem bezeichnet, ob ein gegebener Graph einen hamiltonschen Weg (engl.: hamiltonian path) besitzt. Zeige, daß HP NP–vollständig ist.

44. a) Statt zu fragen, ob es *eine* Rundreise $\rho$ auf $K_n$ mit $w(\rho) \le L$ gibt, kann man auch fragen:

    *Gibt es k verschiedene Rundreisen $\rho$ auf $K_n$ mit $w(\rho) \le L$ ?*

    Zeige, daß dieses Entscheidungsproblem, falls man beliebige Werte $k$ erlaubt, nicht in der Klasse NP liegt.

    b) Wie ist die Tatsache, daß ein Entscheidungsproblem nicht in NP liegt, zu bewerten? Kann die Problemstellung dann immer als „unvernünftig formuliert" betrachtet werden?

45. Gibt es eine Konstante $c$, so daß für einen minimalen aufspannenden Baum $T$ und eine optimale Rundreise $\rho$ von $(K_n, w)$ immer $w(\rho) \le c\,w(T)$ gilt (vgl. 7.11)? **Hinweis:** Man betrachte das Beispiel in der folgenden Skizze.

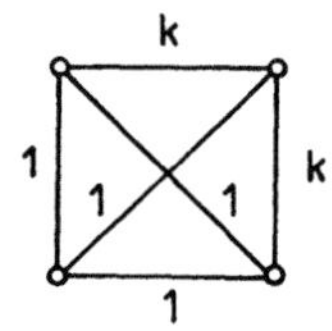


46. (J. A. Bondy, U. S. R. Murty) Man spiele die Methoden dieses Abschnitts zur Lösung des Traveling–Salesman–Problems durch, um eine optimale Rundreise durch die Städte London, Mexico City, New York, Paris, Peking, Tokio zu finden (siehe Beispiele 7.8 ff.). Die folgende Tabelle enthält die Flugentfernungen in 100 Meilen:

| | Lo | Mc | Ny | Pa | Pe |
|---|---|---|---|---|---|
| To | 60 | 70 | 68 | 61 | 13 |
| Pe | 51 | 78 | 68 | 51 | |
| Pa | 2 | 57 | 36 | | |
| Ny | 35 | 21 | | | |
| Mc | 56 | | | | |

# Literaturhinweise

Das Buch von *C. H. Papadimitriou und K. Steiglitz* gilt als Standardwerk zum Thema Kombinatorische Optimierung. Ähnliches kann über das Buch von *E. L. Lawler* gesagt werden, in dem unter anderem Matroide sehr ausführlich behandelt werden. Einen hervorragenden Einblick in den graphentheoretischen Teil der Kombinatorischen Optimierung gibt das Lehrbuch von *D. Jungnickel*; dort findet man insbesondere ein ausführliches Kapitel zum Traveling–Salesman–Problem. Über die für Algorithmen benötigten Datenstrukturen informiert man sich am besten bei *A. V. Aho, J. E. Hopcroft und J. D. Ullman.* Ebenfalls von grundlegender Bedeutung sind die Bücher von *L. R. Ford und D. R. Fulkerson* (über Flüsse in Netzwerken), von *D. J. A. Welsh* (über Matroide) und von *M. R. Garey und D. S. Johnson* (über NP–Vollständigkeit). Das Buch von *J. A. Bondy und U. S. R. Murty* enthält zahlreiche interessante Aufgaben und Beispiele. In Abschnitt 7 wurde die Arbeit von *G. Dueck und T. Scheuer* erwähnt:

A. V. Aho, J. E. Hopcroft, J. D. Ullman: *Data structures and algorithms.* Addison–Wesley, Reading, 1983.

J. A. Bondy, U. S. R. Murty: *Graph theory with applications.* Macmillan, London, 1976.

G. Dueck, T. Scheuer: *Threshold Accepting.* J. Comput. Phys. 90, No. 1 (1990), 161–175.

L. R. Ford, D. R. Fulkerson: *Flows in networks.* Princeton University Press, Princeton, 1962.

M. R. Garey, D. S. Johnson: *Computers and intractability – a guide to the theory of NP–completeness.* Freeman, New York, 1979.

D. Jungnickel: *Graphen, Netzwerke und Algorithmen.* Bibliographisches Institut, Mannheim, 1987.

E. L. Lawler: *Combinatorial optimization – networks and matroids.* Holt, Rhinehart and Winston, New York, 1976.

C. H. Papadimitriou, K. Steiglitz: *Combinatorial optimization – algorithms and complexity.* Prentice Hall, Englewood Cliffs, 1982.

D. J. A. Welsh: *Matroid theory.* Academic Press, New York, 1976.

# Kapitel III

# Endliche Geometrie

Das Zusammentreffen so unterschiedlicher Bereiche wie der klassischen Geometrie, der Kombinatorik und der sog. Unterhaltungsmathematik ergibt ein eigentümliches und faszinierendes mathematisches Gebiet. Dieses Kapitel beschäftigt sich vor allem mit den *Blockplänen*, die in der Endlichen Geometrie eine zentrale Bedeutung haben. Kombinatorisch gesprochen entsteht ein Blockplan, indem eine gegebene Menge („Punktmenge") nach bestimmten Regeln gleichmäßig mit Teilmengen („Blöcken") überdeckt wird.

Zur Entwicklung der Endlichen Geometrie hat in der ersten Hälfte dieses Jahrhunderts die Theorie der Versuchsplanung sehr beigetragen: „je zwei Versuchsobjekte werden genau einmal gemeinsam getestet" entspricht „durch je zwei Punkte geht genau eine Gerade (bzw. ein Block)". Heute gibt es für die Endliche Geometrie zahlreiche Anwendungen innerhalb und außerhalb der Mathematik.

## 1 Blockpläne: Grundlagen

Eines von vielen Anwendungsgebieten für Blockpläne liegt in der Versuchsplanung. In folgendem Beispiel besteht der „Versuch" aus einem Skatturnier, in dem auf möglichst „faire" Art die Spielstärke der Teilnehmer verglichen werden soll:

**1.1 Beispiel.** Geplant ist ein Skatturnier mit sieben Teilnehmern. Es sollen mehrere Runden (jeweils aus einer bestimmten Anzahl von Spielen bestehend) gespielt werden. Dabei sollen je zwei Teilnehmer in einer einheitlichen Anzahl von Runden gemeinsam spielen. Eine triviale Lösung besteht darin, für jede der 35 möglichen Kombinationen von drei Teilnehmern eine Runde durchzuführen (wobei die Reihenfolge der Runden noch festgelegt werden muß). Je zwei Teilnehmer spielen dann in genau fünf Runden gegeneinander. Eine wesentlich „sparsamere" Lösung wird in Abbildung 1 gezeigt: Die Teilnehmer $a$, $b$, $c$, $d$, $e$, $f$, $g$ spielen (in irgendeiner Reihenfolge) die Runden $abc$, $ade$, $afg$, $bdg$, $bef$, $cdf$, $ceg$. Je zwei Teilnehmer spielen in *genau einer* dieser sieben Runden gemeinsam.

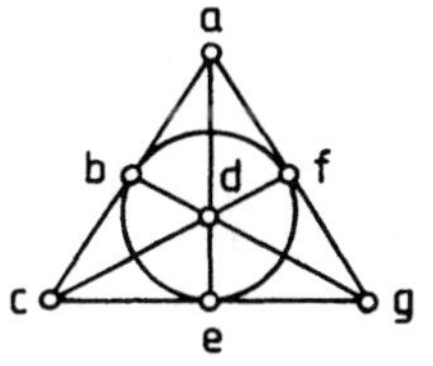


Abb. 1

Eine **Inzidenzstruktur** ist ein Tripel $\mathcal{I} = (P, \mathcal{B}, \mathrm{I})$, wobei $P$ und $\mathcal{B}$ beliebige Mengen sind, und I eine Teilmenge von $P \times \mathcal{B}$. Die Elemente von $P$ heißen **Punkte**, die Elemente von $\mathcal{B}$ **Blöcke** und die Elemente von I **Inzidenzen**. Anstelle von $(p, B) \in \mathrm{I}$ bzw. $(p, B) \notin \mathrm{I}$ schreibt man meist $p \mathrm{I} B$ bzw. $p \not\mathrm{I} B$. Für $p \mathrm{I} B$ sagt man auch: der Punkt $p$ inzidiert mit dem Block $B$, $p$ liegt auf $B$, $B$ geht durch $p$. Gewöhnlich wird $P \cap \mathcal{B} = \emptyset$ vorausgesetzt, um Punkte und Blöcke auseinanderhalten zu können. Bei einer **endlichen** Inzidenzstruktur ist sowohl die Punktmenge $P$ als auch die Blockmenge $\mathcal{B}$ endlich.

Inzidenzstrukturen kommen in der Mathematik (und auch sonst) an unzähligen Stellen vor. Hier werden aber nur sehr spezielle Inzidenzstrukturen betrachtet:

**1.2 Definition.** Es seien $t, v, k, \lambda$ natürliche Zahlen mit $t \leq k \leq v$. Eine endliche Inzidenzstruktur $\mathcal{D}$ heißt $t-(v, k, \lambda)$ **Blockplan** (engl.: block design), falls

(1) $\mathcal{D}$ genau $v$ Punkte hat,

(2) jeder Block von $\mathcal{D}$ mit genau $k$ Punkten inzidiert,

(3) je $t$ Punkte von $\mathcal{D}$ mit genau $\lambda$ Blöcken inzidieren.

**1.3 Beispiele.** a) Abbildung 1 zeigt einen $2-(7, 3, 1)$ Blockplan. In diesem Beispiel kann man die sieben Punktmengen $\{a, b, c\}$, $\{a, d, e\}$, ... als Blöcke und die mengentheoretische Elementbeziehung $\in$ als Inzidenz nehmen.

b) Jede endliche Inzidenzstruktur läßt sich durch eine **Inzidenzmatrix** $A$ beschreiben: Sind $p_1, \ldots, p_v$ die Punkte und $B_1, \ldots, B_b$ die Blöcke, dann ist $A = (a_{ij})$ die $v \times b$ – Matrix mit

$$a_{ij} = \begin{cases} 1 & \text{falls } p_i \text{ und } B_j \text{ inzident,} \\ 0 & \text{sonst.} \end{cases}$$

Die folgende Matrix $A$ beschreibt einen $3-(22, 6, 2)$ Blockplan. Für diesen und einige andere Blockpläne gibt es übrigens Anwendungen beim Zahlenlotto (siehe Aufgabe 2):

$$A = \begin{pmatrix}
1&1&1&1&1&1&1&1&1&1&1&0&0&0&0&0&0&0&0&0&0&0\\
1&1&1&1&1&0&0&0&0&0&0&1&1&1&1&1&1&0&0&0&0&0\\
1&1&0&0&0&1&1&1&0&0&0&1&1&1&0&0&0&1&1&1&0&0\\
1&0&1&0&0&1&0&0&1&1&0&1&0&0&1&1&0&1&1&0&1&0\\
1&0&0&1&0&0&1&0&1&0&1&0&1&0&1&0&1&1&0&1&1&0\\
1&0&0&0&1&0&0&1&0&1&1&0&0&1&0&1&1&0&1&1&1&0\\
0&1&1&0&0&0&0&1&1&0&1&0&1&0&0&1&1&1&1&0&0&1\\
0&1&0&1&0&1&0&0&0&1&1&0&0&1&1&1&0&1&0&1&0&1\\
0&1&0&0&1&0&1&0&1&1&0&1&0&0&1&0&1&0&1&1&0&1\\
0&0&1&1&0&0&1&1&0&1&0&1&0&1&0&0&1&1&0&0&1&1\\
0&0&1&0&1&1&1&0&0&0&1&0&1&1&1&0&0&0&1&0&1&1\\
0&0&0&1&1&1&0&1&1&0&0&1&1&0&0&1&0&0&0&1&1&1
\end{pmatrix}$$

c) Die Menge aller $k$-elementigen Teilmengen einer Menge $M$ wird mit $\mathcal{P}_k(M)$ bezeichnet. Gilt $t \leq k \leq v$ und $|M| = v$, dann ist $(M, \mathcal{P}_k(M), \in)$ ein $t-(v,k,\lambda)$ Blockplan mit $\lambda = \binom{v-t}{k-t}$. Es handelt sich hierbei um sog. triviale Blockpläne: ein Blockplan mit Blockgröße $k$ heißt **trivial**, wenn es für jede $k$-elementige Teilmenge der Punktmenge genau einen Block gibt, der mit allen Punkten dieser Teilmenge inzidiert.

Die bisher vorgestellten Blockpläne sind **einfach**, d.h. sie besitzen keine „Mehrfachblöcke": verschiedene Blöcke inzidieren mit verschiedenen Punktmengen. Bis heute ist unbekannt, ob es einen nichttrivialen, einfachen $t$-Blockplan mit $t \geq 6$ gibt. Im weiteren Verlauf dieses Kapitels werden zahlreiche 2-Blockpläne und 3-Blockpläne vorgestellt (mit etwas größerem Aufwand lassen sich auch 4-Blockpläne und 5-Blockpläne konstruieren). Zunächst werden in diesem Abschnitt wichtige Zusammenhänge zwischen den Parametern eines Blockplans hergeleitet.

Sei $\mathcal{D} = (P, \mathcal{B}, \mathrm{I})$ ein $t$-Blockplan und $U$ eine Teilmenge von $P$ mit $1 \leq |U| \leq t$. Die **Ableitung** von $\mathcal{D}$ in $U$ sei die Inzidenzstruktur $\mathcal{D}_U = (P_U, \mathcal{B}_U, \mathrm{I}_U)$ mit

$$P_U := P \setminus U, \quad \mathcal{B}_U := \{B \in \mathcal{B} \mid \forall u \in U \colon u \,\mathrm{I}\, B\}, \quad \mathrm{I}_U := \mathrm{I} \cap (P_U \times \mathcal{B}_U).$$

Offenbar ist $\mathcal{D}_U$ ein $(t-|U|)-(v-|U|, k-|U|, \lambda)$ Blockplan. Diese schon für sich interessante Aussage wird im Beweis des folgenden Satzes für den Fall $|U| = t-1$ ausgenutzt:

**1.4 Satz.** *Jeder $t$-Blockplan ist auch ein $i$-Blockplan für alle $i \in \{1, \ldots, t-1\}$.*

**Beweis.** Sei $\mathcal{D}$ ein $t-(v,k,\lambda)$ Blockplan. Für jedes $i \in \{1, \ldots, t-1\}$ ist zu zeigen, daß durch je $i$ Punkte von $\mathcal{D}$ eine konstante Anzahl von Blöcken geht. Es genügt offenbar, den Beweis für $i = t-1$ zu führen (denn von $t-1$ ausgehend gelangt man dann zu $t-2, \ldots$ ). Es sei $U$ eine $(t-1)$-elementige Teilmenge der Punktmenge von $\mathcal{D}$. Die Anzahl der Inzidenzen der Ableitung $\mathcal{D}_U$ kann auf zwei Arten gezählt werden (Prinzip der doppelten Abzählung): In $\mathcal{D}_U$ gibt es $v-t+1$ Punkte, und jeder Punkt inzidiert mit $\lambda$ Blöcken. Daher gilt $|I_U| = (v-t+1)\lambda$. Die Anzahl der Blöcke von $\mathcal{D}_U$ werde mit $\lambda_U$ bezeichnet. Da jeder Block mit $k-t+1$ Punkten inzidiert, gilt auch $|I_U| = \lambda_U(k-t+1)$. Hieraus ergibt sich

$$(*) \qquad \lambda_U = \frac{v-t+1}{k-t+1}\,\lambda\,.$$

Insbesondere hängt also $\lambda_U$ gar nicht von der gewählten Teilmenge $U$ ab. Das bedeutet, daß durch je $t-1$ Punkte von $\mathcal{D}$ genau $\frac{v-t+1}{k-t+1}\,\lambda$ Blöcke gehen. □

Wegen 1.4 können für jeden Blockplan noch weitere Parameter definiert werden. Auch die schon zuvor definierten Parameter werden noch einmal aufgelistet:

**Parameter eines $t-(v,k,\lambda)$ Blockplans $\mathcal{D}$**

| | |
|---|---|
| $v$ : | Anzahl der Punkte von $\mathcal{D}$, |
| $k$ : | Anzahl der Punkte auf einem Block, |
| $\lambda$ : | Anzahl der Blöcke durch je $t$ Punkte, |
| $b$ : | Anzahl der Blöcke von $\mathcal{D}$, |
| $r$ : | Anzahl der Blöcke durch einen Punkt, |
| $\lambda_i\ (i=1,\ldots,t)$ : | Anzahl der Blöcke durch je $i$ Punkte. |

**Bemerkung:** Nach Definition gilt $\lambda_0 = b$, $\lambda_1 = r$, $\lambda_t = \lambda$.

Gleichung $(*)$ im Beweis von 1.4 kann auch in der Form $\lambda_{t-1} = \frac{v-t+1}{k-t+1}\,\lambda_t$ geschrieben werden. Indem man $i$ anstelle von $t-1$ schreibt, ergibt sich die (auch für $i=0$ gültige) Gleichung (1) des folgenden Lemmas. Gleichung (2) erhält man durch mehrfache Anwendung dieser Gleichung ausgehend von $\lambda_t = \lambda$ :

**1.5 Lemma.** *Sei $\mathcal{D}$ ein $t-(v,k,\lambda)$ Blockplan und $i \in \{0,1,\ldots,t-1\}$. Dann gilt*

$$(1) \qquad \lambda_i = \frac{v-i}{k-i}\,\lambda_{i+1}\,,$$

$$(2) \qquad \lambda_i = \frac{(v-i)(v-i-1)\ldots(v-t+1)}{(k-i)(k-i-1)\ldots(k-t+1)}\,\lambda\,.$$

Für 2–Blockpläne ergibt sich aus Gleichung (1) mit $i=0$ und $i=1$:

**1.6 Korollar.** *Für jeden $2-(v,k,\lambda)$ Blockplan gilt*

$$vr = bk\,, \qquad (v-1)\lambda = r(k-1)\,.$$

Da die Zahlen in Gleichung (2) ganzzahlig sind, gelten die folgenden **Teilbarkeitsbedingungen**:

**1.7 Korollar.** *Für jeden $t-(v,k,\lambda)$ Blockplan gilt*

$$\begin{array}{rcl} (k-t+1) & \mid & (v-t+1)\lambda \\ (k-t+2)(k-t+1) & \mid & (v-t+2)(v-t+1)\lambda \\ & \vdots & \\ k(k-1)\ldots(k-t+1) & \mid & v(v-1)\ldots(v-t+1)\lambda \end{array}$$

**1.8 Beispiel.** Einen $2-(v,3,1)$ Blockplan (ein sog. **Steiner–Tripelsystem**) kann es nach 1.7 nur dann geben, wenn $2\,|\,v{-}1$ und $3\cdot 2\,|\,v(v{-}1)$ gilt. Die erste Bedingung kann als $v = 1 \pmod 2$ oder auch als $v = 1,3,5 \pmod 6$ geschrieben werden. Die zweite Bedingung ist gleichwertig mit $v = 0,1,3,4 \pmod 6$, denn 3 muß entweder $v$ oder $v-1$ teilen. Beide Bedingungen zusammen ergeben $v = 1,3 \pmod 6$. Tatsächlich gibt es für jedes solche $v$ einen $2-(v,3,1)$ Blockplan (siehe 4.4).

Im allgemeinen sind die Teilbarkeitsbedingungen für die Existenz eines Blockplans nicht hinreichend. Eine weitere Bedingung, die für jeden $t$–Blockplan mit $t \geq 2$ erfüllt sein muß, ist das folgende Ergebnis von Fisher (1940):

**1.9 Fishersche Ungleichung.** *Für jeden $2$–$(v,k,\lambda)$ Blockplan mit $b$ Blöcken und $k<v$ gilt*

$$b \geq v\,.$$

**Beweis.** Sei $\mathcal{D}$ ein $2-(v,k,\lambda)$ Blockplan. Der Beweis wird mit Hilfe der (bzgl. irgendeiner Numerierung der Punkte und Blöcke gebildeten) Inzidenzmatrix $A$ von $\mathcal{D}$ geführt. Die Transponierte von $A$ wird mit $A^t$ bezeichnet. Zuerst wird $AA^t$ und anschließend $\det(AA^t)$ berechnet. Mit dem Ergebnis kann dann $b \geq v$ nachgewiesen werden.

Sei $AA^t = B = (b_{ij})$. Die Diagonalelemente $b_{ii}$ von $B$ erhält man als Skalarprodukt der $i$–ten Zeile von $A$ mit sich selbst. Für alle $i$ gilt daher:

$$\begin{aligned} b_{ii} &= \text{Anzahl der Einsen in Zeile } i \\ &= \text{Anzahl der Blöcke durch den Punkt } p_i \\ &= r\,. \end{aligned}$$

Entsprechend gilt im Fall $i \neq j$ :

$$\begin{aligned} b_{ij} &= \text{Anzahl der Stellen, so daß in Zeile } i \textit{ und } \text{in Zeile } j \text{ eine Eins steht} \\ &= \text{Anzahl der Blöcke durch die Punkte } p_i \text{ und } p_j \\ &= \lambda\,. \end{aligned}$$

Insgesamt ergibt sich also

$$AA^t = \begin{pmatrix} r & & \lambda \\ & \ddots & \\ \lambda & & r \end{pmatrix}.$$

Zur Berechnung der Determinante wird die erste Spalte von $AA^t$ von allen anderen Spalten subtrahiert, und anschließend wird in der neuen Matrix die zweite, dritte, ..., $v$–te Zeile zur ersten Zeile addiert. Die resultierende Matrix ist

$$C = \begin{pmatrix} r+(v-1)\lambda & 0 & \cdots & 0 \\ \lambda & r-\lambda & & 0 \\ \vdots & & \ddots & \\ \lambda & 0 & & r-\lambda \end{pmatrix}.$$

Da $C$ eine untere Dreiecksmatrix ist, folgt durch Multiplikation der Diagonalelemente

$$\det AA^t = \det C = \big(r + (v-1)\lambda\big)(r-\lambda)^{v-1}.$$

Wegen $k<v$ gilt $r>\lambda$ und deshalb $\det(AA^t) \neq 0$. Hieraus folgt $\mathrm{Rang}(AA^t) = v$. Da $A$ genau $b$ Spalten hat, gilt $\mathrm{Rang}\,A \leq b$. Der Rang des Produkts zweier Matrizen ist nie größer als der Rang jedes Faktors. Also:

$$b \geq \mathrm{Rang}\,A \geq \mathrm{Rang}(AA^t) = v.$$

□

Man nennt Blockpläne mit $b=v$ **symmetrisch**. Ein Beispiel ist der in 1.1 vorgestellte Blockplan. Im folgenden Abschnitt werden weitere solche Blockpläne konstruiert.

Es kommt vor, daß für Parameter $v$, $k$, $\lambda$, $r$, $b$ die Bedingungen in 1.6 (Teilbarkeitsbedingungen für $t=2$) und in 1.9 (Fishersche Ungleichung) erfüllt sind, daß aber trotzdem kein $2-(v,k,\lambda)$ Blockplan existiert. Das folgende berühmte Ergebnis von R. M. Wilson (1975) besagt immerhin, daß die Teilbarkeitsbedingungen für 2–Blockpläne „asymptotisch" hinreichend sind:

**1.10 Satz.** *Für je zwei natürliche Zahlen $k \neq 1$ und $\lambda$ gibt es eine Zahl $v_0$, so daß für alle natürlichen Zahlen $v \geq v_0$ genau dann ein $2-(v,k,\lambda)$ Blockplan existiert, wenn die folgenden Teilbarkeitsbedingungen erfüllt sind:*

$$k-1 \mid (v-1)\lambda, \qquad k(k-1) \mid v(v-1)\lambda.$$

Dabei ist i.a. unbekannt, wie groß $v_0$ gewählt werden muß. Einige der für den Beweis des Satzes nötigen Methoden findet man in den folgenden Abschnitten 2 und 4. Insgesamt übersteigt der Beweis aber bei weitem die Möglichkeiten dieses Buches.

## Aufgaben

1. Welche der folgenden Inzidenzstrukturen $(P, \mathcal{B}, \mathrm{I})$ mit $P = \{a, b, c, d\}$ sind Blockpläne? Bestimme in diesen Fällen das größtmögliche $t$ sowie $v, k, \lambda$:
   a) $\mathcal{B} = \{A, B, C, D, E, F\}$,
   $\mathrm{I} = \{(a, A), (a, D), (a, F), (b, A), (b, B), (b, E), (c, B), (c, C), (c, F), (d, C), (d, D), (d, E)\}$.
   b) $\mathcal{B} = \{A, B, C\}$,
   $\mathrm{I} = \{(a, B), (a, C), (b, A), (b, C), (c, A), (c, B), (d, A), (d, B), (d, C)\}$.
   c) $\mathcal{B} = \{A, B, C, D\}$,
   $\mathrm{I} = \{(a, B), (a, C), (a, D), (b, A), (b, C), (b, D), (c, A), (c, B), (c, D), (d, A), (d, B), (d, C)\}$.
   d) $\mathcal{B} = \{A, B, C, D\}$,
   $\mathrm{I} = \{(a, A), (a, D), (b, B), (b, D), (c, C), (c, D), (d, A), (d, B), (d, C)\}$.

2. Beim Zahlenlotto „6 aus 49" besteht jede Tippreihe aus sechs Zahlen. Die Systemwetten vom Typ "verkürzte engere Wahl" (VEW) bestehen darin, zuerst $v \geq 6$ der 49 Zahlen auszuwählen, und anschließend eine Menge $\mathcal{T}$ von Tippreihen mit den folgenden Eigenschaften zu tippen:
   — Jede Tippreihe in $\mathcal{T}$ ist eine Teilmenge der $v$ ausgewählten Zahlen,
   — sind $t$ der $v$ Zahlen „richtig", dann gibt es genau $\lambda$ Tippreihen in $\mathcal{T}$, die diese Zahlen enthalten.

   Man spricht von einer „$\lambda$-fachen $t$-Garantie" der Systemwette. Welche Garantie bietet die Systemwette, die sich aus dem Blockplan in Beispiel 1.3b gewinnen läßt?

3. a) Wann sollten zwei Inzidenzstrukturen $\mathcal{I} = (P, \mathcal{B}, \mathrm{I})$ und $\mathcal{I}' = (P', \mathcal{B}', \mathrm{I}')$ *isomorph* genannt werden?
   b) Beweise: Eine Inzidenzstruktur $\mathcal{I} = (P, \mathcal{B}, \mathrm{I})$ ist genau dann einfach (d.h. verschiedene Blöcke inzidieren mit verschiedenen Punktmengen), wenn sie isomorph zu einer Inzidenzstruktur der Form $\mathcal{I}' = (P', \mathcal{B}', \in)$ ist, also einer Inzidenzstruktur, deren Blöcke Teilmengen der Punktmenge sind mit der Elementbeziehung als Inzidenz.

4. a) Sei $P$ die Punktmenge eines Steiner–Tripelsystems (also eines $2-(v, 3, 1)$ Blockplans). Auf $P$ sei eine Multiplikation $\circ$ erklärt durch

   $$x \circ y := \begin{cases} z & \text{falls } x \neq y \text{ und } z \text{ der dritte Punkt} \\ & \text{auf dem Block durch } x \text{ und } y \text{ ist,} \\ x & \text{falls } x = y\,. \end{cases}$$

   Zeige, daß für alle $x, y \in P$ die folgenden Gleichungen gelten:

   $$x \circ x = x\,, \qquad x \circ y = y \circ x\,, \qquad x \circ (x \circ y) = y\,.$$

b) Sei $(P, \circ)$ eine Menge mit einer Multiplikation, so daß die Gleichungen aus a) erfüllt sind. Zeige, daß es dann ein Steiner–Tripelsystem mit Punktmenge $P$ gibt.

c) Beweise: Gibt es Steiner–Tripelsysteme mit $v_1$ und mit $v_2$ Punkten, dann gibt es auch ein Steiner–Tripelsystem mit $v_1 v_2$ Punkten.

5. Bestimme die Zahlen $v$, für die es nach 1.7 einen $2-(v, 4, 1)$ Blockplan (ein sog. **Steiner–Quadrupelsystem**) geben kann.

6. Beweise 1.6 direkt, d.h. ohne Verwendung von 1.5.

7. a) Berechne die Parameter $r$ und $b$ für einen $2-(6, 3, 2)$ Blockplan.
   b) Konstruiere einen $2-(6, 3, 2)$ Blockplan.

8. a) Stelle eine Inzidenzmatrix $A$ für den Blockplan aus Abbildung 1 auf.
   b) Berechne die Matrix $AA^t$ sowie $\det(AA^t)$ und vergleiche das Ergebnis mit den allgemeineren Resultaten im Beweis von 1.9.

9. Finde Parameter $v, k, \lambda$, für die es aufgrund der Teilbarkeitsbedingungen einen $2-(v, k, \lambda)$ Blockplan geben könnte, für die es aber trotzdem keinen solchen Blockplan gibt. **Hinweis:** 1.9 verwenden!

# 2 Projektive und affine Räume

Zu den wichtigsten aus der Geometrie bekannten Beispielen von Blockplänen gehören die *projektiven Ebenen*:

**2.1 Definition.** Eine Inzidenzstruktur $\mathcal{P} = (P, \mathcal{G}, \mathrm{I})$ heißt **projektive Ebene**, falls folgende Axiome erfüllt sind (die Blöcke werden jetzt **Geraden** genannt):

(1) Durch je zwei Punkte $p$ und $q$ von $\mathcal{P}$ geht genau eine Gerade (die mit $pq$ bezeichnet wird).

(2) Je zwei verschiedene Geraden $G$ und $H$ von $\mathcal{P}$ schneiden sich in genau einem Punkt (der mit $G \cap H$ bezeichnet wird).

(3) Jede Gerade inzidiert mit mindestens drei Punkten.

(4) Es gibt drei Punkte, die nicht auf einer gemeinsamen Geraden liegen.

**2.2 Beispiele.** a) Sei $V$ ein Vektorraum von Dimension 3 über einem Körper $K$. Mit $U_i(V)$ werde die Menge der $i$–dimensionalen Untervektorräume von $V$ bezeichnet. Dann ist $\mathcal{P}(V) = (U_1(V), U_2(V), \subseteq)$ eine projektive Ebene. b) Der Blockplan aus Abbildung 1 ist eine projektive Ebene. **Frage:** Ist dieser Blockplan zu einem der Beispiele aus Teil a) isomorph?

**2.3 Hilfssatz.** *Je zwei Geraden einer projektiven Ebene inzidieren mit gleichvielen Punkten.*

**Beweis.** Es seien $G_1$ und $G_2$ zwei Geraden der projektiven Ebene $\mathcal{P}$. Der Schnittpunkt von $G_1$ und $G_2$ sei $s$, und $p_1$ bzw. $p_2$ seien Punkte auf $G_1$ bzw. $G_2$ mit $p_1 \neq s \neq p_2$. Wegen Axiom (3) gibt es einen Punkt $p \neq p_1, p_2$ auf der Verbindungs-

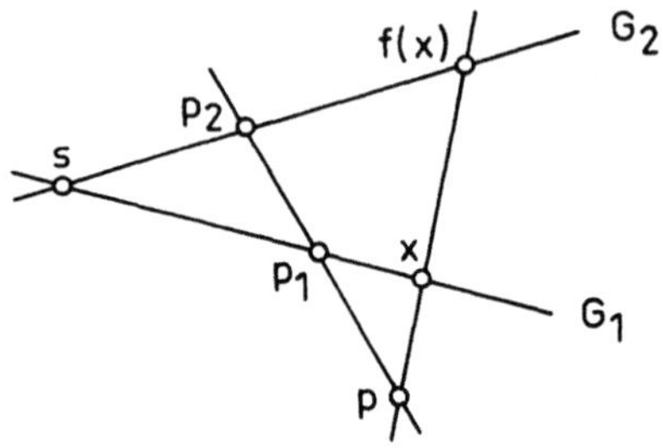


Abb. 2

geraden $p_1p_2$. Eine Abbildung $f$ von der Menge der mit $G_1$ inzidenten Punkte in die Menge der mit $G_2$ inzidenten Punkte wird definiert durch

$$f(x) := xp \cap G_2 .$$

Man überzeugt sich leicht davon, daß die Abbildung $f$ bijektiv ist (siehe Abbildung 2). □

Die **Ordnung** einer endlichen projektiven Ebene $\mathcal{P}$ ist definiert als die Zahl $n := m-1$, wobei $m$ die Anzahl von Punkten auf einer Geraden (und damit auf allen Geraden) von $\mathcal{P}$ ist. **Anmerkung:** Es erscheint vielleicht geheimnisvoll, warum man $n$ und nicht $m$ die Ordnung von $\mathcal{P}$ nennt. Der Grund dafür wird später bei den *affinen Ebenen* klar werden.

**2.4 Hilfssatz.** *Sei $\mathcal{P}$ eine projektive Ebene der Ordnung $n$. Dann gehen durch jeden Punkt von $\mathcal{P}$ genau $n+1$ Geraden.*

**Beweis.** Sei $s$ ein Punkt von $\mathcal{P}$. Mit (4) folgt, daß es eine nicht mit $s$ inzidente Gerade $G$ gibt. Durch

$$g(X) := X \cap G$$

wird eine Abbildung $g$ von der Menge der Geraden durch $s$ in die Menge der Punkte auf $G$ definiert. Da $g$ offenbar bijektiv ist, folgt das gewünschte Resultat mit 2.3. □

**2.5 Satz.** *Sei $\mathcal{P}$ eine projektive Ebene der Ordnung $n$. Dann ist $\mathcal{P}$ ein symmetrischer $2-(n^2+n+1, n+1, 1)$ Blockplan.*

**Beweis.** Daß $\mathcal{P}$ ein 2–Blockplan mit $\lambda=1$ und $k=n+1$ ist, folgt mit (1) und 2.3. Wegen 2.4 gilt $r=n+1$. Die Gleichung $vr=bk$ liefert $v=b$, d.h. $\mathcal{P}$ ist symmetrisch. Mit der Gleichung $(v-1)\lambda = (k-1)r$ ergibt sich dann $v = n^2+n+1$. □

Es gilt sogar die Umkehrung von 2.5:

**2.6 Satz.** *Jeder* $2$–$(n^2+n+1, n+1, 1)$ *Blockplan mit* $n \geq 2$ *ist eine projektive Ebene.*

**Beweis.** Es ist klar, daß jeder solche Blockplan die Axiome (1), (3), (4) erfüllt. Zum Nachweis von (2) muß gezeigt werden, daß je zwei Blöcke $G$ und $H$ genau einen Schnittpunkt haben. Sei $p$ ein Punkt auf $H$, der nicht auf $G$ liegt. Aus der zweiten Gleichung in 1.6 ergibt sich $r = n+1$, d.h. durch $p$ gehen genau $n+1$ Blöcke. Der

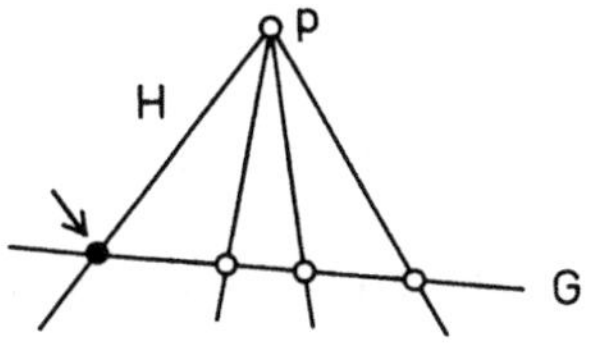


Abb. 3

Block $G$ kann jeden dieser Blöcke höchstens einmal schneiden. Da $G$ genau $n+1$ Punkte hat, schneidet $G$ jeden dieser Blöcke, also auch $H$ (siehe Abbildung 3). □

Der Begriff „projektive Ebene“ kann verallgemeinert werden:

**2.7 Definition.** Eine Inzidenzstruktur $\mathcal{P} = (P, \mathcal{G}, \mathrm{I})$ heißt **projektiver Raum**, falls die Axiome (1), (3), (4) von 2.1 erfüllt sind, und anstelle von (2) das schwächere Axiom (2′):

(2′) Sind $p$, $q$, $r$, $s$ vier verschiedene Punkte, so daß die Geraden $pq$ und $rs$ einen Schnittpunkt haben, dann haben auch die Geraden $pr$ und $qs$ einen Schnittpunkt (siehe Abbildung 4).

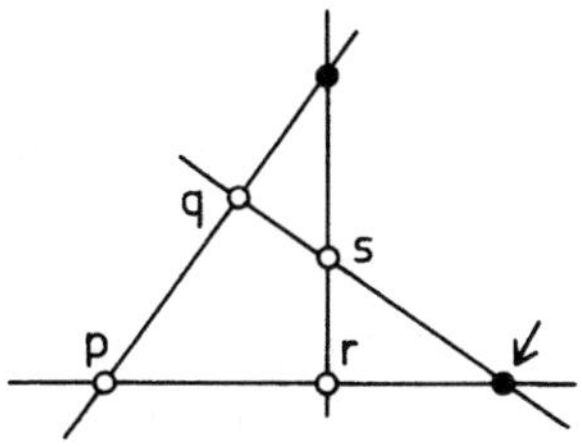


Abb. 4

**Anmerkung.** Falls nur die Axiome (1), (2), (3) erfüllt sind, aber nicht das Axiom (4), spricht man von einem **trivialen projektiven Raum.**

**2.8 Beispiele.** a) Aus (2) folgt (2′), d.h. alle projektiven Ebenen sind projektive Räume.

b) Sei $V$ ein Vektorraum von Dimension $\geq 3$ über einem Körper $K$. Mit $U_i(V)$ wird wieder die Menge der $i$–dimensionalen Untervektorräume von $V$ bezeichnet. Dann ist

$$\mathcal{P}(V) = (U_1(V), U_2(V), \subseteq)$$

ein projektiver Raum (Beweis als Übung).

**2.9 Satz.** *Sei $V$ ein Vektorraum von Dimension $d \geq 3$ über einem endlichen Körper $K$ mit $|K| = q$ Elementen. Dann ist $\mathcal{P}(V)$ ein $2-(q^{d-1}+q^{d-2}+\ldots+1,\ q+1,\ 1)$ Blockplan.*

**Beweis.** Ein eindimensionaler Untervektorraum von $V$ hat genau $q-1$ vom Nullvektor $\mathbf{0}$ verschiedene Elemente. Allgemein hat ein $s$–dimensionaler Untervektorraum genau $q^s-1$ Elemente ungleich $\mathbf{0}$. Also enthält ein $s$–dimensionaler Untervektorraum genau

$$\frac{q^s-1}{q-1} = q^{s-1}+q^{s-2}+\ldots+1$$

eindimensionale Untervektorräume. Hieraus ergeben sich mit $s=d$ bzw. $s=2$ die Parameter $v$ bzw. $k$ des Blockplans $\mathcal{P}(V)$. □

Die Methode von 2.8b zur Konstruktion von Blockplänen aus Vektorräumen kann verallgemeinert werden. Man erhält dann 2–Blockpläne mit $\lambda > 0$:

**2.10 Satz.** *Sei $V$ ein Vektorraum der Dimension $d \geq 3$ über einem endlichen Körper $K$ mit $|K| = q$ Elementen. Für jede natürliche Zahl $t$ mit $2 \leq t \leq d-1$ ist dann*

$$\mathcal{P}_t(V) = (U_1(V), U_t(V), \subseteq)$$

*ein $2-(q^{d-1}+q^{d-2}+\ldots+1,\ q^{t-1}+q^{t-2}+\ldots+1,\ \binom{d-2}{t-2}_q)$ Blockplan.*

**Anmerkung:** *Mit $\binom{r}{s}_q$ bezeichnet man die Anzahl der $s$–dimensionalen Untervektorräume, die in einem $r$–dimensionalen Vektorraum über einem $q$–elementigen Körper enthalten sind.*

**Beweis.** Ähnlich wie im Beweis von 2.9 sieht man, daß $\mathcal{P}_t(V)$ ein $2-(q^{d-1}+q^{d-2}+\ldots+1,\ q^{t-1}+q^{t-2}+\ldots+1,\ \lambda)$ Blockplan ist. Für die Bestimmung von $\lambda$ seien zwei eindimensionale Untervektorräume $P_1$ und $P_2$ von $V$ vorgegeben. Offenbar ist $\lambda$ die Anzahl der $t$–dimensionalen Untervektorräume $T$ von $V$, die den zweidimensionalen

Untervektorraum $P := P_1 + P_2$ enthalten. Jetzt werde ein zu $P$ komplementärer Untervektorraum $S$ fest gewählt (also mit $P \oplus S = V$). Dieser Untervektorraum erfüllt $\dim S = d-2$, und für jeden $t$-dimensionalen Untervektorraum $T \supseteq P$ gilt $T+S=V$. Die Dimensionsformel für Untervektorräume liefert $\dim(T \cap S) = \dim T + \dim S - \dim(T+S) = t + (d-2) - d = t - 2$. Also wird durch

$$h(T) := T \cap S$$

eine Abbildung von der Menge der $P$ umfassenden $t$-dimensionalen Untervektorräume von $V$ in die Menge der $(t-2)$-dimensionalen Untervektorräume von $S$ definiert. Um $\lambda = \binom{d-2}{t-2}_q$ nachzuweisen, genügt es zu zeigen, daß $h$ bijektiv ist. Die Injektivität folgt aus der für alle $t$-dimensionalen Untervektorräume $T \supseteq P$ gültigen Gleichung $(T \cap S) + P = T$. Die Abbildung ist auch surjektiv, denn für jeden $(t-2)$-dimensionalen Untervektorraum $U$ von $S$ gilt $(U+P) \cap S = U$, wobei $U+P$ ein $P$ umfassender $t$-dimensionaler Untervektorraum ist. □

Der Beweis der folgenden Aussage ist eine Übungsaufgabe:

**2.11 Bemerkung.** *Es gilt* $\binom{r}{0}_q = 1$. *Für* $s \in \{1, \ldots, r\}$ *gilt*

$$\binom{r}{s}_q = \frac{(q^{r-1} + q^{r-2} + \ldots + 1)(q^{r-2} + q^{r-3} + \ldots + 1) \ldots (q^{r-s} + q^{r-s-1} + \ldots + 1)}{(q^{s-1} + q^{s-2} + \ldots + 1)(q^{s-2} + q^{s-3} + \ldots + 1) \ldots 1}$$

**2.12 Bemerkungen.** a) Ein endlicher Körper mit $q$ Elementen existiert genau dann, wenn $q$ eine **Primzahlpotenz** ist, d.h. falls $q = p^m$ gilt für eine Primzahl $p$ und eine natürliche Zahl $m$ (dies wird im folgenden Abschnitt gezeigt). Also existieren die in 2.9 und 2.10 gebildeten Blockpläne genau für Primzahlpotenzen $q$.

b) Mit einigem Aufwand kann man beweisen, daß jeder projektive Raum, der keine projektive Ebene ist, zu einem projektiven Raum $\mathcal{P}(V)$ isomorph ist, also dem aus einem Vektorraum $V$ gebildeten projektiven Raum. Für projektive *Ebenen* verhält sich dies völlig anders: es gibt zahlreiche projektive Ebenen, die nicht aus Vektorräumen gebildet werden können. Allerdings sind nur projektive Ebenen bekannt, deren Ordnung eine Primzahlpotenz ist. Zu den großen ungelösten Problemen der Projektiven Geometrie gehört daher die Frage, ob es eine projektive Ebene gibt, deren Ordnung keine Primzahlpotenz ist.

Als nächstes werden die mit den projektiven Ebenen eng verwandten *affinen Ebenen* betrachtet:

**2.13 Definition.** Eine Inzidenzstruktur $\mathcal{A} = (P, \mathcal{G}, \mathrm{I})$ heißt **affine Ebene**, falls die folgenden Axiome erfüllt sind:

(1) Durch je zwei verschiedene Punkte von $\mathcal{A}$ geht genau eine Gerade.

(2) (**Parallelenaxiom**) Zu jeder Geraden $G$ und zu jedem Punkt $p$ von $\mathcal{A}$ mit $p \not\mathrm{I}\, G$ gibt es genau eine Gerade $H$ durch $p$, die keinen Schnittpunkt mit $G$ hat.

(3) Jede Gerade inzidiert mit mindestens zwei Punkten.

(4) Es gibt drei Punkte, die nicht auf einer gemeinsamen Geraden liegen.

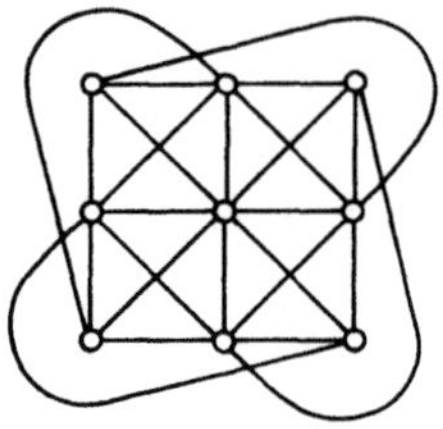

Abb. 5

**2.14 Beispiel.** Unter einem **affinen Teilraum** eines Vektorraums $V$ versteht man eine Menge der Form $a+U$, wobei $U$ ein Untervektorraum und $a$ ein Element von $V$ ist. Die Dimension von $a+U$ ist definiert als die Dimension von $U$. Mit $A_i(V)$ wird die Menge der $i$–dimensionalen affinen Teilräume von $V$ bezeichnet. Sei $V$ ein zweidimensionaler Vektorraum über einem Körper $K$. Die Inzidenzstruktur

$$\mathcal{A}(V) := (V, A_1(V), \in)$$

ist dann eine affine Ebene, und im Fall $|K| = q$ ist $\mathcal{A}(V)$ ein $2-(q^2, q, 1)$ Blockplan. Abbildung 5 zeigt $\mathcal{A}(V)$ für den Vektorraum $V = K^2$ über dem Körper $K = \{0, 1, 2\}$.

**2.15 Definition.** Zwei Geraden $G$ und $H$ einer affinen Ebene $\mathcal{A}$ heißen **parallel** (in Zeichen: $G \| H$), falls $G = H$ gilt oder $G$ und $H$ keinen Punkt gemeinsam haben. Die Relation $\|$ ist eine Äquivalenzrelation auf der Menge der Geraden von $\mathcal{A}$ (Beweis als Übung). Jede Äquivalenzklasse von $\|$ wird **Parallelenschar** genannt.

Zwischen affinen und projektiven Ebenen besteht ein enger Zusammenhang: Sei zuerst eine projektive Ebene $\mathcal{P} = (P, \mathcal{G}, \mathrm{I})$ gegeben, und sei $G$ eine Gerade von $\mathcal{P}$. Die Inzidenzstruktur $\mathcal{P} \backslash G = (P', \mathcal{G}', \mathrm{I}')$ sei definiert durch

$$\begin{aligned} P' &:= P \setminus \{p \in P \mid p \mathrm{I} G\}, \\ \mathcal{G}' &:= \mathcal{G} \setminus \{G\}, \\ \mathrm{I}' &:= \mathrm{I} \cap (P' \times \mathcal{G}'). \end{aligned}$$

Also ist $\mathcal{P} \backslash G$ die Unterstruktur von $\mathcal{P}$, die durch Wegnahme der Geraden $G$ entsteht. Man kann sofort zeigen:

**2.16 Satz.** *Für jede projektive Ebene $\mathcal{P}$ und jede Gerade $G$ von $\mathcal{P}$ ist $\mathcal{P}\setminus G$ eine affine Ebene.*

Sei jetzt eine affine Ebene $\mathcal{A} = (P, \mathcal{G}, \mathrm{I})$ gegeben. Die Mengen $\mathcal{S}_j$, $j \in J$, seien die Parallelenscharen von $\mathcal{A}$. Für jedes $j \in J$ sei $s_j$ ein nicht in $P \cup \mathcal{G}$ enthaltenes Element. Diese Elemente seien paarweise verschieden, d.h. für $i \neq j$ gelte $s_i \neq s_j$. Weiter sei $G_\infty$ nicht in $P \cup \mathcal{G} \cup \{s_j \mid j \in J\}$ enthalten. Die Inzidenzstruktur $\mathcal{A} \cup G_\infty = (P', \mathcal{G}', \mathrm{I}')$ sei definiert durch

$$\begin{aligned} P' &:= P \cup \{s_j \mid j \in J\}, \\ \mathcal{G}' &:= \mathcal{G} \cup \{G_\infty\}, \\ \mathrm{I}' &:= \mathrm{I} \cup \{(s_j, G) \mid j \in J,\ G \in \mathcal{S}_j\} \cup \{(s_j, G_\infty) \mid j \in J\}. \end{aligned}$$

Also entsteht $\mathcal{A} \cup G_\infty$, indem für jede Parallelenschar der fehlende „unendlich ferne" Schnittpunkt hinzugenommen wird, wobei diese Schnittpunkte alle auf einer Geraden $G_\infty$ liegen. Offenbar gilt:

**2.17 Satz.** *Für jede affine Ebene $\mathcal{A}$ ist $\mathcal{A} \cup G_\infty$ eine projektive Ebene.*

Damit kann gezeigt werden:

**2.18 Satz.** *Die endlichen affinen Ebenen sind genau die $2-(n^2, n, 1)$ Blockpläne.*

**Beweis.** $\Rightarrow$: Sei $\mathcal{A}$ eine endliche affine Ebene. Dann ist $\mathcal{A} \cup G_\infty$ eine endliche projektive Ebene, wegen 2.5 also ein $2-(n^2+n+1,\ n+1,\ 1)$ Blockplan für ein $n \geq 2$. Jede von $G_\infty$ verschiedene Gerade enthält genau einen der $n+1$ mit $G_\infty$ inzidenten Punkte. Ohne diese Punkte bleibt also ein $2-(n^2, n, 1)$ Blockplan, nämlich $\mathcal{A}$.

$\Leftarrow$: Sei $\mathcal{A} = (P, \mathcal{G}, \mathrm{I})$ ein $2-(n^2, n, 1)$ Blockplan. Die Axiome (1), (3) und (4) für affine Ebenen sind dann automatisch erfüllt. Zum Nachweis des Parallelenaxioms (2) seien eine Gerade $G$ und ein Punkt $p$ von $\mathcal{A}$ mit $p \not\mathrm{I}\, G$ gegeben. Aus den Parametern von $\mathcal{A}$ ergibt sich $r = n + 1$. Genau $n$ der Geraden durch $p$ schneiden die Gerade $G$. Also schneidet genau eine der Geraden durch $p$ *nicht* $G$. □

**2.19 Bemerkungen.** a) Die Ordnung einer projektiven Ebene ist nichts anderes als die **Ordnung** (d.h. die Anzahl von Punkten pro Gerade) der zugehörigen affinen Ebene.

b) **Affine Räume** werden gewöhnlich als diejenigen Unterstrukturen definiert, die durch Wegnahme einer **Hyperebene** entstehen, wofür man natürlich definieren müßte, was eine Hyperebene ist (im Spezialfall einer projektiven Ebene ist eine Hyperebene eine Gerade; vgl. 2.16). Auch ohne genaue Definitionen (und ohne Beweis) leuchtet folgende Tatsache aufgrund des analogen Sachverhalts für projektive Räume ein (vgl. 2.12b): Jeder nichttriviale affine Raum, der keine affine Ebene ist, ist isomorph zu einer Inzidenzstruktur der Form

$$\mathcal{A}(V) = (V, A_1(V), \in),$$

wobei $V$ ein Vektorraum von Dimension $d > 2$ ist.

c) Für jeden Vektorraum von Dimension $d \geq 2$ über einem $q$–elementigen Körper ist $\mathcal{A}(V)$ ein $2-(q^d, q, 1)$ Blockplan. Dies läßt sich wie in 2.10 verallgemeinern: Für jede natürliche Zahl $t$ mit $1 \leq t \leq d-1$ ist

$$\mathcal{A}_t(V) = (V, A_t(V), \in)$$

ein $2-(q^d,\ q^t,\ \binom{d-1}{t-1}_q)$ Blockplan.

## Aufgaben

10. Ist der Blockplan aus Abbildung 1 zu einer projektiven Ebene der Form $\mathcal{P}(V)$ isomorph?

11. a) Zeige: Ist $\mathcal{P} = (P, \mathcal{G}, \mathrm{I})$ eine projektive Ebene, dann ist auch die **duale Inzidenzstruktur** $\mathcal{P}^* = (\mathcal{G}, P, \mathrm{I}^{-1})$ , mit $\mathrm{I}^{-1} := \{(G,p) \mid (p,G) \in \mathrm{I}\}$, eine projektive Ebene.

    b) Verwende a) um zu beweisen, daß endliche projektive Ebenen symmetrisch sind, d. h. daß $b = v$ gilt.

12. Beweise, daß die Inzidenzstruktur $\mathcal{P}(V)$ für jeden Vektorraum von Dimension $d \geq 3$ ein projektiver Raum ist. **Hinweis:** Dimensionsformel für Untervektorräume benutzen.

13. Sei $V$ ein Vektorraum der Dimension $d=5$ über einem 3–elementigen Körper. Berechne die Parameter $v$, $k$, $\lambda$ der 2–Blockpläne $\mathcal{P}_t(V)$ und $\mathcal{A}_t(V)$ für $t = 2$ , $t=3$ und $t=4$.

*14. Beweise die in 2.11 angegebene Formel für $\binom{r}{s}_q$ .

15. a) Entferne aus dem Diagramm in Abbildung 1 eine Gerade, um ein Diagramm der affinen Ebene der Ordnung 2 zu erhalten.

    b) Verwende ein Diagramm der affinen Ebene der Ordnung 3, um ein Diagramm der projektiven Ebene der Ordnung 3 zu zeichnen.

16. Zeichne eine affine Ebene der Ordnung 4. **Achtung:** $\mathbb{Z}_4$ ist kein Körper. Siehe folgenden Abschnitt!

17. Beweise, daß die Parallelitätsrelation $\|$ in 2.15 eine Äquivalenzrelation auf der Menge der Geraden von $\mathcal{A}$ ist.

18. a) Sei $V$ ein $d$–dimensionaler Vektorraum ($d \geq 2$) über einem $q$–elementigen Körper. Für welche Parameter $t$, $d$, $q$ ist $\mathcal{A}_t(V)$ ein 3–Blockplan?

    b) Dieselbe Frage für $\mathcal{P}_t(V)$, natürlich mit $d \geq 3$.

**MINIPROJEKT** „Parallelismen“. In der Ausarbeitung sollen zumindest die ersten beiden der auf die Definition folgenden Fragen behandelt werden. Die beiden anderen Fragen sind schwieriger.

**Definition.** Ein **Parallelismus** (auch: **Resolution**) einer Inzidenzstruktur $\mathcal{I} = (P, \mathcal{B}, \mathrm{I})$ ist eine Äquivalenzrelation $\|$ auf der Menge $\mathcal{B}$ der Blöcke, so daß gilt:

Zu jedem Block $B$ und jedem Punkt $p$ von $\mathcal{I}$ gibt es genau einen Block $C$ durch $p$ mit $B\|C$.

**Beachte:** Aus $B\|C$ folgt immer $B = C$ oder $B \cap C = \emptyset$. Im Unterschied zu den affinen Ebenen gilt die Umkehrung im allgemeinen jedoch nicht.

(1) Für welche Zahlen $v$ können $2-(v, 3, 1)$ Blockpläne mit Parallelismen existieren? Man konstruiere solche Blockpläne für möglichst viele Zahlen $v \leq 15$.

(2) Man wende die Ergebnisse aus (1) an, um Spielpläne für *Skatturniere* zu erstellen. Bedingungen für ein Turnier:
   (i) Insgesamt $v$ Teilnehmer, drei Teilnehmer pro Runde,
   (ii) an jedem Spieltag spielt jeder Teilnehmer genau eine Runde,
   (iii) nach Durchführung aller Spieltage hat jeder Teilnehmer genau eine Runde gegen jeden anderen Teilnehmer gespielt.

(3) Für welche Zahlen $v$ können $2-(v, 4, 3)$ Blockpläne mit Parallelismen existieren? Man konstruiere solche Blockpläne für möglichst viele Zahlen $v \leq 16$.

(4) Man verwende die Ergebnisse aus (3), um Spielpläne für *Doppel-Tennisturniere* zu erstellen. Bedingungen für ein Turnier:
   (i) Insgesamt $v$ Teilnehmer, vier Teilnehmer pro Match,
   (ii) an jedem Spieltag spielt jeder Teilnehmer genau ein Match,
   (iii) nach Durchführung aller Spieltage hat jeder Teilnehmer genau zwei Matches gegen jeden anderen und genau ein Match mit jedem anderen Teilnehmer (als Partner) gespielt.

**Hinweis:** Das Buch „Design theory“ von Th. Beth, D. Jungnickel und H. Lenz enthält einiges an Information; man beachte insbesondere die Tabellen auf S.612ff.!

# 3 Exkurs: Endliche Körper

Aus Sicht des vorigen Abschnitts ist es interessant zu wissen, welche endlichen Körper es gibt. Auch für zahlreiche andere Anwendungsbereiche werden endliche Körper benötigt. Beispiele hierfür gibt es in der Codierungstheorie und in der Kryptographie (siehe Kapitel IV).

**3.1 Definition.** Sei $K$ eine Menge, und $+$ und $\cdot$ seien zweistellige Operationen auf $K$. Das Tupel $(K, +, \cdot)$ heißt **Körper**, falls folgendes gilt:

(1) $(K, +)$ ist eine abelsche Gruppe,

(2) $(K \setminus \{0\}, \cdot)$ ist eine abelsche Gruppe (wobei 0 das neutrale Element von $(K, +)$ sei),

(3) es gilt das Distributivgesetz:
$\forall x, y, z \in K\colon\ x \cdot (y + z) = x \cdot y + x \cdot z$ .

**3.2 Beispiele.** a) $\mathbb{R}$ und $\mathbb{Q}$ sind Körper (mit der üblichen Addition und Multiplikation), $\mathbb{Z}$ und $\mathbb{N}$ sind keine Körper.

b) $(\mathbb{Z}_n, +, \cdot)$ ist genau dann ein Körper, wenn $n$ eine Primzahl ist (auf der Menge $\mathbb{Z}_n = \{0, 1, \ldots, n-1\}$ wird modulo $n$ gerechnet).

**3.3 Bemerkungen.** a) Genauso wie bei den Gruppen wird auch bei den Körpern anstelle von $x \cdot y$ einfach $xy$ geschrieben. Außerdem wird die bekannte Regel „Punktrechnung geht vor Strichrechnung“ angewandt, wie z.B. in 3.1 (3).

b) In jedem Körper gelten die von den reellen Zahlen gewohnten Rechenregeln. Beispielsweise gilt für alle $a, b, c \in K$:

$$0 \cdot a = a \cdot 0 = 0\,, \qquad a(-b) = (-a)b = -ab\,, \qquad a(b - c) = ab - ac\,.$$

**3.4 Definition.** Der Körper $K$ habe das Element 1 als neutrales Element bzgl. der Multiplikation. Die kleinste natürliche Zahl $p$ mit

$$\underbrace{1 + 1 + \ldots + 1}_{p \text{ mal}} = 0$$

wird **Charakteristik** von $K$ genannt: $\operatorname{char}(K) = p$. (Falls eine solche Zahl nicht existiert, wird $\operatorname{char}(K) = 0$ gesetzt.)

Die folgende Definition ist völlig analog zur Definition von Untergruppen (vgl. I.7.4):

**3.5 Definition.** Ist $(K, +, \cdot)$ ein Körper und $L$ eine Teilmenge von $K$, die mit $+$ und $\cdot$ selbst einen Körper darstellt, dann nennt man $L$ einen **Unterkörper** von $K$ (und $K$ einen **Oberkörper** von $L$).

**3.6 Bemerkungen.** *Sei $K$ ein Körper mit endlicher Charakteristik $p$. Dann gilt:*

*a) $p$ ist eine Primzahl.*

*b) Für jedes Element $a \in K$ gilt*

$$\underbrace{a + a + \ldots + a}_{p \text{ mal}} = 0 .$$

*c) Die Elemente* $0$, $1$, $2 := 1+1$, $3 := 1+1+1$, $\ldots$, $p-1 := 1+1+\ldots+1$ *bilden einen Unterkörper* $P$ *von* $K$. *Man nennt* $P$ *den* ***Primkörper*** *von* $K$.

Der **Beweis** von a) wird schon durch folgendes Beispiel klar. Sei $p = 6$. Es wird das Produkt der Elemente $2 := 1+1$ und $3 := 1+1+1$ gebildet:

$$2 \cdot 3 = (1+1) \cdot 3 = 1 \cdot 3 + 1 \cdot 3 = (1+1+1) + (1+1+1) = 0 .$$

Dies ist ein Widerspruch zu 3.1(2), denn $K \setminus \{0\}$ ist nicht abgeschlossen bzgl. der Multiplikation.

Der Beweis von b) und c) ist eine Übungsaufgabe. □

Das Ergebnis in 3.6c ist vor allem deshalb interessant, weil man den Körper $K$ als Vektorraum über $P$ auffassen kann: Per Definition ist $(K, +)$, also die Menge der „Vektoren“, eine abelsche Gruppe. Für alle „Skalare“ $\lambda, \mu \in P$ und alle „Vektoren“ $x, y \in K$ gilt außerdem:

$$(\lambda+\mu)x = \lambda x + \mu x , \quad \lambda(x+y) = \lambda x + \lambda y , \quad (\lambda\mu)x = \lambda(\mu x) , \quad 1x = x ,$$

denn dasselbe gilt nach Definition sogar für alle $\lambda, \mu \in K$. Damit sind alle Vektorraumaxiome erfüllt. Ein endlicher Vektorraum ist automatisch endlichdimensional. Ist also $K$ endlich und von Dimension $m$ über $P$, mit $|P| = \mathrm{char}(K) = p$, dann gilt $|K| = p^m$ :

**3.7 Satz.** *Für jeden endlichen Körper ist die Anzahl der Elemente eine Primzahlpotenz.*

Ein endlicher Körper (engl.: Galois field) mit $q$ Elementen wird oft mit $\mathrm{GF}(q)$ oder kürzer mit $\mathrm{F}_q$ bezeichnet. Später wird gezeigt, daß es für jede Primzahlpotenz $q$ nur einen Körper mit $q$ Elementen gibt (bis auf Isomorphie). Die Primkörper können also mit $\mathrm{F}_p$ bezeichnet werden (mit $p$ prim); sie sind isomorph zu $\mathbb{Z}_p$.

Als nächstes wird gezeigt, wie endliche Körper konstruiert werden können. Da ein endlicher Körper als Vektorraum über seinem Primkörper aufgefaßt werden kann, liegt es nahe, die Körperelemente als Tupel $(k_0, k_1, \ldots, k_{m-1})$ zu schreiben, mit den $k_i$'s aus dem Primkörper. Es wird sich allerdings als vorteilhaft herausstellen, solche Tupel formal als **Polynome** zu schreiben, d.h. in der Form $k_{m-1}x^{m-1} + \ldots + k_1 x + k_0$. Die Menge aller Polynome in $x$ über dem Körper $K$ (d.h. mit Koeffizienten aus $K$) wird mit $K[x]$ bezeichnet.

**3.8 Definition.** Ein Polynom $\pi(x) \in K[x]$ heißt **irreduzibel** über $K$, falls eine Zerlegung $\pi(x) = a(x)b(x)$ in Polynome $a(x), b(x) \in K[x]$ von echt kleinerem Grad nicht möglich ist. (Ein Polynom $k_n x^n + \ldots + k_0$ hat den **Grad** $n$.)

**3.9 Satz.** *Es sei $\pi(x) \in F_p[x]$ ein irreduzibles Polynom von Grad $m$. Sei $F$ die Menge aller Polynome in $F_p[x]$ von Grad $\leq m-1$. Führt man in $F$ die Addition wie üblich und die Multiplikation modulo $\pi(x)$ durch, dann ist $F$ ein Körper. Insbesondere hat $F$ genau $p^m$ Elemente.*

**Beweis.** Es muß gezeigt werden, daß

a) $F\backslash\{0\}$ multiplikativ abgeschlossen ist, d.h. daß aus $f(x), g(x) \neq 0$ immer $f(x)g(x) \neq 0$ folgt,

b) es zu jedem $f(x) \neq 0$ immer ein multiplikatives Inverses gibt, d.h. ein Polynom $g(x)$ mit $f(x)g(x) = 1$.

Alle anderen Körperaxiome sind trivialerweise erfüllt (vgl. IV.3.3e)!

zu a) Gelte $f(x)g(x) = 0$ in $F$. Bei Rechnung über $F_p$ bedeutet dies, daß es ein Polynom $a(x)$ gibt mit $f(x)g(x) = a(x)\pi(x)$. Also teilt $\pi(x)$ das Produkt $f(x)g(x)$. Hieraus und aus der Irreduzibilität von $\pi(x)$ folgt, daß $\pi(x)$ ein Teiler von $f(x)$ oder von $g(x)$ ist. (Die irreduziblen Polynome verhalten sich also wie die Primzahlen in $\mathbb{Z}$; einen Beweis hierzu findet man in jedem Algebralehrbuch.) Im ersten der beiden Fälle gilt $f(x) = a'(x)\pi(x)$, also $f(x) = 0$ in $F$. Analog gilt im zweiten Fall $g(x) = 0$ in $F$.

zu b) Gelte $f(x)g_1(x) = f(x)g_2(x)$, also $f(x)[g_1(x) - g_2(x)] = 0$. Da $f(x) \neq 0$ vorausgesetzt ist, folgt wie im Beweis von a) $g_1(x) - g_2(x) = 0$, d.h. $g_1(x) = g_2(x)$. Damit ist gezeigt, daß die Abbildung von $F$ nach $F$, die jedem $g(x)$ das Produkt $f(x)g(x)$ zuordnet, injektiv ist. Wegen der Endlichkeit von $F$ ist die Abbildung auch surjektiv. Insbesondere gibt es deshalb ein $g(x)$ mit $f(x)g(x) = 1$. □

**3.10 Bemerkung.** Die Konstruktionsmethode von 3.9 funktioniert für jeden „Startkörper" $K$ anstelle von $F_p$. Im Fall $|K| = \infty$ muß der Beweisteil b) allerdings geändert werden.

Allgemein ist der so konstruierte Körper $F$ ein **Erweiterungskörper** von $K$: In $F$ ist $K$ enthalten, denn die Elemente von $K$ findet man in $K[x]$ als die Polynome von Grad 0 wieder.

Für die Anwendung von 3.9 ist es wesentlich, daß man geeignete irreduzible Polynome findet. Dazu mehr am Ende dieses Abschnitts!

**3.11 Beispiele.** a) Das Polynom $\pi(x) = x^2 + x + 1$ ist über $F_2 = \{0, 1\}$ irreduzibel. Also bilden die Polynome $0$, $1$, $x$, $x+1$ einen 4-elementigen Körper $F$. Es wird modulo $\pi(x)$ gerechnet, d.h. es wird $x^2 = -x-1 = x+1$ gesetzt (über $F_2$ kann „ $-$ " immer durch „+" ersetzt werden). Insgesamt wird in $F$ folgendermaßen addiert und multipliziert:

| $+$ | $0$ | $1$ | $x$ | $x+1$ |
|---|---|---|---|---|
| $0$ | $0$ | $1$ | $x$ | $x+1$ |
| $1$ | $1$ | $0$ | $x+1$ | $x$ |
| $x$ | $x$ | $x+1$ | $0$ | $1$ |
| $x+1$ | $x+1$ | $x$ | $1$ | $0$ |

| $\cdot$ | $0$ | $1$ | $x$ | $x+1$ |
|---|---|---|---|---|
| $0$ | $0$ | $0$ | $0$ | $0$ |
| $1$ | $0$ | $1$ | $x$ | $x+1$ |
| $x$ | $0$ | $x$ | $x+1$ | $1$ |
| $x+1$ | $0$ | $x+1$ | $1$ | $x$ |

b) Das Polynom $\pi(x) = x^4+x+1$ ist über $F_2$ irreduzibel: $\pi(x)$ enthält als Faktor keine Polynome von Grad 1, da es weder 0 noch 1 als Nullstelle hat, und $\pi(x)$ enthält auch nicht das einzige über $F_2$ irreduzible Polynom vom Grad 2, nämlich $x^2+x+1$. Also liefert 3.9 einen 16–elementigen Körper.

Das folgende Lemma sagt, etwas vereinfacht formuliert, daß es sich bei den Elementen eines $q$-elementigen Körpers gerade um die Nullstellen des Polynoms $x^q-x$ handelt. Erstaunlicherweise ist diese Aussage möglich, ohne daß man zuvor die Existenz eines solchen Körpers nachweist. Das Lemma liefert aber die Idee für den Existenzbeweis in 3.13 und 3.14.

**3.12 Lemma.** *In jedem $q$-elementigen Körper $F$ gilt*

$$\prod_{b\in F}(x-b) = x^q-x\,.$$

**Beweis.** Die multiplikative Gruppe $(F\setminus\{0\},\cdot)$ hat genau $q-1$ Elemente. Deshalb erfüllen alle $b\in F\setminus\{0\}$ die Gleichung $b^{q-1}=1$ (siehe I.7.8). Also ist jedes $b\in F$, auch $b=0$, eine Nullstelle des Polynoms $x^q-x$. Dieses Polynom wird daher von den Polynomen $x-b$ geteilt, für alle $b\in F$. Es folgt, daß $x^q-x$ auch von dem Produkt dieser *Linearfaktoren* geteilt wird (siehe Aufgabe 24):

$$\prod_{b\in F}(x-b) \mid x^q-x\,.$$

Beide Polynome haben den Grad $q$, und der Koeffizient von $x^q$ ist in beiden Fällen gleich 1. Deshalb sind die Polynome gleich. □

**3.13 Hilfssatz.** *Sei $q=p^m$ und $F$ ein Körper der Charakteristik $p$, über dem das Polynom $x^q-x$* in Linearfaktoren zerfällt, *d.h. in dem*

$$\prod_{i=1}^{q}(x-b_i) = x^q-x$$

*für gewisse $b_1,\dots,b_q\in F$ gilt. Dann ist $\widetilde{F}:=\{b_1,\dots,b_q\}$ ein $q$-elementiger Unterkörper von $F$.*

**Beweisskizze.** (i) $\widetilde{F}$ enthält tatsächlich $q$ Elemente: Sonst gälte $b_i = b_j$ für verschiedene Indizes $i$ und $j$, d.h. $x^q - x$ hätte $b_i$ als (mindestens) doppelte Nullstelle. Dann wäre $b_i$ auch eine Nullstelle der *Ableitung* von $x^q - x$. Doch es gilt $(x^q - x)' = qx^{q-1} - 1 = -1$ (denn $q$ ist ein Vielfaches der Charakteristik $p$), und die Ableitung hat gar keine Nullstelle.

(ii) $\widetilde{F}$ ist ein Unterkörper von $F$: Offenbar besteht $\widetilde{F}$ genau aus den Nullstellen von $x^q - x$. Hieraus folgt zunächst, daß 0 und 1 in $\widetilde{F}$ enthalten sind. Für alle $b, c \in F$ gilt $(b+c)^q = b^q + c^q$ (Beweis als Übung). Im Fall $b, c \in \widetilde{F}$ folgt deshalb $b+c \in \widetilde{F}$, d.h. $\widetilde{F}$ ist unter der Addition abgeschlossen. Die multiplikative Abgeschlossenheit von $\widetilde{F}$ ist offensichtlich. □

**3.14 Satz.** *Für jede Primzahlpotenz $p^m$ gibt es einen $p^m$-elementigen Körper.*

**Beweis.** Im Fall $m = 1$ ist $F_p$ der gesuchte Körper. Sei jetzt $m \geq 2$. Ausgehend von $K_1 := F_p$ werden Körper $K_2, K_3, \ldots, K_r$ konstruiert, so daß das Polynom $x^{p^m} - x$ schließlich über $K_r$ in Linearfaktoren zerfällt. Wegen 3.13 enthält $K_r$ dann den gesuchten $p^m$-elementigen Körper.

Sei $\pi_1(x) \in K_1[x]$ ein irreduzibler Teiler von $x^{p^m} - x$ von Grad $\geq 2$. Wie in 3.9 wird mit dem Polynom $\pi_1(\alpha_1)$ der Erweiterungskörper $K_2$ gebildet (anstelle von $x$ wird $\alpha_1$ geschrieben, da das Verfahren mehrfach angewendet werden soll, wobei jedesmal ein neues Element $\alpha_i$ „adjungiert" wird). Jetzt sei $\pi_2(x) \in K_2[x]$ ein irreduzibler Teiler von $x^{p^m} - x$ von Grad $\geq 2$ (wenn ein solcher Teiler existiert). Mit dem Polynom $\pi_2(\alpha_2)$ wird der Erweiterungskörper $K_3$ von $K_2$ gebildet. Dieses Verfahren wird fortgesetzt, bis ein Körper $K_r$ erreicht ist, über dem alle irreduziblen Faktoren von $x^{p^m} - x$ den Grad 1 haben (dies wird erreicht, denn jedes hinzugefügte $\alpha_i$ ist automatisch eine Nullstelle von $x^{p^m} - x$). Über $K_r$ zerfällt $x^{p^m} - x$ dann in Linearfaktoren. □

Eine wichtige Eigenschaft endlicher Körper ist die folgende:

**3.15 Satz.** *Für jeden endlichen Körper $K$ ist die multiplikative Gruppe $K^* := K \backslash \{0\}$ zyklisch, d.h. $K^*$ besteht aus Elementen $1, a, a^1, a^2, \ldots, a^{q-2}$ für ein geeignetes $a \in K^*$ (und $q = |K|$). Man nennt ein solches $a$ ein **primitives Element** von $K$.*

**Beweisskizze.** Sei $a$ ein Element von $K^*$, dessen Ordnung $\mathrm{ord}(a)$ maximal ist (in der multiplikativen Gruppe). Für alle $b \in K^*$ gilt dann $\mathrm{ord}(b) \mid \mathrm{ord}(a)$, d.h. die Ordnung von $b$ teilt die Ordnung von $a$. Denn: Im Fall $\mathrm{ord}(b) \nmid \mathrm{ord}(a)$ gibt es eine Primzahl $p$ und eine Zahl $i$ mit $p^i \mid \mathrm{ord}(a)$, $p^{i+1} \nmid \mathrm{ord}(a)$, aber $p^{i+1} \mid \mathrm{ord}(b)$. Für $s := p^i$ und $t := \mathrm{ord}(b)/p^{i+1}$ sei $a' := a^s$ und $b' := b^t$. Dann gilt $\mathrm{ord}(a') = \mathrm{ord}(a)/p^i$ und $\mathrm{ord}(b') = p^{i+1}$. Insbesondere sind $\mathrm{ord}(a')$ und $\mathrm{ord}(b')$ teilerfremd, und in einer abelschen Gruppe folgt hieraus allgemein $\mathrm{ord}(a'b') = \mathrm{ord}(a')\,\mathrm{ord}(b')$ (Beweis als Übung). Also gilt $\mathrm{ord}(a'b') = p \cdot \mathrm{ord}(a)$, im Widerspruch zur Maximalität von $\mathrm{ord}(a)$.

Sei $r := \text{ord}(a)$. Wie eben gezeigt wurde, ist jedes $b \in K^*$ eine Nullstelle des Polynoms $x^r - 1$. Wie im Beweis von 3.12 folgt:

$$\prod_{b \in K^*} (x-b) \mid x^r - 1 .$$

Das Polynom links hat den Grad $q-1$, womit sich $r \geq q-1$ ergibt. Größer als $q-1$ kann $r = \text{ord}(a)$ aber nicht sein. Damit ist $r = q-1$ gezeigt, und $K^*$ wird von $a$ erzeugt. □

Für den Nachweis in 3.19, daß es (bis auf Isomorphie) nur einen $p^m$-elementigen Körper gibt, sind weitere Vorbereitungen nötig.

**3.16 Definition.** Sei $F$ ein Erweiterungskörper von $K$. Ist $b \in F$ und $\mu(x) \in K[x]$ ein normiertes Polynom mit $\mu(b) = 0$ von kleinstmöglichem Grad größer 0, dann heißt $\mu(x)$ **Minimalpolynom** von $b$ über $K$. (Ein Polynom $k_n x^n + \ldots + k_0$ heißt **normiert**, falls $k_n = 1$ gilt.)

**3.17 Hilfssatz.** *Ist $\mu(x)$ ein Minimalpolynom von $b$ über $K$, und $f(x)$ irgendein Polynom über $K$ mit $f(b) = 0$, dann gilt $\mu(x) \mid f(x)$. Insbesondere ist das Minimalpolynom eindeutig bestimmt.*

**Beweis.** Division von $f(x)$ durch $\mu(x)$ liefert $f(x) = g(x)\mu(x) + r(x)$, wobei der Rest $r(x)$ echt kleineren Grad hat als $\mu(x)$. Setzt man $x = b$, dann ergibt sich $r(b) = 0$. Da $\mu(x)$ ein Minimalpolynom von $b$ ist, folgt $r(x) = 0$. □

**3.18 Hilfssatz.** *Sei $F$ ein $p^m$-elementiger Körper, $a$ ein primitives Element von $F$, und $\mu(x)$ das Minimalpolynom von $a$ über $F_p$. Dann ist $\mu(x)$ ein über $F_p$ irreduzibles Polynom von Grad $m$, und es gilt*

$$\mu(x) \mid x^{p^m} - x .$$

**Beweis.** Jedes Minimalpolynom ist irreduzibel, also auch $\mu(x)$. Wegen 3.12 und 3.17 ist $\mu(x)$ ein Teiler von $x^{p^m} - x$. Da $F$ ein Vektorraum über $F_p$ von Dimension $m$ ist, gibt es $c_0, c_1, \ldots, c_m \in F_p$, die nicht alle gleich 0 sind, mit $c_m a^m + \ldots + c_1 a + c_0 = 0$. Deshalb ist $a$ eine Nullstelle des Polynoms $c_m x^m + \ldots + c_1 x + c_0$. Mit 3.17 folgt $d := \text{Grad}(\mu(x)) \leq m$. Andererseits ist $\{k_{d-1} a^{d-1} + \ldots + k_1 a + k_0 \mid k_0, k_1, \ldots, k_{d-1} \in F_p\}$ ein $p^d$-elementiger Unterkörper von $F$ (denn es kann modulo $\mu(a)$ gerechnet werden). Dieser Unterkörper enthält das Element $a$. Da $a$ als primitives Element ganz $F$ erzeugt, gilt $d = m$. □

Zwei Körper $K$ und $L$ heißen **isomorph**, wenn sie bis auf Umbenennung der Elemente gleich sind, d.h. wenn es eine bijektive Abbildung $\phi : K \to L$ gibt, so daß für alle $x, y \in K$ folgendes gilt:

$$\phi(x+y) = \phi(x) + \phi(y) , \quad \phi(xy) = \phi(x)\phi(y) .$$

**3.19 Satz.** *Alle $p^m$-elementigen Körper sind isomorph.*

**Beweis.** Es seien $K$ und $L$ Körper mit $p^m$ Elementen, und $a$ sei ein primitives Element von $K$ mit Minimalpolynom $\mu(x) \in F_p[x]$. Wegen 3.18 ist $\mu(x)$ ein Teiler von $x^{p^m} - x$. Mit 3.12, angewandt auf $L$, erhält man eine in $L$ liegende Nullstelle $b$ von $\mu(x)$. Also besteht $K$ genau aus allen Elementen der Form $k_{m-1}a^{m-1} + \ldots + k_1 a + k_0$ und $L$ aus allen Elementen der Form $k_{m-1}b^{m-1} + \ldots + k_1 b + k_0$ (jeweils mit $k_0, k_1, \ldots, k_{m-1} \in F_p$). Die Multiplikation in $K$ wird modulo $\mu(a)$ und in $L$ modulo $\mu(b)$ durchgeführt (vgl. 3.9). Also wird durch

$$\phi\colon\ k_{m-1}a^{m-1} + \ldots + k_1 a + k_0 \longmapsto k_{m-1}b^{m-1} + \ldots + k_1 b + k_0$$

der gesuchte Isomorphismus definiert. □

Wegen 3.19 ist es gerechtfertigt, jeden $q$–elementigen Körper mit $F_q$ zu bezeichnen. Primitive Elemente von Körpern sind nicht nur für theoretische Anwendungen nützlich, wie im Beweis von 3.19. Das folgende Beispiel zeigt, daß sie auch beim praktischen Rechnen in Körpern hilfreich sind.

**3.20 Beispiel.** Der wie in 3.9 mit dem irreduziblen Polynom $\pi(x) = x^4 + x + 1 \in F_2[x]$ gebildete Körper $F_{16}$ besteht aus den Polynomen der Form $k_3a^3 + k_2a^2 + k_1a + k_0$ mit $k_0, k_1, k_2, k_3 \in F_2$ (anstelle von $x$ wird $a$ geschrieben). Jedes solche Polynom kann als 4–Tupel $k_3k_2k_1k_0$ geschrieben werden. In diesem Beispiel ist $a \simeq 0010$ ein primitives Element. Die Multiplikation wird mit einer *Logarithmentafel* besonders einfach (der Logarithmus wird zur Basis $a$ gebildet). Die folgende Tabelle listet alle Elemente $z \in F_{16}$ auf:

| $z$ als: 4–Tupel | Polynom | Potenz von $a$ | Logarithmus |
|---|---|---|---|
| 0000 | $0$ | $0$ | $-\infty$ |
| 0001 | $1$ | $1$ | 0 |
| 0010 | $a$ | $a$ | 1 |
| 0100 | $a^2$ | $a^2$ | 2 |
| 1000 | $a^3$ | $a^3$ | 3 |
| 0011 | $a+1$ | $a^4$ | 4 |
| 0110 | $a^2+a$ | $a^5$ | 5 |
| 1100 | $a^3+a^2$ | $a^6$ | 6 |
| 1011 | $a^3+a+1$ | $a^7$ | 7 |
| 0101 | $a^2+1$ | $a^8$ | 8 |
| 1010 | $a^3+a$ | $a^9$ | 9 |
| 0111 | $a^2+a+1$ | $a^{10}$ | 10 |
| 1110 | $a^3+a^2+a$ | $a^{11}$ | 11 |
| 1111 | $a^3+a^2+a+1$ | $a^{12}$ | 12 |
| 1101 | $a^3+a^2+1$ | $a^{13}$ | 13 |
| 1001 | $a^3+1$ | $a^{14}$ | 14 |

Die Teile b) und c) der folgenden Bemerkungen können beim Auffinden irreduzibler Polynome helfen. Teil c) wird unter anderem in der Codierungstheorie verwendet (siehe Abschnitt IV.4):

**3.21 Bemerkungen.** *a) Ein $p^m$-elementiger Körper besitzt genau dann einen $p^n$-elementigen Unterkörper, wenn $n$ ein Teiler von $m$ ist.*

*b) Für alle Primzahlpotenzen $p^m$ gilt:*

$$x^{p^m} - x \;=\; \textit{Produkt aller über } F_p \textit{ irreduziblen, normierten Polynome, deren Grad } m \textit{ teilt.}$$

*c) Sei $a$ ein primitives Element des Körpers $F_{p^m}$, und sei $\mu(x)$ das Minimalpolynom von $a$ über $F_p$. Dann ist das Minimalpolynom $\mu^{(s)}(x)$ von $a^s$ über $F_p$ gegeben durch*

$$c(x) := \prod_{i \in Z_s} (x - a^i) \, .$$

*Dabei sei $Z_s$ die* ***zyklotomische Klasse*** *von $s$ modulo $p^m - 1$, d.h. $Z_s := \{s, sp, sp^2, \ldots, sp^{k-1}\}$, wobei $k$ die kleinste natürliche Zahl ist mit $sp^k \equiv s$ (mod $p^m - 1$).*

**3.22 Beweisskizze.** a) Ein $p^m$-elementiger Körper kann als Vektorraum über seinem $p^n$-elementigen Unterkörper aufgefaßt werden (vgl. Herleitung von 3.7). Hat dieser Vektorraum Dimension $d$, dann gilt $p^m = p^{nd}$, d.h. $m = nd$.

Ist umgekehrt $n$ ein Teiler von $m$, dann ist es nicht schwer (aber möglicherweise etwas umständlich) zu zeigen, daß $x^{p^n} - x$ ein Teiler von $x^{p^m} - x$ ist. Mit 3.12 und 3.13 folgt dann, daß die Nullstellen von $x^{p^n} - x$ einen $p^n$-elementigen Unterkörper von $F_{p^m}$ bilden.

b) Sei $\pi(x)$ ein normierter, irreduzibler Teiler von $x^{p^m} - x$ von Grad $n$. Dann ist $\pi(x)$ das Minimalpolynom eines Elementes $a \in F_{p^m}$, und $\{k_{n-1}a^{n-1} + \ldots + k_1 a + k_0 \mid k_0, \ldots, k_{n-1} \in F_p\}$ ist ein $p^n$-elementiger Unterkörper von $F_{p^m}$. Mit a) folgt $n \mid m$.

Sei $\pi(x) \in F_p[x]$ jetzt irgendein normiertes, irreduzibles Polynom, dessen Grad $n$ ein Teiler von $m$ ist. Mit 3.9 erhält man einen $p^n$-elementigen Körper, so daß $\pi(x)$ das Minimalpolynom eines Körperelements ist. Nach a) und 3.19 enthält $F_{p^m}$ einen hierzu isomorphen Unterkörper, und mit 3.12 und 3.17 folgt $\pi(x) \mid x^{p^m} - x$.

c) Es wird die für alle $b \in F_{p^m}$ gültige Tatsache benutzt, daß $b \in F_p$ gleichwertig ist mit $b^p = b$ (siehe 3.12). Außerdem wird verwendet, daß $(b + c)^p = b^p + c^p$ gilt für alle $b, c \in F_{p^m}$.

Hiermit schließt man $0 = [\mu^{(s)}(a^s)]^p = \mu^{(s)}(a^{sp})$, denn die Koeffizienten von $\mu^{(s)}(x)$ liegen in $F_p$. Ebenso sieht man, daß auch $a^{sp^2}, \ldots, a^{sp^{k-1}}$ Nullstellen von $\mu^{(s)}(x)$ sind. Deshalb ist $c(x)$ ein Teiler von $\mu^{(s)}(x)$. Es bleibt zu zeigen, daß die Koeffizienten $c_i$ von $c(x) = c_k x^k + \ldots + c_1 x + c_0$ in $F_p$ liegen. Doch dies folgt mit Koeffizientenvergleich aus

$$c_k x^k + \ldots + c_1 x + c_0 = \prod_{i \in Z_s} (x - a^i) = \prod_{i \in Z_s} (x - a^{ip}) = c_k^p x^k + \ldots + c_1^p x + c_0^p .$$

□

**3.23 Beispiel.** Sei $p = 2$, $m = 4$. Das Polynom $x^{2^4} - x = x^{16} + x$ soll über $F_2$ in irreduzible Faktoren zerlegt werden. Die irreduziblen Faktoren

$$x, \qquad x+1, \qquad x^2+x+1, \qquad x^4+x+1$$

sind schon bekannt. Mit Polynomdivision ergibt sich der letzte Faktor der folgenden Zerlegung:

$$x^{16} + x = x(x+1)(x^2+x+1)(x^4+x+1)(x^8+x^4+x^2+x+1) .$$

Dieser Faktor muß in zwei irreduzible Polynome von Grad 4 zerfallen. Durch Raten oder Probieren findet man diese Polynome:

$$x^4+x^3+1, \qquad x^4+x^3+x^2+x+1 .$$

Natürlich kann auch 3.21c verwendet werden, wenn man schon einen 16-elementigen Körper kennt. Die zyklotomischen Klassen werden modulo 15 berechnet: $Z_0 = \{0\}$, $Z_1 = \{1, 2, 4, 8\}$, $Z_3 = \{3, 6, 12, 9\}$, $Z_5 = \{5, 10\}$, $Z_7 = \{7, 14, 13, 11\}$. Mit Hilfe von 3.20 ergibt sich hieraus beispielsweise:

$$\begin{aligned} m^{(0)}(x) &= x - a^0 = x - 1 , \\ m^{(1)}(x) &= (x-a)(x-a^2)(x-a^4)(x-a^8) = \ldots = x^4+x+1 , \\ m^{(3)}(x) &= (x-a^3)(x-a^6)(x-a^9)(x-a^{12}) = \ldots = x^4+x^3+x^2+x+1 . \end{aligned}$$

## Aufgaben

19. Berechne mit der Tabelle in 3.20

$$(a^3+a+1) + a^2, \quad (a^3+a+1)\, a^2, \quad (a^3+a+1)^{-1} .$$

(Die Ergebnisse sollen als Potenzen von $a$ angegeben werden.)

20. Finde im Körper $F_{16}$ in 3.20 einen 4-elementigen Unterkörper.

21. Sei $n$ ein Teiler von $m$ und $p$ eine Primzahl. Wieviele $p^n$-elementige Unterkörper hat ein $p^m$-elementiger Körper?

22. Beweise 3.2b.

23. Beweise 3.6b und 3.6c.

24. Sei $p(x)$ ein Polynom über einem Körper $K$, und sei $B$ eine endliche Teilmenge von $K$. Zeige: Wird $p(x)$ von jedem $x-b$ mit $b \in B$ geteilt, dann wird $p(x)$ auch von dem Produkt $\prod_{b\in B}(x-b)$ geteilt.

25. Zeige: Für alle Elemente $b, c$ eines Körpers von Charakteristik $p$ gilt $(b+c)^p = b^p + c^p$. **Anmerkung:** Dies wird in den Beweisen von 3.13 (Teil (ii)) und von 3.21c benötigt.

26. a) Zeige: Das Polynom $x^2+1$ ist über $F_3$ irreduzibel.
    b) Sei $F$ der mit diesem Polynom konstruierte Körper (siehe 3.9). Bestimme die Ordnung des Elements $x$ in der multiplikativen Gruppe von $F$.
    c) Finde ein primitives Element von $F$.

27. a) Bestimme ein irreduzibles Polynom über $F_2$ von Grad 3.
    b) Stelle für den mit diesem Polynom konstruierten Körper eine Tabelle wie in 3.20 auf.

28. a) Berechne die zyklotomischen Klassen modulo 7.
    b) Bestimme die über $F_2$ irreduziblen Faktoren von $x^8 - x$. **Anmerkung:** Eine umständliche Methode hierfür wäre, Teil a) und Aufgabe 27b zu verwenden.

# 4 Konstruktionsmethoden für Blockpläne

In diesem Abschnitt werden drei der wichtigsten Konstruktionsmethoden vorgestellt, nämlich zuerst eine Methode mit *Differenzfamilien*, dann eine Methode mit *t-homogenen Permutationsgruppen*, und schließlich *rekursive Methoden*, mit denen neue Blockpläne aus schon bekannten Blockplänen „zusammengebaut" werden.

Da in den anschließenden Beispielen nur abelsche Gruppen betrachtet werden, wird in der folgenden Definition die additive Schreibweise „$+, -, 0$" verwendet; allerdings gilt 4.2 auch für nichtabelsche Gruppen:

**4.1 Definition.** Sei $(G,+)$ eine endliche Gruppe. Eine Familie $B_1, \dots, B_s$ von Teilmengen $B_i$ von $G$ heißt **Differenzfamilie**, falls es zu jedem Element $d \in G \setminus \{0\}$ genau ein Tripel $(i, b, b')$ mit $i \in \{1, \dots, s\}$ und $b, b' \in B_i$ gibt, so daß

$$d = b - b'$$

gilt. Im Fall $|G| = v$ und $|B_i| = k$ für alle $i \in \{1, \dots, s\}$ spricht man genauer von einer $(v,k)$–**Differenzfamilie**.

In einer Differenzfamilie kommt also jedes von 0 verschiedene Element von $G$ genau einmal als Differenz von zwei Elementen aus einer der Mengen der Familie vor. Besteht die Differenzfamilie nur aus einer einzigen Menge $B$, dann nennt man $B$ eine **Differenzmenge**, und im Fall $|G| = v$ und $|B| = k$ eine $(v, k)$–**Differenzmenge**. Beispielsweise ist die Menge $B = \{0, 1, 3\}$ eine $(7,3)$–Differenzmenge der Gruppe $(\mathbb{Z}_7, +)$ : die Differenzen ergeben sich als

$$1-0=1, \quad 0-1=6, \quad 3-0=3, \quad 0-3=4, \quad 3-1=2, \quad 1-3=5.$$

**4.2 Satz.** *Sei $B_1, \ldots, B_s$ eine $(v, k)$-Differenzfamilie der Gruppe $(G, +)$. Dann ist die Inzidenzstruktur*

$$\mathcal{D} = (G, \{B_i + g \mid g \in G,\ i \in \{1, \ldots, s\}\}, \in)$$

*ein $2-(v, k, 1)$ Blockplan.*

**Beweis.** Es seien $x$ und $x'$ zwei verschiedene Elemente von $G$. Dann gibt es nach Definition genau ein $i$ und genau ein Paar $b, b' \in B_i$ mit $x - x' = b - b'$. Mit $g := -b+x = -b'+x'$ gilt dann $x, x' \in B_i + g$. Ist $B_j + h$ ein weiterer Block, der $x$ und $x'$ enthält, dann gibt es Elemente $c$, $c' \in B_j$ mit $x = c+h$ , $x' = c'+h$ , woraus sich $x - x' = (c+h)-(c'+h) = (c+h)+(-h-c') = c + (h-h) - c' = c - c'$ ergibt. Es folgt $c = b$ , $c' = b'$, $j = i$ und schließlich $h = g$ . Der Block durch $x$ und $x'$ ist also eindeutig bestimmt. □

Der Leser möge den $2-(7, 3, 1)$ Blockplan skizzieren, der sich mit der vor 4.2 angegebenen Differenzmenge ergibt. Weitere Steiner–Tripelsysteme erhält man mit den folgenden Differenzfamilien:

**4.3 Beispiel.** *Sei $v = 18n+1$ mit $n \in \mathbb{N}$. Dann bilden die Mengen*

$$\begin{aligned} B_i &= \{0,\ 3i-2,\ 4n+2i\}, & i &= 1, \ldots, n, \\ B_{n+i} &= \{0,\ 3i-1,\ 8n+2i\}, & i &= 1, \ldots, n, \\ B_{2n+i} &= \{0,\ 3i,\ 6n+1+i\}, & i &= 1, \ldots, n-1, \\ B_{3n} &= \{0,\ 3n,\ 6n+1\} \end{aligned}$$

*eine $(18n+1, 3)$-Differenzfamilie der zyklischen Gruppe $(\mathbb{Z}_{18n+1}, +)$ .*

**Beweis.** Mit jeder der 3–elementigen Mengen $B_i$ können 6 Differenzen gebildet werden, aus allen $3n$ Mengen also $18n$ Differenzen. Daher reicht es zu zeigen, daß jedes der $18n$ Elemente $d \in \mathbb{Z}_{18n+1} \setminus \{0\}$ als Differenz vorkommt; $d$ kommt dann automatisch *genau* einmal vor. Außerdem genügt es, die Differenzen $1, \ldots, 9n$ zu finden, denn die übrigen Werte ergeben sich als die Negativen dieser Werte, indem die Differenzen in umgekehrter Reihenfolge berechnet werden:

— Die Werte $1, \ldots, 3n$ ergeben sich, indem man in $B_1, \ldots, B_{3n}$ jeweils den ersten vom zweiten Wert subtrahiert,

— $3n+1$ ergibt sich durch Subtraktion des zweiten vom dritten Wert in $B_{3n}$,

— $3n+2, \ldots, 4n+1$ erhält man als Differenz des zweiten und des dritten Werts in $B_1, \ldots, B_n$.

Die noch fehlenden Differenzen kann der Leser leicht selbst finden. □

Ähnlich lassen sich $(v,3)$–Differenzfamilien für $v = 18n + 7$ und $v = 18n + 13$ angeben, mit $n \in \mathbb{N} \cup \{0\}$. Also gibt es wegen 4.2 für jede Zahl $v > 1$ mit $v \equiv 1 \pmod 6$ einen $2-(v,3,1)$ Blockplan. Aber Blockpläne mit $v \equiv 3 \pmod 6$ können nicht mit Hilfe von Differenzfamilien konstruiert werden (Frage: warum?). Stattdessen hilft ein kleiner Kunstgriff, der hier für $v = 15$ vorgeführt werden soll: Die Mengen

$$B_0 = \{0,5,10\}, \quad B_1 = \{0,1,4\}, \quad B_2 = \{0,2,8\}$$

bilden keine Differenzfamilie auf $(\mathbb{Z}_{15}, +)$, da die Werte $d = 5$ und $d = 10$ nicht nur einmal, sondern dreimal als Differenz auftreten. Trotzdem ist $\mathcal{D} = (\mathbb{Z}_{15}, \{B_i + g \mid g \in G, i \in \{0,1,2\}\}, \in)$ ein $2-(15,3,1)$ Blockplan, denn durch zwei Punkte $x, x' \in \mathbb{Z}_{15}$ mit $x - x' = 5$ oder $x - x' = 10$ geht genau ein Block, der sich auf drei Arten schreiben läßt, nämlich $B_0 + x = B_0 + x + 5 = B_0 + x + 10$. Auf ähnliche Weise erhält man $2-(v,3,1)$ Blockpläne für alle $v \equiv 3 \pmod 6$.

Da es $2-(v,3,1)$ Blockpläne aufgrund der Teilbarkeitsbedingungen nur für $v \equiv 1 \pmod 6$ oder $v \equiv 3 \pmod 6$ geben kann, gilt das folgende schon 1847 von Kirkman bewiesene Resultat:

**4.4 Satz.** *Für eine Zahl $v > 1$ existiert genau dann ein Steiner–Tripelsystem mit $v$ Punkten, wenn $v \equiv 1 \pmod 6$ oder $v \equiv 3 \pmod 6$ gilt.*

Zur Konstruktion von Blockplänen können Permutationsgruppen mit besonderen Eigenschaften verwendet werden:

**4.5 Definition.** Eine Permutationsgruppe $G$ auf $A$ heißt $t$–**transitiv**, falls für je zwei Tupel $(b_1, \ldots, b_t)$ und $(c_1, \ldots, c_t)$ paarweise verschiedener Elemente von $A$ (also mit $b_i \neq b_j$ und $c_i \neq c_j$ für $i \neq j$) eine Permutation $g$ existiert mit

$$g(b_1) = c_1, \ \ldots, \ g(b_t) = c_t .$$

Die Permutationsgruppe heißt $t$–**homogen**, falls es für je zwei $t$–elementige Teilmengen $\{b_1, \ldots, b_t\}$ und $\{c_1, \ldots, c_t\}$ von $A$ eine Permutation $g$ gibt mit

$$\{g(b_1), \ldots, g(b_t)\} = \{c_1, \ldots, c_t\} .$$

Offenbar sind $t$–transitive Permutationsgruppen auch $t$–homogen.

**4.6 Satz.** *Sei $G$ eine $t$-homogene Permutationsgruppe mit $t \geq 1$ auf der $v$-elementigen Menge $A$, und sei $B_0$ eine $k$-elementige Teilmenge von $A$ mit $t \leq k \leq v$. Dann ist die Inzidenzstruktur*

$$\mathcal{D} = (A, \{g(B_0) \mid g \in G\}, \in\}$$

*ein $t-(v,k,\lambda)$ Blockplan. Für die Anzahl $b$ der Blöcke von $\mathcal{D}$ und für $\lambda$ gilt:*

$$b = \frac{|G|}{|\{g \in G \mid g(B_0) = B_0\}|}, \qquad \lambda = \frac{k(k-1)\dots(k-t+1)}{v(v-1)\dots(v-t+1)} b\,.$$

**Beweis.** Die Punktmenge $A$ ist nach Definition $v$-elementig, und da $B_0$ genau $k$ Punkte enthält, gilt dasselbe für jeden Block $g(B_0)$. Es seien $T$ und $U$ zwei $t$-elementige Teilmengen von $A$. Da $G$ $t$-homogen ist, existiert ein $h \in G$ mit $h(T) = U$. Ein Block $g(B_0)$ enthält daher genau dann die Menge $T$, wenn der Block $hg(B_0)$ die Menge $U$ enthält. Also gehen durch $T$ genausoviele Blöcke wie durch $U$. Damit ist gezeigt, daß $\mathcal{D}$ ein $t$-Blockplan ist.

Die Anzahl $b$ der Blöcke von $\mathcal{D}$ kann leicht bestimmt werden, wenn man jede Permutation $g \in G$ als eine Permutation auf der Menge $P_k(A)$ der $k$-elementigen Teilmengen von $A$ auffaßt. Anstelle von $g$ wird zur genauen Unterscheidung jetzt $g'$ geschrieben: $g'(\{a_1, \dots, a_k\}) = \{g(a_1), \dots, g(a_k)\}$. Auf diese Weise wird $G$ zu einer auf $P_k(A)$ operierenden Permutationsgruppe $G'$. Die Blöcke $g(B_0)$ sind Elemente von $P_k(A)$. Für den Stabilisator des Elements $B_0$ in $G'$ gilt $G'_{B_0} = \{g \in G \mid g(B_0) = B_0\}$. Die Bahn von $B_0$ in $G'$ besteht nach Definition genau aus den Blöcken von $\mathcal{D}$: $B_0^{G'} = \{g(B_0) \mid g \in G\}$. Also gibt es die behauptete Anzahl $b$ von Blöcken, denn mit I.7.12 folgt

$$b = |B_0^{G'}| = \frac{|G'|}{|G'_{B_0}|}\,.$$

Die Gleichung für $\lambda$ erhält man mit 1.5(2) für $\lambda_0 = b$. □

**4.7 Beispiel.** Sei $K$ ein Körper und $\infty$ ein nicht in $K$ liegendes Element. Sind $a, b, c, d \in K$ Elemente mit $ad - bc \neq 0$, dann erhält man durch

$$x \longmapsto \frac{ax+b}{cx+d}$$

eine Abbildung von $K \cup \{\infty\}$ in sich. Dabei wird mit den in $K$ üblichen Regeln gerechnet, und auch mit dem Element $\infty$ werde wie üblich gerechnet, also beispielsweise:

$$\frac{a\infty+b}{c\infty+d} = \begin{cases} a/c & \text{falls } c \neq 0\,, \\ \infty & \text{sonst,} \end{cases} \qquad \frac{ax+b}{cx+d} = \infty \quad \text{falls } cx+d = 0\,.$$

Die Abbildungen der Form $\frac{ax+b}{cx+d}$ mit $ad-bc \neq 0$ bilden eine Permutationsgruppe auf $K \cup \{\infty\}$, die mit $G(K)$ bezeichnet wird. *Die Permutationsgruppe $G(K)$ operiert scharf 3-transitiv auf $K \cup \{\infty\}$.* Dabei bedeutet **scharf**, daß es zu je zwei Tupeln $(b_1, b_2, b_3)$, $(c_1, c_2, c_3)$ paarweise verschiedener Elemente von $K \cup \{\infty\}$ *genau* eine Permutation $g \in G(K)$ gibt mit $g(b_i) = c_i$, $i = 1, 2, 3$. Der Nachweis dieser Aussagen ist der Inhalt der Aufgaben 36 – 38.

**4.8 Satz.** *Sei $K$ ein $q^d$-elementiger Körper und $L$ ein $q$-elementiger Unterkörper von $K$. Dann ist*

$$\mathcal{D} = (K \cup \{\infty\}, \{g(L \cup \{\infty\}) \mid g \in G(K)\}, \in)$$

*ein $3-(q^d+1,\ q+1,\ 1)$ Blockplan.*

**Beweis.** Die Gruppe $G(K)$ ist 3–transitiv; wegen 4.6 handelt es sich bei $\mathcal{D}$ also um einen $3-(q^d+1,\ q+1, \lambda)$ Blockplan. Es muß noch $\lambda$ bestimmt werden. Dafür reicht es nach 4.6 aus, $|G(K)|$ und $|\{g \in G(K) \mid g(L \cup \{\infty\}) = L \cup \{\infty\}\}|$ zu berechnen. Es gilt $|G(K)| = (q^d+1)q^d(q^d-1)$, da $G(K)$ scharf 3–transitiv auf der $(q^d+1)$–elementigen Menge $K \cup \{\infty\}$ operiert. Eine Abbildung $g(x) \in G(K)$ erfüllt genau dann $g(L \cup \{\infty\}) = L \cup \{\infty\}$, wenn $g(x)$ in der Form $\frac{ax+b}{cx+d}$ mit $a, b, c, d \in L$ geschrieben werden kann. Hieraus folgt $|\{g \in G(K) \mid g(L \cup \{\infty\}) = L \cup \{\infty\}\}| = |G(L)| = (q+1)q(q-1)$. Mit 4.6 ergibt sich dann

$$b = \frac{(q^d+1)q^d(q^d-1)}{(q+1)q(q-1)} \quad \text{und} \quad \lambda = \frac{k(k-1)(k-2)}{v(v-1)(v-2)}b = 1\,.$$

□

Ein $q^d$–elementiger Körper mit einem $q$–elementigen Unterkörper existiert für jede Primzahlpotenz $q$ und jede natürliche Zahl $d$ (siehe Abschnitt 3). Also existiert für alle solche Werte ein $3-(q^d+1,\ q+1,\ 1)$ Blockplan. Als weiteres Beispiel werden in den Übungen 2–homogene Permutationsgruppen angegeben, mit deren Hilfe man für jede Primzahl $q$ mit $q \equiv 3 \pmod 4$ einen $2-(q, \frac{q-1}{2}, \frac{q-3}{4})$ Blockplan erhält.

Abschließend sollen Methoden angegeben werden, mit denen man aus bekannten Blockplänen neue, oft auch größere Blockpläne konstruieren kann. Zuerst zwei besonders simple Ergebnisse:

**4.9 Satz.** *a) Gibt es einen $t-(v, k, \lambda_1)$ Blockplan und einen $t-(v, k, \lambda_2)$ Blockplan, dann gibt es auch einen $t-(v, k, \lambda_1 + \lambda_2)$ Blockplan.*

*b) Gibt es einen $t-(v, k_1, \lambda_1)$ Blockplan und einen $t-(k_1, k_2, \lambda_2)$ Blockplan, dann gibt es auch einen $t-(v, k_2, \lambda_1\lambda_2)$ Blockplan.*

Die **Beweisidee** für a) besteht darin, auf einer $v$–elementigen Punktmenge die Blöcke eines $t-(v, k, \lambda_1)$ Blockplans *und* eines $t-(v, k, \lambda_2)$ Blockplans zu verwenden.

Für b) entfernt man jeden Block eines $t-(v, k_1, \lambda_1)$ Blockplans und fügt stattdessen auf den $k_1$ Punkten des Blocks die Blöcke eines $t-(k_1, k_2, \lambda_2)$ Blockplans ein (in Abbildung 6 wird ein Block $B$ mit $k_1 = 7$ Punkten durch die Blöcke eines $2-(7,3,1)$ Blockplans ersetzt). Durch je $t$ Punkte gehen genau $\lambda_1$ Blöcke mit $k_1$ Elementen, und für jeden solchen Block gehen durch $t$ Punkte genau $\lambda_2$ neue $k_2$-elementige Blöcke. Insgesamt liegen je $t$ Punkte also auf genau $\lambda_1\lambda_2$ Blöcken des neuen Blockplans. □

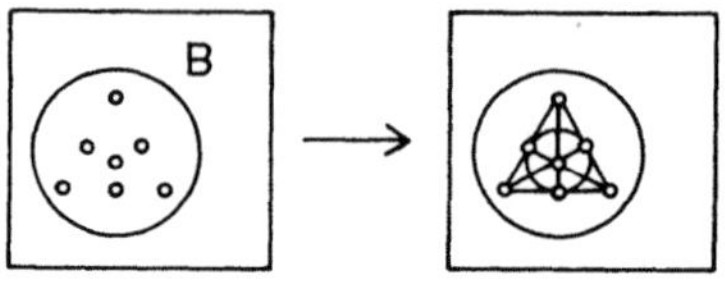


Abb. 6

**4.10 Beispiel.** Aus der Existenz eines $2-(169,13,1)$ Blockplans (affine Ebene der Ordnung 13) und eines $2-(13,4,1)$ Blockplans (projektive Ebene der Ordnung 3) folgt mit 4.9b die Existenz eines $2-(169,4,1)$ Blockplans.

Aus gegebenen Blockplänen kann man oft Blockpläne mit größeren Punktmengen konstruieren. Das folgende Resultat von Hanani (1960) ist ein recht einfaches Beispiel einer solchen Konstruktionsmethode:

**4.11 Satz.** *Gibt es einen $2-(v,k,1)$ Blockplan und einen $2-(v',k',1)$ Blockplan mit*

$$v = (k-1)k' + 1 \,,$$

*dann existiert auch ein $2-(v'',k,1)$ Blockplan mit*

$$v'' = (k-1)v' + 1 \,.$$

**Beweis.** Sei ein $2-(v',k',1)$ Blockplan $\mathcal{D}' = (P', \mathcal{B}', \in)$ auf der Punktmenge $P' = \{1,\dots,v'\}$ gegeben (wegen $\lambda = 1$ kann o.B.d.A. $\in$ als Inzidenzrelation gewählt werden). Es wird ein $2-(v'',k,1)$ Blockplan $\mathcal{D}'' = (P'', \mathcal{B}'', \in)$ konstruiert. Die Punktmenge sei

$$P'' := \{0\} \cup \{(x,i) \mid x = 1,\dots,v',\ i = 1,\dots,k-1\} \,.$$

Offenbar ist $P''$ eine Menge mit $v'' = (k-1)v' + 1$ Elementen. Zur Definition der Blöcke von $\mathcal{D}''$ muß weiter ausgeholt werden. Für jeden Block $B'$ von $\mathcal{D}'$ ist

$$P(B') := \{0\} \cup \{(x,i) \mid x \in B',\ i = 1,\dots,k-1\}$$

eine Menge mit $v = (k-1)k' + 1$ Elementen. Nach Voraussetzung gibt es einen $2-(v,k,1)$ Blockplan

$$\mathcal{D}(B') = (P(B'), \mathcal{B}(B'), \in) \,,$$

wobei o.B.d.A. angenommen werden kann, daß für jedes $x \in B'$ die Menge

$$B_x := \{0\} \cup \{(x,i) \mid i=1,\ldots,k-1\}$$

ein Block von $\mathcal{D}(B')$ ist. Die Blockmenge von $\mathcal{D}''$ wird jetzt definiert als

$$\mathcal{B}'' := \bigcup \{\mathcal{B}(B') \mid B' \in \mathcal{B}'\}.$$

Es muß gezeigt werden, daß durch je zwei Punkte von $\mathcal{D}''$ genau ein Block aus $\mathcal{B}''$ geht. Der Punkt 0 ist mit dem Punkt $(x,i)$ durch genau einen Block verbunden, nämlich durch $B_x$ (s.o.). Offenbar ist $B_x$ auch der einzige Block, der zwei Punkte $(x,i)$ und $(x,j)$ verbindet. Sind $(x,i)$ und $(y,j)$ zwei Punkte mit $x \neq y$, dann gibt es in $\mathcal{D}'$ genau einen Block $B'$ durch $x$ und $y$, und im Blockplan $\mathcal{D}(B')$ genau einen Block durch $(x,i)$ und $(y,j)$. Nach Definition ist dies der einzige Block durch $(x,i)$ und $(y,j)$. □

In Abbildung 7 wird dieser Beweis für $k=k'=3$ und $v'=7$ illustriert.

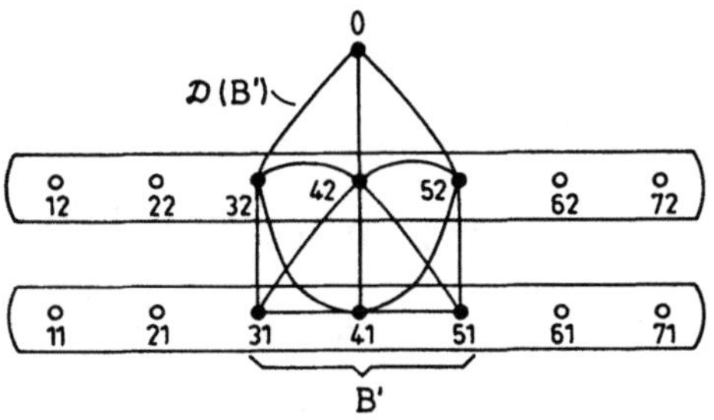


Abb. 7

**4.12 Beispiele.** Mit $(v,k) = (v',k') = (7,3)$ ergibt sich die Existenz eines $2-(15,3,1)$ Blockplans. Mit $(v,k)=(16,4)$ und $(v',k')=(25,5)$ ergibt sich die Existenz eines $2-(76,4,1)$ Blockplans.

Es sei noch angemerkt, daß eine stark verallgemeinerte Version von 4.11 eine große Rolle beim Beweis von Wilsons Existenzsatz (1.10) spielt.

## Aufgaben

29. Finde eine $(13,4)$–Differenzmenge.

30. Finde eine $(13,3)$–Differenzfamilie.

31. Finde eine $(25,3)$–Differenzfamilie in der Gruppe $(\mathbb{Z}_5 \times \mathbb{Z}_5, +)$.

32. Vervollständige den Beweis, daß die Mengenfamilie in 4.3 eine Differenzfamilie ist.

33. Sei $(G,+)$ eine $v$–elementige Gruppe. Eine Familie $B_1, \ldots, B_s$ $k$–elementiger Teilmengen heißt $(v,k,\lambda)$–**Differenzfamilie**, falls es zu jedem Element $d \in G \setminus \{0\}$ genau $\lambda$ Tripel $(i,b,b')$ mit $i \in \{1,\ldots,s\}$ und $b,b' \in B_i$ mit $d = b' - b$ gibt. Man verallgemeinere 4.2: Gibt es eine $(v,k,\lambda)$–Differenzfamilie, dann gibt es auch einen $2-(v,k,\lambda)$ Blockplan. **Hinweis:** Man nehme die Paare $(i,g)$ mit $i=1,\ldots,s$ und $g \in G$ als Blöcke. Damit wird erreicht, daß auch im Fall $B_i + g = B_j + h$ die Blöcke nur dann als gleich gelten, wenn $i = j$ und $g = h$ ist.

34. Konstruiere einen $2-(21,3,1)$ Blockplan. **Hinweis:** Eine Differenzfamilie kann hier nicht verwendet werden, dafür aber die vor 4.4 zur Konstruktion eines $2-(15,3,1)$ Blockplans verwendete Methode.

35. Es werde die in 4.7 definierte Menge $G(K)$ von Abbildungen für den Körper $K = \mathbb{Z}_7$ betrachtet.
    a) Berechne Wertetabellen für $f(x) = \frac{x+2}{3x+4}$ und $g(x) = \frac{3}{2x+1}$.
    b) Berechne $f \circ g$.
    c) Bestimme eine Abbildung $h \in G(\mathbb{Z}_7)$ mit $h(0) = 3$, $h(1) = 0$, $h(\infty) = 2$.

36. Sei $K$ ein Körper. Für jede $2 \times 2$–Matrix $A = \begin{pmatrix} a & b \\ c & d \end{pmatrix}$ über $K$ mit $ad - bc \neq 0$ (also mit $\det A \neq 0$) sei $f_A$ die durch $f_A(x) = \frac{ax+b}{cx+d}$ definierte Abbildung auf $K \cup \{\infty\}$. Zeige:
    a) Es gilt genau dann $f_A = f_{A'}$, wenn es ein $k \in K$ mit $A' = kA$ gibt.
    b) Für alle $A, A'$ gilt $f_A \circ f_{A'} = f_{AA'}$, d.h. die Abbildungen multiplizieren sich wie die Matrizen.
    c) Die Abbildungen in $G(K)$ sind bijektiv und bilden eine Permutationsgruppe.

37. Sei $G$ eine Permutationsgruppe auf $A$. Für paarweise verschiedene Elemente $a_1, \ldots, a_t \in A$ gelte: $G$ ist transitiv auf $A$, $G_{a_1}$ ist transitiv auf $A \setminus \{a_1\}$, ..., $G_{a_1 a_2 \ldots a_{t-1}}$ ist transitiv auf $A \setminus \{a_1, \ldots, a_{t-1}\}$. Zeige:
    a) $G$ ist $t$–transitiv auf $A$,
    b) Gilt außerdem $G_{a_1 a_2 \ldots a_t} = \{id\}$, dann ist $G$ sogar scharf $t$–transitiv auf $A$.

38. Zeige, daß die Permutationsgruppe $G(K)$ für jeden Körper $K$ scharf 3–transitiv auf $K \cup \{\infty\}$ operiert.

*39. Sei $K$ ein Körper und $Q$ die Menge der Quadrate in $K \setminus \{0\}$, d.h. $Q = \{s \in K \mid \exists k \in K \setminus \{0\} : s = k^2\}$. Zeige:

a) Die Abbildungen von $K$ auf sich der Form $x \mapsto sx+a$, $s \in Q$, $a \in K$, bilden eine Permutationsgruppe $H(K)$.

b) Sei $K$ ein $q$–elementiger Körper mit $q=3 \pmod 4$. Dann ist die Permutationsgruppe $H(K)$ 2–homogen auf $K$.

c) Ist $K$ ein $q$–elementiger Körper mit $q = 3 \pmod 4$, dann ist

$$\mathcal{D} = (K, \{g(Q) \mid g \in H(K)\}, \in)$$

ein $2-(q, \frac{q-1}{2}, \frac{q-3}{4})$ Blockplan.

40. Die Existenz welcher Blockpläne läßt sich mit 4.11 nachweisen, wenn man lediglich einen $2-(13,4,1)$ Blockplan kennt?

41. Beweise: Ist $q$ eine Primzahlpotenz, und gibt es einen $2-(v, q+1, 1)$ Blockplan, dann gibt es auch einen $2-(qv+1, q+1, 1)$ Blockplan.

42. Für welche $v < 100$ läßt sich mit den Methoden dieses Kapitels die Existenz eines $2-(v,4,1)$ Blockplans nachweisen? **Anmerkung:** Wie 1960 von Hanani bewiesen wurde, existiert ein $2-(v,4,1)$ Blockplan für alle $v$ mit $v = 1,4 \pmod{12}$.

# Literaturhinweise

Eine besonders übersichtliche und auf elementaren Vorkenntnissen aufbauende Darstellung der endlichen Geometrie wird im Lehrbuch von *A. Beutelspacher* gegeben. Der Einfluß dieses hervorragenden Buches auf den hier gewählten Zugang zu den Blockplänen dürfte offensichtlich sein. Das Buch von *Th. Beth, D. Jungnickel und H. Lenz* eignet sich vor allem als Nachschlagewerk und enthält viele Tabellen (man kann z.B. nachsehen, für welche Parameterkombinationen Blockpläne bekannt sind). Einiges über Blockpläne findet man auch bei *H.-R. Halder und W. Heise* (siehe Kapitel I) und ebenso bei *M. Hall*. Das Buch von *G. Pickert* über projektive Ebenen ist seit langem ein Klassiker. Eine ausgesprochen moderne Darstellung dieses Themas geben *A. Beutelspacher und U. Rosenbaum*. Der Zusammenhang von Blockplänen und Lotto–Garantiesystemen (siehe Aufgabe 2) wird ausführlich bei *W. Oberschelp* behandelt. Über (endliche) Körper kann man in vielen Algebrabüchern nachlesen. Das lesenswerte Buch von *D. Jungnickel* beschäftigt sich sogar ausschließlich mit diesem Thema.

Th. Beth, D. Jungnickel, H. Lenz: *Design theory.* Bibliographisches Institut, Mannheim, 1985.

A. Beutelspacher: *Einführung in die endliche Geometrie I.* Bibliographisches Institut, Mannheim, 1982.

A. Beutelspacher, U. Rosenbaum: *Projektive Geometrie.* Vieweg, Braunschweig, 1992.

M. Hall: *Combinatorial theory.* Blaisdell, Waltham, 1967.

D. Jungnickel: *Finite fields – structure and arithmetics.* Bibliographisches Institut, Mannheim, 1993.

W. Oberschelp: *Lotto-Garantiesysteme und Blockpläne.* Math. Phys. Semesterberichte 19 (1972), 55–67.

G. Pickert: *Projektive Ebenen.* Springer, Berlin, 1955.

# Kapitel IV

# Codierungstheorie und Kryptographie

In ständig wachsendem Umfang werden heutzutage alle Arten von Daten auf elektronischem Weg gespeichert, übertragen und verarbeitet. Naturgemäß treten deshalb Fragen der Datensicherung immer weiter in den Vordergrund, und dieser Bereich erlangt zunehmend auch wirtschaftlich große eigenständige Bedeutung. In der *Codierungstheorie*, deren Grundlagen im ersten Teil behandelt werden, geht es um die Sicherung von Daten gegen „zufällige Störungen". Das Thema von Abschnitt 4 sind speziell die für praktische Anwendungen besonders wichtigen *zyklischen Codes.* Der Rest des Kapitels beschäftigt sich dann mit der *Kryptographie*, d.h. der Sicherung von Daten gegen „unbefugten Zugriff" und gegen „unbefugte Änderungen". Im letzten Abschnitt wird ein Beispiel für moderne *public-key-Kryptosysteme* vorgestellt, und es wird gezeigt, wie man damit auf elektronischem Weg sogar „unterschreiben" kann.

## 1 Grundlegende Definitionen

Bei der Speicherung von Daten (z.B. auf Magnetbändern oder Festplatten) und der Übertragung von Daten (z.B. über Telefonleitungen, Funkverbindungen oder innerhalb von Computern) kann es zu Fehlern kommen, die durch Überlagerungen mit anderen Übertragungen, allgemeines „Leitungsrauschen", Blitzeinschlag oder andere zufällige Störungen hervorgerufen werden. Beispiel: Wird die Nachricht „Meine Telefonnummer ist 3615" an einigen Stellen fehlerhaft übertragen, so könnte beim Empfänger die Nachricht „Mxine Telesonnummer isd 3415" ankommen. Der Empfänger weiß dennoch, was die ersten drei Wörter bedeuten, denn Sprache ist i.a. **redundant**, d.h. enthält mehr Information, als zum Verständnis nötig ist. Mit der Telefonnummer verhält es sich ganz anders: Aus der empfangenen Nachricht ist nicht einmal zu erkennen, daß ein Fehler aufgetreten ist.

In der Codierungstheorie wird studiert, wie man Nachrichten auf möglichst günstige Weise redundant machen kann (was „günstig" hierbei bedeutet, wird noch klar werden). Das folgende besonders einfache Beispiel wird im Buchhandel verwendet:

**1.1 Beispiel.** Heutzutage findet sich in fast jedem neuen Buch eine zehnstellige Nummer, nämlich die **International Standard Book Number** (ISBN). Das Buch „Codierungstheorie" von R.–H. Schulz hat beispielsweise die Nummer

$$3-528-06419-6\,.$$

Die erste Ziffer bezeichnet das Erscheinungsland (3 = Deutschland), die nächsten drei Ziffern den Verlag und die anschließenden fünf Ziffern das Buch. Bei der letzten Ziffer handelt es sich um eine sog. *Prüfziffer.* Schreibt man allgemein die Buchnummer als Tupel $b_1 b_2 \ldots b_{10}$, dann berechnet sich die Prüfziffer als

$$b_{10} = 1 \cdot b_1 + 2 \cdot b_2 + \ldots + 9 \cdot b_9 \pmod{11}.$$

Im Beispiel ergibt sich tatsächlich $b_{10} = 1\cdot 3 + 2 \cdot 5 + \ldots + 9 \cdot 9 = 204 = 6 \pmod{11}$. Anstelle von $b_{10} = 10$ wird übrigens $b_{10} = X$ geschrieben. Mit dem ISBN–Code erkennt man, wenn an einer der zehn Stellen ein Fehler auftritt. Auch mehrfache Fehler können oft erkannt werden (vgl. Aufgabe 1). Eine automatische Fehlerkorrektur ist allerdings nicht möglich; die Nummer muß gegebenenfalls neu eingegeben werden.

Ein ähnliches Beispiel ist die **European Article Number** (EAN, „Strichcode"), der man täglich beim Einkaufen begegnet. Allgemein wird ein *Code* immer über einem **Alphabet** definiert, d.h. über einer endlichen Menge $A$ von Symbolen:

**1.2 Definitionen.** Sei $A$ ein Alphabet. Ein **Code** über $A$ ist eine nichtleere Teilmenge $\mathcal{C}$ von $\{(c_1, \ldots, c_k) \mid k \in \mathbb{N},\ c_1, \ldots, c_k \in A\}$. Die Elemente von $\mathcal{C}$ heißen **Codewörter**. Falls alle Codewörter dieselbe **Länge** $n$ haben, d.h. falls $\mathcal{C} \subseteq A^n$ gilt, spricht man von einem **Blockcode** der Länge $n$. Ein **binärer Code** ist ein Code über dem zweielementigen Alphabet $F = \{0, 1\}$.

**Im folgenden wird, wenn nichts anderes gesagt ist, unter einem Code immer ein BINÄRER BLOCKCODE verstanden.** Der Leser möge selbst überlegen, wie sich einige der Resultate auch für Blockcodes über anderen Alphabeten formulieren lassen.

**1.3 Beispiele.** Die Zeilen sind jeweils die Codewörter. Das Codewort $(c_1, c_2, \ldots, c_n)$ wird einfach als $c_1 c_2 \ldots c_n$ geschrieben:

a) 0 0 0 0 0 (zwei Codewörter, Länge 5)
1 1 1 1 1

b)

000
011
101
110

c)

00000
01101
10111
11010

d)

0000000
0011101
0100111
0111010
1001110
1010011
1101001
1110100

Die Datenübertragung mit Hilfe von Codes kann man sich schematisch folgendermaßen vorstellen:

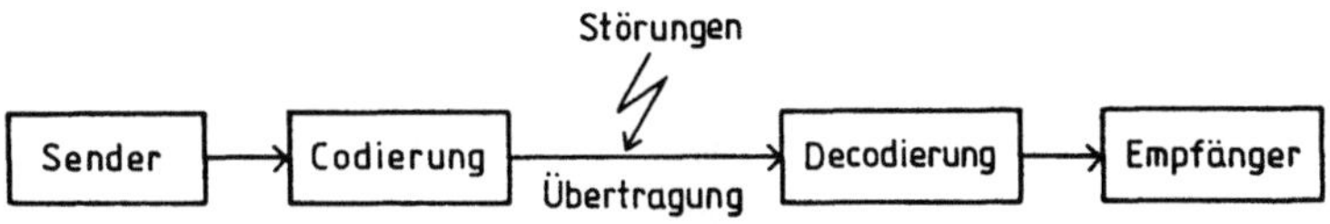


Mit dem Code aus 1.3a könnte sich z.B. diese Situation ergeben (die möglichen „Nachrichten“ seien 0 und 1):

| Nachricht | $\longrightarrow$ | Codewort | $\longrightarrow$ | gestörtes Codewort | $\longrightarrow$ | vermutetes Codewort | $\longrightarrow$ | vermutete Nachricht |
|---|---|---|---|---|---|---|---|---|
| 0 | $\longrightarrow$ | 00000 | $\longrightarrow$ | 01001 | $\longrightarrow$ | 00000 | $\longrightarrow$ | 0 |

Natürlich geht man davon aus, daß ein Symbol eher richtig als falsch übertragen wird. Daher ist es sinnvoll, nach folgender Regel zu decodieren. Unter **Decodierung** wird dabei das Korrigieren der Fehler verstanden, aber nicht das Rekonstruieren der „eigentlichen“ Nachricht:

**1.4 Maximum–Likelihood–Decodierung.** Man decodiere das empfangene Tupel $\boldsymbol{v} = v_1 \ldots v_n$ als ein Codewort $\boldsymbol{c} = c_1 \ldots c_n$, das sich von $\boldsymbol{v}$ an möglichst wenigen Stellen unterscheidet.

**1.5 Definitionen.** Der **Hammingabstand** (kurz: **Abstand**) $d(\boldsymbol{x}, \boldsymbol{y})$ von zwei Vektoren $\boldsymbol{x}, \boldsymbol{y} \in F^n$ ist die Anzahl der Stellen, an denen sich $\boldsymbol{x}$ und $\boldsymbol{y}$ unterscheiden. Das **Gewicht** $w(\boldsymbol{x})$ von $\boldsymbol{x}$ ist definiert als die Anzahl der von 0 verschiedenen Stellen von $\boldsymbol{x}$.

Über dem zweielementigen Körper $F = \{0, 1\}$ gilt immer $d(\boldsymbol{x}, \boldsymbol{y}) = w(\boldsymbol{x} + \boldsymbol{y})$ (wegen $\boldsymbol{x} - \boldsymbol{y} = \boldsymbol{x} + \boldsymbol{y}$). Mit Regel 1.4 kann man decodieren, indem man sämtliche Abstände $d(\boldsymbol{c}, \boldsymbol{v})$, $\boldsymbol{c} \in \mathcal{C}$, berechnet und miteinander vergleicht. Wie noch gezeigt wird, gibt es für viele Codes bessere (d.h. weniger aufwendige) Verfahren zur Decodierung.

**1.6 Definitionen.** Der **Minimalabstand** eines Codes $\mathcal{C}$ ist definiert als

$$d := \min \{ d(\boldsymbol{x}, \boldsymbol{y}) \mid \boldsymbol{x}, \boldsymbol{y} \in \mathcal{C},\ \boldsymbol{x} \neq \boldsymbol{y} \} .$$

Ein Code heißt $t$–**Fehler–korrigierend**, falls Fehler an bis zu $t$ Stellen eines Codeworts immer korrekt decodiert werden können (mit 1.4). Ein Code heißt $t$–**Fehler–erkennend**, falls bei Fehlern an bis zu $t$ Stellen eines Codeworts die *Anzahl* der fehlerhaften Stellen immer korrekt erkannt wird. Das ursprüngliche Codewort ist dann einer der Kandidaten bei der Decodierung mit 1.4.

Der folgende Satz ist unmittelbar klar:

**1.7 Satz.** *Ein Code mit Minimalabstand $d$ ist $\lfloor \frac{1}{2}(d-1) \rfloor$–Fehler–korrigierend. Ist $d$ gerade, dann ist der Code $\frac{d}{2}$–Fehler–erkennend. ($\lfloor k \rfloor$ bezeichnet die größte ganze Zahl $\leq k$.)*

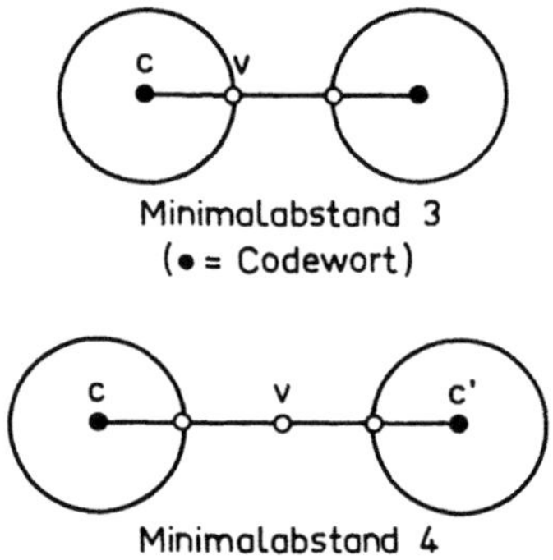


Abb. 1

Oft betrachtet man nur einen Teil der Stellen eines Codeworts als die *Nachricht* und die restlichen Stellen als *Kontroll-* oder *Prüfstellen*:

**1.8 Definitionen.** Ein Code $C \subseteq F^n$ heißt **systematisch** in den Stellen $i_1, \ldots, i_k$, wenn zu jedem Vektor $\boldsymbol{u} = (u_1, \ldots, u_k) \in F^k$ *genau* ein Codewort $\boldsymbol{c} = (c_1, \ldots, c_n)$ existiert mit $c_{i_1} = u_1, \ldots, c_{i_k} = u_k$. Man nennt $\boldsymbol{u}$ dann die **Nachricht**, die als Codewort $\boldsymbol{c}$ codiert wird.

Unter einem $[n, k]$ Code versteht man einen in $k$ Stellen systematischen Code der Länge $n$. Ein $[n, k, d]$ Code ist ein $[n, k]$ Code mit Minimalabstand $d$.

Beispielsweise ist der Code in 1.3b ein $[3, 2, 2]$ Code; er ist systematisch in den ersten beiden Stellen.

In diesem Kapitel werden (fast) nur *lineare* Codes betrachtet. Diese Codes lassen sich besonders gut untersuchen und anwenden, denn es können dafür Methoden aus der Linearen Algebra benutzt werden. Lineare Codes lassen sich über beliebigen endlichen Körpern definieren. Wie bisher sei $F$ aber auch weiterhin der 2–elementige Körper, d.h. $F = \{0, 1\}$. Für viele Anwendungen (und die folgende Definition) ist diese Einschränkung aber nicht nötig:

**1.9 Definition.** Ein Code $\mathcal{C} \subseteq F^n$ heißt **linearer Code**, wenn er ein Untervektorraum von $F^n$ ist. In anderen Worten: Ein Code $\mathcal{C}$ ist genau dann linear, wenn aus $\boldsymbol{x}, \boldsymbol{y} \in \mathcal{C}$ immer $\boldsymbol{x}+\boldsymbol{y} \in \mathcal{C}$ folgt.

Die Codes aus 1.3 sind alle linear. Der ISBN–Code (siehe 1.1) ist ein linearer $[10, 9, 2]$ Code, allerdings über dem Körper $\mathbb{Z}_{11}$ (die Ziffer $X = 10$ wird in der praktischen Anwendung nur für die Prüfziffer benutzt).

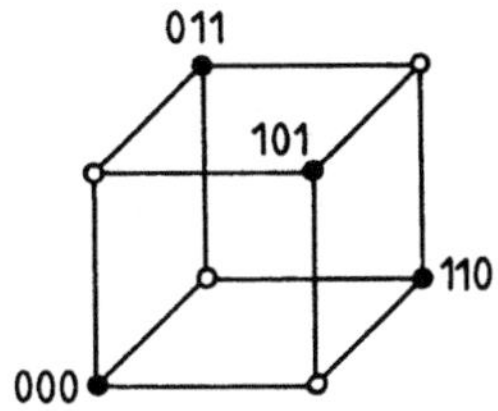

Der Code aus 1.3 b

Abb. 2

Der Minimalabstand $d$ läßt sich in einem linearen Code $\mathcal{C}$ besonders leicht berechnen, denn es müssen nur die Gewichte der Codewörter durchgesehen werden:

$$d = \min\{w(\boldsymbol{x}) \mid \boldsymbol{x} \in \mathcal{C}, \boldsymbol{x} \neq 0\}.$$

Viel wichtiger ist aber, daß aus der jeweiligen „Nachricht" auf einfache Weise das zugehörige Codewort berechnet werden kann (siehe 1.13). Folgendes wird hierfür benötigt:

**1.10 Definition.** Sei $\mathcal{C}$ ein linearer $[n, k]$ Code. Die Codewörter $\boldsymbol{g}_1 = g_{11} \cdots g_{1n}$, $\ldots$, $\boldsymbol{g}_k = g_{k1} \cdots g_{kn}$ seien eine Basis des Vektorraums $\mathcal{C}$. Dann nennt man die $k \times n$–Matrix $G = (g_{ij})$, die als Zeilen die Codewörter $\boldsymbol{g}_1, \ldots, \boldsymbol{g}_k$ enthält, eine **Generatormatrix** von $\mathcal{C}$.

Der Code $\mathcal{C}$ besteht also genau aus den Linearkombinationen $\boldsymbol{c} = b_1\boldsymbol{g}_1 + \ldots + b_k\boldsymbol{g}_k$ mit $b_1, \ldots, b_k \in F$. Mit $\boldsymbol{c} = (c_1, \ldots, c_n)$ und $\boldsymbol{b} = (b_1, \ldots, b_k)$ gilt also

$$(c_1, \ldots, c_n) = (b_1, \ldots, b_k) \begin{pmatrix} g_{11} & \cdots & g_{1n} \\ \vdots & & \vdots \\ g_{k1} & \cdots & g_{kn} \end{pmatrix}$$

oder kürzer

$$\boldsymbol{c} = \boldsymbol{b}G.$$

**1.11 Satz.** *Sei $\mathcal{C}$ ein linearer $[n, k]$ Code, der in den ersten $k$ Stellen systematisch ist. Dann hat $\mathcal{C}$ eine* ***kanonische Generatormatrix****, d.h. eine Generatormatrix* *der Form $G=(I_k|A)$, wobei $I_k$ die $k\times k$-Einheitsmatrix ist und $A$ eine $k\times(n-k)$-Matrix.*

**Beweis.** Zu jeder Nachricht $\boldsymbol{u}=(u_1,\dots,u_k)$ gibt es nach Voraussetzung genau ein Codewort $\boldsymbol{c}=(u_1,\dots,u_k,c_{k+1},\dots,c_n)\in\mathcal{C}$. Insbesondere gibt es Codewörter der Form

$$\begin{aligned}\boldsymbol{g}_1 &= (1,0,\dots,0,a_{11},\dots,a_{1\,n-k}),\\ \boldsymbol{g}_2 &= (0,1,\dots,0,a_{21},\dots,a_{2\,n-k}),\\ &\ \vdots\\ \boldsymbol{g}_k &= (0,\dots,0,1,a_{k1},\dots,a_{k\,n-k}).\end{aligned}$$

Die aus diesen Codewörtern gebildete Generatormatrix hat die behauptete Gestalt. □

**1.12 Beispiele.** Der Code aus 1.3b hat z.B. $G_1$ als eine (nichtkanonische) Generatormatrix. Die kanonische Generatormatrix ist $G_2$:

$$G_1=\begin{pmatrix}1&0&1\\1&1&0\end{pmatrix},\quad G_2=\begin{pmatrix}1&0&1\\0&1&1\end{pmatrix}.$$

Die kanonische Generatormatrix des Codes aus 1.3c ist

$$G=\Bigl(\underbrace{\begin{matrix}1&0\\0&1\end{matrix}}_{I_2}\ \ \underbrace{\begin{matrix}1&1&1\\1&0&1\end{matrix}}_{\mathrm{A}}\Bigr).$$

Es ist klar, wie eine Nachricht $\boldsymbol{u}$ codiert wird:

**1.13 Satz.** *Sei $\mathcal{C}$ ein linearer Code mit kanonischer Generatormatrix $G=(I_k|A)$. Für das zur Nachricht $\boldsymbol{u}=(u_1,\dots,u_k)$ gehörige Codewort $\boldsymbol{c}=(u_1,\dots,u_k,c_{k+1},\dots,c_n)$ gilt:*

$$\boldsymbol{c}=\boldsymbol{u}G.$$

Für kleine Codes ist das Codieren mit der Generatormatrix ein vernünftiges Verfahren. Für große Codes benötigt man aber oft bessere (z.B. schnellere) Verfahren. Mehr zu diesem Thema in Abschnitt 4.

Als nächstes soll untersucht werden, wie man erkennt, ob ein Vektor zum Code gehört:

**1.14 Definition.** Sei $\mathcal{C}$ ein linearer Code der Länge $n$. Eine $l\times n$-Matrix $H=(h_{ij})$, $h_{ij}\in F$, heißt **Kontrollmatrix** von $\mathcal{C}$ (auch: **Prüfmatrix**, engl.: parity check matrix), falls für alle Vektoren $\boldsymbol{v}\in F^n$ gilt:

$$\boldsymbol{v}\in\mathcal{C} \iff H\boldsymbol{v}^t=\boldsymbol{0}.$$

Hierbei ist $\boldsymbol{v}^t$ der zu $\boldsymbol{v}$ transponierte Vektor, d.h. $\boldsymbol{v}$ als Spaltenvektor geschrieben, und $\mathbf{0}$ bezeichnet den Nullvektor mit $l$ Nullen, ebenfalls als Spaltenvektor.

**1.15 Bemerkung.** *Sei $\mathcal{C}$ ein linearer $[n,k]$ Code mit Generatormatrix $G$. Eine $l \times n$ - Matrix $H$ ist genau dann eine Kontrollmatrix von $\mathcal{C}$, wenn gilt:*

$$HG^t = 0 \qquad \text{und} \qquad \operatorname{Rang} H = n-k\,.$$

*Hierbei ist $G^t$ die zu $G$ transponierte Matrix, und 0 bezeichnet die Nullmatrix der Größe $l \times k$.*

**Beweis.** $\Rightarrow$: Nach Voraussetzung gilt $\mathcal{C} = \{\boldsymbol{v} \in F^n \mid H\boldsymbol{v}^t = \mathbf{0}\}$, d.h. $\mathcal{C}$ ist der Lösungsraum des linearen Gleichungssystems $H\boldsymbol{v}^t = \mathbf{0}$. Insbesondere gilt $H\boldsymbol{g}_i^t = \mathbf{0}$ für alle Zeilen von $G$, und es folgt $HG^t = 0$. Die Dimensionsformel $\dim \mathcal{C} = n - \operatorname{Rang} H$ liefert $\operatorname{Rang} H = n-k$, denn $\dim \mathcal{C} = k$ ist vorausgesetzt.

$\Leftarrow$: Es gilt $H\boldsymbol{g}_i^t = \mathbf{0}$ für alle Zeilen $\boldsymbol{g}_i$ von $G$. Hieraus folgt $H\boldsymbol{c}^t = \mathbf{0}$ für alle Codewörter $\boldsymbol{c}$, denn jedes $\boldsymbol{c}$ ist eine Linearkombination der $\boldsymbol{g}_i$. Also ist $\mathcal{C}$ im Lösungsraum des Gleichungssystems $H\boldsymbol{v}^t = \mathbf{0}$ enthalten. Bezeichnet man den Lösungsraum mit $\mathcal{L}$, dann gilt

$$k = \dim \mathcal{C} \leq \dim \mathcal{L} = n - \operatorname{Rang} H = n-(n-k) = k\,.$$

Doch das bedeutet $\dim \mathcal{C} = \dim \mathcal{L}$, und es folgt $\mathcal{C} = \mathcal{L}$. □

Mit Hilfe der kanonischen Generatormatrix findet man besonders leicht eine Kontrollmatrix:

**1.16 Satz.** *Der lineare $[n,k]$ Code $\mathcal{C}$ habe die kanonische Generatormatrix $G = (I_k|A)$. Dann ist die Matrix*

$$H := (A^t | I_{n-k})$$

*eine Kontrollmatrix von $\mathcal{C}$, genannt die* ***kanonische Kontrollmatrix****.*

**Beweis.** Die $n-k$ Zeilen von $H$ sind linear unabhängig, denn $H$ enthält die Einheitsmatrix $I_{n-k}$. Wegen 1.15 reicht es also aus, $HG^t = 0$ nachzuweisen: Es muß gezeigt werden, daß das Skalarprodukt der $i$-ten Zeile $\boldsymbol{h}_i$ von $H$ mit der $j$-ten Zeile $\boldsymbol{g}_j$ von $G$ für alle $i$ und $j$ gleich 0 ist. Mit den Bezeichnungen aus dem Beweis von 1.11 gilt:

$$\begin{aligned} \boldsymbol{h}_i &= (a_{1i}, \ldots, a_{ki}, 0, \ldots, 1, \ldots, 0)\,, && \text{mit „1" an Stelle } k+i, \\ \boldsymbol{g}_j &= (0, \ldots, 1, \ldots, 0, a_{j1}, \ldots, a_{j\,n-k})\,, && \text{mit „1" an Stelle } j. \end{aligned}$$

Damit ergibt sich, wie gewünscht, $\boldsymbol{h}_i \cdot \boldsymbol{g}_j = a_{ji} + a_{ji} = 0$ (denn es wird über dem zweielementigen Körper $F$ gerechnet). Frage: Wie muß $H$ abgeändert werden, damit 1.16 auch für Codes über anderen Körpern gilt? □

**1.17 Beispiele.** Der Code aus 1.3b hat eine besonders einfache Kontrollmatrix, nämlich $H = (1\ 1\ 1)$. Ein Vektor $\boldsymbol{v} = (v_1, v_2, v_3)$ gehört also genau dann zu diesem Code, wenn die Anzahl der Einsen in $\boldsymbol{v}$ gerade ist.

Die kanonische Kontrollmatrix des Codes aus 1.3c ist

$$H = \begin{pmatrix} 1 & 1 & 1 & 0 & 0 \\ 1 & 0 & 0 & 1 & 0 \\ 1 & 1 & 0 & 0 & 1 \end{pmatrix}.$$
$$\underbrace{\qquad}_{A^t} \quad \underbrace{\qquad\quad}_{I_3}$$

## Aufgaben

1. Bei der Datenerfassung treten die folgenden Fehlertypen am häufigsten auf:

   | | | |
   |---|---|---|
   | Typ 1) | Einzelfehler | $a \longrightarrow b$ |
   | Typ 2) | Transposition (= Zifferndreher) | $ab \longrightarrow ba$ |
   | Typ 3) | Sprungtransposition | $acb \longrightarrow bca$ |
   | Typ 4) | Zwillingsfehler | $aa \longrightarrow bb$ |

   ISBN erkennt immer den Fehlertyp 1. Welche der anderen Fehler werden ebenfalls immer erkannt?

2. Wieviele Fehler sind mindestens aufgetreten, wenn beim Code aus 1.3c der Vektor 11100 empfangen wird?

3. Bestimme das Parametertupel $[n, k, d]$ für die Codes aus 1.3a, 1.3c und 1.3d.

4. Bestimme die kanonische Generatormatrix und die kanonische Kontrollmatrix des Codes aus 1.3d.

5. Der lineare Code $\mathcal{C}$ habe die folgende Generatormatrix:

$$G = \begin{pmatrix} 1 & 1 & 0 & 1 & 0 \\ 1 & 0 & 1 & 1 & 0 \\ 0 & 1 & 0 & 0 & 1 \end{pmatrix}.$$

   a) Bestimme die kanonische Generatormatrix von $\mathcal{C}$.

   b) Bestimme das zur Nachricht $(u_1, u_2, u_3) = (1, 1, 1)$ gehörige Codewort $(u_1, u_2, u_3, c_4, c_5)$.

6. Beweise: Jeder lineare Code ist systematisch.

7. Sei $\mathcal{C}$ ein linearer Code. Beweise:

   a) Entweder haben alle Codewörter von $\mathcal{C}$ gerades Gewicht, oder genau die Hälfte der Codewörter hat gerades Gewicht.

b) Wenn es in $\mathcal{C}$ ein Codewort $\boldsymbol{c} = (c_1, \ldots, c_n)$ mit $c_i = 1$ gibt (d.h. wenn die $i$–te Stelle in $\mathcal{C}$ nicht überflüssig ist), dann hat genau die Hälfte der Codewörter an der Stelle $i$ eine 1.

# 2 Fehlerkorrektur, Fehlerwahrscheinlichkeit und perfekte Codes

Mit der Kontrollmatrix kann man überprüfen, ob ein Vektor zum Code gehört. Natürlich möchte man auch bei einem fehlerhaft übertragenen Codewort die Chance haben, das Codewort zu rekonstruieren. Eine Möglichkeit hierfür besteht darin, den empfangenen Vektor mit allen Codewörtern zu vergleichen. Für lineare Codes gibt es eine bessere Möglichkeit, die jetzt für den Fall $F = \{0, 1\}$ formuliert wird:

Sei $\mathcal{C}$ ein linearer $[n, k]$ Code. Für zwei Nebenklassen $\boldsymbol{a}+\mathcal{C}$ und $\boldsymbol{b}+\mathcal{C}$ gilt bekanntlich immer entweder $(\boldsymbol{a}+\mathcal{C}) \cap (\boldsymbol{b}+\mathcal{C}) = \emptyset$ oder $\boldsymbol{a}+\mathcal{C} = \boldsymbol{b}+\mathcal{C}$ (siehe Abschnitt I.7). Der Vektorraum $F^n$ kann in $s := 2^{n-k}$ Nebenklassen zerlegt werden:

$$F^n = (\boldsymbol{a}_1+\mathcal{C}) \cup \ldots \cup (\boldsymbol{a}_s+\mathcal{C}).$$

Sei $\boldsymbol{v}$ ein Vektor, der korrigiert werden soll. Da $\boldsymbol{v}$ in einer Nebenklasse $\boldsymbol{a}_i+\mathcal{C}$ enthalten ist, gilt $\boldsymbol{v} = \boldsymbol{a}_i+\boldsymbol{c}$ für ein $\boldsymbol{c} \in \mathcal{C}$. Falls $\boldsymbol{c}'$ das ursprüngliche Codewort ist und $\boldsymbol{e}$ der bei der Übertragung aufgetretene **Fehlervektor**, dann gilt $\boldsymbol{v} = \boldsymbol{c}'+\boldsymbol{e}$. Es folgt $\boldsymbol{e} = \boldsymbol{a}_i + (\boldsymbol{c}-\boldsymbol{c}') \in \boldsymbol{a}_i+\mathcal{C}$:

**2.1 Hilfssatz.** *Bei der Übertragung eines Codeworts sei der (eventuell fehlerhafte) Vektor $\boldsymbol{v}$ angekommen. Die möglichen Fehlervektoren sind dann genau die Vektoren in der Nebenklasse $\boldsymbol{a}_i + \mathcal{C}$, in der $\boldsymbol{v}$ liegt.*

Die Maximum–Likelihood–Codierung bedeutet nun, daß ein Vektor $\boldsymbol{v} \in \boldsymbol{a}_i+\mathcal{C}$ mit einem Vektor $\boldsymbol{e}' \in \boldsymbol{a}_i+\mathcal{C}$ korrigiert werden muß, der minimales Gewicht hat. Also wählt man am besten solche Vektoren $\boldsymbol{a}_i$, die minimales Gewicht in $\boldsymbol{a}_i+\mathcal{C}$ haben (man nennt $\boldsymbol{a}_1 = \boldsymbol{0}$, $\boldsymbol{a}_2$, ..., $\boldsymbol{a}_s$ dann die **Klassenanführer** von $\mathcal{C}$). Unter diesen Voraussetzungen schreibt sich Regel 1.4 besonders einfach:

**2.2 Decodierregel für lineare Codes (Variante A).** Decodiere $\boldsymbol{v} \in \boldsymbol{a}_i+\mathcal{C}$ als das Codewort $\boldsymbol{c} := \boldsymbol{v}+\boldsymbol{a}_i$.

Diese Art der Decodierung läßt sich gut mit Hilfe eines **Standardfeldes** (engl.: standard array) darstellen. In die erste Zeile des Feldes werden die Codewörter eingetragen, mit dem Klassenanführer $\boldsymbol{a}_1 = \boldsymbol{c}_1 = \boldsymbol{0}$ ganz links:

$$\boldsymbol{c}_1 = \boldsymbol{0}, \ \boldsymbol{c}_2, \ \ldots, \ \boldsymbol{c}_r \quad (r = 2^k).$$

In die nächsten Zeilen kommen in jeweils entsprechender Reihenfolge die anderen Nebenklassen, mit den Repräsentanten $\boldsymbol{a}_i$ ebenfalls ganz links:

$$\boldsymbol{a}_i+\boldsymbol{c}_1\,,\ \boldsymbol{a}_i+\boldsymbol{c}_2\,,\ \ldots,\ \boldsymbol{a}_i+\boldsymbol{c}_r\,.$$

Ein Vektor $\boldsymbol{v} = \boldsymbol{a}_i + \boldsymbol{c}_j$ wird dann als das in derselben Spalte ganz oben stehende Codewort decodiert, nämlich als $\boldsymbol{c}_j$.

**2.3 Beispiel.** Der Code aus 1.3c hat das folgende Standardfeld:

| | Klassen-anführer ↓ | | | |
|---|---|---|---|---|
| Codewörter → | 00000 | 01101 | 10111 | 11010 |
| | 00001 | 01100 | 10110 | 11011 |
| | 00010 | 01111 | 10101 | 11000 |
| | 00100 | 01001 | 10011 | 11110 |
| | 01000 | 00101 | 11111 | 10010 |
| | 10000 | 11101 | 00111 | 01010 |
| | 00011 | 01110 | 10100 | 11001 |
| | 00110 | 01011 | 10001 | 11100 |

Jede der vier „Kugeln" von Radius 1 um die vier Codewörter enthält genau sechs Punkte (= Vektoren); je zwei dieser Kugeln sind disjunkt (der Code ist also 1–Fehler–korrigierend). Außerhalb dieser Kugeln liegen acht Vektoren (im Standardfeld unterhalb der Linie). Für diese Vektoren ist die Maximum–Likelihood–Decodierung nicht eindeutig. Beispielsweise wird $\boldsymbol{v} = 10100$ mit dem vorliegenden Standardfeld als das Codewort $\boldsymbol{c} = 10111$ decodiert, denn 10111 ist das erste Element der Spalte, in der sich $\boldsymbol{v}$ befindet. Mit der gleichen Wahrscheinlichkeit kann $\boldsymbol{c}' = 00000$ das ursprüngliche Codewort sein.

Das Standardfeld gibt für jeden Vektor explizit an, wie er decodiert wird. Das Decodieren mit dem Standardfeld ist deshalb keine besonders effektive Methode. Sie kann aber verbessert werden.

**2.4 Definition.** Sei $C$ ein linearer Code mit Kontrollmatrix $H$. Das **Syndrom** $\boldsymbol{s}$ eines Vektors $\boldsymbol{v} \in F^n$ ist definiert als

$$\boldsymbol{s} = H\boldsymbol{v}^t.$$

Falls bei der Übertragung kein Fehler aufgetreten ist, dann ist $\boldsymbol{v}$ ein Codewort und hat das Syndrom $\mathbf{0}$. Allgemein, gilt für $\boldsymbol{v}=\boldsymbol{c}+\boldsymbol{e}$ mit $\boldsymbol{c}\in C$ und Fehlervektor $\boldsymbol{e}$:

$$\boldsymbol{s} = H\boldsymbol{v}^t = H\boldsymbol{c}^t + H\boldsymbol{e}^t = H\boldsymbol{e}^t.$$

Damit ergibt sich Teil a) der folgenden Bemerkungen. Der Beweis von Teil b) ist eine einfache Übungsaufgabe:

**2.5 Bemerkungen.** *a) Falls die Fehler an den Stellen* $i, j, k, \ldots$ *aufgetreten sind, d.h.*

$$e = \underset{}{0 \ldots 0} \underset{i}{1} 0 \ldots \underset{j}{1} \ldots \underset{k}{1} \ldots 0,$$

*dann ist das Syndrom* $\boldsymbol{s}$ *die Summe der Spalten* $\boldsymbol{h}_i$, $\boldsymbol{h}_j$, $\boldsymbol{h}_k$, ... *von* $H$*:*

$$\boldsymbol{s} = \boldsymbol{h}_i + \boldsymbol{h}_j + \boldsymbol{h}_k + \ldots .$$

*b) Zwei Vektoren* $\boldsymbol{v}, \boldsymbol{w} \in F^n$ *liegen genau dann in derselben Nebenklasse von* $C$*, wenn sie dasselbe Syndrom haben.*

Im Sinn von 2.5a gibt das Syndrom die „Symptome" des Fehlers an. Wegen 2.5b benötigt man zur Decodierung anstelle des Standardfelds lediglich eine Tabelle, die jedem Syndrom den zugehörigen Klassenanführer zuordnet:

**2.6 Decodierregel für lineare Codes (Variante B).** Berechne das Syndrom $\boldsymbol{s} = H\boldsymbol{v}^t$ und entnehme einer Tabelle den $\boldsymbol{s}$ zugeordneten Klassenanführer $\boldsymbol{a}_i$. Decodiere $\boldsymbol{v}$ als $\boldsymbol{c} = \boldsymbol{v} + \boldsymbol{a}_i$.

**2.7 Beispiel.** Für den Code in 2.3 werde die Kontrollmatrix

$$H = \begin{pmatrix} 1 & 1 & 1 & 0 & 0 \\ 1 & 0 & 0 & 1 & 0 \\ 1 & 1 & 0 & 0 & 1 \end{pmatrix}$$

verwendet. Die neue Tabelle ist dann:

| Klassen-anführer | Syndrome (als Zeilen) |
|---|---|
| 00000 | 000 |
| 00001 | 001 |
| 00010 | 010 |
| 00100 | 100 |
| 01000 | 101 |
| 10000 | 111 |
| 00011 | 011 |
| 00110 | 110 |

Möchte man z.B. $\boldsymbol{v} = 00101$ decodieren, so erhält man $\boldsymbol{s} = H\boldsymbol{v}^t = (101)^t$, also $\boldsymbol{a}_i = 01000$, und schließlich:

$$\boldsymbol{c} = \boldsymbol{v} + \boldsymbol{a}_i = 00101 + 01000 = 01101 .$$

Dieses Decodierverfahren eignet sich vor allem für kleine Codes. Für größere Codes ist das Auffinden des Syndroms in der Tabelle zu aufwendig, so daß in der Praxis meist andere Methoden verwendet werden. Die Decodierregeln 2.2 und 2.6 sind aber auch von theoretischer Bedeutung. Als nächstes wird ein Beispiel hierfür vorgestellt.

Ein wichtiges Maß für die Qualität eines Codes ist die **Fehlerwahrscheinlichkeit**, d.h. die Wahrscheinlichkeit, daß ein Codewort $\boldsymbol{c}$, nachdem es bei der Übertragung möglicherweise gestört wurde, falsch decodiert wird. Es wird vorausgesetzt, daß jedes Symbol (0 oder 1) mit der jedesmal gleichen Wahrscheinlichkeit $p$ falsch übertragen wird (diese Annahme ist oft realistisch). Die Wahrscheinlichkeit, daß bei der Übertragung eines Codeworts der Länge $n$ ein vorgegebener Fehlervektor $\boldsymbol{e}$ von Gewicht $i$ auftritt, ist dann

$$p^i(1-p)^{n-i}\,.$$

Mit Hilfe eines Standardfeldes (d.h. bei Verwendung von 1.4) werden genau die Fehlervektoren korrekt erkannt, die als Klassenanführer auftreten. Deshalb gilt:

**2.8 Satz.** *Es sei $C$ ein linearer Code der Länge $n$ und $\alpha_i$ die Anzahl der Klassenanführer von Gewicht $i$ (in einem Standardfeld von $C$). Die Wahrscheinlichkeit, daß die Decodierung das richtige Codewort ergibt, ist*

$$\sum_{i=0}^{n} \alpha_i\, p^i(1-p)^{n-i}\,.$$

*Die Fehlerwahrscheinlichkeit $w(p)$ ergibt sich daher als*

$$w(p) = 1 - \sum_{i=0}^{n} \alpha_i\, p^i(1-p)^{n-i}\,.$$

**2.9 Beispiel.** Für den Code in 2.3 gilt

$$\alpha_0 = 1\,,\quad \alpha_1 = 5\,,\quad \alpha_2 = 2$$

und $\alpha_i = 0$ für $i \geq 3$. Die Fehlerwahrscheinlichkeit beträgt daher

$$w(p) = 1 - [(1-p)^5 + 5p(1-p)^4 + 2p^2(1-p)^3]\,.$$

Im Fall $p = 0{,}1$ ergibt sich konkret $w(0{,}1) = 0{,}06688$, also eine Fehlerwahrscheinlichkeit von knapp 7%.

In einem $t$–Fehler–korrigierenden linearen Code gilt

$$\alpha_i = \binom{n}{i} \quad \text{für } 0 \leq i \leq t\,.$$

Für $i > t$ sind die Werte $\alpha_i$ oft schwer zu bestimmen.

**2.10 Definition.** Ein Code $C \subseteq F^n$ (der auch nichtlinear sein kann) heißt $t$–**perfekt**, wenn jeder Vektor $\boldsymbol{v} \in F^n$ in *genau einer* der „Kugeln“

$$K_t(\boldsymbol{c}) := \{\boldsymbol{w} \in F^n \mid d(\boldsymbol{w},\boldsymbol{c}) \leq t\}, \quad \boldsymbol{c} \in \mathcal{C},$$

enthalten ist. Ein $t$–perfekter Code (für irgendein $t$) wird einfach auch **perfekt** genannt.

Im Fall eines $t$–perfekten Codes wird $F^n$ von diesen Kugeln lückenlos ausgefüllt. Ein solcher Code erkennt alle Fehlervektoren von Gewicht $\leq t$, aber keinen Fehlervektor von größerem Gewicht. Eine Kugel $K_t(\boldsymbol{c})$ enthält genau $1+\binom{n}{1}+\binom{n}{2}+\ldots+\binom{n}{t}$ Vektoren. Hieraus folgt:

**2.11 Satz.** *Für die Anzahl der Codewörter in einem $t$–Fehler–korrigierenden Code $\mathcal{C}$ der Länge $n$ gilt*

$$|\mathcal{C}| \leq 2^n \Big/ \left(1+\binom{n}{1}+\binom{n}{2}+\ldots+\binom{n}{t}\right).$$

*Es gilt genau dann Gleichheit, wenn $\mathcal{C}$ ein $t$–perfekter Code ist.*

Als einfache Beispiele für perfekte Codes werden abschließend die *Hamming-Codes* vorgestellt. Diese Codes sollen *einen* Fehler korrigieren. Sie lassen sich leicht mit Hilfe einer Kontrollmatrix $H$ definieren. In keiner Spalte von $H$ darf der Nullvektor stehen (denn sonst könnte man einen Fehler an der entsprechenden Stelle eines Codeworts nicht entdecken). Außerdem müssen alle Spalten von $H$ verschieden sein (denn wären zwei Spalten gleich, dann könnte man Fehler an diesen Stellen nicht unterscheiden). Hat die Matrix $H$ genau $r$ Zeilen, dann stehen für die Spalten die vom Nullvektor verschiedenen Vektoren von $F^r$ zur Verfügung. Um möglichst viele Codewörter zu erhalten, werden alle diese Vektoren verwendet:

**2.12 Definition.** Ein linearer Code mit einer Kontrollmatrix $H$, die jeden der $2^r-1$ Vektoren von $F^r \setminus \{\boldsymbol{0}\}$ genau einmal als Spalte enthält (für ein $r \geq 2$), heißt **Hamming–Code** und wird mit $\mathcal{H}_r$ bezeichnet.

**2.13 Beispiel.** Für $r=3$ hat die Kontrollmatrix $2^3-1 = 7$ Spalten, also z.B.

$$H = \begin{pmatrix} 0 & 0 & 0 & 1 & 1 & 1 & 1 \\ 0 & 1 & 1 & 0 & 0 & 1 & 1 \\ 1 & 0 & 1 & 0 & 1 & 0 & 1 \end{pmatrix}.$$

**2.14 Satz.** *Ein Hamming-Code $\mathcal{H}_r$ ist ein 1-perfekter $[n,k]$ Code mit $n = 2^r-1$ und $k = 2^r-1-r$.*

**Beweis.** Aus der Definition von $\mathcal{H}_r$ ergibt sich $n=2^r-1$ und die Tatsache, daß $\mathcal{H}_r$ 1–Fehler–korrigierend ist. Für die Kontrollmatrix $H$ gilt offenbar $\operatorname{Rang} H = r$. Als Lösungsraum des linearen Gleichungssystems $H\boldsymbol{v}^t = \boldsymbol{0}$ hat $\mathcal{H}_r$ deshalb Dimension

$n-r = (2^r-1)-r$. Daß die Kugeln $K_1(\boldsymbol{c})$, $\boldsymbol{c}\in\mathcal{H}_r$, ganz $F^n$ überdecken, folgt beispielsweise mit 2.11. □

Die Hamming–Codes sind durch ihre Parameter schon eindeutig bestimmt (Beweis als Übung):

**2.15 Satz.** *Jeder lineare* $[2^r-1,\ 2^r-1-r,\ 3]$ *Code ist ein Hamming–Code.*

Benutzt man für einen Hamming–Code eine Kontrollmatrix $H$ wie in 2.13 (nämlich mit: $i$–te Spalte von $H$ = Binärdarstellung von $i$), dann läßt sich die Decodierung eines Vektors $\boldsymbol{v}$ besonders einfach darstellen. Zuerst wird das Syndrom $\boldsymbol{s}=H\boldsymbol{v}^t$ berechnet. Ist $\boldsymbol{s}$ die Binärdarstellung von $i$, dann wird $\boldsymbol{v}$ als $\boldsymbol{c} = \boldsymbol{v}+\boldsymbol{e}_i$ decodiert (mit $\boldsymbol{e}_i := i$–ter Einheitsvektor von $F^{2^r-1}$). **Beispiel:** Mit $H$ aus 2.13 und $\boldsymbol{v} = 1100010$ ergibt sich $\boldsymbol{s}^t=101$, also $i=5$ und $\boldsymbol{c}=1100\underline{1}10$.

## Aufgaben

8. Decodiere die Vektoren 01110 und 10010 mit dem Standardfeld aus 2.3. Wieviele Fehler sind jeweils mindestens aufgetreten?

9. Finde für den „Repetitionscode“ $C := \{a\,b\,a\,b \mid a,b\in F\}$ die kanonische Generatormatrix, die kanonische Kontrollmatrix, sowie ein Standardfeld und die Syndrome.

10. a) Berechne für den Code aus Aufgabe 9 die Werte $\alpha_i$ (Anzahl der Klassenanführer von Gewicht $i$) und die Fehlerwahrscheinlichkeit $w(p)$ für $p=0{,}1$.
    b) Dieselbe Frage für den Code aus 1.3b.
    c) Vergleiche für beliebiges $p$ die Fehlerwahrscheinlichkeiten in Teil a) und in Teil b). Welcher Code ist aus Sicht dieses Vergleichs als „besser“ einzuschätzen?

11. Beweise 2.5b.

12. Beweise:
    a) Ein linearer Code mit Kontrollmatrix $H$ hat genau dann Minimalabstand $d$, wenn je $d-1$ Spalten von $H$ linear unabhängig sind, es aber $d$ linear abhängige Spalten gibt.
    b) Für einen linearen $[n,k,d]$ Code gilt $d \le n-k+1$.

13. Überprüfe die Ungleichung in 2.11 für den Code aus 1.3c (dieser Code korrigiert $t=1$ Fehler).

14. Beweise 2.15.

15. Decodiere $\boldsymbol{v} = 1011101$ für den Hamming–Code $\mathcal{H}_3$ (mit der Kontrollmatrix aus 2.13).

**MINIPROJEKT** „Konstruktion neuer Codes aus alten Codes". Es sollen die folgenden Konstruktionsmethoden behandelt und insbesondere die Parameter $n, k, d$ der neuen Codes diskutiert werden. Zur Illustration eignen sich die Hamming–Codes $\mathcal{H}_r$ (oder konkret $\mathcal{H}_3$) als Ausgangscodes.

(1) Der zu einem Code $\mathcal{C} \subseteq F^n$ **duale Code** ist definiert als $\mathcal{C}^\perp := \{\boldsymbol{v} \in F^n \mid \boldsymbol{v} \cdot \boldsymbol{c} = 0$ für alle $\boldsymbol{c} \in \mathcal{C}\}$, mit dem üblichen Skalarprodukt (modulo 2 berechnet). Die Bestimmung des Minimalabstands $d^\perp$ von $\mathcal{C}^\perp$ ist i.a. schwierig, für die **Simplex–Codes** $\mathcal{S}_r := (\mathcal{H}_r)^\perp$ aber möglich.

(2) **Erweitern** (engl.: to extend). An jedes Codewort werden zusätzliche Stellen angefügt. Häufig erweitert man alle $(c_1, \ldots, c_n) \in \mathcal{C}$ um eine Stelle $c_{n+1}$, wobei die zusätzliche Kontrollgleichung $c_1 + \ldots + c_n + c_{n+1} = 0$ gelten muß (**Paritätskontrolle**).

(3) **Punktieren** (engl.: to puncture). Es handelt sich um den umgekehrten Vorgang des Erweiterns: Aus jedem Codewort werden bestimmte Stellen gestrichen. Häufig streicht man aus jedem Codewort $(c_1, \ldots, c_{n-1}, c_n) \in \mathcal{C}$ die Koordinate $c_n$.

(4) **Verkleinern** (engl.: to expurgate). Man bildet einen „Untercode" (d.h. Untervektorraum) von $\mathcal{C}$, beispielsweise aus allen Codewörtern von $\mathcal{C}$ mit geradem Gewicht.

(5) **Vergrößern** (engl.: to augment). Man fügt zu $\mathcal{C}$ neue Codewörter hinzu. Beispielsweise kann man, falls $\mathbf{1} := (1, \ldots, 1)$ nicht in $\mathcal{C}$ enthalten ist, den neuen Code $\mathcal{C} \cup (\mathbf{1} + \mathcal{C})$ bilden.

**Hinweis:** Informationen zu diesen und zu weiteren Konstruktionsmethoden findet man im Buch „The theory of error-correcting codes" von F. J. MacWilliams und N. J. A. Sloane.

# 3 Ringe und Ideale

In Abschnitt 4 über *zyklische Codes* werden einige Tatsachen aus der Ringtheorie benötigt. Für die codierungstheoretische Anwendung werden spezielle *Polynomringe* verwendet. Trotzdem werden Ringe hier zunächst ganz allgemein definiert:

**3.1 Definition.** Sei $R$ eine Menge, und $+$ und $\cdot$ seien zweistellige Operationen auf $R$. Das Tupel $(R, +, \cdot)$ heißt **Ring**, wenn folgendes gilt:

(1) $(R,+)$ ist eine abelsche Gruppe,

(2) $\forall x,y,z\in R\colon\ (x\cdot y)\cdot z = x\cdot(y\cdot z)$ (Assoziativität der Multiplikation),

(3) $\forall x,y,z\in R\colon\ x\cdot(y+z) = x\cdot y + x\cdot z\,,\ \ (x+y)\cdot z = x\cdot z + x\cdot z$ (Distributivität).

Gilt außerdem (4) bzw. (5), dann spricht man von einem **kommutativen Ring** bzw. von einem **unitären Ring**:

(4) $\forall x,y\in R\colon\ x\cdot y = y\cdot x$ (Kommutativität),

(5) $\exists\, 1\in R\ \forall x\in R\colon\ 1\cdot x = x\cdot 1 = x$ (Einselement).

**3.2 Bemerkungen.** a) Im folgenden werden (fast) nur unitäre Ringe betrachtet.

b) Auch bei den Ringen wird anstelle von $x\cdot y$ meist $xy$ geschrieben, und es wird die Regel „Punktrechnung geht vor Strichrechnung" angewendet (vgl. III.3.3).

c) Fordert man zusätzlich zu den Axiomen für kommutative, unitäre Ringe noch die Existenz von inversen Elementen bzgl. der Multiplikation, dann erhält man gerade die *Körper*.

Also handelt es sich bei allen Körpern um Ringe. Es folgen einige weitere Beispiele:

**3.3 Beispiele.** a) Der „bekannteste" Ring ist $(\mathbb{Z},+,\cdot)$.

b) Für jedes $n\in\mathbb{N}$ ist $(\mathbb{Z}_n,+,\cdot)$ ein Ring (auf $\mathbb{Z}_n = \{0,1,\ldots,n-1\}$ wird modulo $n$ gerechnet).

c) Für jeden Ring $R$, also z. B. für jeden Körper, und für jede Zahl $n\in\mathbb{N}$ bildet die Menge $M(n,R)$ aller $n\times n$-Matrizen einen Ring (mit der üblichen Addition und Multiplikation für Matrizen).

d) Ein **Polynom** in $x$ über dem Ring $R$ ist ein Ausdruck der Form $r_n x^n + \ldots + r_1 x + r_0$ mit $n\in\mathbb{N}$ und $r_0, r_1, \ldots, r_n \in R$. Die Menge $R[x]$ all dieser Polynome bildet mit der üblichen Addition und Multiplikation selbst einen Ring (vgl. Abschnitt III.3).

e) Es sei $\rho(x)\in R[x]$ ein Polynom vom Grad $n$, und sei $R[x]_{\rho(x)}$ die Menge aller Polynome in $R[x]$ von Grad $\le n-1$. Rechnet man in $R[x]_{\rho(x)}$ modulo $\rho(x)$, dann erhält man einen Ring. **Anmerkung:** Auf diese Weise wurden in III.3.9 endliche Körper konstruiert (wobei $R$ ein Körper und $\rho(x)$ ein irreduzibles Polynom war).

**3.4 Definition.** Eine Teilmenge $I$ eines Ringes $R$ wird ein **Ideal** genannt, wenn folgendes gilt:

(1) $(I,+)$ ist eine Untergruppe von $(R,+)$,

(2) für alle $r\in R$ gilt $rI\subseteq I$ und $Ir\subseteq I$ (mit $rI := \{ru \mid u\in I\}$ und $Ir := \{ur \mid u\in I\}$).

**3.5 Beispiele.** a) Ist $R$ ein kommutativer Ring, dann ist für jedes $a\in R$ die Menge $aR = \{ar \mid r\in R\}$ ein Ideal. Solche von *einem* Element „erzeugten" Ideale nennt man **Hauptideale**. In $\mathbb{Z}$ erhält man auf diese Art die Ideale $n\mathbb{Z}$ (alle Vielfachen von $n$) und in $R[x]$ die Ideale $\rho(x)R[x]$ (alle Vielfachen von $\rho(x)$ ).

b) Sei $F$ der zweielementige Körper und $\rho(x) := x^4-1 \in F[x]$. Wie in 3.3e werde der Ring $S := F[x]_{x^4-1}$ gebildet. Für das von $g(x) := x^2+1$ erzeugte Hauptideal von $S$ gilt $g(x)S = \{0, x^2+1, x^3+x, x^3+x^2+x+1\}$. Die Menge $I := \{0, x^2, x^3, x^3+x^2\}$ ist zwar eine Untergruppe von $(S, +)$, aber trotzdem kein Ideal: für $s(x) := x^2$ gilt $s(x) \cdot x^2 = x^4 = 1 \pmod{x^4-1}$, also $sI \not\subseteq I$.

**Anmerkung.** Die Bedeutung der Ideale für die Ringtheorie liegt vor allem darin, daß man immer „modulo einem Ideal" rechnen kann und auf diese Weise neue Ringe gewinnt: Ist $R$ ein Ring und $I$ ein Ideal von $R$, dann sind die Elemente des neuen Rings gerade die Nebenklassen $a+I$, $a \in R$. Dies soll hier nicht weiter vertieft werden. Es sei aber noch darauf hingewiesen, daß das Rechnen modulo $n\mathbb{Z}$ im Ring $\mathbb{Z}$ zum Ring $\mathbb{Z}_n$ führt (denn $\mathbb{Z}_n$ enthält aus jeder Nebenklasse von $n\mathbb{Z}$ genau ein Element). Genauso bedeutet das Rechnen modulo $\rho(x)R[x]$ im Ring $R[x]$ nichts anderes als das Rechnen in $R[x]_{\rho(x)}$.

In der codierungstheoretischen Anwendung des nächsten Abschnitts werden ausschließlich Ringe der Form $F[x]_{x^n-1}$ betrachtet. Die Ideale dieser Ringe können als Codes aufgefaßt werden, die besondere Eigenschaften haben. Die folgenden Resultate sind dafür wichtig. Ein Ring $R$ heißt **Hauptidealring**, wenn alle Ideale von $R$ Hauptideale sind:

**3.6 Satz.** *a) $\mathbb{Z}$ ist ein Hauptidealring.*

*b) Für jeden Körper $K$ ist $K[x]$ ein Hauptidealring.*

*c) Für jeden Körper $K$ und jedes Polynom $\rho(x) \in K[x]$ ist $K[x]_{\rho(x)}$ ein Hauptidealring.*

**Beweis.** a) Sei $I$ ein Ideal von $\mathbb{Z}$, und sei $n$ die kleinste positive Zahl in $I$. Es soll gezeigt werden, daß $I = n\mathbb{Z}$ gilt. Hierfür ist nachzuweisen, daß jedes $m \in I$ ein Vielfaches von $n$ ist: „Division mit Rest" liefert Zahlen $r, s \in \mathbb{Z}$ mit

$$m = sn + r\,, \quad 0 \le r < n\,.$$

Wegen 3.4(2) gilt $sn \in I$, und wegen 3.4(1) folgt dann $r = m - sn \in I$. Aufgrund der Wahl von $n$ bleibt nur $r=0$, und $m$ ist tatsächlich ein Vielfaches von $n$.

b) Sei $I$ ein Ideal von $K[x]$ und sei $g(x)$ ein Polynom in $I \setminus \{0\}$ von minimalem Grad. Es soll $I = g(x)K[x]$ gezeigt werden: Für jedes $f(x) \in I$ gibt es Polynome $r(x), s(x) \in K[x]$ mit

$$f(x) = s(x)g(x) + r(x)\,, \quad \operatorname{Grad} r(x) < \operatorname{Grad} g(x)\,.$$

Wie im Beweis von a) folgt $r(x)=0$, womit $f(x) \in g(x)K[x]$ gezeigt ist.

c) wird völlig analog zu b) bewiesen. □

Im Fall c) läßt sich sogar noch mehr sagen (Beweis als Übungsaufgabe):

**3.7 Bemerkung.** *Sei $I$ ein Ideal von $K[x]_{\rho(x)}$ und $g(x)$ ein Element von $I \setminus \{0\}$ minimalen Grads (und damit ein erzeugendes Element von $I$). Dann ist $g(x)$ ein Teiler von $\rho(x)$ (in $K[x]$ ).*

Bei den Ringen in 3.6 handelt es sich um sog. *euklidische Ringe.* Das sind diejenigen Ringe, in denen „Division mit Rest" möglich ist (was das genau bedeutet, soll hier nicht definiert werden). Allgemein gilt: Alle euklidischen Ringe sind Hauptidealringe.

## Aufgaben

16. Auf $\mathbb{Z}$ sei $a \oplus b := a+b+1$, $a \odot b := ab+a+b$. Zeige, daß $(\mathbb{Z}, \oplus, \odot)$ ein Ring ist.

17. In welchen Fällen handelt es sich bei den Ringen in 3.3c, 3.3d und 3.3e um Körper?

18. Zeige: Ist $R$ ein kommutativer Ring, dann ist für alle $a_1, \ldots, a_k \in R$ die Menge $a_1 R + \ldots + a_k R = \{a_1 r_1 + \ldots + a_k r_k \mid r_1, \ldots, r_k \in R\}$ ein Ideal.

19. a) Bestimme ein $n$ mit $30\mathbb{Z} + 12\mathbb{Z} = n\mathbb{Z}$.
    b) Stelle eine Vermutung auf: Welches $n \in \mathbb{Z}$ muß zu gegebenen $n_1, \ldots, n_k \in \mathbb{Z}$ gewählt werden, so daß $n_1\mathbb{Z} + \ldots + n_k\mathbb{Z} = n\mathbb{Z}$ gilt?

20. Sei $F$ der zweielementige Körper und $\rho(x) = x^6 - 1$.
    a) Welche der Mengen $I_1 = \{0, x^4+1, x^5+x, x^5+x^4+x+1\}$ und $I_2 = \{0, x^4+x^2+1, x^5+x^3+x, x^5+x^4+x^3+x^2+x+1\}$ ist ein Ideal von $F[x]_{\rho(x)}$ ?
    b) Bestimme für das Ideal in a) ein erzeugendes Polynom $g(x)$.

21. Beweise 3.7.

# 4 Zyklische Codes

Die Codes dieses Abschnitts lassen sich mit den Mitteln der Ringtheorie auf einfache Art beschreiben. Sie können gut codiert und decodiert werden und eignen sich daher für die praktische Anwendung. Das Alphabet $F$ kann dabei ein beliebiger endlicher Körper sein. Trotzdem wird der Einfachheit halber weiter $F = \{0, 1\}$ vorausgesetzt:

**4.1 Definition.** Ein Code $\mathcal{C} \subseteq F^n$ heißt **zyklisch**, falls aus $(c_0, \ldots, c_{n-2}, c_{n-1}) \in \mathcal{C}$ immer $(c_{n-1}, c_0, \ldots, c_{n-2}) \in \mathcal{C}$ folgt, d.h. falls $\mathcal{C}$ gegen zyklisches Vertauschen der Komponenten abgeschlossen ist.

**Vektoren als Polynome.** 1) Man kann die Vektoren (und damit auch die Codewörter) als Polynome von Grad $\leq n$ auffassen:

$$\boldsymbol{v} = (v_0, v_1, \ldots, v_{n-1}) \longrightarrow v(x) = v_0 + v_1 x + \ldots + v_{n-1} x^{n-1}.$$

2) Multiplikation von $c(x) = c_0 + c_1 x + \ldots + c_{n-2} x^{n-2} + c_{n-1} x^{n-1}$ mit $x$ ergibt:

$$xc(x) = c_0 x + c_1 x^2 + \ldots + c_{n-2} x^{n-1} + c_{n-1} x^n.$$

Wenn man $x^n = 1$ setzt, d.h. modulo $\rho(x) = x^n - 1$ rechnet, dann gilt

$$xc(x) = c_{n-1} + c_0 x + c_1 x^2 + \ldots + c_{n-2} x^{n-1}.$$

Das Multiplizieren mit $x$ bewirkt also gerade das zyklische Vertauschen der Koeffizienten von $c(x)$. Dabei wird im Ring $F[x]_{\rho(x)}$ gerechnet (siehe 3.3e). Im hier vorliegenden Fall $\rho(x) = x^n - 1$ wird anstelle von $F[x]_{\rho(x)}$ zur Abkürzung einfach $F[x]_n$ geschrieben. Ab jetzt wird vorausgesetzt:

*Jeder Code der Länge $n$ ist eine Teilmenge von $F[x]_n$ .*

**4.2 Satz.** *Ein Code $\mathcal{C} \subseteq F[x]_n$ ist*
*a) genau dann zyklisch, wenn aus $c(x) \in \mathcal{C}$ immer $xc(x) \in \mathcal{C}$ folgt,*
*b) genau dann zyklisch und linear, wenn $\mathcal{C}$ ein Ideal von $F[x]_n$ ist.*

**Beweis.** a) ist klar.

b) $\Rightarrow$: Als Untervektorraum von $F[x]_n$ ist $\mathcal{C}$ insbesondere eine Untergruppe (bzgl. +). Damit ist 3.4(1) erfüllt. Jetzt sei $c(x) \in \mathcal{C}$, $r(x) = r_0 + r_1 x + \ldots + r_{n-1} x^{n-1} \in F[x]_n$ . Da $\mathcal{C}$ zyklisch ist, gilt $xc(x)$, $x^2 c(x)$, $\ldots$, $x^{n-1} c(x) \in \mathcal{C}$, und wegen der Linearität dann $r(x)c(x) = r_0 c(x) + r_1 x c(x) + \ldots + r_{n-1} x^{n-1} c(x) \in \mathcal{C}$. Also ist auch 3.4(2) erfüllt.

$\Leftarrow$: Als Ideal ist $\mathcal{C}$ offenbar ein Untervektorraum von $F[x]_n$ , d.h. ein linearer Code. Mit 3.4(2), angewandt auf $r(x) = x$ und $c(x) \in \mathcal{C}$, ergibt sich $xc(x) \in \mathcal{C}$. Damit ist $\mathcal{C}$ auch zyklisch. □

Bekanntlich ist $F[x]_n$ ein Hauptidealring; jedes Ideal $\mathcal{C}$ wird von einem Polynom $g(x) \in \mathcal{C} \setminus \{0\}$ von minimalem Grad erzeugt (vgl. 3.6c). Man nennt ein solches Polynom $g(x)$ ein **Generatorpolynom** von $\mathcal{C}$. Die Elemente von $\mathcal{C}$ sind gerade die Vielfachen von $g(x)$. Dies kann noch präziser formuliert werden:

**4.3 Satz.** *Es sei $\mathcal{C}$ ein Ideal von $F[x]_n$ , d.h. ein zyklischer linearer Code, und $g(x)$ sei ein Generatorpolynom von $\mathcal{C}$. Sei $s :=$ Grad $g(x)$ , $k := n - s$ . Dann ist $\mathcal{C}$ ein $[n, k]$ Code, und es gilt*

$$\mathcal{C} = \{a(x)g(x) \mid a(x) \in F[x]_n, \operatorname{Grad} a(x) < k\}.$$

**Beweis.** Sei $c(x) \in \mathcal{C}$. Dann gibt es Polynome $a(x)$, $r(x) \in F[x]_n$ mit

$$c(x) = a(x)g(x) + r(x), \quad \operatorname{Grad} r(x) < \operatorname{Grad} g(x).$$

Offenbar gilt $r(x) \in \mathcal{C}$, und da $g(x)$ in $\mathcal{C} \setminus \{0\}$ minimalen Grad hat, folgt $r(x) = 0$. Außerdem gilt $\operatorname{Grad} a(x) = \operatorname{Grad} c(x) - \operatorname{Grad} g(x) < n - s = k$.

Es bleibt $|\mathcal{C}| = |F|^k$ nachzuweisen. Da es genau $|F|^k$ Polynome von Grad $< k$ gibt, muß gezeigt werden, daß verschiedene solche Polynome verschiedene Codewörter liefern: Gelte $a'(x)g(x) = a''(x)g(x)$, mit $\operatorname{Grad} a'(x) < k$ und $\operatorname{Grad} a''(x) < k$. Für $a(x) := a'(x) - a''(x)$ gilt dann $a(x)g(x) = 0$, und zu zeigen ist $a(x) = 0$. Sei $a(x) = a_0 + a_1 x + \ldots + a_{k-1}x^{k-1}$, $g(x) = g_0 + g_1 x + \ldots + g_s x^s$. Multiplikation liefert

$$a(x)g(x) = a_0 g_0 + (a_0 g_1 + a_1 g_0)x + (a_0 g_2 + a_1 g_1 + a_2 g_0)x^2 + \ldots + a_{k-1} g_s x^{n-1}.$$

Nach Voraussetzung ergibt sich das Nullpolynom. Deshalb sind alle Koeffizienten gleich 0. Man erhält $n$ lineare Gleichungen für $a_0, a_1, \ldots, a_{k-1}$, die in Matrixschreibweise notiert werden können:

$$(a_0, a_1, \ldots, a_{k-1}) \begin{pmatrix} g_0 & g_1 & \cdots & \cdots & g_s & & & 0 \\ & g_0 & g_1 & \cdots & \cdots & g_s & & \\ & & \ddots & \ddots & & & \ddots & \\ 0 & & & g_0 & g_1 & \cdots & \cdots & g_s \end{pmatrix} = (0, \ldots, 0).$$

Für die Koeffizientenmatrix $G$ gilt $\operatorname{Rang} G = k$ wegen $g_s \neq 0$. Es folgt $a(x) = 0$. □

Die Matrix $G$ im Beweis von 4.3 ist offensichtlich eine Generatormatrix von $\mathcal{C}$:

**4.4 Bemerkung.** *Ein zyklischer linearer Code $\mathcal{C} \subseteq F[x]_n$ mit Generatorpolynom $g(x) = g_0 + g_1 x + \ldots + g_s x^s$ hat die folgende $(n-s) \times n$ - Matrix als (nichtkanonische) Generatormatrix:*

$$G = \begin{pmatrix} g_0 & g_1 & \cdots & \cdots & g_s & & & 0 \\ & g_0 & g_1 & \cdots & \cdots & g_s & & \\ & & \ddots & \ddots & & & \ddots & \\ 0 & & & g_0 & g_1 & \cdots & \cdots & g_s \end{pmatrix}$$

In 4.3 kann man $a(x)$ als die Nachricht betrachten, die zum Codewort $c(x) = a(x)g(x)$ verschlüsselt wird. Für das Multiplizieren des Polynoms (hier $a(x)$) mit einem festen vorgegebenen Polynom (hier $g(x)$) gibt es einfache und schnelle Schaltungen. Dies ist ein Hauptgrund für die gute Anwendbarkeit zyklischer Codes in der Praxis:

**Schieberegister.** Die Schaltung in Abbildung 3 berechnet das Produkt $a(x)g(x)$ für festes $g(x) = g_0+g_1x+g_2x^2+g_3x^3$ und eine beliebige Eingabe $a(x) = a_0+a_1x+a_2x^2$. Es sollte klar sein, wie ein solches Schieberegister im allgemeinen Fall aussieht.

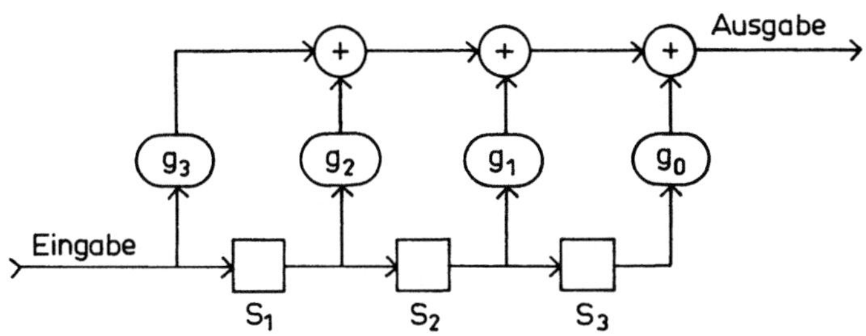


Abb. 3

Zu Beginn haben die Speicherzellen $S_1$, $S_2$, $S_3$ den Inhalt 0. Anschließend werden (in dieser Reihenfolge) die Werte $a_2$, $a_1$, $a_0$ eingegeben. Das Schieberegister arbeitet in einem festen Takt. In jeden Takt wird der Inhalt aller Speicherzellen nach rechts abgegeben. Im ersten Takt wird $a_2$ eingegeben. Dadurch erhält $S_1$ den Inhalt $a_2$, und $S_2$ und $S_3$ bekommen von links den Inhalt 0. Gleichzeitig wird $a_2$ mit $g_3$ multipliziert und 0 mit $g_2$ bzw. $g_1$ bzw. $g_0$ (mittlere Ebene in Abb. 3). Die Ergebnisse werden addiert (obere Ebene). Die Ausgabe im ersten Takt ist daher $a_2g_3$. Im zweiten Takt wird $a_1$ eingegeben. Die Inhalte der Speicherzellen sind dann $a_1$, $a_2$, 0. Gleichzeitig wird $a_1g_3$, $a_2g_2$, $0g_1$, $0g_0$ berechnet, und Addition liefert die Ausgabe $a_1g_3 + a_2g_2$. Die Fortsetzung des Verfahrens liefert schließlich alle Koeffizienten von $a(x)g(x)$:

| Takt | Eingabe | Inhalt der Speicherzellen $S_1$ | $S_2$ | $S_3$ | Ausgabe |
|---|---|---|---|---|---|
| 1 | $a_2$ | $a_2$ | 0 | 0 | $a_2g_3$ |
| 2 | $a_1$ | $a_1$ | $a_2$ | 0 | $a_1g_3 + a_2g_2$ |
| 3 | $a_0$ | $a_0$ | $a_1$ | $a_2$ | $a_0g_3 + a_1g_2 + a_2g_1$ |
| 4 | — | 0 | $a_0$ | $a_1$ | $a_0g_2 + a_1g_1 + a_2g_0$ |
| 5 | — | 0 | 0 | $a_0$ | $a_0g_1 + a_1g_0$ |
| 6 | — | 0 | 0 | 0 | $a_0g_0$ |

Auch das Decodieren sowie die Rückgewinnung der ursprünglichen Nachricht kann mit (dann *rückgekoppelten*) Schieberegistern durchgeführt werden. Das ist im allgemeinen aber viel schwieriger.

Es gibt nicht nur Generatorpolynome, sondern auch Kontrollpolynome. Die praktische Anwendung des folgenden Resultats kann ebenfalls mit Schieberegistern erfolgen. Wegen 3.7 teilt jedes Generatorpolynom $g(x)$ das Polynom $x^n-1$ (und umgekehrt tritt jeder Teiler von $x^n-1$ als Generatorpolynom auf):

**4.5 Satz.** *Sei $C \subseteq F[x]_n$ ein zyklischer linearer Code mit Generatorpolynom $g(x)$. Für das Polynom $h(x) := (x^n-1)/g(x)$ (genannt* ***Kontrollpolynom*** *von $C$) und für* *alle* $v(x) \in F[x]_n$ *gilt*

$$v(x) \in \mathcal{C} \iff h(x)v(x) = 0 \quad (\textit{in } F[x]_n).$$

**Beweis.** $\Rightarrow$: Für jedes $c(x) = a(x)g(x) \in \mathcal{C}$ gilt

$$h(x)c(x) = h(x)a(x)g(x) = a(x)(x^n - 1) = 0\,,$$

wegen $x^n - 1 = 0$.

$\Leftarrow$: Gelte $h(x)v(x) = 0$ in $F[x]_n$. Dies bedeutet in $F[x]$, daß es ein $a(x)$ gibt mit $h(x)v(x) = a(x)(x^n - 1)$. Wegen $x^n - 1 = g(x)h(x)$ folgt $h(x)v(x) = a(x)g(x)h(x)$. Kürzen liefert $v(x) = a(x)g(x)$ und damit $v(x) \in \mathcal{C}$. □

Aus dem Kontrollpolynom $h(x)$ läßt sich folgendermaßen eine Kontrollmatrix gewinnen: Nach 4.5 liegt ein Polynom $v(x)$ genau dann in $\mathcal{C}$, wenn $h(x)v(x) = 0$ gilt in $F[x]_n$. Sei $h(x) = h_0 + h_1 x + \ldots + h_k x^k$, $v(x) = v_0 + v_1 x + \ldots + v_{n-1} x^{n-1}$. Multiplikation der Polynome ergibt, wenn man $x^n = 1$, $x^{n+1} = x$, ..., $x^{n+k-1} = x^{k-1}$ und $k = n - s$ beachtet:

$$\begin{aligned}
h(x)v(x) \quad = \quad & (h_0 v_0 + h_k v_{n-k} + h_{k-1} v_{n-k+1} + \ldots + h_1 v_{n-1}) \\
& + (h_1 v_0 + h_0 v_1 + h_k v_{n-k+1} + \ldots + h_2 v_{n-1})\, x \\
& \vdots \\
& + (h_k v_0 + h_{k-1} v_1 + \ldots + h_0 v_k)\, x^k \\
& + (h_k v_1 + h_{k-1} v_2 + \ldots + h_0 v_{k+1})\, x^{k+1} \\
& \vdots \\
& + (h_k v_{n-k-1} + h_{k-1} v_{n-k} + \ldots + h_0 v_{n-1})\, x^{n-1}.
\end{aligned}$$

Alle Koeffizienten dieses Polynoms sind 0. Deshalb erhält man das folgende Gleichungssystem für $v_0, v_1, \ldots, v_{n-1}$:

$$\left(\begin{array}{cccccccccc}
h_0 & 0 & \ldots & \ldots & 0 & h_k & h_{k-1} & \ldots & h_1 \\
h_1 & h_0 & 0 & \ldots & \ldots & 0 & h_k & \ldots & h_2 \\
\vdots & \ddots & \ddots & \ddots & & & \ddots & \ddots & \vdots \\
\vdots & & \ddots & \ddots & \ddots & & & \ddots & h_k \\
\hline
h_k & \ldots & \ldots & h_1 & h_0 & 0 & \ldots & \ldots & 0 \\
0 & h_k & & & h_1 & h_0 & \ddots & & \vdots \\
\vdots & \ddots & \ddots & & & \ddots & \ddots & \ddots & \vdots \\
\vdots & & \ddots & \ddots & & & \ddots & \ddots & 0 \\
0 & \ldots & \ldots & 0 & h_k & \ldots & \ldots & h_1 & h_0
\end{array}\right)
\begin{pmatrix} v_0 \\ v_1 \\ \\ \\ \vdots \\ \\ \\ \\ v_{n-1} \end{pmatrix}
=
\begin{pmatrix} 0 \\ 0 \\ \\ \\ \vdots \\ \\ \\ \\ 0 \end{pmatrix}$$

Wegen $\dim \mathcal{C} = k = n - s$ reicht es aus, die $s$ unteren Zeilen der Koeffizientenmatrix als Kontrollmatrix zu nehmen, denn diese Zeilen sind linear unabhängig:

**4.6 Bemerkung.** *Ein zyklischer linearer Code $\mathcal{C} \subseteq F[x]_n$ mit Kontrollpolynom $h(x) = h_0 + h_1x + \ldots + h_kx^k$ hat die folgende $(n-k)\times n$ - Matrix als Kontrollmatrix:*

$$H = \begin{pmatrix} h_k & \ldots & h_1 & h_0 & & & 0 \\ & h_k & \ldots & h_1 & h_0 & & \\ & & \ddots & & \ddots & \ddots & \\ 0 & & & h_k & \ldots & h_1 & h_0 \end{pmatrix}$$

Es werden noch einmal die *Hamming–Codes* behandelt: Die Spaltenvektoren einer Kontrollmatrix $H$ eines Hamming–Codes können als die von 0 verschiedenen Elemente des Körpers $F_{2^r}$ aufgefaßt werden (vgl. 2.12). Ist $a$ ein primitives Element von $F_{2^r}$, dann ist beispielsweise

$$H = (1 \; a \; a^2 \; \ldots \; a^{2^r-2})$$

eine Kontrollmatrix eines Hamming–Codes $\mathcal{H}_r$ : In der $i$–ten Spalte von $H$ steht $a^i$, als Spaltenvektor über $F = \{0,1\}$ geschrieben (vgl. III.3.20).

**4.7 Beispiel.** Das Polynom $\mu(x) = x^3+x+1$ ist irreduzibel über $F$. Sei $F_8$ der aus den Polynomen $k_2a^2 + k_1a + k_0$ mit $k_0, k_1, k_2 \in F$ gebildete Körper. In $F_8$ werde modulo $\mu(a)$ gerechnet; $a$ ist dann ein primitives Element (vgl. Aufgabe III.27). Als Kontrollmatrix ergibt sich:

$$H = \begin{pmatrix} 0 & 0 & 1 & 0 & 1 & 1 & 1 \\ 0 & 1 & 0 & 1 & 1 & 1 & 0 \\ 1 & 0 & 0 & 1 & 0 & 1 & 1 \end{pmatrix}$$
$$\begin{matrix} | & | & | & & & & | \\ 1 & a & a^2 & & \ldots & & a^6 = a^2+1 \end{matrix}$$

Allgemein gilt für die mit solchen Kontrollmatrizen gebildeten Codes:

**4.8 Satz.** *a)* $v(x) \in \mathcal{H}_r \iff v(a) = 0$ *(in $F_{2^r}$).*
*b) $\mathcal{H}_r$ ist zyklisch und hat das Minimalpolynom $\mu(x)$ von $a$ als Generatorpolynom.*
*c) Das Kontrollpolynom von $\mathcal{H}_r$ ist $h(x) := (x^{2^r-1} - 1)/\mu(x)$.*

**Beweis.** a) Sei $v(x) = v_0 + v_1x + \ldots + v_{n-1}x^{n-1}$ (mit $n = 2^r - 1$). Dann gilt:

$$\begin{aligned} & v(x) \in \mathcal{H}_r \\ \iff\; & H\boldsymbol{v}^t = \mathbf{0} \\ \iff\; & v_0 + v_1a + \ldots + v_{n-1}a^{n-1} = 0 \quad (\text{in } F_{2^r}) \\ \iff\; & v(a) = 0\,. \end{aligned}$$

b) Es gilt genau dann $v(a)=0$, wenn das Minimalpolynom $\mu(x)$ ein Teiler von $v(x)$ ist (III.3.17). Wegen a) sind die Codewörter gerade die Vielfachen von $\mu(x)$. Also ist $\mathcal{H}_r$ zyklisch (4.2b) und $\mu(x)$ ist ein Generatorpolynom.

c) folgt mit b). □

**4.9 Beispiel.** Es wird das Beispiel aus 4.7 fortgeführt. Mit dem Generatorpolynom $\mu(x) = 1+x+x^3$ berechnet sich eine Generatormatrix von $\mathcal{H}_3$ als

$$G = \begin{pmatrix} 1 & 1 & 0 & 1 & 0 & 0 & 0 \\ 0 & 1 & 1 & 0 & 1 & 0 & 0 \\ 0 & 0 & 1 & 1 & 0 & 1 & 0 \\ 0 & 0 & 0 & 1 & 1 & 0 & 1 \end{pmatrix}.$$

Ein Kontrollpolynom ist $h(x) = (x^7-1)/(x^3+x+1) = x^4+x^2+x+1$. Mit 4.6 ergibt sich die folgende Kontrollmatrix:

$$H' = \begin{pmatrix} 1 & 0 & 1 & 1 & 1 & 0 & 0 \\ 0 & 1 & 0 & 1 & 1 & 1 & 0 \\ 0 & 0 & 1 & 0 & 1 & 1 & 1 \end{pmatrix}$$

Zur Fehlerkorrektur eignet sich allerdings die in 4.7 angegebene Kontrollmatrix $H$ besser: Sei $v(x) = c(x)+x^i$ (Fehler an der Stelle $i$). Dann gilt $H\boldsymbol{v}^t = v(a) = c(a)+a^i = a^i$, und der Fehler ist identifiziert. Natürlich muß $H$ dabei explizit gar nicht verwendet werden. Beispiel: Für $v(x) = x+x^4$ gilt $v(a) = a+a^4 = a+(a+a^2) = a^2$. Also liegt vermutlich ein Fehler an Stelle 2 vor, und das zugehörige Codewort ist $c(x) = x+\underline{x^2}+x^4$.

Eine für praktische Anwendungen besonders wichtige Klasse von Codes sind die **BCH–Codes** (benannt nach **B**ose, Ray–**C**haudhuri und **H**ocquenghem). Bei den Codes, die jetzt vorgestellt werden, handelt es sich um spezielle, besonders einfache BCH–Codes:

**4.10 Satz.** *Sei $r \geq 3$, $a$ ein primitives Element von $F_{2^r}$, $\mu(x)$ ein Minimalpolynom von $a$ und $\mu^{(3)}(x)$ ein Minimalpolynom von $a^3$ (jeweils über $F$). Der Code mit Kontrollmatrix*

$$H = \begin{pmatrix} 1 & a & a^2 & \dots & a^{2^r-2} \\ 1 & a^3 & (a^3)^2 & \dots & (a^3)^{2^r-2} \end{pmatrix}$$

*ist ein zyklischer $[2^r-1,\ 2^r-1-2r,\ d\,]$ Code mit Generatorpolynom $g(x) = \mu(x)\,\mu^{(3)}(x)$ und Minimalabstand $d \geq 5$.* **Anmerkung:** *In der $i$-ten Spalte von $H$ steht oben $a^i$ als Spaltenvektor (über $F$), und darunter $(a^3)^i$ als Spaltenvektor.*

**Beweisskizze.** Aufgrund der speziellen Form von $H$ gilt für $\boldsymbol{v} \in F^{2^r-1}$ genau dann $H\boldsymbol{v}^t = \mathbf{0}$, wenn $v(a) = 0$ und $v(a^3) = 0$ erfüllt sind. Die Codewörter $v(x)$ sind also gerade die Vielfachen von $g(x) = \mu(x)\,\mu^{(3)}(x)$. Als Minimalpolynom von $a$ ist $\mu(x)$ automatisch von Grad $r$. Auch $\mu^{(3)}(x)$ hat Grad $r$, denn $\mu^{(3)}(x)$ hat in $F_{2^r}$ genau die $r$ Nullstellen $(a^3)^i$, $i = 1, 2, 2^2, \ldots, 2^{r-1}$ (vgl. III.3.21c). Deshalb gilt tatsächlich $\dim \mathcal{C} = (2^r - 1) - \operatorname{Grad} g(x) = 2^r - 1 - 2r$. Die Abschätzung $d \geq 5$ ergibt sich aus dem folgenden Satz. □

**4.11 Satz.** *Sei $\mathcal{C}$ ein zyklischer linearer Code der Länge $n$ über $F_q$ mit $\operatorname{ggT}(n,q) = 1$. Weiter sei $a$ eine **primitive $n$-te Einheitswurzel**, d.h. ein Element eines Oberkörpers $F_{q^r}$, das in der multiplikativen Gruppe die Ordnung $n$ hat. Für das Generatorpolynom $g(x)$ von $\mathcal{C}$ und für Zahlen $t \geq 0$, $\delta \geq 1$ gelte*

$$g(a^t) = g(a^{t+1}) = \ldots = g(a^{t+\delta-2}) = 0\,.$$

*Dann gilt $d \geq \delta$ für den Minimalabstand $d$ von $\mathcal{C}$.*

**Beweisidee.** Man zeigt, daß in einer Kontrollmatrix $H$ von $\mathcal{C}$ je $\delta$–1 Spalten linear unabhängig sind (vgl. Aufgabe 12a). □

In 4.10 werden $q^r$-elementige Körper mit $q=2$ betrachtet. Deshalb ist $q=2$ und $n = 2^r - 1$. Es gilt nicht nur $\mu(a) = 0$ und $\mu^{(3)}(a^3) = 0$, sondern automatisch auch $\mu(a^2) = \mu(a^4) = 0$. Also hat $g(x) = \mu(x)\,\mu^{(3)}(x)$ vier „aufeinanderfolgende" Potenzen von $a$ als Nullstellen, und es ergibt sich tatsächlich $d \geq 5$.

Es gibt viele andere Klassen von BCH–Codes. Ein Beispiel sind die **Reed–Solomon–Codes**, die nur über Körpern mit $q > 2$ Elementen definiert werden können. Ein solcher Code wird z.B. bei den CDs (compact discs) verwendet.

## Aufgaben

22. Bestimme für den zyklischen Code $\mathcal{C} \subseteq F[x]_6$ mit Generatorpolynom $g(x) = 1 + x^2 + x^4$ eine Generatormatrix, das Kontrollpolynom und eine Kontrollmatrix.

23. Decodiere $v(x) = 1 + x^2 + x^4$ und $w(x) = 1 + x + x^2 + x^5$ für den Hamming–Code $\mathcal{H}_3$ aus 4.7 bzw. 4.9.

24. a) Ist der Hamming–Code in 2.13 zyklisch?
    b) Beweise: Jeder Hamming–Code ist ähnlich zu einem zyklischen Hamming–Code. **Anmerkung:** Zwei Codes $\mathcal{C}, \mathcal{D} \subseteq F^n$ heißen **ähnlich**, falls sie durch eine Vertauschung der Koordinaten auseinander hervorgehen, d.h. falls es eine Permutation $\sigma$ von $\{1, 2, \ldots, n\}$ gibt mit $\mathcal{D} = \{(c_{\sigma(1)}, \ldots, c_{\sigma(n)}\} \mid (c_1, \ldots, c_n) \in \mathcal{C}\}$.

25. Welcher Code ergibt sich in 4.10 für $r = 3$?

26. Berechne das Generatorpolynom und das Kontrollpolynom für einen BCH–Code wie in 4.10 mit $r=4$.

*27. Welchen Minimalabstand hat ein Code mindestens, der wie in 4.10 gebildet ist, aber mit einer Kontrollmatrix

$$H = \begin{pmatrix} 1 & a & a^2 & \dots & a^{2^r-2} \\ 1 & a^3 & (a^3)^2 & \dots & (a^3)^{2^r-2} \\ 1 & a^5 & (a^5)^2 & \dots & (a^5)^{2^r-2} \end{pmatrix} ?$$

*28. Sei $C$ ein zyklischer Code über $F_q$ der Länge $n = q^r - 1$. Das Generatorpolynom $g(x)$ habe in $F_{q^r}$ genau die Nullstellen $b_1, \dots, b_s$. Zeige, daß für alle $v(x) \in F_q[x]_n$ folgendes gilt:

$$v(x) \in C \iff v(b_1) = \dots = v(b_s) = 0 \quad (\text{in } F_{q^r}).$$

29. Beschreibe alle linearen zyklischen Codes der Länge 7 über $F = \{0,1\}$. **Beispiel:** Der Code mit Generatorpolynom $g(x) = 1+x+x^3$ ist ein Hamming–Code.

# 5 Sicherung gegen unbefugten Zugriff

Ähnlich wie die Codierungstheorie beschäftigt sich auch die Kryptographie mit dem Verschlüsseln von Nachrichten und dem anschließenden Entschlüsseln. Der grundlegende Unterschied besteht darin, daß die „Kryptogramme" gegen das Entschlüsseln durch Unbefugte sicher sein sollen, während die Codes Sicherheit gegen Störungen bei der Übertragung bieten (wobei die eigentliche Nachricht oft im Codewort unverschlüsselt enthalten ist). In früheren Zeiten wurden kryptographische Methoden vor allem von Geheimdiensten und bei kriegerischen Auseinandersetzungen verwendet. Durch die ständig wachsende Bedeutung der elektronischen Datenverarbeitung und die großen Datenmengen, die in elektronischen Netzwerken transportiert werden, gibt es heutzutage zahlreiche andere Anwendungsbereiche.

Das wohl bekannteste Kryptosystem wurde angeblich von Julius Cäsar erfunden. Sicher ist, daß dieses System von alters her von kleinen Jungs und von kleinen Mädchen zur Übermittlung wichtiger Nachrichten verwendet wird: Jeder der 26 Buchstaben des Alphabets wird durch den Buchstaben ersetzt, der eine bestimmte Anzahl von Stellen weiter hinten im Alphabet auftaucht (wobei auf z wieder a folgt). Beispiel:

| Klartext | a | b | c | d | e | f | g | h | i | j | k | l | m | n | o | p | q | r | s | t | u | v | w | x | y | z |
|---|---|---|---|---|---|---|---|---|---|---|---|---|---|---|---|---|---|---|---|---|---|---|---|---|---|---|
| Schlüsseltext | D | E | F | G | H | I | J | K | L | M | N | O | P | Q | R | S | T | U | V | W | X | Y | Z | A | B | C |

Die Nachricht „komme morgen acht uhr" lautet in verschlüsselter Form „NR PPH PRUJHQ DFKW XKU". Der Schlüssel für eine solche **Cäsar–Chiffre** ist immer eine ganze Zahl $k$ zwischen 0 und 25 (im Beispiel $k=3$). Natürlich kann die Cäsar–Chiffre von einem Lauscher sehr leicht geknackt werden, jedenfalls dann, wenn bekannt ist, daß eine Cäsar–Chiffre verwendet wurde: Es müssen maximal 25 verschiedene Schlüssel durchprobiert werden, bis sich ein sinnvoller Text ergibt. Grundsätzlich kann man sich die Anwendung eines Kryptosystems wie in Abbildung 4 vorstellen.

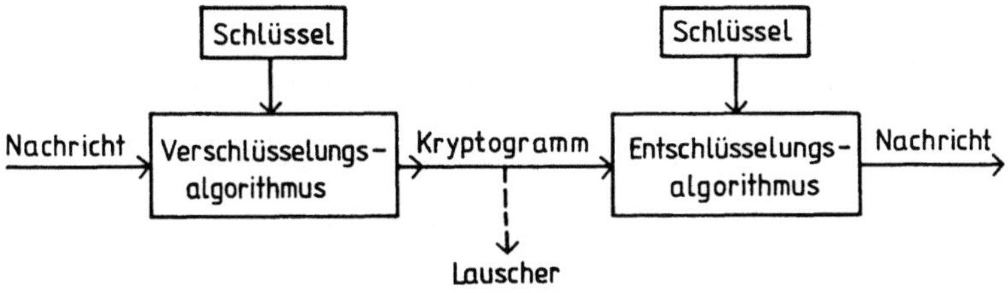


Abb. 4

**5.1 Definition.** Es seien $M$, $C$, $K$ endliche Mengen. Für jedes $k \in K$ sei eine injektive Abbildung $f_k\colon M \to C$ gegeben. Dann nennt man die Familie $F = (f_k \mid k \in K)$ von Abbildungen ein **Kryptosystem** (manchmal auch **Chiffre**, engl.: cryptosystem, ciphersystem). Die Elemente von $M$ heißen **Nachrichten-** oder **Klartexteinheiten** (engl.: message units, plaintext units). Die Elemente von $C$ heißen **Schlüsseltexteinheiten** (engl.: ciphertext units). Die Elemente von $K$ sind die **Schlüssel** (engl.: keys).

**5.2 Beispiele.** a) Das Kryptosystem mit $M = \{m_1, m_2, m_3\}$, $C = \{c_1, c_2, c_3, c_4\}$, $K = \{1, 2, 3\}$ und den folgenden Funktionen wird in Abbildung 5 dargestellt:

| $x$ | $m_1$ | $m_2$ | $m_3$ |
|---|---|---|---|
| $f_1(x)$ | $c_1$ | $c_2$ | $c_3$ |
| $f_2(x)$ | $c_1$ | $c_4$ | $c_2$ |
| $f_3(x)$ | $c_4$ | $c_3$ | $c_1$ |

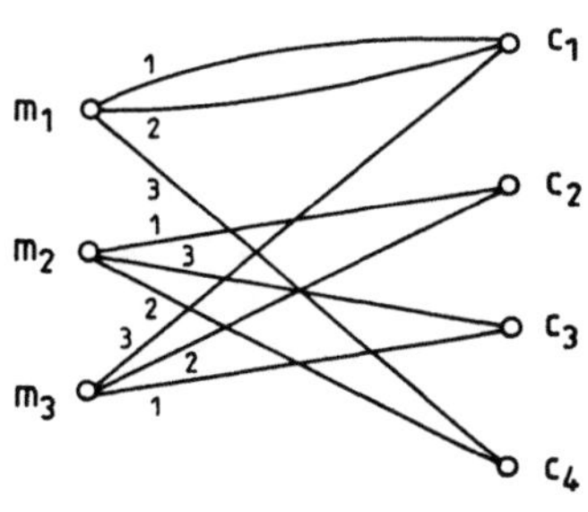


Abb. 5

b) Offenbar ist die Cäsar–Chiffre ein Kryptosystem im Sinn von 5.1, mit $M = \{a, b, c, \ldots, z\}$, $C = \{A, B, C, \ldots, Z\}$ und den in naheliegender Weise definierten Funktionen $f_0$, $f_1$, …, $f_{25}$, z.B.

| $x$ | a | b | c | … | w | x | y | z |
|---|---|---|---|---|---|---|---|---|
| $f_3(x)$ | D | E | F | … | Z | A | B | C |

Natürlich besteht (nicht nur in diesem Beispiel) eine **Nachricht** $\boldsymbol{m}$ normalerweise aus einer Folge von Nachrichteneinheiten: $\boldsymbol{m} = m_1 m_2 \ldots m_n$. Entsprechend besteht der **Schlüsseltext** (das **Kryptogramm**) aus einer Folge von Schlüsseltexteinheiten:

$$\boldsymbol{c} = f_k(\boldsymbol{m}) = f_k(m_1) f_k(m_2) \ldots f_k(m_n)$$

Weiter oben war beispielsweise $\boldsymbol{m}$ = kommemorgenachtuhr, $\boldsymbol{c}$ = NRPPH … .

c) Eine bessere Sicherheit als die Cäsar–Chiffren bieten die **Vigenère–Chiffren**, bei denen als Nachrichten- und Schlüsseltexteinheiten und auch als Schlüssel sog. $k$–**Gramme** verwendet werden, d.h. Folgen aus jeweils $k$ Buchstaben. Für $k = 3$ erhält man **Trigramme**, also z.B. aaa, acx, rtb, ZXZ, DUB. In folgendem Beispiel wird als $M$ und als $C$ die Menge aller Trigramme genommen (zur besseren Unterscheidung mit Kleinbuchstaben bei $M$ und mit Großbuchstaben bei $C$). Außerdem sei $K$ eine Menge von Schlüsselwörtern mit drei Buchstaben, z.B. $K = \{\text{aus}, \text{ein}, \text{nur}, \ldots\}$. Im Schlüsselwort „aus" entspricht der Buchstabe a der Zahl 0, u der Zahl 20 und s der Zahl 18. Die Verschlüsselungsfunktion $f_{\text{aus}}$ ist folgendermaßen definiert:

| $x$ | aaa | aab | … | rtb | … | zzz |
|---|---|---|---|---|---|---|
| $f_{\text{aus}}(x)$ | AUS | AUT | … | RNT | … | ZTR |

Der erste Buchstabe eines Trigramms wird also im Alphabet um 0 Stellen weiter geschoben (d.h. nicht verändert), der zweite um 20 und der dritte um 18 Stellen. Beispiel:

| Nachricht | kom | mem | org | ena | cht | uhr |
|---|---|---|---|---|---|---|
| Schlüssel | aus | aus | aus | aus | aus | aus |
| Schlüsseltext | KIE | MYE | OLY | EHS | CBL | UBJ |

Es leuchtet ein, daß man besser rechnen kann, wenn die Buchstaben des verwendeten Alphabets durch Zahlen ersetzt werden, z.B. a $\simeq 0$, b $\simeq 1$, …, z $\simeq 25$. Die neue Menge von Nachrichteneinheiten ist $\mathbb{Z}_{26} = \{0, 1, \ldots, 25\}$, oder allgemein $\mathbb{Z}_N = \{0, 1, \ldots, N-1\}$, falls ein $N$–elementiges Alphabet verwendet wird. Die Cäsar–Chiffre verwendet zum Verschlüsseln Funktionen der Form

$$f_\beta(x) = x + \beta ,$$

und zum Entschlüsseln dann

$$f_\beta^{-1}(y) = y - \beta\,,$$

wobei modulo $N$ gerechnet wird. Dies läßt sich verallgemeinern, so daß Kryptosysteme entstehen, die weniger leicht zu brechen sind. Dabei wird ausgenutzt, daß man in $\mathbb{Z}_N$ auch multiplizieren kann, d.h. es wird im Ring $(\mathbb{Z}_N, +, \cdot)$ gerechnet:

**5.3 Definition.** Ein **affines Kryptosystem** verwendet die Elemente von $\mathbb{Z}_N$ als Nachrichteneinheiten und als Schlüsseltexteinheiten. Es werden **affine** Verschlüsselungsfunktionen benutzt:

$$f_{\alpha,\beta}(x) = \alpha x + \beta\,.$$

Entschlüsselt wird mit

$$f_{\alpha,\beta}^{-1}(y) = \alpha^{-1} y - \alpha^{-1}\beta\,.$$

Dabei muß $\alpha$ eine *Einheit* von $\mathbb{Z}_N$ sein (d.h. ein multiplikativ invertierbares Element), da sonst $f_{\alpha,\beta}^{-1}$ nicht existiert. Die Schlüssel sind also Paare $(\alpha, \beta)$ mit $\alpha \in \mathbb{Z}_N^*$, $\beta \in \mathbb{Z}_N$. Für Definitionen und weitere Einzelheiten siehe Abschnitt 6!

**5.4 Beispiel.** Sei $N = 26$. Es gilt $\mathbb{Z}_{26}^* = \{1, 3, 5, 7, 9, 11, 15, 17, 19, 21, 23, 25\}$. Die inverse Funktion von $f_{11,6}(x) = 11x + 6$ ist

$$f_{11,6}^{-1}(y) = 19y + 16\,.$$

Die Nachricht „komme morgen acht uhr“ wird durch $f_{11,6}$ folgendermaßen verschlüsselt:

| | | | | | | | | | | | | | | | | | |
|---|---|---|---|---|---|---|---|---|---|---|---|---|---|---|---|---|---|
| Nachricht | k | o | m | m | e | m | o | r | g | e | n | a | c | h | t | u | h | r |
| | 10 | 14 | 12 | 12 | 4 | 12 | 14 | 17 | 6 | 4 | 13 | 0 | 2 | 7 | 19 | 20 | 7 | 17 |
| Schlüsseltext | 12 | 4 | 8 | 8 | 24 | 8 | 4 | 11 | 20 | 24 | 19 | 6 | 2 | 5 | 7 | 18 | 5 | 11 |
| | M | E | I | I | Y | I | E | L | U | Y | T | G | C | F | H | S | F | L |

Wenn ein Unbefugter versucht, einen verschlüsselten Text zu dechiffrieren, dann kennt er möglicherweise das verwendete Kryptosystem, aber i.a. nicht den verwendeten Schlüssel. Bei dem Versuch einer solchen **Kryptoanalyse** helfen oft statistische Methoden. In einem genügend langen Text (einer vorgegebenen Sprache) treten, von wenigen Ausnahmen abgesehen, die einzelnen Buchstaben immer mit einer ähnlichen Häufigkeitsverteilung auf. Dies gilt sogar für poetische und alte Texte, wie z.B. Heinrich Heines „Deutschland, ein Wintermärchen“. Die Buchstaben kommen dort (im ersten Teil) mit folgenden Häufigkeiten vor, die recht genau der statistischen Verteilung in deutschsprachigen Texten entsprechen. Anstelle von ä, ö, ü, ß wird ae, oe, ue, ss verwendet:

| a | b | c | d | e | f | g | h | i | j | k | l | m |
|---|---|---|---|---|---|---|---|---|---|---|---|---|
| 95 | 42 | 58 | 111 | 382 | 33 | 46 | 100 | 160 | 4 | 24 | 84 | 61 |

| n | o | p | q | r | s | t | u | v | w | x | y | z |
|---|---|---|---|---|---|---|---|---|---|---|---|---|
| 215 | 54 | 12 | 0 | 135 | 130 | 90 | 85 | 16 | 45 | 1 | 1 | 13 |

**5.5 Beispiel.** Es sei bekannt, daß ein affines Kryptosystem mit $N=26$ verwendet wird (wie üblich mit $\mathrm{a}\simeq 0$, $\mathrm{b}\simeq 1$, ..., $\mathrm{z}\simeq 25$). Es hat sich herausgestellt, daß am häufigsten die Schlüsseltexteinheit 0 auftritt, gefolgt von 1. Man vermutet deshalb, daß $\mathrm{e}\simeq 4$ durch 0 und $\mathrm{n}\simeq 13$ durch 1 verschlüsselt wird. Das liefert den Ansatz $f_{\alpha,\beta}(4)=0$ und $f_{\alpha,\beta}(13)=1$, d.h.

$$\begin{aligned} 4\alpha+\beta &= 0\,, \\ 13\alpha+\beta &= 1\,. \end{aligned}$$

Durch Subtraktion der ersten Zeile von der zweiten ergibt sich $9\alpha=1$. An dieser Stelle hat man Glück, denn 9 ist (in $\mathbb{Z}_{26}$) invertierbar. Es gilt

$$\alpha = 9^{-1} = 3\,, \quad \beta = 14\,.$$

Also wird (vermutlich) mit $f_{3,14}(x)=3x+14$ verschlüsselt und mit $f_{3,14}^{-1}(y)=9y+4$ entschlüsselt.

Offenbar sind **monoalphabetische** Kryptosysteme (in denen Buchstabe für Buchstabe verschlüsselt wird) mit statistischen Methoden leicht zu brechen. Dies trifft grundsätzlich auf alle „Alphabete" zu, also auch auf solche, die das Leerzeichen, die Umlaute, Ziffern und anderes enthalten (wie beispielsweise der ASCII–Code). Eine größere Sicherheit bieten **polyalphabetische** Kryptosysteme, in denen jeweils mehrere Buchstaben eine Nachrichteneinheit bilden. Wenn man $k$–Gramme verwendet, d.h. $k$–Tupel von Buchstaben, dann müssen auch die statistischen Analysen nicht für die Häufigkeit einzelner Buchstaben, sondern für die Häufigkeit der $k$–Tupel durchgeführt werden. Hat das verwendete Alphabet $N$ Zeichen, dann gibt es im Fall der **Bigramme** (d.h. für $k=2$) genau $N^2$ Nachrichteneinheiten. Um in $\mathbb{Z}_{N^2}$ rechnen zu können, kann dem Bigramm $x_1x_2$ beispielsweise die Zahl $x=x_1N+x_2\in\mathbb{Z}_{N^2}$ zugeordnet werden. Auch das Verschlüsseln und Entschlüsseln findet dann im Ring $\mathbb{Z}_{N^2}$ statt:

**5.6 Beispiel.** Im üblichen 26–elementigen Alphabet wird dem Bigramm (e,n) $\simeq$ (4,13) die Zahl $4\cdot 26+13=117$ zugeordnet. Gerechnet wird modulo $26^2=676$. Mit der Funktion $f_{151,13}(x)=151x+13$ wird „en" durch $151\cdot 117+13=17.680=104$ verschlüsselt, also durch das Bigramm „EA". **Randbemerkung:** In deutschen Texten ist „en" das häufigste Bigramm, gefolgt von „er" und „ch".

Die Vigenère–Chiffren (siehe 5.2c) können als „mehrdimensionale" Cäsar–Chiffren aufgefaßt werden. Sie verwenden Verschlüsselungsfunktionen der Form

$$f_{\boldsymbol{\beta}}(\boldsymbol{x}) = \boldsymbol{x} + \boldsymbol{\beta}\,,$$

wobei nicht nur der Schlüssel $\boldsymbol{\beta}=(\beta_1,\ldots,\beta_k)$, sondern auch die zu verschlüsselnden $k$–Gramme $\boldsymbol{x}=(x_1,\ldots,x_k)$ als Vektoren in $\mathbb{Z}_N^k$ aufgefaßt werden. Im allgemeinen ist $\mathbb{Z}_N$ kein Körper; daher nennt man $\mathbb{Z}_N^k$ nicht „Vektorraum", sondern **Modul** (über dem Ring $\mathbb{Z}_N$). Auch diese Chiffren können verallgemeinert werden:

**5.7 Definition.** Ein $k$–dimensionales affines Kryptosystem verwendet die Elemente von $\mathbb{Z}_N^k$ als Nachrichteneinheiten und als Schlüsseleinheiten. Es sei $A$ eine $k\times k$ – Matrix mit Werten aus $\mathbb{Z}_N$ und $\boldsymbol{\beta}$ ein Vektor aus $\mathbb{Z}_N^k$. In der folgenden (mehrdimensionalen) **affinen** Verschlüsselungsfunktion werden $\boldsymbol{\beta}$ und $\boldsymbol{x}$ als Spaltenvektoren verwendet:

$$f_{A,\boldsymbol{\beta}}(\boldsymbol{x}) = A\boldsymbol{x} + \boldsymbol{\beta}\,.$$

Entschlüsselt wird mit

$$f_{A,\boldsymbol{\beta}}^{-1}(\boldsymbol{y}) = A^{-1}\boldsymbol{y} - A^{-1}\boldsymbol{\beta}\,.$$

Dabei muß die Matrix $A$ invertierbar bzgl. $\mathbb{Z}_N$ sein.

Für die Invertierbarkeit der Matrizen über $\mathbb{Z}_N$ gibt es ein einfaches Kriterium, das hier nicht bewiesen werden soll (siehe Aufgabe 38):

**5.8 Bemerkung.** *Sei $A$ eine $k\times k$ – Matrix mit Werten aus $\mathbb{Z}_N$. Folgende Aussagen sind äquivalent:*

*(i)* $\mathrm{ggT}(\det A, N) = 1$,

*(ii) $A$ ist invertierbar bzgl. $\mathbb{Z}_N$,*

*(iii) durch $\boldsymbol{x} \mapsto A\boldsymbol{x}$ wird eine injektive Abbildung von $\mathbb{Z}_N^k$ in sich definiert.*

Sei beispielsweise

$$A = \begin{pmatrix} 2 & 3 \\ 7 & 8 \end{pmatrix}, \qquad B = \begin{pmatrix} 1 & 3 \\ 7 & 9 \end{pmatrix}.$$

Über $\mathbb{Z}_{26}$ gilt $\det B = 1\cdot 9 - 3\cdot 7 = -12 = 14$ und $\mathrm{ggT}(14, 26) = 2$. Daher ist $B$ nicht invertierbar. Wegen $\det A = 21$ und $\mathrm{ggT}(21, 26) = 1$ ist $A$ invertierbar. Die Inverse ist

$$A^{-1} = \begin{pmatrix} 14 & 11 \\ 17 & 10 \end{pmatrix}.$$

**5.9 Beispiel.** Sei $N = 26$, $A = \begin{pmatrix} 2 & 3 \\ 7 & 8 \end{pmatrix}$, $\boldsymbol{\beta} = \begin{pmatrix} 7 \\ 5 \end{pmatrix}$, $\boldsymbol{x} = \begin{pmatrix} x_1 \\ x_2 \end{pmatrix}$, $\boldsymbol{y} = \begin{pmatrix} y_1 \\ y_2 \end{pmatrix}$. Es gilt

$$f_{A,\boldsymbol{\beta}}(\boldsymbol{x}) = \begin{pmatrix} 2x_1 + 3x_2 + 7 \\ 7x_1 + 8x_2 + 5 \end{pmatrix}, \qquad f_{A,\boldsymbol{\beta}}^{-1}(\boldsymbol{y}) = \begin{pmatrix} 14y_1 + 11y_2 + 3 \\ 17y_1 + 10y_2 + 13 \end{pmatrix}.$$

Die Nachricht „komme morgen acht uhr“ wird durch $f_{A,\boldsymbol{\beta}}$ folgendermaßen verschlüsselt:

| | | | | | | | | | |
|---|---|---|---|---|---|---|---|---|---|
| | ko | mm | em | or | ge | na | ch | tu | hr |
| Nachricht | $\binom{10}{14}$ | $\binom{12}{12}$ | $\binom{4}{12}$ | $\binom{14}{17}$ | $\binom{6}{4}$ | $\binom{13}{0}$ | $\binom{2}{7}$ | $\binom{19}{20}$ | $\binom{7}{17}$ |
| Schlüsseltext | $\binom{17}{5}$ | $\binom{15}{3}$ | $\binom{25}{25}$ | $\binom{8}{5}$ | $\binom{5}{1}$ | $\binom{7}{18}$ | $\binom{6}{23}$ | $\binom{1}{12}$ | $\binom{20}{18}$ |
| | RF | PD | ZZ | IF | FB | HS | GX | BM | UI |

Es ist klar, daß mehrdimensionale affine Kryptosysteme gegen „statistische Angriffe“ umso besser geschützt sind, je größer die Länge $k$ der verwendeten Vektoren ist.

Bei der Auswahl eines Kryptosystems sollte man immer davon ausgehen, daß ein potentieller Gegner das verwendete System in allen Einzelheiten kennt. Oft ist das System ohnehin allgemein bekannt, und man möchte es möglicherweise über einen längeren Zeitraum hinweg benutzen. Das folgende Prinzip wurde zuerst von *A. Kerkhoffs* in seinem Werk „La cryptographie militaire“ (1883) formuliert:

> *Die Sicherheit eines Kryptosystems liegt allein in der Schwierigkeit, den Schlüssel oder (genauer) die Entschlüsselungsfunktion zu finden. Sie darf nicht auf der Geheimhaltung des Systems beruhen.*

Grundsätzlich werden drei Arten von Angriffen unterschieden:

**Known ciphertext attack.** Wenn der Angreifer über genügend lange Abschnitte Schüsseltext verfügt, kann er beispielsweise durch Ausprobieren oder statistische Untersuchungen versuchen, den Schlüssel zu finden. Bei den Kryptosystemen dieses Abschnitts haben solche Attacken Aussicht auf Erfolg.

**Known plaintext attack.** Oft kennt ein Angreifer ein Stück Nachrichtentext zusammen mit dem zugehörigen Schlüsseltext. Ein einfaches Beispiel einer Kryptoanalyse, die auf einer solchen Situation beruht, wird in Aufgabe 39 behandelt.

**Chosen plaintext attack.** Noch besser ist ein Angreifer dran, wenn er in der Lage ist, beliebige Stücke Nachrichtentext verschlüsseln zu lassen (beispielsweise wenn er Zugang zu dem für das Verschlüsseln verwendeten Computer hat). Ein Kryptosystem, das Sicherheit sogar gegen solche Attacken bietet, wird im nächsten Abschnitt vorgestellt.

Natürlich gibt es außer den Kryptosystemen dieses und des übernächsten Abschnitts zahlreiche weitere und teilweise ganz andersartige Systeme. Der Leser sei hierfür auf die Literatur verwiesen.

## Aufgaben

30. Entschlüssele folgenden Merksatz :
CSMROBROSD VSOQD KVVOSX SW CMRVEOCCOV

31. Welche der folgenden Funktionenfamilien bilden ein Kryptosystem auf $M = \{a, b, c\}$, $C = \{1, 2, 3, 4\}$?

a)

| $x$ | $a$ | $b$ | $c$ |
|---|---|---|---|
| $f_1(x)$ | 1 | 2 | 4 |
| $f_2(x)$ | 2 | 2 | 3 |
| $f_3(x)$ | 3 | 1 | 2 |

b)

| $x$ | $a$ | $b$ | $c$ |
|---|---|---|---|
| $f_1(x)$ | 1 | 2 | 4 |
| $f_2(x)$ | 1 | 2 | 3 |
| $f_3(x)$ | 3 | 1 | 2 |

c)

| $x$ | $a$ | $b$ | $c$ |
|---|---|---|---|
| $f_1(x)$ | 1 | 2 | 4 |
| $f_2(x)$ | $c$ | 2 | 3 |
| $f_3(x)$ | 3 | 1 | 2 |

32. a) Für das folgende Kryptogramm wurde eine Vigenère–Chiffre verwendet. Das Schlüssel–„Wort“ besteht übrigens aus den Initialen einer in diesem Abschnitt genannten Person:
ROCTJWAKPGWOXPJVWQEGVDNTFCAUMKNVJINYDTMGWVA
WNDNTMGAYRPMTRUBXXPMGWDJGDONPMCBNJWKEJTNKB
VREQPJEQFNWCULJUCWFQKWWNDNT
b) Besteht eine Chance, das Schlüsselwort auch ohne den Hinweis zu finden?

33. Wie in 5.5 werde ein affines Kryptosystem mit $N = 26$ und dem üblichen Alphabet verwendet.
a) Berechne $5^{-1}$ in $\mathbb{Z}_{26}$.
b) Berechne die Inverse von $f_{5,10}(x) = 5x+10$.
c) Mit $f_{5,10}$ als Verschlüsselungsfunktion hat sich das Kryptogramm ICRREIB ergeben. Finde den Klartext.

34. Es wird ein affines Kryptosystem mit $N=30$ und dem Alphabet a $\simeq 0$, b $\simeq 1$, ..., z $\simeq 25$, ä $\simeq 26$, ö $\simeq 27$, ü $\simeq 28$, ß $\simeq 29$ verwendet. Außerdem sei bekannt, daß e $\simeq 4$ durch 14 und n $\simeq 14$ durch 23 verschlüsselt wird. Entschlüssele das Kryptogramm ILOH.

35. Mit der Verschlüsselungsfunktion $f_{151,13}(x) = 151x+13$ hat sich wie in 5.6 das Kryptogramm OWMV ergeben. Finde den Klartext.

36. Verwende das Kryptosystem und den Schlüssel aus 5.9, um den Klartext „heinz“ zu verschlüsseln. **Hinweis:** Füge dem Klartext einen weiteren Buchstaben hinzu.

37. Welche der folgenden Matrizen sind invertierbar bzgl. $\mathbb{Z}_{26}$?

$$A = \begin{pmatrix} 10 & 4 \\ 5 & 2 \end{pmatrix}, \quad B = \begin{pmatrix} 10 & 3 \\ 5 & 2 \end{pmatrix}, \quad C = \begin{pmatrix} 10 & 2 \\ 5 & 2 \end{pmatrix}.$$

*38. Beweise 5.8 für $2\times 2$ – Matrizen $A$.

39. Es soll das Kryptogramm RENDBWRGGB entschlüsselt werden. Bekannt ist, daß ein 2–dimensionales affines Kryptosystem mit $N=26$ (dem üblichen Alphabet) verwendet wurde. Außerdem wird vermutet, daß die letzten sechs Buchstaben der Nachricht aus dem Namen des Absenders bestehen, nämlich

$$\text{robert} \simeq \begin{pmatrix}17\\14\end{pmatrix}\begin{pmatrix}1\\4\end{pmatrix}\begin{pmatrix}17\\19\end{pmatrix}.$$

# 6 Exkurs: Das Rechnen modulo $n$

Die zahlentheoretischen Methoden und Resultate dieses Abschnitts sind nicht weiter schwierig, spielen aber allesamt eine große Rolle in den verschiedenen kryptographischen Anwendungen. Das folgende Resultat ist grundlegend für das sogenannte „RSA–Kryptoverfahren" (siehe 7.1).

**6.1 Kleiner Fermatscher Satz.** *Sei $p$ eine Primzahl. Für jede nicht durch $p$ teilbare Zahl $a\in\mathbb{Z}$ gilt*

$$a^{p-1}=1 \pmod p .$$

*Für jede Zahl $a\in\mathbb{Z}$ gilt*

$$a^p=a \pmod p .$$

**Beweis.** Die Gruppe $(\mathbb{Z}_p\backslash\{0\},\cdot)$ hat die Ordnung $p-1$. In dieser Gruppe gilt deshalb $b^{p-1}=1$ für alle Elemente $b$ (siehe I.7.8). Für jede nicht durch $p$ teilbare Zahl $a\in\mathbb{Z}$ gibt es ein $b\in\mathbb{Z}_p\backslash\{0\}$ mit $a=b \pmod p$, und es folgt $a^{p-1}=b^{p-1}=1 \pmod p$.

Die zweite Aussage ist sogar für durch $p$ teilbare Zahlen $a$ richtig, denn dann gilt $a^p=a=0 \pmod p$. □

Für beliebiges $n$ anstelle von $p$ ist 6.1 nicht richtig, denn $(\mathbb{Z}_n\backslash\{0\},\cdot)$ ist i.a. keine Gruppe. Diese Situation wird jetzt näher untersucht:

**6.2 Euklidischer Algorithmus.** Es seien zwei Zahlen $a,b\in\mathbb{Z}$ mit $a>b$ gegeben. Durch mehrfache „Division mit Rest" (vgl. Beweis von 3.6) erhält man sukzessive Zahlen $s_1,\ldots,s_{k+1}$ und $r_1,\ldots,r_k$ aus $\mathbb{Z}$, so daß folgendes gilt:

$$\begin{aligned}
a &= s_1b+r_1, & |r_1| &< |b|,\\
b &= s_2r_1+r_2, & |r_2| &< |r_1|,\\
r_1 &= s_3r_2+r_3, & |r_3| &< |r_2|,\\
&\vdots\\
r_{k-2} &= s_kr_{k-1}+r_k, & |r_k| &< |r_{k-1}|,\\
r_{k-1} &= s_{k+1}r_k .
\end{aligned}$$

Da die Reste $r_i$ immer kleiner werden, ergibt sich nach endlich vielen Schritten der Rest 0, und das Verfahren ist beendet.

Der euklidische Algorithmus berechnet den *größten gemeinsamen Teiler* $\mathrm{ggT}(a,b)$ von $a$ und $b$:

**6.3 Satz.** *In 6.2 gilt immer* $r_k = \mathrm{ggT}(a,b)$.

**Beweis.** Sei $t$ ein Teiler von $a$ und von $b$. Wegen $r_1 = a - s_1 b$ ist $t$ dann ein Teiler von $r_1$. Wegen $r_2 = b - s_2 r_1$ teilt $t$ auch $r_2$. Auf diese Weise erhält man, daß $t$ ein Teiler von allen $r_i$ und damit auch von $r_k$ ist. Insbesondere gilt also $\mathrm{ggT}(a,b) \mid r_k$. Es bleibt zu zeigen, daß $r_k$ ein Teiler von $a$ und von $b$ ist: Aufgrund der untersten Zeile in 6.2 gilt $r_k \mid r_{k-1}$. Mit der Zeile darüber folgt dann $r_k \mid r_{k-2}$. Indem man Zeile für Zeile nach oben weitergeht, ergibt sich schließlich in der zweiten Zeile $r_k \mid b$ und in der ersten Zeile $r_k \mid a$. □

**6.4 Beispiel.** Es soll $\mathrm{ggT}(672, 154)$ berechnet werden:

$$\begin{aligned} 672 &= 4 \cdot 154 + 56, \\ 154 &= 2 \cdot 56 + 42, \\ 56 &= 1 \cdot 42 + 14, \\ 42 &= 3 \cdot 14. \end{aligned}$$

Also gilt $\mathrm{ggT}(672, 154) = 14$. Indem man das Gleichungssystem „von unten nach oben" auflöst, läßt sich sogar noch mehr sagen:

$$\begin{aligned} 14 &= 56 - 42 = 56 - (154 - 2 \cdot 56) \\ &= 3 \cdot 56 - 154 = 3(672 - 4 \cdot 154) - 154 \\ &= 3 \cdot 672 - 13 \cdot 154. \end{aligned}$$

Also ist $\mathrm{ggT}(672, 154)$ eine „Linearkombination" der Zahlen 672 und 154.

Die zuletzt beobachtete Tatsache gilt allgemein:

**6.5 Bemerkung.** *Für je zwei Zahlen* $a, b \in \mathbb{Z}$ *gibt es Zahlen* $k, l \in \mathbb{Z}$, *so daß*

$$\mathrm{ggT}(a,b) = ka + lb.$$

Eine Zahl $a \in \mathbb{Z}$ heißt **multiplikativ invertierbar modulo** $n$, falls es ein $k \in \mathbb{Z}$ gibt mit $ka = 1 \pmod n$. Man nennt $k$ dann eine **multiplikative Inverse modulo** $n$ **von** $a$.

**6.6 Bemerkung.** *Eine Zahl* $a \in \mathbb{Z}$ *ist genau dann invertierbar modulo* $n$, *wenn* $\mathrm{ggT}(a,n) = 1$ *gilt.*

**Beweis.** $\Rightarrow$: Gelte $ka = 1 \pmod{n}$, d.h. $ka + ln = 1$ für ein $l \in \mathbb{Z}$. Jede Zahl, die sowohl $a$ als auch $n$ teilt, muß deshalb auch 1 teilen. Es folgt $\text{ggT}(a, n) = 1$.

$\Leftarrow$: Nach 6.5 gibt es $k, l \in \mathbb{Z}$ mit $1 = ka + ln$. Doch das bedeutet $1 = ka \pmod{n}$. □

Also kann mit dem euklidischen Algorithmus entschieden werden, ob eine Zahl multiplikativ invertierbar modulo $n$ ist, und eine Inverse kann sogar berechnet werden:

**6.7 Beispiel.** Für $n = 26$ und $a = 11$ ergibt sich

$$\begin{aligned} 26 &= 2 \cdot 11 + 4, \\ 11 &= 3 \cdot 4 - 1, \\ 4 &= 4 \cdot 1. \end{aligned}$$

Eine Inverse erhält man jetzt, indem „von unten nach oben" gerechnet wird:

$$1 = 3 \cdot 4 - 11 = 3(26 - 2 \cdot 11) - 11 = 3 \cdot 26 - 7 \cdot 11.$$

Deshalb gilt $11^{-1} = -7 \pmod{26}$, oder auch $11^{-1} = -7 + 26 = 19 \pmod{26}$.

Die multiplikativ invertierbaren Elemente von $\mathbb{Z}_n$ werden üblicherweise **Einheiten** genannt, und die Menge der Einheiten wird mit $\mathbb{Z}_n^*$ bezeichnet. Die vorhergehenden Überlegungen lassen sich natürlich auf $\mathbb{Z}_n$ übertragen: Die Einheiten sind genau die zu $n$ teilerfremden Zahlen in $\mathbb{Z}_n$, und der euklidische Algorithmus kann auch hier zur Inversenberechnung verwendet werden. Nebenbei erhält man so einen Beweis, daß es sich bei $\mathbb{Z}_n$ genau dann um einen Körper handelt, wenn $n$ prim ist (vgl. III.3.2b). Vor allem kann jetzt 6.1 verallgemeinert werden. Offenbar ist $(\mathbb{Z}_n^*, \cdot)$ eine Gruppe. Die **eulersche Funktion**

$$\varphi(n) := |\{a \in \mathbb{Z} \mid 0 < a < n,\ \text{ggT}(a, n) = 1\}|$$

gibt gerade die Ordnung dieser Gruppe an. Für alle Elemente $a \in \mathbb{Z}_n^*$ gilt daher $a^{\varphi(n)} = 1$. Das läßt sich in $\mathbb{Z}$ folgendermaßen formulieren:

**6.8 Satz von Euler.** *Sei $n \in \mathbb{N}$. Für jede Zahl $a \in \mathbb{Z}$ mit $\text{ggT}(a, n) = 1$ gilt*

$$a^{\varphi(n)} = 1 \pmod{n}.$$

Für jede Primzahl $p$ gilt $\varphi(p) = p - 1$; deshalb ist 6.1 ein Spezialfall von 6.8. Allgemein gilt (ohne Beweis):

**6.9 Satz.** *Für $n = p_1^{a_1} p_2^{a_2} \ldots p_k^{a_k}$, mit paarweise verschiedenen Primzahlen $p_i$ und beliebigen Exponenten $a_i \geq 1$ $(i = 1, \ldots, k)$, gilt:*

$$\varphi(n) = (p_1^{a_1} - p_1^{a_1-1}) \dots (p_k^{a_k} - p_k^{a_k-1}).$$

**6.10 Folgerung.** *Für Produkte $pq$ aus zwei verschiedenen Primzahlen $p$ und $q$ gilt $\varphi(pq) = (p-1)(q-1)$.*

**6.11 Beispiel.** Es soll $2^{1.000.000} \pmod{77}$ berechnet werden. Mit 6.8 und $\varphi(77) = (11-1)(7-1) = 60$ folgt $2^{60} \equiv 1 \pmod{77}$. Wegen $1.000.000 \equiv 40 \pmod{60}$ gilt $2^{1.000.000} \equiv 2^{40} \pmod{77}$. Jetzt wird mit dem **square–and–multiply–Verfahren** weitergerechnet: Der Exponent kann in der Form $40 = 32+8$ geschrieben werden (dies ist im Grunde die Binärdarstellung: $40 = 2^5 + 2^3$). Wenige Multiplikationen reichen jetzt aus:

$$\left.\begin{array}{rcccccc} 2^2 & = & 4 & & & & \\ 2^4 & = & 4^2 & = & 16 & & \\ 2^8 & = & 16^2 & = & 256 & = & 25 \\ 2^{16} & = & 25^2 & = & 625 & = & 9 \\ 2^{32} & = & 9^2 & = & 81 & = & 4 \end{array}\right\} \bmod 77$$

Also: $2^{1.000.000} \equiv 2^{40} = 2^{32} \cdot 2^8 \equiv 4 \cdot 25 = 100 \equiv 23 \pmod{77}$.

Es ist übrigens kein besonderes Problem, das square–and–multiply–Verfahren direkt auf $2^{1.000.000}$ anzuwenden. Ein solches Vorgehen ist jedenfalls dann nötig, wenn man $a^s \pmod{n}$ für ein $a$ mit $\mathrm{ggT}(a,n) \neq 1$ berechnen möchte, oder wenn man $\varphi(n)$ nicht kennt, weil die Primfaktorzerlegung von $n$ unbekannt ist.

## Aufgaben

40. a) Führe für die Zahlen 13 und 33 den euklidischen Algorithmus durch.
    b) Berechne ganze Zahlen $k$ und $l$ mit $1 = k\cdot 13 + l\cdot 33$.
    c) Bestimme $13^{-1}$ im Ring $\mathbb{Z}_{33}$.

41. Bestimme $\mathrm{ggT}(a,n)$ und, gegebenenfalls, $a^{-1} \pmod{n}$ für
    a) $a = 102$, $n = 779$, b) $a = 102$, $n = 792$.

42. Bestimme die Elemente von $\mathbb{Z}_{33} \setminus \mathbb{Z}_{33}^*$.

43. Beweise:
    a) Für je zwei verschiedene Primzahlen $p$ und $q$ gilt $\varphi(pq) = (p-1)(q-1)$.
    b) Für jede Primzahlpotenz $p^a$ mit $a \geq 1$ gilt $\varphi(p^a) = p^a - p^{a-1}$.

44. Wie lauten die beiden letzten Ziffern von $7^{99}$, wie die letzte Ziffer von $9^{9^9}$ (jeweils in Dezimaldarstellung)?

45. Berechne mit dem square–and–multiply–Verfahren $13^{31}$ (mod 33).

46. a) Wieviele Multiplikationen müssen zur Lösung von Aufgabe 45 durchgeführt werden?

    b) Gebe allgemein eine Abschätzung für die Anzahl der Multiplikationen bei der Berechnung von $a^s$ mit dem square–and–multiply–Verfahren.

*47. Beweise den **Satz von Wilson**: Für jede Primzahl $p$ gilt $(p-1)! = -1$ (mod $p$).

# 7 Kryptosysteme mit öffentlichem Schlüssel

„Kennt man eine Verschlüsselungsfunktion $f\colon M \to C$, dann kennt man im Prinzip auch die zugehörige Entschlüsselungsfunktion $f^{-1}\colon f(C) \to M$. Aus diesem Grund können Kryptosysteme mit öffentlich bekanntem Schlüssel keine Sicherheit bieten." Fast jeder wird dieser Aussage zustimmen. Trotzdem ist sie falsch. Es ist nämlich möglich, daß die Berechung von $f^{-1}$ so viel Zeit erfordert (selbst auf einem sehr schnellen Computer), daß sie in der Praxis nicht durchführbar ist. Man nennt $f$ dann eine **Einwegfunktion**. Hier soll das wohl bekannteste *public-key-Kryptosystem* vorgestellt werden, nämlich das nach seinen Erfindern (**R**ivest, **S**hamir, **A**dleman, 1978) benannte **RSA–Kryptosystem**. Dieses System beruht auf der Tatsache, daß es ungeheuer aufwendig ist, große Zahlen $n \in \mathbb{N}$ zu faktorisieren, d.h. die Primfaktorzerlegung $n = p_1 p_2 \ldots p_k$ zu finden (während es umgekehrt, wenn man $p_1, p_2, \ldots, p_k$ kennt, sehr leicht ist, das Produkt dieser Zahlen zu berechnen): Es ist kein Algorithmus bekannt, der in polynomialer Rechenzeit (in Abhängigkeit von der Anzahl $s = \log n$ der Stellen von $n$) die Faktorisierung von $n$ findet.

**RSA–Kryptosystem.** Ein Teilnehmer A wählt zwei sehr große Primzahlen $p$ und $q$, z.B. jede mit ungefähr 100 Dezimalstellen, die er niemandem mitteilt (näheres zur Primzahlsuche am Ende dieses Abschnitts). Dann berechnet A das Produkt $n := pq$ und die Anzahl $\varphi(n) = (p-1)(q-1)$ der zu $n$ teilerfremden Zahlen zwischen 0 und $n-1$. Anschließend wählt A eine Zahl $e$ mit $\mathrm{ggT}(e, \varphi(n)) = 1$ (beispielsweise kann A eine Primzahl nehmen, die größer als $p$ und größer als $q$ ist). Mit dem euklidischen Algorithmus kann A dann das multiplikative Inverse von $e$ mod $\varphi(n)$ berechnen: $d := e^{-1}$ (mod $\varphi(n)$). Wer eine Nachricht $x$ an Teilnehmer A schicken will, verwendet die Verschlüsselungsfunktion $f\colon \mathbb{Z}_n \to \mathbb{Z}_n$ mit

$$f(x) := x^e \pmod{n}.$$

Zum Entschlüsseln verwendet A die Funktion $g\colon \mathbb{Z}_n \to \mathbb{Z}_n$,

$$g(y) := y^d \pmod{n}.$$

| RSA–Kryptosystem |
|---|
| öffentlich bekannter Schlüssel: $n$, $e$<br>nur dem Teilnehmer A bekannt: $d$, $p$, $q$, $\varphi(n)$ |

Die Auswahl bzw. die Berechnung dieser Werte wird von einem Computer vorgenommen. Die Werte $p$, $q$ und $\varphi(n)$ können sofort wieder gelöscht werden, und A benötigt nur $d$. Die Teilnehmer eines Kommunikationsnetzes, in dem das RSA–Kryptosystem verwendet wird, können mit ihren Schlüsseln wie in einem Telefonbuch veröffentlicht werden:

| Teilnehmer | Schlüssel |
|---|---|
| A | $n_A$, $e_A$ |
| B | $n_B$, $e_B$ |
| C | $n_C$, $e_C$ |
| $\vdots$ | $\vdots$ |

Das System kann nur funktionieren, wenn korrekt entschlüsselt wird. Es muß also gezeigt werden, daß

$$g(f(x)) = x^{ed} = x \pmod n$$

für alle $x \in \mathbb{Z}_n$ gilt. Tatsächlich gilt sogar ein allgemeineres Resultat:

**7.1 Satz.** *Die natürliche Zahl $n$ sei* ***quadratfrei****, d.h. in der Primfaktorzerlegung $n = p_1 \dots p_k$ komme jede Primzahl genau einmal vor. Für alle $x \in \mathbb{N}$ und alle $m \in \mathbb{N}$ mit $m = 1 \pmod{\varphi(n)}$ gilt dann*

$$x^m = x \pmod n .$$

**Beweis.** Da $n$ quadratfrei ist, reicht es aus, $x^m = x \pmod{p_i}$ für jeden Primfaktor $p_i$ zu zeigen. Wegen $\varphi(n) = (p_1-1)\dots(p_k-1)$ kann man $m = (p_i-1)t+1$ schreiben, mit $t \in \mathbb{N}\setminus\{0\}$. Es gilt daher $x^m = x^{(p_i-1)t+1} = x \pmod{p_i}$, wobei sich die zweite Gleichheit unmittelbar aus 6.1 ergibt. □

Die Nachrichteneinheiten im RSA–Kryptosystem sind die Zahlen $0, 1, \dots, n-1$. In der Praxis möchte man natürlich für jeden Benutzer dieselben Nachrichteneinheiten verwenden, und außerdem ein einheitliches Alphabet. Dieses Alphabet habe $N$ Buchstaben. Man wählt natürliche Zahlen $k < l$, beispielsweise so, daß $N^k$ etwas weniger und $N^l$ etwas mehr als 200 Dezimalstellen hat. Alle Teilnehmer verwenden Zahlen $n$ mit $N^k < n < N^l$. Als Nachrichteneinheiten werden zunächst (einheitlich) $k$–Gramme genommen, d.h. Blöcke aus je $k$ Buchstaben, die dann den Zahlen $0, 1, \dots, N^k-1$ zugeordnet werden. Das Ergebnis einer Verschlüsselung ist eine Zahl

$f_A(x) < n < N^l$, die wiederum als ein Block aus $l$ Buchstaben geschrieben werden kann.

**7.2 Beispiel.** Um das Beispiel überschaubar zu halten, werden so kleine Zahlen verwendet, daß ein Brechen des Kryptosystems sofort möglich wäre. Sei $N=26$, $k=2$, $l=3$. Die Nachrichteneinheiten sind also Bigramme und die Schlüsseltexteinheiten Trigramme, bestehend aus Buchstaben des üblichen 26-elementigen Alphabets. Einem Teilnehmer mit Schlüssel $(n,e) = (779,103)$ soll die Nachricht „ja" gesendet werden. Es gilt

$$\text{ja} \simeq 9\cdot 26^1 + 0\cdot 26^0 = 234\,.$$

Die Verschlüsselung läßt sich mit dem „square-and-multiply-Verfahren" durchführen (siehe 6.11):

$$f(234) = 234^{103} = 498 \pmod{779}\,.$$

Es gilt $498 = 0\cdot 26^2 + 19\cdot 26^1 + 4\cdot 26^0$, d.h. „ja" wird durch „ATE" verschlüsselt. Der Empfänger kennt die zum Entschlüsseln notwendige Zahl $d=7$ und berechnet

$$g(498) = 498^7 = 234 \pmod{779} \simeq \text{ja}\,.$$

**ELEKTRONISCHE UNTERSCHRIFT.** Wenn Teilnehmer A eine Nachricht an Teilnehmer B sendet, kann B nicht sicher sein, daß die Nachricht tatsächlich von A stammt. Jeder könnte die Nachricht senden und behaupten, er sei A. Kryptosysteme mit öffentlichem Schlüssel, also z.B. das RSA-Kryptosystem, bieten eine verblüffend einfache Methode, auf elektronischem Weg „Unterschriften" zu leisten, die nicht gefälscht werden können (außer von jemandem, der die geheime Entschlüsselungsfunktion $g_A$ von A kennt, also sich z.B. Zugang zum Computer von A verschafft hat): Sei $U$ die „Unterschrift" von A, evtl. inklusive Benutzernummer, Uhrzeit und weiteren Daten, die den Zusammenhang mit der eigentlichen Nachricht belegen. Ans Ende seiner Nachricht fügt A noch $g_A(U)$ an. Dieser Teil ist für jeden anderen völlig unverständlich. Jetzt wendet B auf $g_A(U)$ die öffentlich bekannte Funktion $f_A$ an und erhält so $U$. Dies gilt für ihn als Beweis, daß die Unterschrift (und die Nachricht) wirklich von A stammt.

**AUTHENTIKATION.** Die Zugangskontrolle (zu einem Computer, Gebäude, Geldautomat, ...) kann auf ganz ähnliche Weise erfolgen: Der Rechner, der den Zugang kontrolliert, wendet auf eine zufällig gewählte Zahl $x$ die öffentliche Funktion $f_A$ an und teilt A die Zahl $y = f_A(x)$ mit. Dann wendet A auf $y$ die nur ihm bekannte Funktion $g_A$ an und erhält $x$. Diese Zahl teilt er dem Rechner mit, der daraufhin überzeugt ist, daß es sich tatsächlich um A handelt, und ihm Zugang gewährt. Natürlich führt A die Berechnung von $g_A(y)$ nicht selbst durch. Typischerweise wird dies von einer im Besitz von A befindlichen **Chipkarte** erledigt, also einer Plastikkarte mit Mikroprozessor.

Im allgemeinen ist es zu aufwendig, umfangreiche Datenmengen mit dem RSA-Verfahren zu verschlüsseln. Daher verwendet man häufig konventionelle Kryptosysteme, sichert aber den besonders geheimhaltungsbedürftigen Schlüsselaustausch für diese Systeme mit dem RSA-Verfahren.

Das RSA-Kryptosystem ist, wie alle anderen heute bekannten public-key-Verfahren, nicht *beweisbar* sicher. Einerseits könnte es sein, daß jemand eines Tages ein schnelles Verfahren zur Primfaktorzerlegung großer natürlicher Zahlen findet. Andererseits ist es nicht ausgeschlossen, daß ein Entschlüsselungsverfahren gefunden wird, für das man die Primfaktorzerlegung garnicht benötigt. Schließlich könnten Kryptosysteme mit öffentlichem Schlüssel durch Fortschritte in der Computertechnik unsicher werden, z.B. durch den Einsatz paralleler Prozessoren.

**WIE FINDET MAN GROSSE PRIMZAHLEN?** Die Wahrscheinlichkeit, daß es sich bei einer zufällig ausgewählten natürlichen Zahl $n$ um eine Primzahl handelt, ist bekanntlich asymptotisch gleich $1/\ln n$. Also hat man eine gute Chance, nach einigen Versuchen (z.B. mit einem Zufallsgenerator oder Pseudozufallsgenerator) eine Primzahl zu finden. Das eigentliche Problem liegt darin, wie man erkennt, ob $n$ eine Primzahl ist. Man kann für alle natürliche Zahlen $k \leq \sqrt{n}$ ausprobieren, ob $k$ ein Teiler von $n$ ist. Doch dieses Verfahren ist für große $n$ praktisch nicht durchführbar. Es gibt weit weniger aufwendige Verfahren, die allerdings nicht „deterministisch", sondern nur „probabilistisch" sind. Eine solche Methode soll hier beschrieben werden: Nach dem „Kleinen Fermatschen Satz" (6.1) gilt für jede Primzahl $n$ und jede nicht durch $n$ teilbare ganze Zahl $x$ die Gleichung

$$(*) \qquad x^{n-1} = 1 \pmod{n}.$$

Eine ungerade Zahl $n$, die keine Primzahl ist, aber für ein $x$ trotzdem die Gleichung $(*)$ erfüllt, heißt **Pseudoprimzahl** bzgl. $x$. Beispielsweise gilt $3^{90} = 1 \pmod{91}$, d.h. 91 ist eine Pseudoprimzahl bzgl. 3. Allerdings gilt $2^{90} = 64 \pmod{91}$, d.h. 91 ist *keine* Pseudoprimzahl bzgl. 2. Wenn man es nicht ohnehin wüßte, würde man hieraus schließen, daß 91 keine Primzahl ist. Man kann zeigen:

**7.3 Satz.** *Sei $n \in \mathbb{N}$ gegeben. Wenn Gleichung $(*)$ für eine Einheit (d.h. eine bzgl. $n$ invertierbare Zahl) $x \in \mathbb{Z}_n^*$ verletzt ist, dann ist $(*)$ für mindestens die Hälfte aller Zahlen aus $\mathbb{Z}_n^*$ verletzt.*

Die Wahrscheinlichkeit, daß eine zufällig ausgewählte Zahl $x$ mit $1 \leq x \leq n-1$ die Gleichung $(*)$ verletzt, ist also größer als 50% – vorausgesetzt es gibt überhaupt ein solches $x$. Deshalb ergibt sich ein effektiver **Primzahltest**, indem die Gleichung $(*)$ sukzessive für mehrere zufällig ausgewählte Zahlen überprüft wird. Ein Problem tritt natürlich auf, wenn $n$ keine Primzahl ist, aber trotzdem $(*)$ für *alle* $x \in \mathbb{Z}_n^*$ erfüllt ist. Allerdings kommen solche **Carmichael-Zahlen** nur vereinzelt vor. Es gibt übrigens andere probabilistische Primzahltests, bei denen derartige Ausnahmen nicht auftreten (siehe „Miniprojekt").

## Aufgaben

48. Zeige mit einem Gegenbeispiel, daß 7.1 ohne die Voraussetzung „$n$ quadratfrei" falsch wird.

49. a) Bestimme die Zahlen $p$, $q$ und $\varphi(n)$, die der Empfänger der Nachricht in 7.2 benutzt hat.
    b) Derselbe Teilnehmer möchte sich mit seiner Chipkarte ausweisen (Authentikation), wobei wieder das RSA–Kryptosystem und der öffentliche Schlüssel $(n, e) = (779, 103)$ verwendet wird. Der Kontrollrechner bietet die Zahl $y = 152$ an. Welche Zahl $x$ sollte die Chipkarte zurückgeben?

50. Es wird das RSA–Kryptosystem mit dem öffentlichen Schlüssel $(n, e) = (33, 13)$ verwendet.
    a) Berechne $d$.
    b) Es soll der Schlüsseltext

    ABAAALBBBABFBDARBFAT

    entziffert werden (26–elementiges Alphabet, $k=1$, $l=2$; vgl. 7.2).

**MINIPROJEKT** „Primzahltests". Die Darstellung sollte vollständiger sein als die Andeutungen auf den letzten Seiten. Sie kann z.B. die Punkte (1) – (3) behandeln. Punkt (4) ist schwieriger.

(1) Wofür sind Primzahltests wichtig?

(2) Beweise, daß $U := \{x \in \mathbb{Z}_n \mid x \text{ erfüllt } (*)\}$, mit der Bedingung $(*)$ von 7.3, eine Untergruppe von $(\mathbb{Z}_n^*, \cdot)$ ist. Wie groß ist der Quotient $|\mathbb{Z}_n^*|/|U|$ höchstens, falls $U \neq \mathbb{Z}_n^*$ gilt, d.h. falls $n$ weder eine Primzahl noch eine Carmichael–Zahl ist?

(3) Was folgt hieraus über die Wahrscheinlichkeit, daß $(*)$ von einem zufällig gewählten $x \in \mathbb{Z}_n$ erfüllt wird? Wie effektiv ist ein Primzahltest, bei dem $(*)$ für $k$ zufällig ausgewählte Zahlen $x_1, \ldots, x_k$ getestet wird, d.h. mit welcher Wahrscheinlichkeit wird entdeckt, daß $n$ keine Primzahl ist?

(4) Diskutiere in ähnlicher Weise einen Primzahltest für $n$, der auf der Gleichung

$$(**) \qquad x^{\frac{n-1}{2}} = \left(\frac{x}{n}\right) \pmod n$$

beruht. Hierbei ist $\left(\frac{x}{n}\right)$ das sog. **Jacobi–Symbol.**

**Anmerkung.** Mit diesem Test kann jede Nichtprimzahl mit hoher Wahrscheinlichkeit „entlarvt" werden. Ausnahmen wie die Carmichael–Zahlen gibt es hierbei nicht.

**Hinweis:** Über Primzahltests (und die Definition des Jacobi–Symbols) kann man sich z.B. im Buch „A course in number theory and cryptography" von N. Koblitz informieren.

# Literaturhinweise

Der Klassiker der Codierungstheorie stammt von *F. J. MacWilliams und N. J. A. Sloane.* Besonders erwähnenswert ist auch das Buch von *J. H. van Lint.* Das sehr gute und informative Buch von *R.-H. Schulz* hat ganz offensichtlich den vierten Abschnitt über zyklische Codes beeinflußt. Im Buch von *N. Koblitz* werden wichtige Themen der Kryptographie zusammen mit den nötigen zahlentheoretischen Grundlagen behandelt. Bei *H. Beker und F. Piper* findet man eine ausführliche und unterhaltsame, aber stärker anwendungsorientierte Einführung in die Kryptographie. Besonders gut lesbar und amüsant ist das Buch von *A. Beutelspacher*, das mit geringen mathematischen Grundkenntnissen auskommt. Die äußerst sorgfältig geschriebene populärwissenschaftliche Darstellung von *A. Sgarro und M. Würmli* erfordert gar keine mathematische Vorbildung. Im Lehrbuch von *D. J. A. Welsh* wird Codierungstheorie *und* Kryptographie unter dem einheitlichen Gesichtspunkt einer „mathematischen Informationstheorie“ behandelt. Außerdem sei noch einmal die „Projektive Geometrie“ von *A. Beutelspacher und U. Rosenbaum* (siehe Kapitel III) genannt, wo in zwei Kapiteln auf Anwendungen von Geometrie in Codierungstheorie und Kryptographie hingewiesen wird. Zu Algebra und Zahlentheorie beachte man außerdem die einschlägigen Lehrbücher.

H. Beker, F. Piper: *Cipher systems.* Northwood, London, 1982.

A. Beutelspacher: *Kryptologie.* Vieweg, Braunschweig, 1993.

N. Koblitz: *A course in number theory and cryptography.* Springer, New York, 1987.

J. H. van Lint: *Introduction to coding theory.* Springer, New York, 1982.

F. J. MacWilliams, N. J. A. Sloane: *The theory of error-correcting codes.* North-Holland, Amsterdam, 1978.

R.-H. Schulz: *Codierungstheorie.* Vieweg, Braunschweig, 1991.

A. Sgarro, M. Würmli: *Geheimschriften.* Weltbild Verlag, Augsburg, 1991.

D. J. A. Welsh: *Codes and cryptography.* Oxford University Press, Oxford, 1988.

# Kapitel V

# Geordnete Mengen

Wenn verschiedene Objekte nach irgendwelchen Kriterien verglichen werden, ergibt sich häufig eine *Ordnung* auf diesen Objekten. Ordnungstheoretische Gesichtspunkte können deshalb innerhalb und auch außerhalb der Mathematik oft als Strukturierungs- oder Klassifikationsprinzip verwendet werden. Natürlich ist „Ordnung" hierbei nicht umgangssprachlich, sondern entsprechend der mathematischen Bedeutung zu verstehen. Die ersten beiden Abschnitte stellen die wichtigsten Grundbegriffe und einige typische Beispiele für *geordnete Mengen* vor. Im zweiten Abschnitt steht dabei die Klasse der *verbandsgeordneten Mengen* im Vordergrund. Abschnitt 3 beschäftigt sich mit der *Booleschen Algebra*, in der ordnungstheoretische und algebraische Aspekte behandelt werden, aber auch davon weitgehend unabhängige kombinatorische Fragestellungen. In der ersten Hälfte dieses Abschnitts werden theoretische Grundlagen besprochen und in der zweiten Hälfte dann Anwendungen in der Schaltalgebra und in der Aussagenlogik.

## 1 Grundbegriffe und Beispiele

Zuerst wird mit einem Beispiel gezeigt, wie das Vergleichen von Objekten zu einer *Ordnung* auf der Menge der Objekte führen kann:

**1.1 Beispiel.** Die „Objekte" seien in diesem Fall die Schüler einer Schulklasse. Ein Schüler $y$ werde „besser" als ein Schüler $x$ genannt (in Zeichen: $x < y$), falls $y$ in keinem Fach eine schlechtere Note als $x$ hat und in mindestens einem Fach eine bessere Note. Es ist klar, daß aus $x < y$ und $y < z$ sofort $x < z$ folgt. Ebenso offensichtlich kann nicht gleichzeitig $x < y$ und $y < x$ gelten. Damit sind schon die Eigenschaften einer *Ordnung* erfüllt.

In der Ordnungstheorie zieht man meist die Relation „kleiner gleich" der Relation „echt kleiner" vor:

**1.2 Definition.** Eine zweistellige Relation $\leq$ auf einer Menge $A$ heißt **Ordnung** (altmodisch auch: **Halbordnung**), falls für alle $x, y, z \in A$ die folgenden Bedingungen erfüllt sind:

(1) $x \leq x$ (Reflexivität),

(2) $x \leq y$ und $y \leq x \implies x = y$ (Antisymmetrie),

(3) $x \leq y$ und $y \leq z \implies x \leq z$ (Transitivität).

Man nennt das Paar $(A, \leq)$, aber einfach auch die Menge $A$, eine **geordnete Menge**.

**Anmerkung.** Unter einer **zweistelligen Relation** auf $A$ versteht man eine Teilmenge $R \subseteq A^2$. Oft ist es bequemer und suggestiver, anstelle von $(a, b) \in R$ einfach $a\,R\,b$ zu schreiben. Für Ordnungsrelationen ist diese Konvention durchweg üblich.

**Einige Bezeichnungen.** Zwei Elemente $a$ und $b$ einer geordneten Menge $A$ heißen **vergleichbar**, falls $a \leq b$ oder $b \leq a$ gilt, und sonst **unvergleichbar**. Eine **linear geordnete Menge** (oder **Kette**) ist eine geordnete Menge, in der je zwei Elemente vergleichbar sind. In einer geordneten Menge bedeutet $a < b$ immer $a \leq b$ und $a \neq b$. Falls $a < b$ gilt und es kein $c$ mit $a < c < b$ gibt, dann schreibt man $a \prec b$ und nennt $b$ einen **oberen Nachbarn** (oder **Nachfolger**) von $a$ und $a$ einen **unteren Nachbarn** (oder **Vorgänger**) von $b$.

**1.3 Beispiele.** a) Sei $A$ eine Menge und $\mathcal{M}$ eine Teilmenge der Potenzmenge $\mathcal{P}(A)$ von $A$. Dann ist $(\mathcal{M}, \subseteq)$ eine geordnete Menge. Übrigens nennt man jede Teilmenge $\mathcal{M} \subseteq \mathcal{P}(A)$ ein **Mengensystem** auf $A$.

b) Mit der „üblichen" Ordnung sind $(\mathbb{N}, \leq)$, $(\mathbb{Z}, \leq)$, $(\mathbb{Q}, \leq)$, $(\mathbb{R}, \leq)$ linear geordnete Mengen (d.h. Ketten).

c) $(\mathbb{N}, |)$ ist eine geordnete Menge, mit $a \mid b :\Leftrightarrow a$ teilt $b$.

d) Gleichheit „=" ist eine Ordnung auf jeder Menge. Je zwei verschiedene Elemente sind bzgl. = unvergleichbar.

e) In 1.1 ergibt sich eine Ordnung $\leq$ auf der Menge der Schüler, wenn man definiert:

$$x \leq y :\Longleftrightarrow x < y \text{ oder } x = y\,.$$

Eine weitere interessante Sorte von Beispielen findet man in Kapitel VI. Dort werden geordnete Mengen von „Jobs" („Tätigkeiten", „Aufgaben") betrachtet, wobei die Ordnung jeweils eine Vorgängerrelation angibt, die bei der Durchführung der Jobs einzuhalten ist.

Endliche geordnete Mengen werden oft bildlich durch sog. **Hasse–Diagramme** (oder **Liniendiagramme**) dargestellt: Man zeichnet für jedes Element einen kleinen Kreis oder Punkt, und zwar den Kreis für $b$ oberhalb des Kreises für $a$, falls $a \prec b$

(d.h. falls $b$ ein oberer Nachbar von $a$ ist), und man verbindet dann beide Kreise durch eine gerade Linie. Abbildung 1 zeigt einige Beispiele.

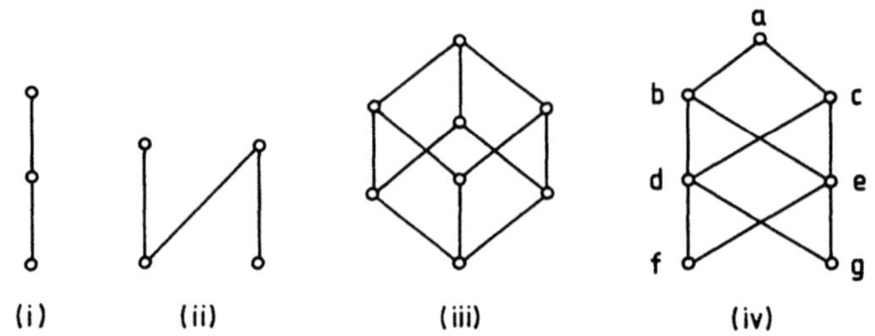


Abb. 1

In gewissen Fällen kann man auch für unendliche geordnete Mengen Hasse–Diagramme zeichnen, so z.B. für die ganzen Zahlen mit der üblichen Ordnung (Abbildung 2).

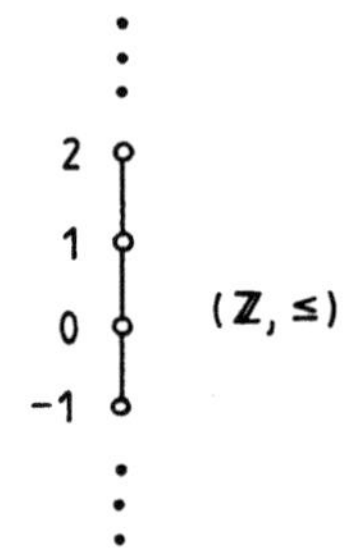


Abb. 2

Es werden weitere Vokabeln benötigt:

**1.4 Definitionen.** Sei $(A, \leq)$ eine geordnete Menge und $B$ eine Teilmenge von $A$. Ein Element $a \in A$ ist eine **obere Schranke** von $B$, falls $b \leq a$ gilt für alle $b \in B$. Eine obere Schranke $a$ von $B$ heißt **kleinste obere Schranke** von $B$ (oder **Supremum** von $B$, in Zeichen: $a = \bigvee B$), falls $a \leq a'$ für alle oberen Schranken $a'$ von $B$. Ein **maximales Element** von $B$ ist ein Element $b \in B$ mit

$$b < a \implies a \notin B$$

für alle $a \in A$. Das **größte Element** von $B$ ist ein (wenn es existiert, eindeutig bestimmtes) Element $b \in B$ mit $b' \leq b$ für alle $b' \in B$.

Entsprechend definiert man die *dualen* Begriffe: **untere Schranke** von $B$, **größte untere Schranke** von $B$ (oder **Infimum** von $B$, in Zeichen: $a = \bigwedge B$), **minimales Element** und **kleinstes Element** von $B$.

**1.5 Beispiele.** a) In der geordneten Menge in Abbildung 1(iv) hat die Menge $B = \{b, c, d, e\}$ kein größtes und kein kleinstes Element, aber $b$ und $c$ sind maximale und $d$ und $e$ sind minimale Elemente von $B$. Das Supremum von $B$ existiert: $\bigvee B = a$. Das Infimum von $B$ existiert nicht, denn $f$ und $g$ sind die unteren Schranken von $B$, aber es gibt kein größtes Element von $\{f, g\}$.

b) In $(\mathbb{Z}, \leq)$ gibt es keine maximalen und keine minimalen Elemente (von $\mathbb{Z}$). In $(\mathbb{N}, \leq)$ gibt es ebenfalls keine maximalen Elemente (von $\mathbb{N}$), aber 1 ist ein minimales Element (sogar ein kleinstes Element).

Die *Mengensysteme* (siehe 1.3a) sind typische Beispiele geordneter Mengen. Tatsächlich gibt es im wesentlichen (d.h. bis auf Isomorphie) keine anderen geordneten Mengen. Um dies zu beweisen, muß zuerst erklärt werden, was *Isomorphie* bedeutet:

**1.6 Definition.** Zwei geordnete Mengen $(A, \leq)$ und $(B, \leq)$ heißen **(ordnungs-) isomorph**, falls es eine bijektive Abbildung $\varphi\colon A \to B$ gibt, so daß für alle $a, b \in A$ folgendes gilt:

$$a \leq b \iff \varphi(a) \leq \varphi(b)\,.$$

Man nennt $\varphi$ dann einen **(Ordnungs-) Isomorphismus** von $(A, \leq)$ auf $(B, \leq)$.

**1.7 Satz.** *Für jede geordnete Menge $(A, \leq)$ gibt es ein Mengensystem $\mathcal{M}$, so daß $(A, \leq)$ und $(\mathcal{M}, \subseteq)$ isomorph sind.*

**Beweis.** Für jedes $a \in A$ sei $M(a) := \{x \in A \mid x \leq a\}$. Dann ist $\mathcal{M} := \{M(a) \mid a \in A\}$ ein Mengensystem und

$$M\colon A \longrightarrow \mathcal{M}\,, \quad a \longmapsto M(a)\,,$$

der gesuchte Isomorphismus. $M$ ist nach Definition surjektiv. Für den Nachweis der Injektivität werde $M(a) = M(b)$ vorausgesetzt: Wegen 1.2(1) gilt $a \in M(a)$. Es folgt $a \in M(b)$, d.h. $a \leq b$. Entsprechend folgt $b \leq a$, und mit 1.2(2) ergibt sich $a = b$. Ausgehend von $a \leq b$ wird jetzt $M(a) \subseteq M(b)$ gezeigt: Für jedes $x \in M(a)$ gilt $x \leq a$, und 1.2(3) liefert $x \leq b$, d.h. $x \in M(b)$. Umgekehrt folgt aus $M(a) \subseteq M(b)$ sofort $a \in M(b)$ und damit $a \leq b$. □

Die Mengen $M(a)$ in diesem Beweis heißen **Hauptanfänge** von $(A, \leq)$. Wie der Beweis zeigt, kann 1.7 präziser formuliert werden: *Jede geordnete Menge ist isomorph zum Mengensystem ihrer Hauptanfänge.*

## Aufgaben

1. Bei welchen der folgenden Relationen $R_i$ handelt es sich um eine Ordnung auf $A = \{1, 2, 3\}$?

$$\begin{aligned} R_1 &= \{(1,1),(1,2),(2,2)\}\,,\\ R_2 &= \{(1,1),(1,2),(2,2),(2,3),(3,3)\}\,, \end{aligned}$$

$$R_3 = \{(1,1),(1,2),(1,3),(2,2),(2,3),(3,3)\},$$
$$R_4 = \{(1,1),(1,2),(2,1),(2,2),(3,3)\}.$$

2. Welche der folgenden Diagramme sind Hasse–Diagramme einer geordneten Menge?

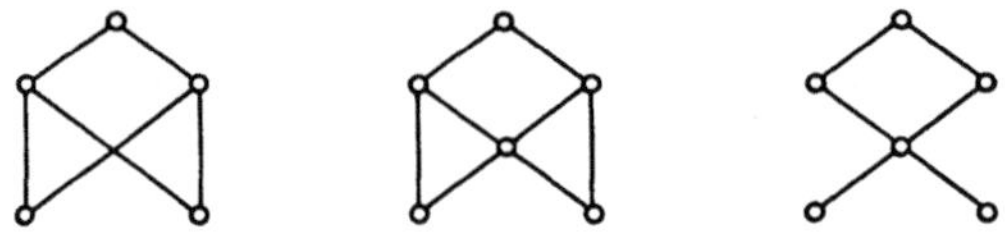

3. a) Zeichne Hasse–Diagramme aller geordneten Mengen auf vier Elementen.
   b) Zeichne ein Hasse–Diagramm von $(\{1,2,\ldots,10\}, |\,)$, d.h. der Zahlen $1, 2, \ldots, 10$ mit „$a$ teilt $b$" als Ordnung.

4. Es werde ein Beispiel wie in 1.1 betrachtet, der Einfachheit halber nur mit sechs Schülern und den Noten aus zwei Fächern. Zeichne ein Diagramm der zugehörigen geordneten Menge:

| | Adam | Bernd | Claus | Dieter | Emil | Fritz |
|---|---|---|---|---|---|---|
| Mathematik | 2 | 3 | 3 | 5 | 4 | 1 |
| Latein | 2 | 2 | 2 | 3 | 4 | 5 |

5. a) Bestimme für $B = \{d, e, f\}$ in Abbildung 1(iv), falls existent, maximale und minimale Elemente, größtes und kleinstes Element, Supremum und Infimum.
   b) Dieselbe Frage für $B = \{2z \mid z \in \mathbb{Z}\}$ in der geordneten Menge $(\mathbb{Z} \cup \{\infty\}, \leq)$ (die übliche Ordnung auf $\mathbb{Z}$, und $\infty$ größer als alle anderen Elemente).

6. Es seien $(A, \leq)$ und $(B, \leq)$ geordnete Mengen. Eine Abbildung $\varphi\colon A \to B$ heißt **ordnungserhaltend**, falls für alle $a, b \in A$ folgendes gilt:
$$a \leq b \Longrightarrow \varphi(a) \leq \varphi(b)$$
   a) Zeige: Durch $\varphi(n) := 2n$ wird eine ordnungserhaltende Abbildung von $(\mathbb{N}, \leq)$ nach $(\mathbb{N}, \leq)$ definiert.
   b) Sei $\mathbb{N}_u$ die Menge aller ungeraden natürlichen Zahlen. Zeige: Eine ordnungserhaltende Abbildung von $(\mathbb{N}, |\,)$ nach $(\mathbb{N}_u, |\,)$ wird definiert durch
$$\varphi(n) := \text{größte ungerade Zahl, die } n \text{ teilt}.$$
   c) Beweise: Die geordneten Mengen $(\mathbb{N}, |\,)$ und $(\mathbb{N}_u, |\,)$ sind isomorph.

7. Beweis oder Gegenbeispiel: Jede bijektive ordnungserhaltende Abbildung ist ein Isomorphismus.

*8. Zeige: Es gibt *keine* Ordnung $\leq$ auf der Menge $\mathbb{C}$ der komplexen Zahlen, so daß für alle $z, w \in \mathbb{C}$ folgendes gilt:

(1) $z = 0$ oder $z < 0$ oder $0 < z$,
(2) aus $0 < z, w$ folgt $0 < z \cdot w$ und $0 < z + w$,
(3) aus $z, w < 0$ folgt $0 < z \cdot w$.

# 2 Verbände und Hüllenoperatoren

Dieser Abschnitt beschäftigt sich mit speziellen geordneten Mengen:

**2.1 Definition.** Eine geordnete Menge $(L, \leq)$ heißt **verbandsgeordnet** (engl.: lattice–ordered) und $\leq$ eine **Verbandsordnung**, falls für alle $x, y \in L$ das Supremum $\bigvee \{x, y\}$ und das Infimum $\bigwedge \{x, y\}$ existieren. **Anmerkung:** Üblicherweise wird zur Abkürzung

$$x \vee y := \bigvee \{x, y\} \quad \text{und} \quad x \wedge y := \bigwedge \{x, y\}$$

geschrieben, und man liest „$x \vee y$" bzw. „$x \wedge y$" als „$x$ **verbunden** $y$" bzw. „$x$ **geschnitten** $y$".

**2.2 Bemerkung.** *In einer verbandsgeordneten Menge $(L, \leq)$ gelten für alle $x, y, z \in L$ die folgenden Gleichungen:*

| | | |
|---|---|---|
| (1) | $x \vee y = y \vee x$, $x \wedge y = y \wedge x$ | *(Kommutativität),* |
| (2) | $(x \vee y) \vee z = x \vee (y \vee z)$, $(x \wedge y) \wedge z = x \wedge (y \wedge z)$ | *(Assoziativität),* |
| (3) | $x \vee x = x$, $x \wedge x = x$ | *(Idempotenz),* |
| (4) | $x \vee (x \wedge y) = x$, $x \wedge (x \vee y) = x$ | *(Absorption).* |

**Beweis.** (1), (2), (3) sind offensichtlich. Die erste Gleichung in (4) gilt wegen $x \wedge y \leq x$. Die zweite Gleichung in (4) folgt analog. □

Verbandsgeordnete Mengen können nicht nur ordnungstheoretisch wie in 2.1, sondern mit Hilfe der Operationen $\vee$ und $\wedge$ auch algebraisch definiert werden:

**2.3 Definition.** Sei $L$ eine Menge mit zweistelligen Operationen $\vee$ und $\wedge$. Das Tripel $(L, \vee, \wedge)$ heißt **Verband** (engl.: lattice), falls für alle $x, y, z \in L$ die Gleichungen aus 2.2 erfüllt sind.

**2.4 Satz.** *a) Jeder verbandsgeordneten Menge $(L, \leq)$ ist mit den in 2.1 definierten Operationen $\vee$ und $\wedge$ auf $L$ ein Verband zugeordnet. Aus der Operation $\vee$ läßt sich die Ordnung $\leq$ zurückgewinnen, denn es gilt*

$$(*) \qquad \forall x, y \in L: \; x \vee y = y \iff x \leq y.$$

*b) Ist umgekehrt ein Verband $(L, \vee, \wedge)$ gegeben, dann wird durch $(*)$ eine verbandsgeordnete Menge $(L, \leq)$ definiert, in der das Supremum bzw. das Infimum von je zwei Elementen $x, y \in L$ durch $x \vee y$ bzw. $x \wedge y$ gegeben ist.*

**Beweis.** a) Wegen 2.2 ist $(L, \vee, \wedge)$ ein Verband, und $(*)$ gilt offensichtlich.

b) Zunächst muß bewiesen werden, daß es sich bei der durch $(*)$ definierten Relation $\leq$ um eine Ordnung handelt. Dafür sind die drei Bedingungen aus 1.2 nachzuweisen. Die Reflexivität von $\leq$ folgt aus der Idempotenz von $\vee$. Werde nun $x \leq y$ und $y \leq x$ vorausgesetzt. Wegen $(*)$ ist dies gleichwertig mit $x \vee y = y$ und $y \vee x = x$. Die Kommutativität von $\vee$ liefert $x = y$, d.h. die Antisymmetrie von $\leq$. Für den Nachweis der Transitivität werde $x \leq y$, $y \leq z$ vorausgesetzt. Dies kann als $x \vee y = y$, $y \vee z = z$ geschrieben werden. Mit diesen Gleichungen und der Assoziativität von $\vee$ folgt $z = y \vee z = (x \vee y) \vee z = x \vee (y \vee z) = x \vee z$, d.h. $x \leq z$.

In $(L, \leq)$ existiert das Supremum von $x$ und $y$ immer und hat die angegebene Form: Es gilt $x \vee (x \vee y) = x \vee y$ und $y \vee (x \vee y) = x \vee y$, d.h. $x \leq x \vee y$ und $y \leq x \vee y$. Also ist $x \vee y$ eine obere Schranke von $\{x, y\}$. Für jede obere Schranke $z$ von $\{x, y\}$ gilt $x \vee z = z$ und $y \vee z = z$, und mit den Regeln in 2.2 folgt $(x \vee y) \vee z = (x \vee z) \vee (y \vee z) = z \vee z = z$. Das bedeutet $x \vee y \leq z$, und $x \vee y$ ist tatsächlich die kleinste obere Schranke von $\{x, y\}$.

Der entsprechende Nachweis für das Infimum erfolgt völlig analog mit $\wedge$ statt $\vee$. Hierfür muß zuerst gezeigt werden, daß $x \vee y = y$ äquivalent ist zu $x \wedge y = x$ (siehe Aufgabe 11). □

Verbandsgeordnete Mengen und Verbände sind also im wesentlichen dasselbe. Deshalb spricht man in beiden Fällen von *Verbänden.*

**2.5 Beispiele.** a) Durch die folgenden Verknüpfungstafeln für $\vee$ und $\wedge$ ist ein Verband $(\{a, b, c, d\}, \vee, \wedge)$ gegeben. **Aufgabe:** Zeichne ein Hasse–Diagramm dieses Verbandes.

| $\vee$ | $a$ | $b$ | $c$ | $d$ |
|---|---|---|---|---|
| $a$ | $a$ | $a$ | $a$ | $a$ |
| $b$ | $a$ | $b$ | $a$ | $b$ |
| $c$ | $a$ | $a$ | $c$ | $c$ |
| $d$ | $a$ | $b$ | $c$ | $d$ |

| $\wedge$ | $a$ | $b$ | $c$ | $d$ |
|---|---|---|---|---|
| $a$ | $a$ | $b$ | $c$ | $d$ |
| $b$ | $b$ | $b$ | $d$ | $d$ |
| $c$ | $c$ | $d$ | $c$ | $d$ |
| $d$ | $d$ | $d$ | $d$ | $d$ |

b) Jede Kette ist ein Verband. Insbesondere sind $(\mathbb{N}, \leq)$, $(\mathbb{Z}, \leq)$, $(\mathbb{Q}, \leq)$, $(\mathbb{R}, \leq)$ Verbände.

c) Sei $A$ eine Menge und $\mathcal{P}(A)$ die Potenzmenge von $A$. Dann ist $(\mathcal{P}(A), \subseteq)$ ein Verband (der **Teilmengenverband** von $A$). Das Supremum bzw. Infimum von zwei Teilmengen $X, Y \subseteq A$ ist gegeben durch $X \cup Y$ bzw. $X \cap Y$.

d) Sei $V$ ein Vektorraum und $\mathcal{U}(V)$ die Menge aller Untervektorräume von $V$. Dann ist $(\mathcal{U}(V), \subseteq)$ ein Verband (der **Untervektorraum–Verband** von $V$). Das Infimum von zwei Untervektorräumen $U_1$ und $U_2$ ist $U_1 \wedge U_2 = U_1 \cap U_2$. Das Supremum ist $U_1 \vee U_2 = \langle U_1 \cup U_2 \rangle$ (der von $U_1 \cup U_2$ *erzeugte Untervektorraum*).

In einem Vektorraum $V$ besteht der von einer Teilmenge $X$ erzeugte Untervektorraum $\langle X \rangle$ bekanntlich genau aus den Linearkombinationen von Elementen aus

$X$. Ähnliche Erzeugungsvorgänge treten in sehr vielen Zusammenhängen auf. Sie können folgendermaßen ganz abstrakt beschrieben werden:

**2.6 Definition.** Sei $A$ eine Menge. Eine Abbildung $\mathcal{C}:\mathcal{P}(A)\to\mathcal{P}(A)$ heißt **Hüllenoperator** (engl.: closure operator) auf $A$, falls für alle Teilmengen $X,Y\subseteq A$ folgendes gilt:

(1) $X\subseteq\mathcal{C}(X)$ (Extensitivität),

(2) $X\subseteq Y \implies \mathcal{C}(X)\subseteq\mathcal{C}(Y)$ (Monotonie),

(3) $\mathcal{C}(\mathcal{C}(X))=\mathcal{C}(X)$ (Idempotenz).

Die Mengen der Form $\mathcal{C}(X)$ werden **Hüllen** (oder **abgeschlossene Mengen**) genannt, und man sagt, daß $\mathcal{C}(X)$ von $X$ **erzeugt** wird.

**2.7 Satz.** *Es sei $\mathcal{C}$ ein Hüllenoperator auf $A$, und $\mathcal{H}$ sei die Menge der Hüllen von $\mathcal{C}$, d.h. es sei $\mathcal{H}=\{\mathcal{C}(X)\mid X\subseteq A\}$. Dann ist $(\mathcal{H},\subseteq)$ ein Verband: das Supremum von zwei Hüllen $\mathcal{C}(X)$ und $\mathcal{C}(Y)$ ist gegeben durch $\mathcal{C}(X\cup Y)$, und das Infimum durch $\mathcal{C}(X)\cap\mathcal{C}(Y)$.*

**Beweis.** Das Supremum von $\mathcal{C}(X)$ und $\mathcal{C}(Y)$ existiert; es handelt sich um die kleinste $\mathcal{C}(X)$ und $\mathcal{C}(Y)$ umfassende abgeschlossene Menge, also um $\mathcal{C}(\mathcal{C}(X)\cup\mathcal{C}(Y))$. Mit 2.6(1) und (2) schließt man

$$\mathcal{C}(X\cup Y)\ \subseteq\ \mathcal{C}(\mathcal{C}(X)\cup\mathcal{C}(Y)).$$

Mit (2) und (3) folgt die umgekehrte Inklusion:

$$\mathcal{C}(\mathcal{C}(X)\cup\mathcal{C}(Y))\ \subseteq\ \mathcal{C}(\mathcal{C}(X\cup Y))\ =\ \mathcal{C}(X\cup Y).$$

Das Infimum muß, falls es existiert, in $\mathcal{C}(X)\cap\mathcal{C}(Y)$ enthalten sein. Es genügt also zu zeigen, daß $\mathcal{C}(X)\cap\mathcal{C}(Y)$ abgeschlossen ist. Mit (2) und (3) ergibt sich

$$\mathcal{C}(\mathcal{C}(X)\cap\mathcal{C}(Y))\subseteq\mathcal{C}(\mathcal{C}(X))=\mathcal{C}(X)\ \text{ und }\ \mathcal{C}(\mathcal{C}(X)\cap\mathcal{C}(Y))\subseteq\mathcal{C}(\mathcal{C}(Y))=\mathcal{C}(Y),$$

also

$$\mathcal{C}(\mathcal{C}(X)\cap\mathcal{C}(Y))\ \subseteq\ \mathcal{C}(X)\cap\mathcal{C}(Y).$$

Wegen (1) gilt sogar Gleichheit, d.h. $\mathcal{C}(X)\cap\mathcal{C}(Y)$ ist tatsächlich abgeschlossen. □

Mit dem „linearen“ Hüllenoperator $\langle\ \rangle$ in einem Vektorraum $V$ erhält man auf diese Weise den Untervektorraum–Verband. Weitere Beispiele für Hüllenoperatoren:

**2.8 Beispiele.** a) Sei $(A,\leq)$ eine geordnete Menge. Für jede Teilmenge $X\subseteq A$ sei

$$(X] := \{y\in A\mid \exists\, x\in X\colon y\leq x\}$$

(der von $X$ erzeugte **Anfang** in $A$).

b) Für jede Teilmenge $X \subseteq \mathbb{R}^n$ sei

$$Conv(X) := \{r_1\boldsymbol{x}_1 + \ldots + r_k\boldsymbol{x}_k \mid k \in \mathbb{N},\, \boldsymbol{x}_1, \ldots, \boldsymbol{x}_k \in X,\, r_1, \ldots, r_k \in \mathbb{R},\\ r_1, \ldots, r_k \geq 0,\, r_1 + \ldots + r_k = 1\}$$

(die **konvexe Hülle** von $X$).

Verbände und Hüllenoperatoren treten in vielen Zusammenhängen auf, darunter auch in völlig unmathematischen. Das wird in einigen Anwendungen der **Formalen Begriffsanalyse** besonders deutlich; neben vielem anderen kann dieses Gebiet zur Klassifikation und Anordnung von Objekten („Gegenständen") mit Hilfe von Attributen („Merkmalen") verwendet werden. Im Rest des Abschnitts soll anhand eines Beispiels die Grundidee dieser mathematischen Methode vorgestellt werden.

**2.9 Definition.** Ein **Kontext** ist ein Tripel $(G, M, \mathrm{I})$, wobei $G$ und $M$ Mengen sind und I eine Teilmenge von $G \times M$ ist. Die Elemente von $G$ werden **Gegenstände** und die von $M$ **Merkmale** genannt. Anstelle von $(g, m) \in \mathrm{I}$ schreibt man wie üblich $g\mathrm{I}m$ und sagt „der Gegenstand $g$ hat das Merkmal $m$".

Ein Kontext ist also nichts weiter als eine *Inzidenzstruktur*, die aber mit einer ganz besonderen Zielsetzung betrachtet wird. Die folgende Tabelle zeigt einen Kontext mit den Planeten des Sonnensystems als Gegenständen und einigen elementaren Eigenschaften als Merkmalen. Ein Kreuz in Zeile $g$ und Spalte $m$ bedeutet $g\mathrm{I}m$. Beispielsweise hat der Gegenstand „Erde" das Merkmal „Mond ja".

| | Größe | | | Abstand zur Sonne | | Mond | |
|---|---|---|---|---|---|---|---|
| | klein | mittel | groß | nah | weit | ja | nein |
| Merkur | × | | | × | | | × |
| Venus | × | | | × | | | × |
| Erde | × | | | × | | × | |
| Mars | × | | | × | | × | |
| Jupiter | | | × | | × | × | |
| Saturn | | | × | | × | × | |
| Uranus | | × | | | × | × | |
| Neptun | | × | | | × | × | |
| Pluto | × | | | | × | × | |

Kontext „Planeten des Sonnensystems"

**2.10 Definition.** Sei $(G, M, \mathrm{I})$ ein Kontext. Für jede Teilmenge $A \subseteq G$ und jede Teilmenge $B \subseteq M$ sei

$$\begin{aligned} A' &:= \{m \in M \mid g\mathrm{I}m \text{ für alle } g \in A\}, \\ B' &:= \{g \in G \mid g\mathrm{I}m \text{ für alle } m \in B\}. \end{aligned}$$

Im „Planetenbeispiel" werden die Gegenstände mit Me, V, E, Ma, J, S, U, N, P abgekürzt, und die Merkmale mit gk, gm, gg, an, aw, mj, mn. Beispielsweise gilt $\{\mathrm{Ma}, \mathrm{P}\}' = \{\mathrm{gk}, \mathrm{mj}\}$, denn gk und mj sind die gemeinsamen Merkmale dieser Gegenstände. Entsprechend erhält man $\{\mathrm{gk}, \mathrm{mj}\}' = \{\mathrm{E}, \mathrm{Ma}, \mathrm{P}\}$.

**2.11 Bemerkung.** *Sei $(G, M, \mathrm{I})$ ein Kontext. Für alle $A_1, A_2, A \subseteq G$ gilt:*
*(i) $A_1 \subseteq A_2 \Rightarrow A_1' \supseteq A_2'$, (ii) $A \subseteq A''$, (iii) $A''' = A'$.*
*Die analogen Aussagen gelten für alle $B_1, B_2, B \subseteq M$.*

**Beweis.** (i) ergibt sich unmittelbar aus der Definition in 2.10.

(ii) Sei $g \in A$. Dann gilt $g\mathrm{I}m$ für alle $m \in A'$. Es folgt $g \in A''$.

(iii) Durch Anwendung von (i) auf $A \subseteq A''$ ergibt sich $A''' \subseteq A'$. Mit (ii) folgt $A' \subseteq (A')''$, d.h. $A' \subseteq A'''$.

Genauso beweist man die entsprechenden Aussagen für Merkmalsmengen anstelle von Gegenstandsmengen. □

Ein Paar von Operatoren zwischen zwei Potenzmengen (hier zwischen $\mathcal{P}(G)$ und $\mathcal{P}(M)$), für das die Regeln in 2.11 gelten, wird auch eine **Galois–Verbindung** genannt.

Mit Hilfe von 2.11 erhält man (Beweis als Übung):

**2.12 Folgerung.** *Für jeden Kontext $(G, M, \mathrm{I})$ ist durch $A \mapsto A''$ ein Hüllenoperator auf $G$ und durch $B \mapsto B''$ ein Hüllenoperator auf $M$ gegeben.*

Also bilden die abgeschlossenen Mengen in $G$ (und genauso die abgeschlossenen Mengen in $M$) mit $\subseteq$ einen Verband. Es ist aber üblich, Gegenstands- und Merkmalsmengen gemeinsam zu betrachten:

**2.13 Definition.** Ein **Begriff** eines Kontextes $\mathcal{K} = (G, M, \mathrm{I})$ ist ein Paar $(A, B)$ mit $A \subseteq G$, $B \subseteq M$, $A = B'$, $B = A'$. Die Menge aller Begriffe von $\mathcal{K}$ wird mit $L(\mathcal{K})$ bezeichnet. Für $(A_1, B_1), (A_2, B_2) \in L(\mathcal{K})$ sei

$$(A_1, B_1) \leq (A_2, B_2) \;:\Longleftrightarrow\; A_1 \subseteq A_2 \quad (\Longleftrightarrow\; B_1 \supseteq B_2).$$

**2.14 Satz.** *Für jeden Kontext $\mathcal{K}$ ist $(L(\mathcal{K}), \leq)$ ein Verband (der* ***Begriffsverband*** *von $\mathcal{K}$). Für das Supremum bzw. das Infimum von zwei Begriffen $(A_1, B_1)$ und $(A_2, B_2)$ gilt*

$$\begin{aligned}(A_1, B_1) \vee (A_2, B_2) &= ((B_1 \cap B_2)', B_1 \cap B_2)),\\ (A_1, B_1) \wedge (A_2, B_2) &= (A_1 \cap A_2, (A_1 \cap A_2)').\end{aligned}$$

**Anmerkung.** Das Supremum von zwei Begriffen erhält man also mit Durchschnittsbildung der Merkmalsmengen (der sog. *Begriffsinhalte*) und das Infimum mit Durchschnittsbildung der Gegenstandsmengen (der *Begriffsumfänge*). Hierin liegt der Vorteil, mit Paaren aus Begriffsumfängen und Begriffsinhalten zu arbeiten.

**Beweis von 2.14.** Die Begriffe sind genau die Paare $(A, A')$ mit $A = A''$. Daher ist $\leq$ durch die Inklusion $\subseteq$ auf den abgeschlossenen Gegenstandsmengen gegeben. Nach 2.7 ist $\leq$ deshalb eine Verbandsordnung, und das Infimum von $(A_1, B_1)$ und $(A_2, B_2)$ ist von der Form $(A_1 \cap A_2, Y)$, wobei automatisch $Y = (A_1 \cap A_2)'$ gilt. Andererseits ist $\leq$ auch durch die *duale* Ordnung (d.h. die „umgekehrte" Inklusion) auf den abgeschlossenen Merkmalsmengen gegeben. Das Supremum von $(A_1, B_1)$ und $(A_2, B_2)$ hat also das Infimum von $B_1$ und $B_2$ als „Begriffsinhalt", d.h. es ist von der Form $(X, B_1 \cap B_2)$, wobei automatisch $X = (B_1 \cap B_2)'$ gilt. □

**2.15 Beispiel.** Ein Begriff des Planetenkontextes ist $(\{\mathrm{E}, \mathrm{Ma}, \mathrm{P}\}, \{\mathrm{gk}, \mathrm{mj}\})$. In Abbildung 3 ist der gesamte Begriffsverband skizziert. Im Diagramm sind die Begriffe der Form $(\{g\}'', \{g\}')$ mit $g$ und die Begriffe der Form $(\{m\}', \{m\}'')$ mit $m$ markiert. Mit Hilfe dieser Markierungen kann man (nicht nur in diesem Beispiel) für jeden Begriff den Begriffsumfang und den Begriffsinhalt ablesen. Für den durch einen schwarzen Punkt dargestellten Begriff $(A, B)$ in Abbildung 3 gilt $A = \{\mathrm{E}, \mathrm{Ma}, \mathrm{P}\}$ und $B = \{\mathrm{gk}, \mathrm{mj}\}$, denn die Gegenstandsmarkierungen an den Begriffen kleiner gleich $(A, B)$ sind genau E, Ma, P, und die Merkmalsmarkierungen an den Begriffen größer gleich $(A, B)$ sind genau gk, mj.

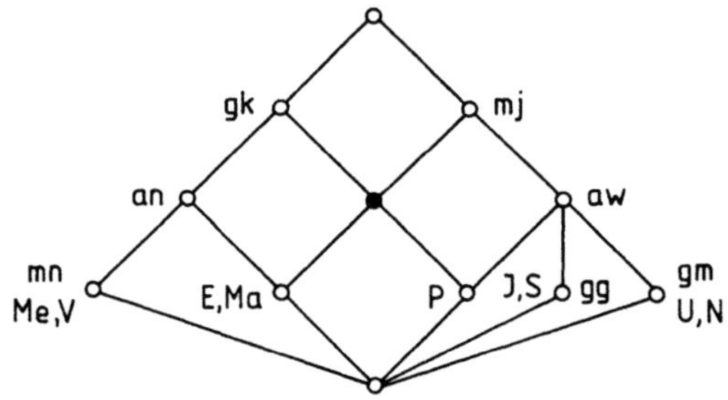


Abb. 3

Natürlich stellt sich gerade bei größeren Kontexten das Problem, wie alle Begriffe effektiv (d.h. schnell) berechnet werden können. Ein erstes Resultat in diese Richtung folgt unmittelbar aus 2.14:

**2.16 Beobachtung.** *Für jeden Begriff $(A, B)$ eines Kontextes $\mathcal{K}$ gilt*

$$A = \bigcap_{m \in B} \{m\}', \quad B = \bigcap_{g \in G} \{g\}'.$$

Also startet man bei der Bestimmung der Begriffe beispielsweise mit den Gegenstandsmengen $\{m\}'$. Man erhält diese Mengen direkt aus den Spalten einer „Kreuzchentabelle“ des Kontextes. Die Begriffe können selbstverständlich auch auf dem Computer berechnet werden. Außerdem sind in der Begriffsanalyse Methoden entwickelt worden, um mit Computerunterstützung auch sehr große (Begriffs-) Verbände graphisch darzustellen.

Zur vollen Entfaltung kommt die Formale Begriffsanalyse erst bei der Auswertung großer Datenmengen (und bei wichtigeren Themen als dem präsentierten Beispiel). Es gibt zahlreiche mathematische, aber auch außermathematische Anwendungsgebiete. Der interessierte Leser möge sich dazu in der Literatur informieren.

## Aufgaben

9. Zeichne ein Hasse–Diagramm des Verbandes aus 2.5a.

10. Stelle für den folgenden Verband die Verknüpfungstafeln von $\vee$ und $\wedge$ auf.

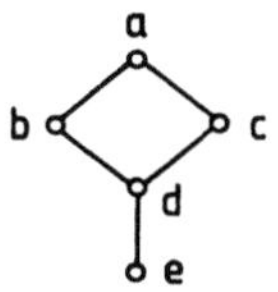


11. Beweise: In jedem Verband $(L, \vee, \wedge)$ ist $x \vee y = y$ äquivalent zu $x \wedge y = x$ (für alle $x, y \in L$).

12. a) Berechne das Supremum und das Infimum von 12 und 30 in der geordneten Menge $(\mathbb{N}, |)$ (mit $x \mid y \Leftrightarrow x$ teilt $y$).
    b) Zeige: $(\mathbb{N}, |)$ ist ein Verband.

13. Sei $G$ eine Gruppe und $\mathcal{U}(G)$ die Menge aller Untergruppen von $G$. Zeige: $(\mathcal{U}(G), \subseteq)$ ist ein Verband (der **Untergruppenverband** von $G$).

14. a) Zeichne ein Hasse–Diagramm des Untergruppenverbandes $(\mathcal{U}(\mathbb{Z}_{12}), \subseteq)$ der Gruppe $(\mathbb{Z}_{12}, +)$.
    b) Zeichne ein Hasse–Diagramm der geordneten Menge $(\{1,2,3,4,6,12\}, |)$ aller Teiler von 12.

15. In welchen der folgenden Fälle ist $\mathcal{C}$ ein Hüllenoperator auf $\mathbb{N}$?
    a) $\mathcal{C}(X) := X \cup (X+1)$, mit $X+1 := \{x+1 \mid x \in X\}$,
    b) $\mathcal{C}(X) := \begin{cases} \emptyset & \text{falls } X \text{ endlich,} \\ \mathbb{N} & \text{sonst,} \end{cases}$

c) $\mathcal{C}(X) := \begin{cases} X & \text{falls } X \text{ endlich,} \\ \mathbb{N} & \text{sonst,} \end{cases}$

d) $\mathcal{C}(X) := \begin{cases} X & \text{falls } 2 \in X, \\ \mathbb{N} & \text{sonst.} \end{cases}$

16. Beweise, daß die Operatoren ( ] und *Conv* in 2.8 tatsächlich Hüllenoperatoren sind.

17. a) Finde im Diagramm in Abbildung 3 den Begriff ($\{\text{aw}\}'$,$\{\text{aw}\}''$).
    b) In welchem Sinn ist die Implikation aw $\Rightarrow$ mj zu verstehen? Welche Merkmale folgen aus $\{\text{an}, \text{mj}\}$ ? Finde im Planetenbeispiel weitere gültige **Merkmalsimplikationen**.

18. Beweise 2.12.

19. Die Schüler aus Aufgabe 4 haben eine Mathematikarbeit geschrieben. Die Tabelle gibt für jeden Schüler an, welche der fünf Aufgaben er korrekt gelöst hat. Finde den zugehörigen Begriffsverband.

| | 1 | 2 | 3 | 4 | 5 |
|---|---|---|---|---|---|
| A | × | | × | × | × |
| B | × | × | | × | × |
| C | × | × | | × | × |
| D | × | | | | |
| E | | × | | | × |
| F | × | × | × | × | × |

20. Sei $V$ ein endlichdimensionaler Vektorraum mit Skalarprodukt $\boldsymbol{x} \cdot \boldsymbol{y}$. Welche Begriffe hat der Kontext $(V, V, \mathrm{I})$ mit $\boldsymbol{a} \, \mathrm{I} \, \boldsymbol{b} :\Leftrightarrow \boldsymbol{a} \cdot \boldsymbol{b} = 0$?

21. Ein **vollständiger Verband** ist ein Verband $(L, \leq)$, in dem zu jeder Teilmenge $B \subseteq L$ (also auch für unendliche Teilmengen) das Supremum $\bigvee B$ und das Infimum $\bigwedge B$ existiert.
    a) Welche der Verbände in 2.5 sind vollständig?
    b) Beweise, daß für jeden Hüllenoperator der Verband der Hüllen ein vollständiger Verband ist (vgl 2.7).

22. Beweise: Für jeden vollständigen Verband $(L, \leq)$ und den Kontext $\mathcal{K} = (L, L, \leq)$ gilt $L \cong L(\mathcal{K})$.

# 3 Boolesche Algebren

Bei den *booleschen Algebren* handelt es sich um Verbände mit zusätzlichen Operationen und zusätzlichen Gleichungen:

**3.1 Definition.** Eine **boolesche Algebra** ist ein Tupel $(B, +, \cdot\,, ', 0, 1)$, bestehend aus einer Menge $B$, zweistelligen Operationen $+$ und $\cdot$ auf $B$, einer einstelligen Operation $'$ auf $B$ und Elementen 0 und 1 von $B$, so daß

(1) $(B, +, \cdot\,)$ ein Verband ist

und außerdem für alle $x, y \in B$ folgendes gilt:

(2) $x \cdot (y+z) = x \cdot y + x \cdot z$ (Distributivität),

(3) $x+0 = x\,,\quad x+1 = 1$ (kleinstes und größtes Element),

(4) $x \cdot x' = 0\,,\quad x+x' = 1$ (Komplemente).

**Anmerkungen.** Anstelle von $\vee$ und $\wedge$ werden in der booleschen Algebra die Symbole $+$ und $\cdot$ verwendet. Dadurch werden die umfangreichen Rechnungen übersichtlicher. Wie schon in anderen Fällen wird $xy$ für $x{\cdot}y$ geschrieben und „Punktrechnung vor Strichrechnung" ausgeführt. Mit den Verbandsaxiomen sowie (3) folgt die zu (3) duale Regel:

(3′) $x \cdot 1 = x\,,\quad x \cdot 0 = 0\,.$

Der zu einer booleschen Algebra gehörende Verband ist distributiv, hat 0 als kleinstes und 1 als größtes Element, und jedes $x$ hat $x'$ als Komplement. Aus den Gleichungen in 3.1 lassen sich weitere Gleichungen und Eigenschaften boolescher Algebren herleiten:

**3.2 Bemerkungen.** *Sei* $(B, +, \cdot\,, ', 0, 1)$ *eine boolesche Algebra. Für alle* $x, y, z \in B$ *gilt dann:*

*a)* $x+yz = (x+y)(x+z)$ *(duale Distributivität),*

*b)* $xy = 0\,,\ x+y=1 \implies y = x'$ *(Eindeutigkeit der Komplemente),*

*c)* $(x+y)' = x'y'\,,\quad (xy)' = x'+y'$ *(de Morgansche Gesetze),*

*d)* $x'' = x\,,\quad 0' = 1\,,\quad 1' = 0\,.$

**Beweis.** a) Die Verbandsaxiome und 3.1(2) liefern

$$(x+y)(x+z) = (x+y)x + (x+y)z = x + xy + xz + yz = x + yz\,.$$

b) Offenbar gilt $x(x'+y) = xx' + xy = 0+0 = 0$. Deshalb und wegen $y \leq x'+y$ erhält man

$$x'+y = 1(x'+y) = (x+y)(x'+y) = x(x'+y) + y(x'+y) = 0+y = y\,.$$

Ganz ähnlich ergibt sich $x'+y = x'$, insgesamt also $y = x'$.

c) Für den Nachweis der ersten Gleichung genügt es wegen b), $x'y'(x+y) = 0$ und $x'y'+(x+y) = 1$ zu zeigen. Dafür wird u.a. Distributivität bzw. duale Distributivität verwendet:

$$x'y'(x+y) = x'y'x+x'y'y = y'0+x'0 = 0+0 = 0$$
$$x'y'+(x+y) = (x'+(x+y))(y'+(x+y)) = (1+y)\cdot(1+x) = 1+1 = 1\,.$$

Die zweite Gleichung beweist man dual (mit + und · vertauscht).

d) Sowohl $x$ als auch $x'' = (x')'$ sind Komplemente von $x'$. Mit b) folgt $x = x''$. Ebenfalls mit b) folgt $0'=1$ und $1'=0$. □

**3.3 Beispiele.** a) Mit den folgendermaßen definierten Operationen erhält man eine boolesche Algebra $B_2 := (\{0,1\},+,\cdot,{}',0,1)$:

| + | 0 | 1 |
|---|---|---|
| 0 | 0 | 1 |
| 1 | 1 | 1 |

| · | 0 | 1 |
|---|---|---|
| 0 | 0 | 0 |
| 1 | 0 | 1 |

| $x$ | 0 | 1 |
|---|---|---|
| $x'$ | 1 | 0 |

b) Das Hasse–Diagramm in Abbildung 4 zeigt eine boolesche Algebra mit acht Elementen.

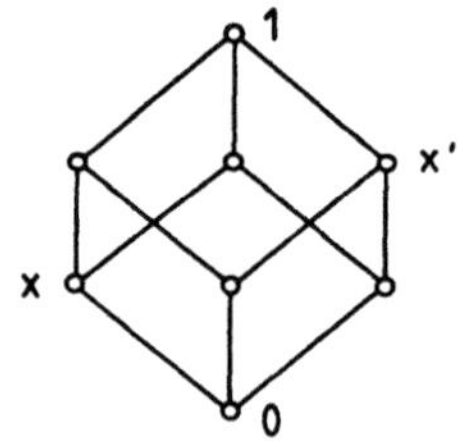


Abb. 4

c) Für jede Menge $A$ ist $(\mathcal{P}(A),\cup,\cap,\overline{\phantom{x}},\emptyset,A)$ eine boolesche Algebra (die **Potenzmengenalgebra** auf $A$). Dabei werden die üblichen mengentheoretischen Operationen verwendet, also z.B. die Komplementbildung $\overline{X} = A\backslash X$.

d) Sei $A$ eine Menge und $\mathcal{P}_e(A) := \{X \subseteq A \mid X \text{ oder } \overline{X} \text{ ist endlich}\}$. Dann ist $(\mathcal{P}_e(A),\cup,\cap,\overline{\phantom{x}},\emptyset,A)$ eine boolesche Algebra.

Die Potenzmengenalgebren sind „typische“ boolesche Algebren. Es wird sogar gezeigt (in 3.8), daß alle *endlichen* booleschen Algebren von dieser Form sind, natürlich nur bis auf Isomorphie:

**3.4 Definition.** Zwei boolesche Algebren $(B,+,\cdot,{}',0,1)$ und $(C,+,\cdot,{}',0,1)$ heißen **isomorph**, falls es eine bijektive Abbildung $\varphi\colon B \to C$ gibt, so daß für alle $x, y \in B$ folgendes gilt:

$$\varphi(x+y) = \varphi(x)+\varphi(y)\,, \quad \varphi(xy) = \varphi(x)\varphi(y)\,,$$
$$\varphi(x') = (\varphi(x))', \quad \varphi(0) = 0\,, \quad \varphi(1) = 1\,.$$

Man nennt $\varphi$ dann einen **Isomorphismus** von $(B,+,\cdot\,,{}',0,1)$ auf $(C,+,\cdot\,,{}',0,1)$.

**Anmerkung.** In dieser Definition sind die Bedingungen $\varphi(0) = 0$ und $\varphi(1) = 1$ überflüssig; sie ergeben sich aus den anderen Bedingungen.

In jeder booleschen Algebra sind $+$ und $\cdot$ Verbandsoperationen. Durch die zugehörige (Verbands-) Ordnung $\leq$ sind $+$ und $\cdot$ bereits festgelegt (vgl. 2.4b), und wegen 3.2b ist durch $\leq$ auch die Komplementbildung eindeutig bestimmt. Deshalb können Isomorphismen zwischen booleschen Algebren auch ordnungstheoretisch definiert werden:

**3.5 Bemerkung.** *Eine Abbildung $\varphi: B \to C$ ist genau dann ein Isomorphismus der booleschen Algebren $(B,+,\cdot\,,{}',0,1)$ und $(C,+,\cdot\,,{}',0,1)$, wenn $\varphi$ ein (Ordnungs-) Isomorphismus der zugehörigen geordneten Mengen $(B,\leq)$ und $(C,\leq)$ ist.*

**3.6 Definition.** In einer booleschen Algebra $B$ wird jeder obere Nachbar von 0 ein **Atom** genannt. Die Menge aller Atome wird mit $\mathrm{At}(B)$ bezeichnet.

**3.7 Hilfssatz.** *Für jedes Element $b$ einer endlichen booleschen Algebra $B$ gilt:*

$$b = \sum \{a \in \mathrm{At}(B) \mid a \leq b\}\,.$$

**Beweis.** Die (mit $+$ gebildete) Summe ist nichts anderes als das Supremum bzgl. $\leq$. Sei $c := \sum \{a \in \mathrm{At}(B) \mid a \leq b\}$. Trivialerweise gilt $c \leq b$. Werde jetzt $c < b$ angenommen. Wegen

$$bc'+c = bc'+bc = b(c+c') = b\cdot 1 = b$$

folgt $bc' > 0$. Da $B$ endlich ist, gibt es nur endlich viele Elemente kleiner gleich $bc'$, und unter diesen Elementen befindet sich mindestens ein Atom $x$. Wegen $x \leq bc'$ gilt einerseits $x \leq c'$, und andererseits gilt $x \leq b$ und deshalb $x \leq c$. Insgesamt ergibt sich $x \leq cc' = 0$, ein Widerspruch. Also ist $c < b$ nicht möglich, und es gilt tatsächlich $c = b$. □

**3.8 Darstellungssatz.** *Sei $B$ eine endliche boolesche Algebra. Dann ist durch*

$$\varphi(b) := \{a \in \mathrm{At}(B) \mid a \leq b\}$$

*ein Isomorphismus von $B$ auf die Potenzmengenalgebra $\mathcal{P}(\mathrm{At}(B))$ gegeben.*

**Beweis.** In 3.7 wurde bereits $b = \sum \varphi(b)$ für alle $b \in B$ gezeigt. Deshalb ist $\varphi$ injektiv. Die Surjektivität ergibt sich folgendermaßen: Sei eine Menge $A = \{a_1, \ldots, a_k\}$ von Atomen gegeben. Für $b := \sum A$ gilt offenbar $\varphi(b) \supseteq A$. Werde jetzt angenommen, daß es ein Element $x \in \varphi(b) \setminus A$ gibt. Für jedes $a_i \in A$ gilt dann $xa_i = 0$ (wegen $x \notin A$ scheidet die zweite Möglichkeit $xa_i = a_i$ aus). Damit folgt

$$x = xb = x(a_1 + \ldots + a_k) = xa_1 + \ldots + xa_k = 0\,,$$

ein Widerspruch. Also gilt $\varphi(b) = A$, d.h. $\varphi$ ist surjektiv. Es bleibt zu zeigen, daß $\varphi$ und $\varphi^{-1}$ ordnungserhaltend sind. Für $\varphi$ ist dies völlig offensichtlich. Die Umkehrabbildung ist durch $\varphi^{-1}(A) = \sum A$ gegeben, und für $A_1, A_2 \subseteq \mathrm{At}(B)$ mit $A_1 \subseteq A_2$ folgt sofort $\varphi^{-1}(A_1) = \sum A_1 \leq \sum A_2 = \varphi^{-1}(A_2)$. Wegen 3.5 ist $\varphi$ damit als Isomorphismus nachgewiesen. □

Erstaunlicherweise ist eine so simple Struktur wie die zweielementige boolesche Algebra $B_2$ (siehe 3.3a) für die Anwendungen und auch für die Theorie der booleschen Algebren besonders wichtig. Dies hat damit zu tun, daß man sich für die Operationen interessiert, die aus den booleschen Operationen zusammengebaut werden können:

**3.9 Definition.** Sei $X$ eine Menge von Variablen. Jeder Ausdruck, der sich durch (eventuell wiederholte) Anwendung der folgenden Regeln bilden läßt, wird (**boolescher**) **Term** genannt:

(1) Jede Variable $x \in X$ ist ein boolescher Term; außerdem sind die Symbole 0 und 1 boolesche Terme.

(2) Sind $t$ und $u$ boolesche Terme, dann sind auch die Ausdrücke $t+u$, $t \cdot u$ und $t'$ boolesche Terme.

Die Terme sind genau die aus den Variablen und den booleschen Operationen (inklusive den Konstanten) „sinnvoll" gebildeten Ausdrücke. Beispiele über $X = \{x_1, x_2, x_3\}$:

$$x_2+1\,, \qquad (x_1x_3')''', \qquad ((x_1x_2'+x_3)'x_1+x_2')'\,.$$

Für einen Term schreibt man oft $t(x_1, \ldots, x_n)$, um anzudeuten, daß alle in $t$ vorkommenden Variablen in $\{x_1, \ldots, x_n\}$ enthalten sind. In einer booleschen Algebra liefert jeder Term $t(x_1, \ldots, x_n)$ eine $n$-stellige Operation auf $B$: Für die Variablen $x_1, \ldots, x_n$ werden Elemente $b_1, \ldots, b_n \in B$ eingesetzt, und der resultierende Ausdruck wird dann in $B$ ausgewertet. Die auf diese Weise entstehende **boolesche Funktion** wird mit $t_B(x_1, \ldots, x_n)$ bezeichnet. Für den Term $t(x_1, x_2, x_3) = ((x_1x_2'+x_3)'x_1+x_2')'$ ergeben sich in der zweielementigen booleschen Algebra $B_2$ beispielsweise die folgenden Funktionswerte (der Leser möge die restlichen fünf Funktionswerte berechnen):

$$t_{B_2}(0,0,0) = 0\,, \qquad t_{B_2}(0,0,1) = 0\,, \qquad t_{B_2}(0,1,0) = 1\,, \quad \ldots\ .$$

Es soll jetzt die aus Sicht vieler Anwendungen wichtige Tatsache gezeigt werden, daß *alle* Operationen auf $\{0,1\}$ als boolesche Funktionen dargestellt werden können. Um das allgemeine Prinzip zu verstehen, genügt es, ein Beispiel zu betrachten: Sei $f(x_1,x_2,x_3)$ die dreistellige Operation mit der angegebenen Wertetabelle. Es

| $x_1$ | $x_2$ | $x_3$ | $f(x_1,x_2,x_3)$ | |
|---|---|---|---|---|
| 0 | 0 | 0 | 1 | $\to\ x_1'x_2'x_3'$ |
| 0 | 0 | 1 | 1 | $\to\ x_1'x_2'x_3$ |
| 0 | 1 | 0 | 0 | |
| 0 | 1 | 1 | 0 | |
| 1 | 0 | 0 | 1 | $\to\ x_1x_2'x_3'$ |
| 1 | 0 | 1 | 0 | |
| 1 | 1 | 0 | 1 | $\to\ x_1x_2x_3'$ |
| 1 | 1 | 1 | 1 | $\to\ x_1x_2x_3$ |

handelt sich um eine boolesche Funktion, denn es gilt $f = t_{B_2}$ für den Term

$$t(x_1,x_2,x_3) = x_1x_2x_3 + x_1x_2x_3' + x_1x_2'x_3' + x_1'x_2'x_3 + x_1'x_2'x_3' \,.$$

Dies könnte man ganz mechanisch und umständlich nachrechnen. Einfacher und systematischer ist die Überlegung, die rechts neben der Wertetabelle angedeutet ist: Es ergibt sich genau dann der Wert 1 in $t_{B_2}(x_1,x_2,x_3)$, wenn einer der Summanden gleich 1 ist. Jeder Summand ist ein Produkt aller drei Variablen, von denen jede entweder komplementiert oder unkomplementiert auftritt. Alle Faktoren müssen 1 sein, damit das Produkt 1 ergibt. So gilt z.B. $x_1x_2x_3=1$ genau für $x_1=x_2=x_3=1$, und $x_1x_2x_3'=1$ genau für $x_1=x_2=1$ und $x_3=0$ (siehe die beiden untersten Zeilen in der Wertetabelle). Insgesamt entspricht jede 1 auf der rechten Seite der Wertetabelle einem Summanden von $t$. Dies funktioniert natürlich ganz allgemein, wie schon 1921 von Post beobachtet wurde:

**3.10 Entwicklungssatz.** *Alle Operationen auf $\{0,1\}$ sind boolesche Funktionen: Ist $f(x_1,\dots,x_n)$ eine Operation auf $\{0,1\}$ von Stelligkeit $n\geq 1$, dann gilt $f=t_{B_2}$ für den Term*

$$t(x_1,\dots,x_n) := \sum_{(a_1,\dots,a_n)\,\in\, T(f)} x_1^{a_1}\cdot\ldots\cdot x_n^{a_n}.$$

*Dabei sei $T(f) := \{(a_1,\dots,a_n)\in\{0,1\}^n \mid f(a_1,\dots,a_n)=1\}$ (der **Träger** von $f$) und $x^1 := x$, $x^0 := x'$. Das Summenzeichen steht für die Summenbildung mit $+$ (im Fall $T(f)=\emptyset$ sei die Summe gleich 0).*

Da aus den Operationen $+,\cdot,'$ von $B$ alle Operationen auf $\{0,1\}$ „zusammengebaut“ werden können, wird die Menge $\{+,\cdot,'\}$ **vollständig** genannt. Alle drei Operationen werden dafür gar nicht benötigt:

**3.11 Bemerkung.** *a) Die Operationenmengen* $\{+,{}'\}$ *und* $\{\cdot,{}'\}$ *sind vollständig auf* $\{0,1\}$.

*b) Die Operation* $\uparrow$ *auf* $\{0,1\}$ *sei definiert durch* $x \uparrow y := x'+y'$. *Dann ist* $\{\uparrow\}$ *vollständig.*

**Beweis.** a) In allen booleschen Algebren (insbesondere also in $B_2$) gilt die Gleichung $x \cdot y = (x'+y')'$. Also erhält man $\cdot$ aus $+$ und $'$, und die Vollständigkeit von $\{+,{}'\}$ folgt aus der von $\{+,\cdot,{}'\}$. Die Vollständigkeit von $\{\cdot,{}'\}$ zeigt man analog.

b) Übungsaufgabe. □

Die im Zusammenhang mit dem Entwicklungssatz angestellten Überlegungen erlauben weitere Folgerungen über boolesche Terme und die Gültigkeit von *Gleichungen*. Zunächst soll an einem Beispiel gezeigt werden, daß jeder boolesche Term durch Anwendung der Gleichungen aus 3.1 (inklusive den Verbandsgleichungen aus 2.2) in eine ganz spezielle Form gebracht werden kann. Da es sich nach jeder Umformung um einen anderen Term handelt, wird hier zur genaueren Unterscheidung $\equiv$ statt $=$ geschrieben:

$$\begin{aligned}
t(x_1,x_2,x_3) &= ((x_1x_2'+x_3)'x_1+x_2')' \\
&\equiv ((x_1x_2'+x_3)'x_1)'x_2 \\
&\equiv ((x_1x_2'+x_3)+x_1')x_2 \\
&\equiv x_2x_3 + x_1'x_2 \\
&\equiv (x_1+x_1')x_2x_3 + x_1'x_2(x_3+x_3') \\
&\equiv x_1x_2x_3 + x_1'x_2x_3 + x_1'x_2x_3' .
\end{aligned}$$

Auf diese Weise erhält man für jeden Term schließlich eine Summe, die aus unterschiedlichen Produkten der Form $x_1^{a_1}\cdot\ldots\cdot x_n^{a_n}$ besteht. Diese Summe wird die **disjunktive Normalform** von $t$ genannt. Sie ist durch die zugehörige Termfunktion $t_{B_2}$ sogar eindeutig festgelegt (bis auf die Reihenfolge der Summanden; siehe 3.10). Also gilt:

**3.12 Satz.** *Zu jedem booleschen Term* $t(x_1,\ldots,x_n)$ *gibt es genau eine Teilmenge* $A \subseteq \{0,1\}^n$, *so daß*

$$t(x_1,\ldots,x_n) \equiv \sum_{(a_1,\ldots,a_n)\in A} x_1^{a_1}\cdot\ldots\cdot x_n^{a_n}$$

*eine in allen booleschen Algebren gültige Gleichung ist.*

**3.13 Satz.** *Für beliebige boolesche Terme* $s(x_1,\ldots,x_n)$ *und* $t(x_1,\ldots,x_n)$ *sind die folgenden Aussagen äquivalent:*

*(i) Die Gleichung* $s(x_1,\ldots,x_n) \equiv t(x_1,\ldots,x_n)$ *gilt in allen booleschen Algebren,*

*(ii) die Gleichung $s(x_1, \ldots, x_n) \equiv t(x_1, \ldots, x_n)$ gilt in der zweielementigen booleschen Algebra $B_2$,*

*(iii) $s(x_1, \ldots, x_n)$ und $t(x_1, \ldots, x_n)$ haben dieselbe disjunktive Normalform.*

**Beweis.** (i) $\Rightarrow$ (ii) ist trivial.

(ii) $\Rightarrow$ (iii) : Die Gültigkeit von $s \equiv t$ in $B_2$ bedeutet $s_{B_2} = t_{B_2}$ für die zugehörigen booleschen Funktionen. Dies ist nur möglich, wenn $s$ und $t$ dieselbe disjunktive Normalform haben (siehe 3.10).

(iii) $\Rightarrow$ (i) : Sei $d$ die disjunktive Normalform von $s$ und von $t$. Dann gelten die Gleichungen $s \equiv d$ und $t \equiv d$ in allen booleschen Algebren, und deshalb gilt auch $s \equiv t$. □

**Anmerkung.** Ab sofort werden Terme $s$ und $t$ **äquivalent** genannt, wenn sie eine (und damit jede) Bedingung aus 3.13 erfüllen, und es wird dafür $s \equiv t$ geschrieben.

Elektronische Schaltkreise kommen in großer Zahl und in komplexer Form in jedem Mikroprozessor und damit auch in jedem Computer und in vielen anderen Geräten vor. Ihre Planung und Konstruktion erfordert spezifische Kenntnisse und Techniken aus der Booleschen Algebra. Zweifellos liegt hier der wichtigste praktische Anwendungsbereich dieses mathematischen Gebietes. Es folgt eine kurze Einführung:

**SCHALTALGEBRA.** Ein **(logischer) Schaltkreis** besteht aus **Schaltgliedern** (auch **Gatter** genannt), wie sie in Abbildung 5 dargestellt sind. Bei Anwendungen in der Elektronik werden die Schaltkreise meist als *Halbleiterbauelemente* realisiert. Jeder „Eingang" (links) und jeder „Ausgang" (rechts) eines Schaltglieds befindet sich jeweils in einem der beiden Zustände 1 oder 0 (elektrische Spannung liegt an oder liegt nicht an). Dabei hängt der Zustand des Ausgangs von den Zuständen der Eingänge ab. Der Zusammenhang wird von den entsprechenden booleschen Funktionen auf $\{0, 1\}$ beschrieben; beispielsweise ergibt sich im OR–Gatter genau dann eine 1, wenn mindestens ein Eingang den Zustand 1 hat.

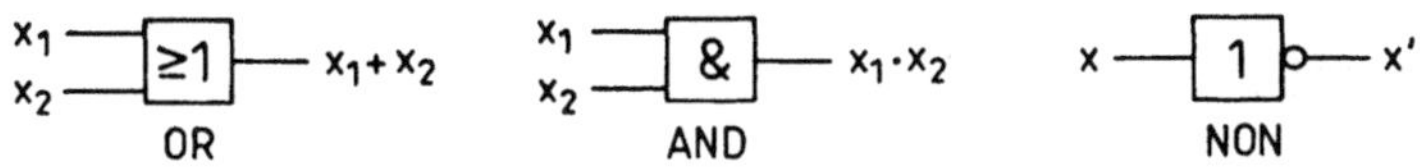


Abb. 5

Aus OR, AND und NON können komplexere Schaltkreise gebildet werden. Die mit diesen Schaltgliedern gebauten Schaltkreise entsprechen genau den booleschen Termen. Da im Schaltkreis mit 0 und 1 gerechnet wird, ergibt sich eine boolesche Funktion.

Als Beispiel ist in Abbildung 6 ein Schaltkreis für binäre Addition angegeben. (Die NON-Glieder werden oft einfach als kleine Kreise an die Eingänge oder Ausgänge anderer Schaltglieder gezeichnet.)

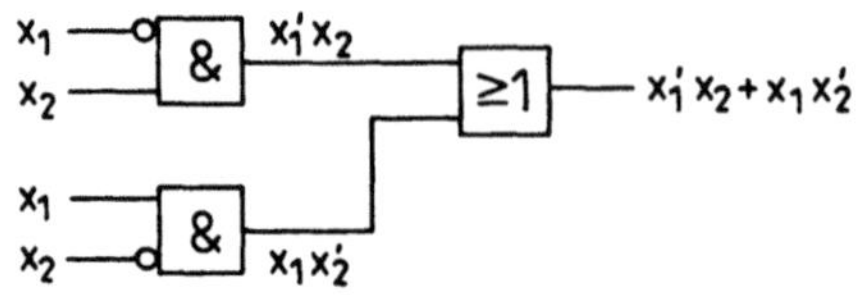


| $x_1$ | $x_2$ | $x_1' x_2 + x_1 x_2'$ |
|---|---|---|
| 0 | 0 | 0 |
| 0 | 1 | 1 |
| 1 | 0 | 1 |
| 1 | 1 | 0 |

Abb. 6

Natürlich ist die in 3.10 formulierte Tatsache hier von größter Wichtigkeit:

| Jede Operation auf $\{0, 1\}$ ist durch einen Schaltkreis darstellbar. |
|---|

In der Praxis werden oft andere und auch komplexere Schaltglieder benutzt. Im ersten Beispiel in Abbildung 7 ergibt sich 1, wenn *genau* ein Eingang gleich 1 ist (es ergibt sich also wieder die binäre Addition), im zweiten Beispiel muß mindestens

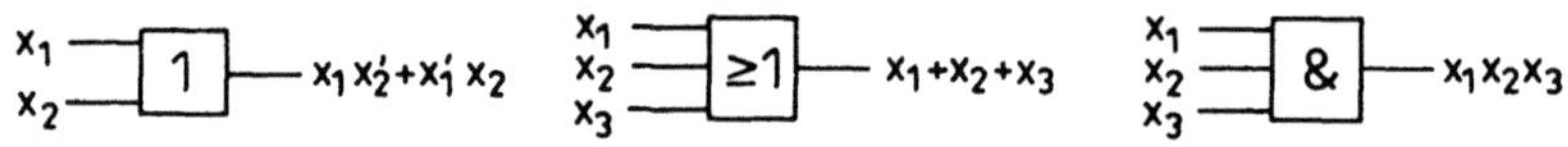


Abb. 7

einer und im dritten Beispiel müssen alle drei Eingänge gleich 1 sein. Unterschiedliche boolesche Terme und damit auch unterschiedliche Schaltkreise können dieselbe Operation auf $\{0, 1\}$ ergeben. Dies trifft z.B. auf die beiden Schaltkreise in Abbildung 8 zu (der Term des ersten Schaltkreises stellt die disjunktive Normalform zum Term des zweiten Schaltkreises dar; vgl. 3.12).

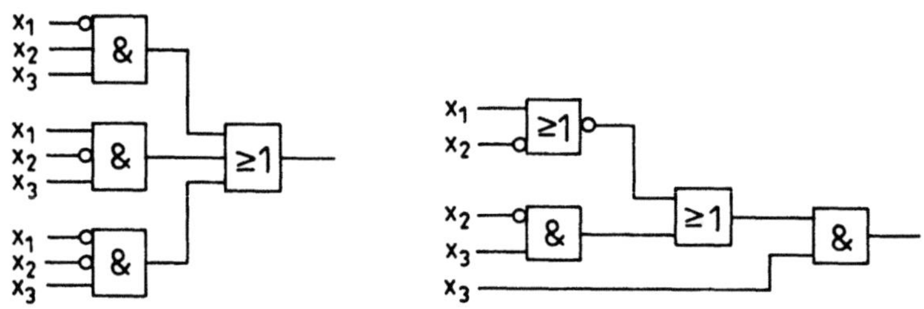


Abb. 8

Gerade aus Sicht der Schaltalgebra ist die Frage wichtig, wie man zu einer gegebenen Operation auf $\{0, 1\}$ einen möglichst einfachen booleschen Term (= Schaltkreis) findet, der die Operation als boolesche Funktion hat. Was unter „einfach" zu verstehen ist, hängt von verschiedenen Faktoren ab, beispielsweise den zur Verfügung stehenden Bausteinen (Schaltgliedern) und anderen technischen Erfordernissen, aber auch von den entstehenden Kosten. Anhand eines Beispiels und ohne Beweise wird ein Verfahren zur Term–Minimierung vorgestellt, das in den frühen 50er Jahren von Quine und McCluskey entwickelt wurde:

**MINIMIERUNG VON TERMEN.** Es werden nur **Summen von Produkten** betrachtet, d.h. boolesche Terme der Form $s = s_1 + \ldots + s_l$, wobei jedes $s_i$ ein Produkt von Variablen oder komplementierten Variablen ist (und jede Variable in $s_i$ höchstens einmal vorkommt). Also muß als erstes der Ausgangsterm durch Ausmultiplizieren in eine Summe von Produkten umgeformt werden. Der folgende Term dient als Beispiel; er hat bereits die gewünschte Form:

$$s(x_1, x_2, x_3, x_4) := \underbrace{x_1x_2x_3'}_{s_1} + \underbrace{x_1x_2x_4}_{s_2} + \underbrace{x_1'x_3}_{s_3} + \underbrace{x_2x_3}_{s_4} + \underbrace{x_2'x_3'x_4}_{s_5}.$$

Zur Minimierung von $s$ muß zweierlei durchgeführt werden:

1. Bestimmung der Primimplikanten von $s$,
2. Entfernen überflüssiger Primimplikanten.

Dabei ist ein **Primimplikant** von $s$ ein Produkt $p$ aus (eventuell komplementierten) Variablen, so daß $s + p \equiv s$ gilt, aber kein Teilprodukt von $p$ diese Eigenschaft hat.

**3.14 Bestimmung der Primimplikanten.** Es wird der o.a. Term $s$ bearbeitet. Im Produkt $s_1s_5$ gibt es genau eine Variable, nämlich $x_2$, die komplementiert *und* unkomplementiert vorkommt. Läßt man $x_2$ und $x_2'$ in $s_1s_5$ weg und schreibt $x_3'$ nur einmal, dann ergibt sich die **Verschmelzung** $x_1x_3'x_4$ von $s_1$ und $s_5$:

(1) $s_6 := x_1x_3'x_4$ wird zu $s$ addiert (Verschmelzung von $s_1, s_5$).

Es gilt $s_1+s_5 \equiv s_1+s_5+s_6$ (dies gilt allgemein, denn für je zwei Terme $t_1, t_2$ und jede Variable $x$ gilt $xt_1 + x't_2 \equiv xt_1 + x't_2 + t_1t_2$). Deshalb ergibt sich mit $s+s_6$ ein zu $s$ äquivalenter Term. Es wird mit dem neuen Term fortgefahren. Die Verschmelzung von (beispielsweise) $s_1$ und $s_3$ existiert nicht, denn in $s_1s_3$ sind $x_1, x_1'$ *und* $x_3, x_3'$ enthalten. Die Verschmelzung von $s_2$ und $s_3$ existiert und ist $x_2x_3x_4$, sie wird aber nicht addiert, da sie $s_4$ als Faktor enthält und deshalb nicht benötigt wird ($x_2x_3 + x_2x_3x_4 \equiv x_2x_3$). Aber die Verschmelzung $x_1x_2$ von $s_1$ und $s_4$ kann addiert werden; anschließend können $s_1$ und $s_2$ gelöscht werden, da sie $x_1x_2$ als Faktor enthalten. Schließlich wird noch die Verschmelzung von $s_3$ und $s_5$ addiert.

(2) $s_7 := x_1x_2$ wird addiert (Verschmelzung von $s_1, s_4$),

(3) $s_1$, $s_2$ werden gelöscht (enthalten $s_7$ als Faktor),

(4) $s_8 := x_1'x_2'x_4$ wird addiert (Verschmelzung von $s_3, s_5$).

Jetzt kann keine dieser Operationen mehr durchgeführt werden. Der resultierende Term ist zu $s$ äquivalent:

$$s(x_1,x_2,x_3,x_4) \equiv \underbrace{x_1'x_3}_{s_3} + \underbrace{x_2x_3}_{s_4} + \underbrace{x_2'x_3'x_4}_{s_5} + \underbrace{x_1x_3'x_4}_{s_6} + \underbrace{x_1x_2}_{s_7} + \underbrace{x_1'x_2'x_4}_{s_8} \; .$$

Die Summanden dieses Terms sind genau die Primimplikanten von $s$. Dieser Sachverhalt gilt allgemein; einen Beweis findet man an verschiedenen Stellen in der Literatur.

**3.15 Entfernen überflüssiger Primimplikanten.** Ob ein Summand $s_i$ überflüssig ist, kann mit Hilfe einer Tabelle getestet werden, die für das Beispiel folgendermaßen aussieht:

| | $x_1'x_3$ | $x_2x_3$ | $x_2'x_3'x_4$ | $x_1x_3'x_4$ | $x_1x_2$ | $x_1'x_2'x_4$ |
|---|---|---|---|---|---|---|
| $s_3$: $x_1'x_3$ | — | $x_2$ | 0 | 0 | 0 | $x_2'x_4$ |
| $s_4$: $x_2x_3$ | $x_1'$ | — | 0 | 0 | $x_1$ | 0 |
| $s_5$: $x_2'x_3'x_4$ | 0 | 0 | — | $x_1$ | 0 | $x_1'$ |
| $s_6$: $x_1x_3'x_4$ | 0 | 0 | $x_2'$ | — | $x_2$ | 0 |
| $s_7$: $x_1x_2$ | 0 | $x_3$ | 0 | $x_3'x_4$ | — | 0 |
| $s_8$: $x_1'x_2'x_4$ | $x_3$ | 0 | $x_3'$ | 0 | 0 | — |

Der Eintrag an der Stelle $(s_i, s_j)$ entsteht, indem alle Faktoren (also $x_k$ oder $x_k'$) von $s_i$ gleich 1 gesetzt und in $s_j$ eingesetzt werden. Beispiel: $s_3 = x_1'x_3$, also $x_1' = x_3 = 1$, in $s_4 = x_2x_3$ eingesetzt ergibt $x_2 \cdot 1 = x_2$.

Ein Summand $s_i$ ist genau dann überflüssig für $s$, wenn er für die boolesche Funktion $s_{B_2}$ überflüssig ist (siehe 3.13). Das ist offenbar genau dann der Fall, wenn die Summe der von $s_i$ verschiedenen Summanden den Wert 1 annimmt, sobald $s_i$ den Wert 1 hat, also wenn die Summe der Einträge in Zeile $s_i$ äquivalent zu 1 ist.

Im Beispiel ist jeder der Summanden $s_4, s_5, s_6, s_8$ überflüssig. In jedem Schritt darf aber nur ein Summand entfernt werden, und es kann auf die Reihenfolge ankommen: Wird zuerst $s_5$ entfernt, dann wird auch die zugehörige Spalte gestrichen. Die Summe der Einträge in Zeile $s_6$ bzw. Zeile $s_8$ ergibt nicht mehr 1, so daß anschließend nur noch $s_4$ entfernt werden kann. Eine bessere Möglichkeit besteht darin, $s_4, s_6$ und $s_8$ zu entfernen. Es ergibt sich die folgende *irredundante Darstellung* von $s$ mit 3 Summanden und insgesamt 7 Variablen:

$$s(x_1,x_2,x_3,x_4) \equiv \underbrace{x_1'x_3}_{s_3} + \underbrace{x_2'x_3'x_4}_{s_5} + \underbrace{x_1x_2}_{s_7} \; .$$

Diese Darstellung von $s$ ist in folgendem Sinn *minimal* (ohne Beweis):

**3.16 Satz.** *Keine zu einem booleschen Term $s$ äquivalente Summe von Produkten hat weniger Summanden* und *weniger Variablen als eine mit dem mit oben beschriebenem Quine-McCluskey-Verfahren gefundene Summe von Produkten.*

Die Beschränkung auf Summen von Produkten ist recht willkürlich. Häufig gibt es zu einem gegebenen Term kleine äquivalente Terme ganz anderer Bauart. Es sind aber keine allgemeinen Resultate in eine solche Richtung bekannt. Die Summen von Produkten haben immerhin den Vorteil, daß sie als sehr einfach aufgebaute Schaltkreise realisiert werden können; siehe z.B. Abbildung 8 (links).

Als der englische Mathematiker G. Boole in der Mitte des 19. Jahrhunderts einen Kalkül für die „Gesetze des Denkens" entwarf, begründete er damit das später nach ihm benannte Gebiet der *Booleschen Algebra.* Diese erste Anwendung steht hier am Schluß:

**AUSSAGENLOGIK.** Natürlich ist es, jedenfalls meistens, nicht die Aufgabe der Mathematik, den Inhalt umgangssprachlicher Aussagen zu bewerten. Sie kann aber Regeln angeben, wie solche Aussagen zueinander in Beziehung stehen. Es wird davon ausgegangen, daß jede **Aussage** entweder „wahr" oder „falsch" ist. Andere umgangssprachliche Möglichkeiten (wie z.B. „stimmt so einigermaßen" oder „völlig falsch") werden nicht berücksichtigt. Aus zwei Aussagen $A$ und $B$ können neue Aussagen zusammengesetzt werden:

| | | |
|---|---|---|
| $A \vee B$ | „$A$ oder $B$" | wahr genau dann, wenn mindestens eine der Aussagen $A$ und $B$ wahr ist, |
| $A \wedge B$ | „$A$ und $B$" | wahr genau dann, wenn $A$ und $B$ beide wahr sind, |
| $\neg A$ | „nicht $A$" | wahr genau dann, wenn $A$ falsch ist. |

Setzt man 1 für „wahr" und 0 für „falsch", dann ergeben sich die folgenden Wertetabellen:

| $A$ | $B$ | $A \vee B$ | $A \wedge B$ |
|---|---|---|---|
| 0 | 0 | 0 | 0 |
| 0 | 1 | 1 | 0 |
| 1 | 0 | 1 | 0 |
| 1 | 1 | 1 | 1 |

| $A$ | $\neg A$ |
|---|---|
| 0 | 1 |
| 1 | 0 |

Mit den **Wahrheitswerten** von Aussagen wird also genauso wie in der zweielementigen booleschen Algebra gerechnet. In der Logik werden weitere Grundoperationen betrachtet. Ein Beispiel ist:

| | | |
|---|---|---|
| $A \to B$ | „wenn $A$ dann $B$" | wahr genau dann, wenn $A$ falsch oder $B$ wahr ist. |

Die Aussage $A \to B$ wird üblicherweise als Abkürzung für $\neg A \vee B$ aufgefaßt (denn beide Aussagen haben dieselben Wahrheitswerte).

**3.17 Beispiel.** Mit den Aussagen

$$A\colon \text{ die Katze schreit,}$$
$$B\colon \text{ der Mond scheint}$$

hat $A \to B$ den Wahrheitswert 1, außer im Fall, daß die Katze schreit, aber der Mond nicht scheint. Man beachte: Auf einen „inneren" Zusammenhang zwischen $A$ und $B$ kommt es bei der Beurteilung des Wahrheitswerts von $A \to B$ (oder jeder anderen aus $A$ und $B$ zusammengesetzten Aussage) nicht an.

Genaugenommen werden häufig keine Aussagen, sondern **Aussageformen** betrachtet, d.h. boolesche Terme, die üblicherweise mit $\vee, \wedge, \neg$ anstelle von $+, \cdot, '$ geschrieben werden. Außerdem wird das Operationssymbol $\to$ benutzt, wobei $s \to t$ als Abkürzung für $\neg s \vee t$ steht. Indem man für die Variablen Aussagen einsetzt, wird aus der Aussageform selbst eine Aussage. Eine Tabelle von Wahrheitswerten (siehe oben) kann nicht für eine konkrete Aussage, sondern immer nur für eine Aussageform aufgestellt werden; es handelt sich um die Wertetabelle der zugehörigen booleschen Funktion.

Es werden dieselben Bezeichnungsweisen benutzt wie schon zuvor: Zwei Aussageformen $s$ und $t$ heißen **äquivalent**, in Zeichen $s \equiv t$, falls $s_{B_2} = t_{B_2}$ gilt (d.h. falls sie dieselben Wahrheitswert–Tabellen haben). Oft sucht man zu einer Aussageform eine äquivalente Aussageform, die einfacher aufgebaut ist:

**3.18 Beispiel.** Im Reisebüro schildert ein Kunde seine Wünsche für eine Urlaubsreise: „Wenn der Urlaubsort am Meer liegt, dann dürfen auf keinen Fall Berge in der Nähe sein. An einem Urlaubsort ohne Meer und ohne Berge muß sich unbedingt ein Schwimmbad befinden. Und noch etwas: Wenn es dort kein Meer und kein Schwimmbad gibt, dann geht es nicht ohne Berge!" Verständlicherweise ist der Angestellte des Reisebüros erst etwas verwirrt. Doch dann gelingt es ihm, die Aussagen des Kunden auf folgende Weise zu vereinfachen. Zuerst ordnet er den Eigenschaften des Urlaubsortes Variablen zu:

| | | |
|---|---|---|
| am Meer | — | $x$ |
| in den Bergen | — | $y$ |
| mit Schwimmbad | — | $z$ |

Die Urlaubswünsche ergeben die folgende Aussageform, die anschließend weiter umgeformt wird:

$$\begin{aligned}&(x \to \neg y) \wedge ((\neg x \wedge \neg y) \to z) \wedge ((\neg x \wedge \neg z) \to y)\\ &\quad = (\neg x \vee \neg y) \wedge (\neg(\neg x \wedge \neg y) \vee z) \wedge (\neg(\neg x \wedge \neg z) \vee y)\\ &\quad \equiv \neg(x \wedge y) \wedge (x \vee y \vee z)\end{aligned}$$

Damit weiß der Angestellte: Der Kunde möchte mindestens eine der Eigenschaften „Meer", „Berge" oder „Schwimmbad", aber nicht „Meer" und „Berge" gemeinsam.

## Aufgaben

23. Zeige, daß für jede boolesche Algebra $B$ und alle $x, y \in B$ die folgenden Gleichungen gelten:

    a) $x'y+x = x+y$, b) $(x'+y)'(x+y') = xy'$, c) $((x+y)'+x)' = x'y$.

24. Handelt es sich in den folgenden Beispielen um boolesche Algebren?

    a) $(T_{12}, \text{kgV}, \text{ggT}, ', 1, 12)$ mit $T_{12} := \{1, 2, 3, 4, 6, 12\}$ und $x' := \frac{12}{x}$,

    b) $(T_{30}, \text{kgV}, \text{ggT}, ', 1, 30)$ mit $T_{30} := \{1, 2, 3, 5, 6, 10, 15, 30\}$ und $x' := \frac{30}{x}$.

25. Finde einen booleschen Term $t$, der die folgende Operation $f$ als boolesche Funktion hat:

| $x_1$ | $x_2$ | $x_3$ | $f(x_1, x_2, x_3)$ |
|---|---|---|---|
| 0 | 0 | 0 | 0 |
| 0 | 0 | 1 | 1 |
| 0 | 1 | 0 | 0 |
| 0 | 1 | 1 | 0 |
| 1 | 0 | 0 | 1 |
| 1 | 0 | 1 | 0 |
| 1 | 1 | 0 | 1 |
| 1 | 1 | 1 | 1 |

26. a) Schreibe den booleschen Term $t(x_1, x_2, x_3) = (x_1+x_2')(x_1+x_3')$ in disjunktiver Normalform.

    b) Zu jedem booleschen Term $t(x_1, \ldots, x_n)$ gibt es auch eine **konjunktive Normalform**, d.h. ein zu $t$ äquivalentes Produkt, das aus unterschiedlichen Faktoren der Form $x_1^{a_1} + \ldots + x_n^{a_n}$ besteht. Finde die konjunktive Normalform zu dem Term aus a).

27. Beweise 3.11b.

*28. Ein kommutativer unitärer Ring $(R, +, \cdot)$ heißt **boolescher Ring**, falls zusätzlich $x \cdot x = x$ für alle $x \in R$ gilt. Beweise:

    a) Sei $(B, +, \cdot, ', 0, 1)$ eine boolesche Algebra und $\triangle$ die durch $x \triangle y := xy' + x'y$ definierte Operation (**symmetrische Differenz**). Dann ist $(B, \triangle, \cdot)$ ein boolescher Ring mit 1 als Einselement und 0 als Nullelement.

    b) Sei $(B, \triangle, \cdot)$ ein boolescher Ring mit Einselement 1 und Nullelement 0. Wie müssen die Operationen $x+y$ und $x'$ definiert werden, so daß $(B, +, \cdot, ', 0, 1)$ eine boolesche Algebra ist, aus der sich $(B, \triangle, \cdot)$ wie in a) zurückgewinnen läßt? **Hinweis:** Man orientiere sich an der symmetrischen Differenz in Potenzmengenalgebren.

29. a) Welcher boolesche Term ist dem folgenden Schaltkreis zugeordnet?

b) Vereinfache den Term und vereinfache entsprechend den Schaltkreis.

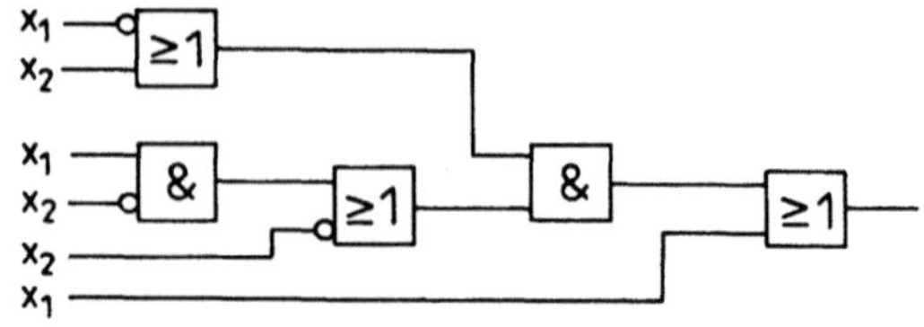


30. Man entwerfe eine „Abstimmungsschaltung": Im Schaltkreis soll sich genau dann 1 ergeben, wenn mindestens zwei der drei Eingaben $x_1, x_2, x_3$ gleich 1 sind.

31. a) Welche der Produktterme $x_1'x_2'x_3$, $x_2'x_3$, $x_3$ sind Primimplikanten von $(x_1'x_2'+x_1)x_3$?

    b) Existiert die Verschmelzung von $x_1x_2'x_3$ und $x_1'x_2'x_4$ bzw. von $x_1x_2'x_3$ und $x_3'x_4$ bzw. von $x_1'x_2x_4$ und $x_3'x_4$?

32. Bestimme für den folgenden Term zuerst die Primimplikanten (3.14) und entferne dann geeignete überflüssige Primimplikanten (3.15), um eine äquivalente minimale Summe von Produkten zu finden:

$$x_1x_2x_3 + x_1x_2x_3' + x_1x_2'x_3' + x_1'x_2'x_3 + x_1'x_2'x_3'.$$

33. Dieselbe Aufgabe für den Term

$$x_1x_2x_3' + x_1x_2'x_3 + x_1x_2'x_3' + x_1'x_2x_3 + x_1'x_2'x_3 + x_1x_2'x_4 + x_1'x_2x_4 + x_2x_3'x_4.$$

34. Zeige, daß die Aussageformen $x \to (y \to z)$ und $y \to (x \to z)$ äquivalent sind.

35. Eine Aussageform $t$ heißt **widersprüchlich**, falls $t \equiv 0$ gilt, und **konsistent** sonst. Eine **Tautologie** ist eine Aussageform $t$ mit $t \equiv 1$. Welche dieser Eigenschaften treffen auf die folgenden Aussageformen zu?

$$(x \to y) \wedge (x \to \neg y)$$
$$(x \to y) \wedge (x \to \neg y) \wedge (\neg x \to y) \wedge (\neg x \to \neg y)$$
$$(x \to y) \vee (x \to \neg y)$$

36. Annette fragt ihre Freundin: „Sag mal, Klara, wo warst du eigentlich gestern abend?" Darauf sagt Klara, die für ihre umständlichen Antworten bekannt ist: „Also, ich war mit Klaus fort oder im Kino oder in der Disco. Vielleicht treffen sogar zwei dieser Dinge zu, aber nicht alle drei. Und wenn ich nicht mit Klaus unterwegs oder nicht im Kino war, dann war ich auch nicht in der Disco. Wenn ich aber mit Klaus weg war oder im Kino, dann war ich außerdem in der Disco ..." Annette hält sich die Ohren zu und ruft lachend: „Das kann gar nicht stimmen!". Wie kommt Annette darauf?

**MINIPROJEKT** „Algebra und Ordnungstheorie in der praktischen Anwendung". Diesmal stelle man sich vor, daß die Abhandlung für ein interessiertes, aber mathematisch nur wenig gebildetes Publikum geschrieben wird (etwa in der Wochenendbeilage einer Tageszeitung). Es soll die Bedeutung abstrakter mathematischer Themen für wichtige praktische Anwendungen klar werden. Dafür bieten sich verschiedene Themen aus Codierungstheorie, Kryptographie und Ordnungstheorie an, wie sie in diesem Buch beschrieben wurden, aber auch ganz andere Themen sind denkbar. Die Darstellungsweise sollte „unmathematisch" sein (also *nicht* nach dem Schema „Definition, Satz, Beweis"), aber trotzdem knapp und prägnant.

# Literaturhinweise

Für den Leser, dessen Interesse an der Ordnungstheorie hier geweckt wurde, sei das Lehrbuch von *B. A. Davey und H. A. Priestley* empfohlen. Ebenfalls empfehlenswert, aber inhaltlich ganz anders ausgerichtet ist das Buch von *M. Erné*. Das Buch von *G. Birkhoff* ist nach wie vor als der „Klassiker" der Verbandstheorie anzusehen. Einen ersten Einblick in die Formale Begriffsanalyse gibt *R. Willes* Artikel. Aus der Fülle der Lehrbücher zur Booleschen Algebra sei das von *H.-P. Gumm und W. Poguntke* und das von *E. Mendelson* besonders erwähnt. Mathematisch wesentlich anspruchsvoller und umfassender ist das von *D. Monk* herausgegebene „Handbook", dessen erster Band von *S. Koppelberg* verfaßt wurde.

G. Birkhoff: *Lattice Theory.* AMS Colloquium Publications vol. 25, Providence, R.I., dritte Ausgabe, zweite Auflage, 1973.

B. A. Davey, H. A. Priestley: *Introduction to lattices and order.* Cambridge University Press, Cambridge, 1990.

M. Erné: *Einführung in die Ordnungstheorie.* Bibliographisches Institut, Mannheim, 1982.

H.-P. Gumm, W. Poguntke: *Boolesche Algebra.* Bibliographisches Institut, Mannheim, 1981.

E. Mendelson: *Theory and problems of boolean algebra and switching circuits.* Schaum's Outline Series, McGraw-Hill, New York, 1970.

J. D. Monk (Hrg.): *Handbook of boolean algebras.* 3 Bände, North-Holland, Amsterdam, 1989.

R. Wille: *Bedeutungen von Begriffsverbänden.* In: B. Ganter, R. Wille, K. E. Wolff (Hrg.), Beiträge zur Begriffsanalyse, Bibliographisches Institut, Mannheim, 1987.

# Kapitel VI

# Ablaufplanung

In diesem Kapitel werden einige typische Fragestellungen aus der *Ablaufplanung* (engl.: *Scheduling*) behandelt und die zugehörigen Algorithmen vorgestellt. Es handelt sich um ein Spezialgebiet der Kombinatorischen Optimierung, in dem in natürlicher Weise geordnete Mengen eine Rolle spielen. Das Ziel ist immer, für eine gewisse Anzahl von Aufgaben („Jobs") die Reihenfolge der Durchführung optimal zu planen. Dabei müssen die vorhandenen Hilfsmittel (Anzahl der vorhandenen „Maschinen" oder „Prozessoren") und noch weitere Bedingungen (wie z.B. „Vorgängerbeziehungen" für die Jobs) beachtet werden. Die in der Ablaufplanung entwickelten Methoden sind für viele praktische Anwendungen in der Projektplanung, der industriellen Fertigung und der Computertechnik von großer Bedeutung.

## 1 Netzplantechnik

Bei der Durchführung umfangreicher Projekte ist es erforderlich, daß die einzelnen Teilaufgaben zeitlich genau aufeinander abgestimmt werden. Besonders häufig wird für die Projektplanung die **Netzplantechnik** verwendet: Es wird vorausgesetzt, daß die zu erledigenden **Jobs** (auch: **Aufgaben, Tätigkeiten**, ...) eine geordnete Menge $(J, \leq)$ bilden. Dabei ist $\leq$ die **Vorgängerrelation** auf $J$ (auch: **Nachfolgerrelation**). Natürlich gilt $i \leq i$ für alle Jobs $i$, so daß nur $<$ erklärt werden muß:

$$i < j \;:\Longleftrightarrow\; \text{der Job } j \text{ kann erst begonnen werden, wenn der Job } i \text{ beendet ist.}$$

Außerdem ist jedem Job $i$ eine (positive reelle) Zahl zugeordnet, nämlich die **Dauer** $d(i)$ von $i$. Um das folgende Berechnungsverfahren leichter beschreiben zu können, wird die Menge $J$ um ein zusätzliches größtes Element $\infty$ erweitert. Zuerst wird für jedes $i \in J \cup \{\infty\}$ der **frühestmögliche Anfangszeitpunkt** $t(i)$ berechnet. Wie üblich steht $k \prec i$ für „$k$ ist unterer Nachbar von $i$". Offenbar gilt:

$$(1) \qquad t(i) = \begin{cases} 0 & \text{falls } i \text{ minimal bzgl. } \leq, \\ \max\{t(k) + d(k) \mid k \prec i\} & \text{sonst.} \end{cases}$$

Dieses Gleichungssystem kann rekursiv gelöst werden: Man kann $t(i)$ berechnen, wenn alle direkten Vorgänger von $i$ abgearbeitet sind. Die **Mindestdauer** des gesamten Projekts beträgt also $T = t(\infty)$. Wenn diese Dauer eingehalten werden soll, dann erfüllen die **spätestmöglichen Anfangszeitpunkte** $T(i)$ für die Jobs $i$ das folgende ebenfalls rekursiv lösbare Gleichungssystem:

$$(2) \qquad T(i) = \begin{cases} T & \text{für } i = \infty\,, \\ \min\{T(j) - d(i) \mid i \prec j\} & \text{sonst.} \end{cases}$$

Mit Job $i$ muß innerhalb einer Zeitspanne der Länge $m(i) := T(i) - t(i)$ begonnen werden; man nennt $m(i)$ die **Pufferzeit** (engl.: float). Die Jobs $i$ mit $m(i) = 0$ heißen **kritisch**. Auf die pünktliche Durchführung dieser Jobs muß besonders geachtet werden.

Das folgende Beispiel stammt von R. L. Graham (1978), der allerdings andere Dauern für die einzelnen Jobs angesetzt hat. Bei ihm wird es nicht für die Netzplantechnik, sondern zur Illustration der Anwendungen des nächsten Abschnitts verwendet. Zugegebenermaßen handelt es sich um ein besonders kleines Projekt:

**1.1 Beispiel.** Projekt „Zusammenbauen eines Fahrrads":

| | Job | Dauer | Vorgänger |
|---|---|---|---|
| $a$ | Rahmen vorbereiten (Gabel, Schutzbleche usw.) | 6 | – |
| $b$ | Kettenführung anbringen | 2 | – |
| $c$ | Gangschaltung anbringen | 3 | $b$ |
| $d$ | Zahnkranz an Kurbel montieren | 4 | $b$ |
| $e$ | Vorderrad montieren und anpassen | 6 | $a$ |
| $f$ | Hinterrad montieren und anpassen | 6 | $a, c$ |
| $g$ | Kurbel am Rahmen anbringen | 3 | $d$ |
| $h$ | Endmontage (Lenker, Sattel, Bremsen, usw.) | 12 | $e, f$ |
| $j$ | Linkes Pedal anbringen | 3 | $c, g$ |
| $k$ | Rechtes Pedal anbringen | 3 | $c, g$ |

Mit den Gleichungssystemen (1) und (2) erhält man (siehe Abbildung 1):

| $i$ | $a$ | $b$ | $c$ | $d$ | $e$ | $f$ | $g$ | $h$ | $j$ | $k$ | $\infty$ |
|---|---|---|---|---|---|---|---|---|---|---|---|
| $t(i)$ | 0 | 0 | 2 | 2 | 6 | 6 | 6 | 12 | 9 | 9 | 24 |
| $T(i)$ | 0 | 1 | 3 | 14 | 6 | 6 | 18 | 12 | 21 | 21 | 24 |
| $m(i)$ | 0 | 1 | 1 | 12 | 0 | 0 | 12 | 0 | 12 | 12 | 0 |

Indem die Netzplantechnik graphentheoretisch formuliert wird, läßt sich die Komplexität gut abschätzen (siehe 1.3). Zunächst kann jedes Hasse–Diagramm einer endlichen geordneten Menge $(A, \leq)$ als Diagramm eines Digraphen $(A, E_{\leq})$ aufgefaßt werden, wobei die Kanten „von unten nach oben" gerichtet sind. Genauer gesagt:

Der Graph hat $A$ als Eckenmenge und $E_{\leq} = \{(a,b) \in A^2 \mid a \prec b\}$ als Kantenmenge. (Für die graphentheoretische Notation siehe Abschnitt I.1!)

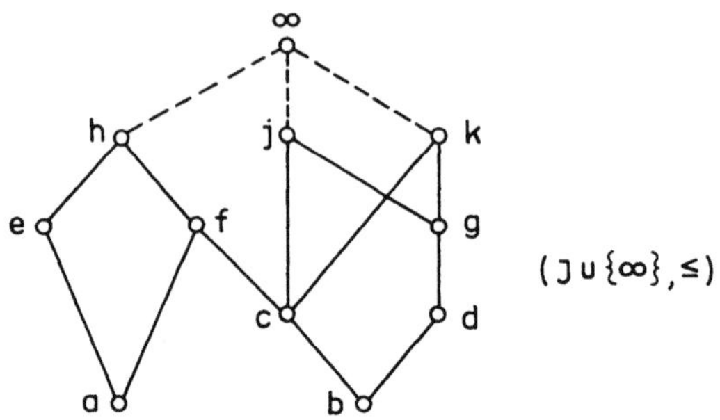


Abb. 1

**1.2 Bemerkungen.** *a) Für jede endliche geordnete Menge* $(A, \leq)$ *ist der zugehörige Digraph* $(A, E_{\leq})$ ***kreisfrei****, d.h. er besitzt keinen gerichteten Kreis mit mehr als einer Ecke.*

*b) Durch* $(A, E_{\leq})$ *ist* $(A, \leq)$ *eindeutig bestimmt.*

**Beweis.** a) Sei $(a_0, a_1, \ldots, a_n = a_0)$ ein gerichteter Kreis von $(A, E_{\leq})$. Dann gilt $a_0 \prec a_1 \prec \ldots \prec a_n = a_0$. Im Fall $n \geq 1$ folgt $a_0 < a_1$ und $a_1 < a_0$, im Widerspruch zur Antisymmetrie von $\leq$.

b) Übungsaufgabe. □

Im Grunde gilt also: **Die endlichen geordneten Mengen sind nichts anderes als die endlichen kreisfreien Digraphen.**

In der Netzplantechnik sind, graphentheoretisch gesprochen, die Kantenmengen von der Form:

$$E = \{(i,j) \mid i,j \in J \cup \{\infty\},\ i \prec j\}.$$

Bei der Auflösung von Gleichungssystem (1) benötigt man für die Berechnung jedes einzelnen Wertes $t(i)$ offenbar eine zur Anzahl der in $i$ hineinführenden Kanten proportionale Anzahl von Rechenschritten, für alle $t(i)$ also insgesamt eine zu $|E|$ proportionale Anzahl. Zusätzlich muß aber jeweils noch entschieden werden, welches $t(i)$ als nächstes berechnet werden kann. Dies läßt sich aber ebenfalls in $O(|E|)$ Rechenschritten erledigen, indem man für jedes $i$ darüber Buch führt, wieviele der Vorgänger bereits abgearbeitet sind. Mit dem Gleichungssystem (2) verhält es sich ganz analog. Deshalb gilt, wenn man $m := |E|$ setzt:

**1.3 Satz.** *Die Methode der Netzplantechnik hat bei geeigneter Implementierung die Komplexität* $O(m)$.

## Aufgaben

1. (H. Müller–Merbach) Das Projekt „Installation einer neuen Maschine“ bestehe aus folgenden Aufgaben:

| | Aufgabe | Dauer | Vorgänger |
|---|---|---|---|
| $a$ | Entscheidung über neue Maschine und Bestellung | 10 | – |
| $b$ | Lieferzeit | 20 | $a$ |
| $c$ | Demontage der alten Maschine | 4 | – |
| $d$ | Entfernung des alten Fundaments | 2 | $c$ |
| $e$ | Errichtung des neuen Fundaments | 12 | $a, d$ |
| $f$ | Schulung des Personals | 15 | $a$ |
| $g$ | Installation der neuen Maschine | 6 | $b, e, f$ |
| $h$ | Probelauf | 2 | $g$ |

   a) Zeichne die zugehörige geordnete Menge.

   b) Führe die Netzplantechnik durch. Welche Aufgaben sind kritisch?

2. Beweise 1.2b.

3. Sei $J$ eine Menge von „Jobs“. Warum ist die zu Beginn dieses Abschnitts definierte Relation $\leq$, von absurden Ausnahmen abgesehen, tatsächlich eine Ordnungsrelation auf $J$?

# 2 Einige Beispiele und eine Abschätzung

In der Netzplantechnik wird davon ausgegangen, daß zu jedem Zeitpunkt die nötigen Arbeitskräfte, das nötige Material usw. bereitgestellt werden können. Oft ist dies nicht möglich, und die Mindestdauer eines Projekts kann sich deshalb verlängern. Dieser Abschnitt ist inhaltlich stark an R. L. Grahams Arbeit angelehnt. Es wird weiter das Projekt aus 1.1 untersucht:

**2.1 Beispiel.** In einer Fabrik wird jedes Fahrrad von einem aus zwei Monteuren bestehenden Team zusammengebaut. Das Management hat die folgenden beiden Regeln vorgegeben:

**Regel 1.** „Keine Unterbrechungen“: ein einmal begonnener Job muß ohne Unterbrechung zu Ende geführt werden.

**Regel 2.** „Keine Pausen“: keiner der Monteure darf pausieren, wenn ein neuer Job begonnen werden kann.

Die Fahrräder werden nach folgendem Plan zusammengebaut, dessen Ablaufzeit 27 Minuten beträgt:

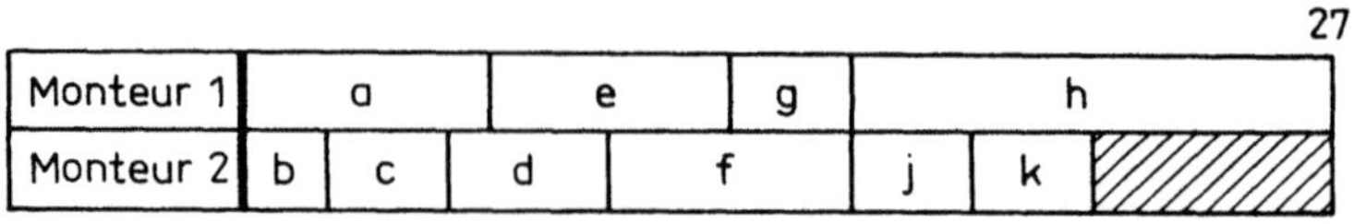


Mit diesem Plan ist das Management wegen der sechsminütigen Pause bei Monteur 2 unzufrieden. Auch ein Versuch mit drei Monteuren in einem Team wird schnell wieder aufgegeben, da die Arbeitszeit pro Fahrrad (inklusive notwendiger Pausen) insgesamt sogar zunimmt:

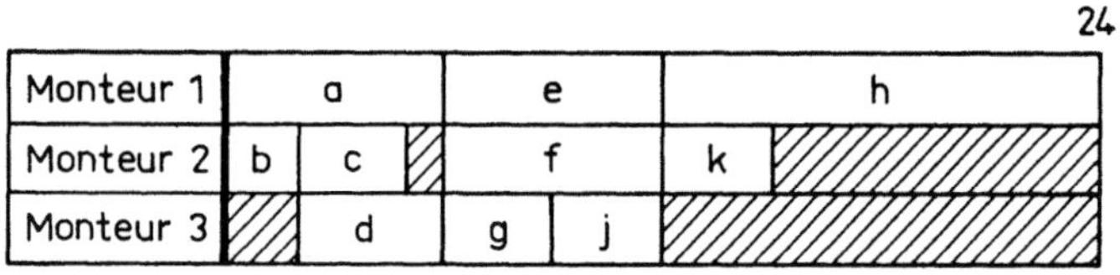


Schließlich erkennt man, daß es klüger sein könnte, Regel 2 aufzuheben („kein Fleiß ohne Nachdenken"). Es wird folgender Plan gefunden, dessen Ablaufzeit von 25 Minuten bei zwei Monteuren tatsächlich minimal ist:

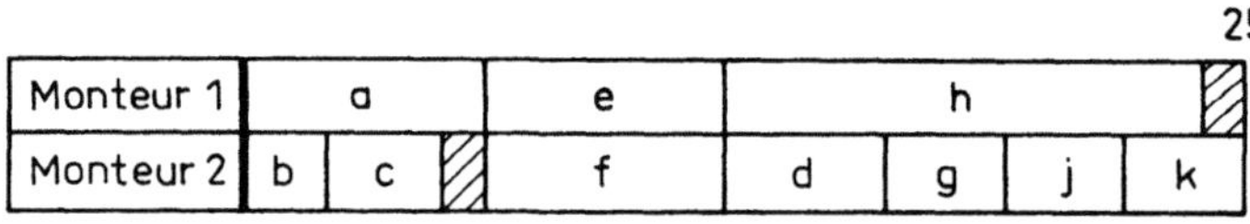


Solche Problemstellungen können allgemein (und mathematisch) folgendermaßen formuliert werden:

**2.2 Definitionen.** Die Ausgangssituation ist festgelegt durch die geordnete Menge $(J, \leq)$ der **Jobs**, die **(Ausführungs-) Dauern** $d(i)$ für alle $i \in J$ und die Anzahl $m$ der **Maschinen**. Aufgrund naheliegender Anwendungen in der Computertechnik werden die Maschinen oft auch **Prozessoren** genannt. Ein **Ablaufplan** (engl.: schedule) entsteht, indem jedem Job $i$ ein **Anfangszeitpunkt** $x(i) \geq 0$ und eine Zahl $m(i) \in \{1, \ldots, m\}$ zugeordnet wird, wobei $m(i)$ die für $i$ vorgesehene Maschine bezeichnet. Jeder Job muß ohne Unterbrechung erledigt werden („Regel 1"); der Job $i$ hat also den **Endzeitpunkt** $y(i) = x(i) + d(i)$. Frühestens zu diesem Zeitpunkt darf auf derselben Maschine ein neuer Job begonnen werden. Außerdem ist die Vorgängerrelation einzuhalten, d.h. für $i < j$ muß $y(i) \leq x(j)$ gelten.

Das **Schedulingproblem** besteht darin, einen **optimalen Ablaufplan** zu finden: Oft ist ein Plan gesucht, dessen **Ablaufzeit** $T := \max\{y(i) \mid i \in J\}$ minimal ist. Alternativ kann man einen Plan suchen, bei dem für jeden einzelnen Job $i$ ein

**Fertigstellungstermin** $f(i)$ eingehalten wird, oder die Anzahl der **verspäteten Jobs** möglichst klein ist, oder die **maximale Verspätung** möglichst gering ist, .... Zahlreiche weitere Problemstellungen sind möglich.

In 2.1 handelt es sich um einen Spezialfall des 2–**Maschinenproblems** (bzw. 3–**Maschinenproblems**) mit Vorgängerrelation und beliebigen Ausführungsdauern. Wie zahlreiche andere Schedulingprobleme sind auch diese Problemklassen NP–vollständig. Dies bedeutet, daß man nicht erwarten kann, einen „guten" Lösungsalgorithmus zu finden (vgl. Abschnitt II.7). Trotzdem kann mit wenig Aufwand immer ein Plan konstruiert werden, der aber i.a. nicht optimal ist:

**2.3 Definition.** Gegeben sei eine Liste $L$, die jeden Job $i \in J$ genau einmal enthält. Der zugehörige **Listenplan** entsteht auf folgende Weise: Auf den frühestmöglichen noch freien Anfangszeitpunkt im Plan wird jeweils der erste noch in der Liste befindliche Job gesetzt, der zu diesem Zeitpunkt eingeplant werden kann. Dieser Job wird aus der Liste gestrichen. Anschließend wird das Verfahren mit dem nächsten freien Anfangszeitpunkt fortgesetzt. Dies wird wiederholt, bis alle Jobs im Plan untergebracht sind.

**2.4 Beispiele.** a) Der erste 2–Maschinenplan in 2.1 ergibt sich z.B. mit der Liste

$$L\colon\ a, b, c, d, e, f, g, h, j, k\,.$$

b) Den 3–Maschinenplan in 2.1 erhält man mit derselben Liste: Zum Zeitpunkt $t=0$ werden erst $a$ und dann $b$ eingeplant, auf den Maschinen 1 und 2 (Maschine = Monteur). Maschine 3 muß bis $t=2$ pausieren. Dann werden $c$ und $d$ in den Plan eingesetzt. Zum Zeitpunkt $t=5$ findet sich kein Job, so daß eine Pause bis $t=6$ eintritt. Nachdem $e$, $f$ und $g$ eingeplant sind, ist $t=9$ der nächste freie Zeitpunkt, und die Liste enthält noch $h$, $j$, $k$ (in dieser Reihenfolge). Da $h$ auf $e$ und $f$ warten muß, wird $j$ eingebaut, und anschließend $h$ und $k$ bei $t=12$.

Übrigens erfüllt jeder Listenplan automatisch die Regel 2 aus 2.1. Daher können Listenpläne i.a. nicht optimal sein. Andererseits haben Listenpläne den Vorteil, daß sie besonders einfach und schnell konstruiert werden können. Das folgende Ergebnis stammt von Graham (1966):

**2.5 Satz.** *Gegeben seien $m$ Maschinen, eine geordnete Jobmenge $(J, \leq)$ und eine Ausführungsdauer $d(i)$ für jeden Job $i$. Für die Ablaufzeit $T_{opt}$ eines optimalen Plans (d.h. eines Plans mit minimaler Ablaufzeit) und die Ablaufzeit $T$ irgendeines* Listen*plans gilt*

$$\frac{T}{T_{opt}} \leq 2 - \frac{1}{m}\,.$$

**Beweis.** Im Fall $T=T_{opt}$ ist nichts zu beweisen. Werde also $T > T_{opt}$ vorausgesetzt. Dies kann nur dann eintreten, wenn es bei dem Plan mit Ablaufzeit $T$ vorkommt, daß eine Maschine pausiert, während eine oder mehrere andere Maschinen beschäftigt sind. Sei $P$ eine solche Pause; außerdem gebe es keine Pause, die früher beginnt. Sei $c_1$ irgendein Job ganz rechts im Plan. Falls $c_1$ später begonnen wird als die Pause $P$, dann muß es einen Vorgänger $c_2$ von $c_1$ geben, so daß zwischen dem Endzeitpunkt von $c_2$ und dem Anfangszeitpunkt von $c_1$ keine Maschine pausiert. Setzt man dies fort, so erhält man schließlich eine Kette $C$ von Jobs (in Abbildung 2 beispielsweise $c_4 < c_3 < c_2 < c_1$, also $C = \{c_1, c_2, c_3, c_4\}$), so daß immer, wenn eine der Maschinen pausiert,

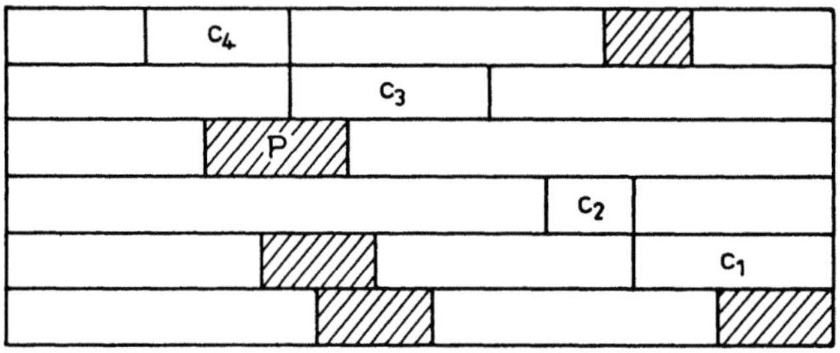


Abb. 2

gerade einer der Jobs in $C$ durchgeführt wird. Sei $d(C)$ die Summe der Dauern der Jobs in $C$. Die Summe der Pausenzeiten des Plans werde mit $T_0$ bezeichnet. Da höchstens $m-1$ Maschinen gleichzeitig pausieren können, gilt

(1) $$T_0 \leq (m-1)\, d(C)\,.$$

Da auch im optimalen Plan zu jedem Zeitpunkt höchstens einer der Jobs in $C$ durchgeführt werden kann, gilt

(2) $$d(C) \leq T_{opt}\,.$$

In der folgenden Rechnung bezeichnet $d(J)$ die Summe der Dauern sämtlicher Jobs in $J$:

$$\begin{aligned} T &= \frac{1}{m}(d(J) + T_0) \\ &\leq \frac{1}{m}(d(J) + (m-1)T_{opt}) && \text{wegen (1) und (2)} \\ &\leq \frac{1}{m}(m\,T_{opt} + (m-1)T_{opt}) && \text{da } T_{opt} \geq \frac{d(J)}{m} \\ &= (2 - \frac{1}{m})T_{opt}\,. \end{aligned}$$

□

Beispielsweise wird im Fall von $m=2$ Maschinen die kleinstmögliche Ablaufzeit selbst vom „dümmsten“ Listenplan nie um mehr als 50% überschritten. Die Schranke $2-\frac{1}{m}$ in 2.5 kann nicht weiter verbessert werden; für jedes $m$ gibt es ein Beispiel mit $T/T_{opt} = 2-\frac{1}{m}$. Abbildung 3 zeigt ein solches Beispiel für $m=4$ (ohne Vorgängerbeziehungen).

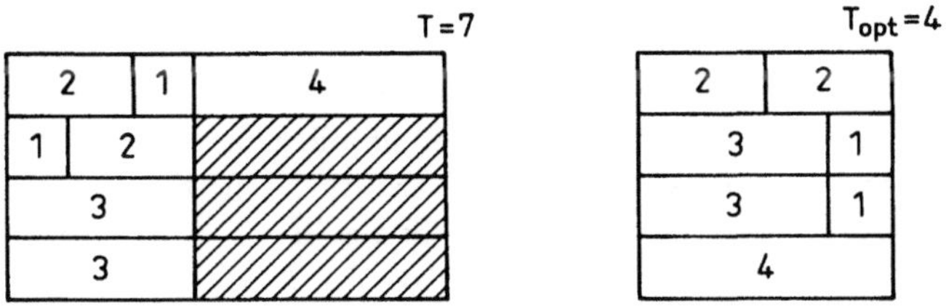


Abb. 3

# Aufgaben

4. Die geordnete Menge $(J, \leq)$ der Jobs und die Ausführungsdauern $d(i)$ seien gegeben durch:

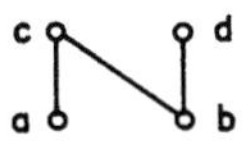


| $i$ | $a$ | $b$ | $c$ | $d$ |
|---|---|---|---|---|
| $d(i)$ | 3 | 1 | 3 | 4 |

In welchen der folgenden Fälle handelt es sich um einen Ablaufplan auf $m = 2$ Maschinen?

a)

| $i$ | $a$ | $b$ | $c$ | $d$ |
|---|---|---|---|---|
| $x(i)$ | 1 | 0 | 4 | 0 |
| $m(i)$ | 1 | 1 | 1 | 2 |

b)

| $i$ | $a$ | $b$ | $c$ | $d$ |
|---|---|---|---|---|
| $x(i)$ | 2 | 0 | 5 | 5 |
| $m(i)$ | 1 | 1 | 2 | 1 |

c)

| $i$ | $a$ | $b$ | $c$ | $d$ |
|---|---|---|---|---|
| $x(i)$ | 0 | 0 | 6 | 3 |
| $m(i)$ | 2 | 1 | 2 | 2 |

5. Überlege, daß die Ablaufzeiten der drei Ablaufpläne in 2.1 unter den jeweiligen Voraussetzungen minimal sind.

6. Bestimme für das Projekt „Zusammenbauen eines Fahrrads“ (siehe 1.1) einen Listenplan auf $m = 2$ Maschinen mit der Liste

$$L\colon\ a,\ b,\ c,\ d,\ e,\ f,\ g,\ j,\ k,\ h\,.$$

7. Die Original–Ausführungsdauern in R. L. Grahams „Fahrradbeispiel“ sind in folgender Tabelle angegeben (in Minuten):

| $i$ | $a$ | $b$ | $c$ | $d$ | $e$ | $f$ | $g$ | $h$ | $j$ | $k$ |
|---|---|---|---|---|---|---|---|---|---|---|
| $d(i)$ | 7 | 2 | 3 | 2 | 7 | 7 | 2 | 18 | 8 | 8 |

Bestimme die minimale Ablaufzeit $T$ eines *Listen*plans

a) auf $m = 2$ Maschinen,

b) auf $m = 3$ Maschinen,

c) auf $m = 3$ Maschinen, aber mit Ausführungsdauern $d'(i)$, die für jeden Job um eine Minute kürzer sind: $d'(i) = d(i) - 1$.

# 3 Einmaschinenprobleme

Man könnte denken, daß Ablaufpläne für *eine* Maschine ein langweiliges Thema sind: Wenn die Maschine zwischen den Jobs nie eine Pause einlegt, dann haben je zwei Pläne automatisch dieselbe Ablaufzeit, nämlich die Summe der Ausführungsdauern der vorhandenen Jobs. Interessant wird die Sache beispielsweise dann, wenn es nicht um die Ablaufzeit des gesamten Plans geht, sondern darum, für jeden Job $i$ einen vorgegebenen (**Fertigstellungs-) Termin** $f(i)$ einzuhalten. Natürlich sind viele andere Fragestellungen möglich (siehe auch Aufgabe 10).

Grundsätzlich kann jeder Einmaschinenplan in Form einer Liste

$$L\colon a_1, \ldots, a_n$$

angegeben werden, die die Jobs in der Reihenfolge enthält, in der sie durchgeführt werden sollen. Allerdings können nur solche Listen als Pläne verwendet werden, bei denen die Vorgängerrelation beachtet wird: Für je zwei Jobs $a_k, a_l \in J$ muß

$$a_k \leq a_l \quad \Longrightarrow \quad k \leq l$$

gelten, wobei „$\leq$" auf der linken Seite die Vorgängerrelation auf $J$ und auf der rechten Seite die natürliche Ordnung auf $\mathbb{N}$ bezeichnet. Solche Listen werden auch **lineare Erweiterungen** der geordneten Menge $(J, \leq)$ genannt.

**3.1 Beispiel.** Es werde die geordnete Menge $(J, \leq)$ aus Aufgabe 4 betrachtet. Die Liste

$$L_1\colon a,\, b,\, c,\, d$$

entspricht einem Einmaschinenplan; z.B. gilt $a_2 = b < c = a_3$ und (offensichtlich) $2 \leq 3$. Dagegen beschreibt die Liste $L_2$ keinen Einmaschinenplan:

$$L_2\colon a,\, c,\, b,\, d\,.$$

Wie von Lawler 1973 gezeigt wurde, läßt sich das Einmaschinenproblem mit Vorgängerrelation und Fertigstellungsterminen gut lösen:

**3.2 Algorithmus von Lawler.** Gegeben sei eine geordnete Jobmenge $(J, \leq)$ und für jedes $i \in J$ eine Dauer $d(i)$ sowie ein Fertigstellungstermin $f(i)$. Der Algorithmus berechnet, in umgekehrter Reihenfolge, eine Liste $a_1, \ldots, a_n$ der Jobs:

(1) Berechne $n(i) := |\{j \in J \mid j > i\}|$ für alle $i \in J$.

(2) Sei $n := |J|$. Setze $k := n$.

(3) Wähle unter den Jobs $j$ mit $n(j) = 0$ einen mit maximalem Wert $f(j)$.

(4) Setze $a_k := j$.

(5) Falls $k = 1$, dann STOP. Sonst setze $n(i) := n(i) - 1$ für alle $i \leq j$ und $k := k - 1$. Weiter mit (3).

Der Algorithmus wählt in Zeile (3) jeweils einen Job aus, dessen Nachfolger sich alle schon in der Liste befinden. Falls es mehrere solche Jobs gibt, dann wird einer mit maximalem Fertigstellungstermin gewählt. In Schritt (4) wird die Anzahl $n(i)$ der noch einzuplanenden Nachfolger von $i$ aktualisiert. Ein schon in die Liste eingebauter Job $j$ erhält automatisch den Wert $n(j) = -1$. Die Jobs können offenbar unter Einhaltung der Vorgängerrelation in der Reihenfolge $a_1, \ldots, a_n$ abgearbeitet werden.

Wird der Job $i$ in einem Plan zum Zeitpunkt $y(i)$ beendet, dann heißt $y(i) - f(i)$ die **Verspätung** von $i$ (im Fall $y(i) < f(i)$ handelt es sich um eine „Verfrühung“). Die **maximale Verspätung** eines Plans ist

$$\max\{y(i) - f(i) \mid i \in J\}.$$

Der in Algorithmus berechnete Plan ist tatsächlich optimal:

**3.3 Satz.** *Algorithmus 3.2 berechnet einen Ablaufplan (für eine Maschine) mit kleinstmöglicher maximaler Verspätung. Insbesondere berechnet der Algorithmus einen Plan ohne Verspätung, wenn es einen solchen Plan gibt. Der Algorithmus hat die Komplexität $O(n^2)$.*

**Beweis.** Sei $R$: $a_1, \ldots, a_n$ der vom Algorithmus berechnete Ablaufplan, und $S$: $b_1, \ldots, b_n$ sei ein optimaler Plan. Im Fall $R = S$ ist nichts zu zeigen. Werde $R \neq S$ vorausgesetzt. Es gelte $b_k = a_k$, $b_{k+1} = a_{k+1}$, ..., $b_n = a_n$, aber $b_{k-1} \neq a_{k-1}$. Sei $b_{k-1} = a_j$:

| | | | | | | | | |
|---|---|---|---|---|---|---|---|---|
| S: | • • • | $a_{k-1}$ | • • • | $a_j$ | $a_k$ | $a_{k+1}$ | • • • | $a_n$ |

Der Plan $S$ wird in einen Plan $S'$ umgewandelt: Die Jobs $a_j$ und $a_{k-1}$ können beide unmittelbar vor $a_k$ eingeplant werden. Der Algorithmus hat $a_{k-1}$ gewählt, d.h. es gilt $f(a_j) \leq f(a_{k-1})$. Setzt man $a_{k-1}$ im Plan $S$ anstelle von $a_j$ vor $a_k$, wird die Verspätung von $a_{k-1}$ nicht größer als vorher die Verspätung von $a_j$. Rückt man außerdem alle Jobs, die im Plan $S$ nach $a_{k-1}$, aber vor $a_k$ begonnen werden, um $d(a_{k-1})$ Zeiteinheiten nach links, so erhält man einen ebenfalls optimalen Plan $S'$, der sogar an den Stellen $k-1, k, \ldots, n$ mit $R$ übereinstimmt:

| | | | | | | | |
|---|---|---|---|---|---|---|---|
| S': | • • • | $a_j$ | $a_{k-1}$ | $a_k$ | $a_{k+1}$ | • • • | $a_n$ |

Durch wiederholte Anwendung dieser Überlegung ergibt sich schließlich ein optimaler Plan, der an allen Stellen mit $R$ übereinstimmt, d.h. $R$ selbst ist optimal.

Für die Abschätzung der Komplexität müßte man den Algorithmus eigentlich genauer formulieren. Aber es ist klar, daß $O(n^2)$ Rechenschritte ausreichen, wenn die Vorgängerrelation $\leq$ als Matrix $M = (m_{ij})$ angegeben wird, mit $m_{ij} = 1$ für $i < j$ und $m_{ij} = 0$ sonst. □

**3.4 Beispiel.** Zusätzlich zur geordneten Menge $(J, \leq)$ und zu den Dauern $d(i)$ in Aufgabe 4 seien die folgenden Fertigstellungstermine $f(i)$ gegeben:

| $i$ | $a$ | $b$ | $c$ | $d$ |
|---|---|---|---|---|
| $f(i)$ | 4 | 3 | 10 | 4 |

Bei der Bestimmung von $a_3$ kann der Algorithmus von Lawler zwischen $a$ und $d$ wählen. Es ergeben sich die folgenden beiden optimalen Pläne. Im ersten Plan ist $a$ maximal verspätet (um 4 Zeiteinheiten), und im zweiten Plan $d$:

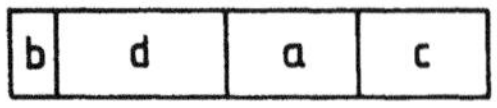


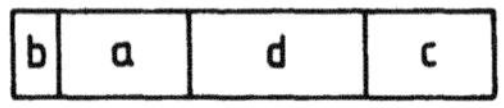


## Aufgaben

8. Wie groß ist die maximale Verspätung des durch die Liste $a$, $b$, $c$, $d$ gegebenen Einmaschinenplans, wenn dieselben Dauern und Termine wie in 3.4 verwendet werden?

9. Berechne mit Algorithmus 3.2 einen optimalen Einmaschinenplan. Wie groß ist die maximale Verspätung?

| $i$ | $a$ | $b$ | $c$ | $d$ | $e$ | $f$ |
|---|---|---|---|---|---|---|
| $d(i)$ | 1 | 4 | 3 | 3 | 2 | 1 |
| $f(i)$ | 2 | 3 | 8 | 11 | 9 | 13 |

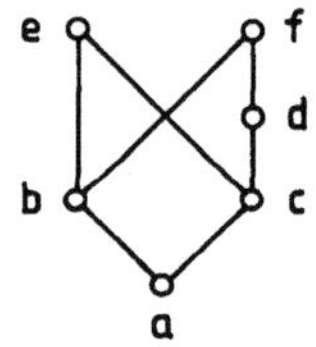


*10. Zusätzlich zu einer geordneten Menge $(J, \leq)$ von Jobs und Dauern $d(i)$ sei für jeden Job $i$ ein **Bereitstellungstermin** $b(i)$ gegeben, zu dem frühestens mit dem Job $i$ begonnen werden kann.

a) Formuliere analog zu 3.2 einen Algorithmus, der auf folgende Weise eine Liste $a_1, \ldots, a_n$ der Jobs berechnet: Es werden sukzessive Jobs ausgewählt, deren Vorgänger sich alle schon in der Liste befinden. Falls in einem Schritt mehrere solche Jobs zur Verfügung stehen, wird einer mit minimalem Bereitstellungstermin gewählt.

b) Beweise: Der in a) formulierte Algorithmus berechnet einen Ablaufplan (für eine Maschine), dessen Ablaufzeit minimal ist.

11. Verwende den Algorithmus aus 10a, um einen optimalen Ablaufplan für $(J, \leq)$ und $d(i)$ wie in Aufgabe 4 und die folgenden Bereitstellungstermine $b(i)$ zu berechnen. Wie groß ist die Ablaufzeit des Plans?

| $i$ | $a$ | $b$ | $c$ | $d$ |
|---|---|---|---|---|
| $b(i)$ | 2 | 0 | 6 | 6 |

# 4 Mehrmaschinenprobleme

Schon in Abschnitt 2 wurde erwähnt, daß das 2–Maschinenproblem mit Vorgängerrelation und beliebigen Dauern NP–vollständig und deshalb „schwierig" ist. Die Sache vereinfacht sich, wenn die Dauern aller Jobs gleich sind. Dies wird das Hauptthema dieses Abschnitts sein.

Ähnlich wie in 3.2 wird auch im folgenden Algorithmus eine Liste $a_1, \ldots, a_n$ der Jobs berechnet. Zuvor eine Definition („lexikographische Ordnung"):

**4.1 Definition.** Es seien $M = (m_1, \ldots, m_s)$ und $N = (n_1, \ldots, n_t)$ Folgen natürlicher Zahlen. Man nennt $M$ **lexikographisch kleiner als** $N$ (in Zeichen: $M < N$), falls eine der folgenden beiden Bedingungen erfüllt ist:

— Es gibt ein $i$ mit $1 \leq i \leq s$, so daß $m_1 = n_1, \ldots, m_{i-1} = n_{i-1}$ und $m_i < n_i$ gilt,

— es gilt $s < t$ und $m_1 = n_1, \ldots, m_s = n_s$.

Beispielsweise gilt $(5,3) < (5,3,2) < (6,3)$. Im folgenden Algorithmus (Coffman und Graham 1972) werden nur fallende Folgen natürlicher Zahlen betrachtet:

**4.2 Algorithmus von Coffman und Graham.** Gegeben sei eine endliche geordnete Menge $(J, \leq)$. Es wird eine aus den Elementen von $J$ bestehende Liste $a_1, \ldots, a_n$ berechnet. Zu Beginn ist die Liste leer:

(1) Setze $k := 1$.

(2) Bestimme die maximalen noch nicht in der Liste enthaltenen Elemente von $J$. Bestimme unter diesen Elementen ein $j$, so daß die fallende Folge

$$N(j) = (n_1, n_2, \ldots, n_s)$$

der Indizes der oberen Nachbarn von $j$ (also: $\{a_{n_1}, a_{n_2}, \ldots, a_{n_s}\} = \{i \in J \mid j \prec i\}$ und $n_1 > n_2 > \ldots > n_s$) bzgl. der lexikographischen Ordnung minimal ist.

(3) Setze $a_k := j$.

(4) Falls $k = n$ $(n := |J|)$, dann STOP. Sonst setze $k := k + 1$ und weiter mit (2).

Ganz ähnlich wie in 3.2 wird auch hier die geordnete Menge $(J, \leq)$ „von oben" abgearbeitet; wie dort könnte man also die Bestimmung der „maximalen noch nicht in der Liste enthaltenen Elemente von $J$" formal mit Hilfe der Zahlen $n(i)$ durchführen.

Im Algorithmus wird jedes Element von $J$ mit einer **Markierung** versehen (ein Element $a_k$ ist mit $k$ „markiert"):

**4.3 Beispiel.** In Abbildung 4 sind die Markierungen der Elemente angegeben. Zuerst werden die maximalen Elemente der geordneten Menge markiert. Für solche $j$ gilt $N(j) = \emptyset$, d.h. die Folge $N(j)$ ist leer. Nachdem $a_1, \ldots, a_8$ berechnet sind, stehen Elemente mit den „Nachfolgerfolgen" $(7,4)$ und $(8)$ zur Verfügung. Da $(7,4)$ lexikographisch kleiner als $(8)$ ist, bekommt das Element mit Folge $(8)$ die größere Markierung.

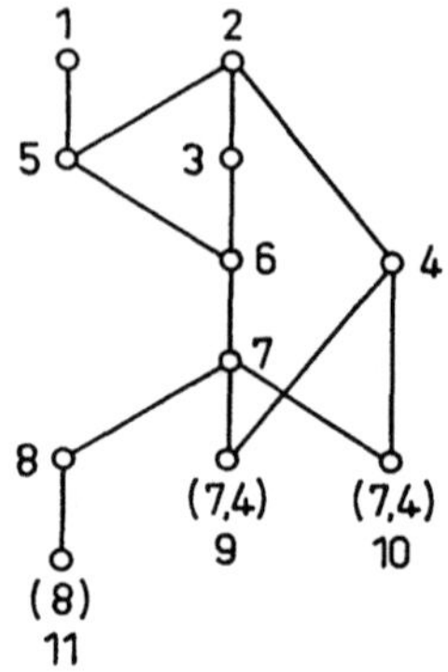


Abb. 4

Der Algorithmus gibt Elementen mit vielen Nachfolgern (und insbesondere mit langen nachfolgenden Ketten) große Markierungen. Darum ist es naheliegend, den *Listenplan* (siehe 2.3) zu berechnen, der die Liste $L$: $a_n$, $a_{n-1}$, ..., $a_1$ verwendet, also die in 4.2 berechnete Liste, aber in umgekehrter Reihenfolge. Im folgenden Algorithmus geschieht dies konkret, indem Werte $p(\mu, t)$ für $\mu = 1, 2$ und $t = 0, 1, \ldots$ berechnet werden: Dabei bedeutet $p(\mu, t) = j$, daß die Maschine $\mu$ zum Zeitpunkt $t$ mit dem Job $j$ beginnt. Wenn die Maschine $\mu$ zwischen den Zeitpunkten $t$ und $t+1$ pausiert, dann wird $p(\mu, t) = \emptyset$ geschrieben:

**4.4 Algorithmus.** Gegeben sei das 2–Maschinenproblem mit einer geordneten Menge $(J, \leq)$ von Jobs und konstanten Ausführungsdauern $d(i) = 1$, $i \in J$. Der Algorithmus berechnet die Werte $p(\mu, t)$:

(1) Berechne mit Algorithmus 4.2 eine Liste $L$: $a_n$, $a_{n-1}$, ..., $a_1$ der Jobs.

(2) Setze $t := 0$.

(3) Sei $a_k$ das erste Element der Liste $L$. Entferne $a_k$ aus $L$ und setze $p(1, t) = a_k$.

(4) Sei $a_l$ das erste Element von $L$ mit $a_l \not\geq a_k$. Entferne $a_l$ aus $L$ und setze $p(2, t) := a_l$. Falls es kein solches Element in $L$ gibt, setze $p(2, t) := \emptyset$.

(5) Falls $L = \emptyset$, dann STOP. Sonst setze $t := t + 1$ und weiter mit (3).

**4.5 Beispiel.** Mit den Markierungen in Abbildung 4 ergibt sich der folgende Plan:

| | | | | | |
|---|---|---|---|---|---|
| $a_{11}$ | $a_9$ | $a_7$ | $a_6$ | $a_5$ | $a_2$ |
| $a_{10}$ | $a_8$ | $a_4$ | | $a_3$ | $a_1$ |

Natürlich haben Coffman und Graham nicht nur den Algorithmus zur Berechnung eines Plans gefunden, sondern auch das zugehörige Resultat bewiesen:

**4.6 Satz.** *Algorithmus 4.4 berechnet einen 2-Maschinenplan mit kürzestmöglicher Ablaufzeit.*

Der Beweis erfordert einige Vorbereitungen:

**4.7 Definition.** Sei $(J, \leq)$ eine geordnete Menge. Eine Folge $(S_1, \ldots, S_k)$ von Teilmengen von $J$ heißt **Turm**, falls für $i \in \{1, \ldots, k-1\}$, $x \in S_i$ und $y \in S_{i+1}$ stets $x < y$ gilt.

**4.8 Hilfssatz.** *Sei $(S_1, \ldots, S_k)$ ein Turm in der geordneten Menge $(J, \leq)$ von Jobs. Ist $T$ die Ablaufzeit eines Plans (auf zwei Maschinen und mit konstanten Dauern $d(i) = 1$), dann gilt*

$$T \geq \left\lceil \frac{|S_1|}{2} \right\rceil + \ldots + \left\lceil \frac{|S_k|}{2} \right\rceil .$$

**Anmerkung:** $\lceil x \rceil$ *bezeichnet die kleinste ganze Zahl* $\geq x$.

**Beweis von 4.8.** Jedes $S_i$ erfordert auf zwei Maschinen mindestens $\lceil |S_i|/2 \rceil$ Zeiteinheiten. Mit den Jobs in $S_{i+1}$ kann erst begonnen werden, wenn alle Jobs in $S_i$ abgearbeitet sind. Es folgt die Behauptung. □

Der **Beweis von 4.6** wird jetzt geführt, indem in $(J, \leq)$ ein geeigneter Turm konstruiert und anschließend der Hilfssatz angewandt wird.

Sei $P$ der in 4.4 für $(J, \leq)$ berechnete Plan. Es werden induktiv Elemente $v_1, v_2, \ldots, v_k, w_1, w_2, \ldots, w_k$ und Teilmengen $T_1, T_2, \ldots, T_k$ von $J$ definiert: $v_1$ sei der im Plan $P$ von Maschine 1 zuletzt ausgeführte Job, und $w_1$ sei der zur selben Zeit auf Maschine 2 ausgeführte Job (der auch eine Pause sein kann). Jetzt seien $v_i$ und $w_i$ schon definiert. Vom Startpunkt $w_i$ aus geht man im Plan $P$ auf Maschine 2 schrittweise „nach links“, bis man erstmals auf eine Pause trifft, oder einen Job, der mit einem kleineren Index als $v_i$ markiert ist. Dieser Job (bzw. die Pause) sei $w_{i+1}$, und $v_{i+1}$ sei der zur selben Zeit auf Maschine 1 bearbeitete Job. Die Menge $T_i$ enthalte alle Jobs, die im Plan links von $v_i$ bzw. von $w_i$ und rechts von $v_{i+1}$ bzw. von $w_{i+1}$ stehen. Außerdem enthalte $T_i$ das Element $v_i$. Auf diese Weise erhält man schließlich eine Folge $(T_k, T_{k-1}, \ldots, T_1)$, wobei $T_k$ aus dem zuletzt gefundenen $v_k$ und allen Jobs links von $v_k$ bzw. von $w_k$ besteht. Für den Plan in 4.5 ergibt sich $w_1 = a_1$, $v_1 = a_2$, $w_2 = \emptyset$, $v_2 = a_6$, $w_3 = a_4$, $v_3 = a_7$ :

| | $T_3$ | | $T_2$ | | $T_1$ |
|---|---|---|---|---|---|
| $a_{11}$ | $a_9$ | $a_7$ | $a_6$ | $a_5$ | $a_2$ |
| $a_{10}$ | $a_8$ | $a_4$ | $\emptyset$ | $a_3$ | $a_1$ |

Die Ablaufzeit des Plans $P$ beträgt offenbar allgemein

$$T_P = \left\lceil \frac{|T_k|}{2} \right\rceil + \ldots + \left\lceil \frac{|T_1|}{2} \right\rceil .$$

Wegen 4.8 genügt es daher zu zeigen, daß $(T_k, \ldots, T_1)$ immer ein Turm von $(J, \leq)$ ist. Für diesen Nachweis werden die folgenden einfachen Tatsachen nützlich sein (Beweis als Übungsaufgabe):

**4.9 Bemerkungen.** *a) Bearbeitet im Plan $P$ die Maschine 1 den Job $a_k$ vor dem Job $a_l$, dann gilt $k > l$.*

*b) Beginnt zum Zeitpunkt t die Maschine 1 mit dem Job $a_k$ und die Maschine 2 mit Job $a_l$, dann gilt $k > l$.*

*c) Sei $v_i = a_l$. Für alle $a_k \in T_i$ gilt $k > l$.*

*d) Für $a_l \in T_i$ und $a_k \in T_{i+1}$ gilt immer $k > l$.*

Für 4.6 ist noch zu zeigen: Für alle $x \in T_{i+1}$ und alle $y \in T_i$ gilt $x \leq y$. Der Beweis wird anhand eines Beispiels geführt („Beweis durch Beispiel"). Dabei wird der Sachverhalt aber allgemein klar werden. Der folgende Ablaufplan habe sich für eine geordnete Menge $(J, \leq)$, die hier nicht bekannt ist, mit den Algorithmen 4.2 und 4.4 ergeben:

| | $T_3$ | | | $T_2$ | | $T_1$ |
|---|---|---|---|---|---|---|
| $a_{12}$ | $a_{10}$ | $a_8$ | $a_7$ | $a_5$ | $a_3$ | $a_1$ |
| $a_{11}$ | $a_9$ | $a_4$ | $a_6$ | $\emptyset$ | $a_2$ | $\emptyset$ |

Es werden die Mengen $T_3$ und $T_2$ betrachtet. Bei $a_8$ beginnt die Menge $T_3$, da der gleichzeitig eingeplante Job $a_4$ einen kleineren Index als $a_5$ hat; $a_4$ hat sogar einen kleineren Index als sämtliche Jobs in $T_2$ (vgl. 4.9c). Daher gilt $a_4 \not< y$ für alle $y \in T_2$. Es folgt, daß die Jobs in $T_2$ nicht auf $a_4$, sondern auf $a_8$ warten müssen (sonst wäre einer dieser Jobs gleichzeitig mit $a_8$ eingeplant worden). Also:

$$a_8 < y \quad \text{für alle} \quad y \in T_2 .$$

Jetzt soll dasselbe für $a_{10}$ gezeigt werden. Im Fall $a_{10} < a_8$ ist dies trivialerweise erfüllt. Werde also $a_{10} \not< a_8$ angenommen. An dieser Stelle kommen die Einzelheiten der in Algorithmus 4.2 vorgenommenen Markierungen ins Spiel. Alle Nachfolger von $a_{10}$ in $(J, \leq)$ haben einen kleineren Index als $a_{10}$, aber der Job $a_9$ kann kein

Nachfolger sein, da beide Jobs gleichzeitig eingeplant sind. Also waren, als $a_8$ markiert wurde, auch die oberen Nachbarn von $a_{10}$ in $(J, \leq)$ schon markiert. Trotzdem wurde $a_8$ zuerst markiert, d.h. die absteigende Folge $N(a_8)$ der Indizes der oberen Nachbarn von $a_8$ ist lexikographisch kleiner (oder gleich) der $a_{10}$ zugeordneten Folge $N(a_{10})$. Die Folge $N(a_8)$ beginnt mit den Indizes der oberen Nachbarn von $a_8$ in $T_2$ (vgl. 4.9d). Zusätzliche obere Nachbarn in $T_2$ kann $a_{10}$ nicht haben, aber wegen $N(a_8) \leq N(a_{10})$ auch nicht weniger. Daher gilt $a_{10} < z$ für alle oberen Nachbarn $z$ von $a_8$ in $T_2$. Es folgt

$$a_{10} < y \quad \text{für alle} \quad y \in T_2 .$$

Ganz genauso erhält man

$$a_9 < y \quad \text{für alle} \quad y \in T_2 .$$

Indem man in $T_{i+1}$ (hier: in $T_3$) schrittweise nach links weitergeht, kann man per Induktion schließlich $x < y$ für alle $x \in T_{i+1}$ und $y \in T_i$ zeigen. Damit ist der Beweis von 4.6 abgeschlossen. □

**4.10 Bemerkungen.** a) Man überzeugt sich leicht davon, daß der Algorithmus von Coffman und Graham (d.h. 4.4 inklusive 4.2 in Schritt (1)) bei geeigneter Implementierung die Komplexität $O(n^2)$ hat.

b) Das 2–Maschinenproblem wird schon dann NP–vollständig, wenn Dauern $d(i) \in \{1, 2\}$ erlaubt sind. Noch ungeklärt ist der Status (polynomial, NP–vollständig?) des $m$–Maschinenproblems mit konstanten Dauern $d(i) = 1$ für den Fall von $m = 3$ Maschinen. Für größere $m$ ist das Problem NP–vollständig. Allerdings lassen sich unter speziellen Bedingungen an die geordnete Menge $(J, \leq)$ sogar für beliebige Anzahlen $m$ „gute“ (d.h. polynomiale) Algorithmen angeben. Dies trifft beispielsweise zu, wenn das Hasse–Diagramm von $(J, \leq)$ einen sich von oben nach unten verzweigenden Baum darstellt. Bei konstanten Dauern $d(i)$ erhält man einen Plan mit minimaler Ablaufzeit, indem man einen Listenplan aufstellt, bei dem Jobs mit größerem Abstand zum größten Element die größere Präferenz haben (*Algorithmus von Hu,* 1961). Obwohl dieses Resultat leicht zu formulieren und auch völlig plausibel ist, erfordert der Beweis einen gewissen Aufwand und wird hier weggelassen.

In Abbildung 5 wird ein Beispiel für $m = 3$ Maschinen betrachtet.

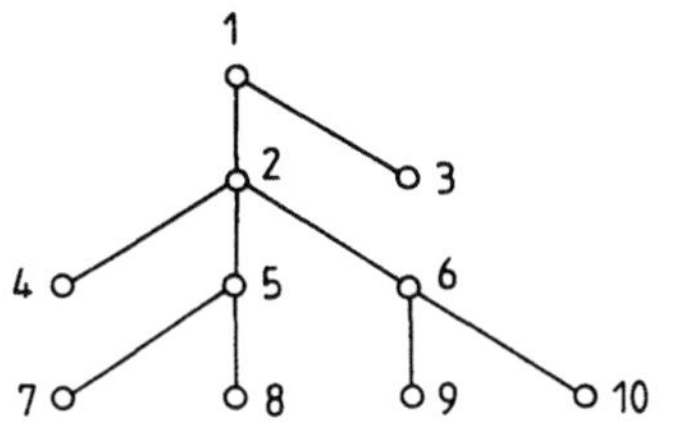


| | | | | |
|---|---|---|---|---|
| $a_{10}$ | $a_7$ | $a_5$ | $a_2$ | $a_1$ |
| $a_9$ | $a_6$ | $a_3$ | | |
| $a_8$ | $a_4$ | | | |

Abb. 5

## Aufgaben

12. Bringe die Folgen in die richtige Reihenfolge entsprechend der lexikographischen Ordnung (vgl. Definition 4.1):

    $(7,5)$, $(4)$, $(2,1)$, $(1,2)$, $(2)$, $(3,1)$, $(7,6,3,2,1)$, $(7,3,2,1)$, $\emptyset$.

13. Welcher Ablaufplan ergibt sich mit 4.4, wenn in Abbildung 4 die Markierungen 9 und 11 vertauscht werden, also wenn auf Maschine 1 mit $a_9$ anstelle von $a_{11}$ begonnen wird?

14. a) Berechne mit 4.2 die Markierungen der Elemente von $(J, \leq)$.
    b) Berechne mit 4.4 den zugehörigen optimalen Plan.
    c) Bestimme den zu diesem Plan gehörigen Turm $(T_k, \ldots, T_1)$ (siehe Beweis von 4.6).

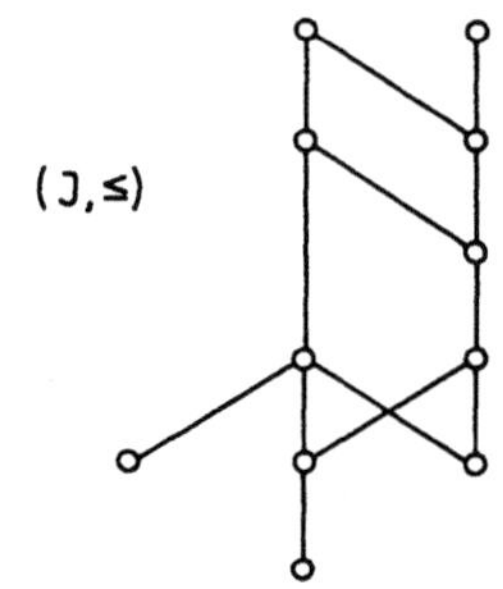


15. Beweise 4.9.

16. Finde eine geordnete Menge $(J, \leq)$, so daß sich mit 4.4 der im Beweis von 4.6 als Beispiel benutzte Plan ergibt.

17. Bestimme mit dem Algorithmus von Hu (siehe 4.10b) einen Ablaufplan auf $m=2$ Maschinen für die geordnete Menge $(J, \leq)$ aus Abbildung 5.

# Literaturhinweise

Das Buch von *P. Brucker* behandelt viele der bekanntesten Probleme aus der Theorie der Ablaufplanung und gibt nebenbei eine gut lesbare Einführung in das Thema „NP-Vollständigkeit". Die in Abschnitt 2 gegebene Darstellung (inklusive „Fahrradproblem") orientiert sich stark an der Arbeit von *R. L. Graham*. Beispiele für die Netzplantechnik findet man u.a. in Büchern über Betriebswirtschaftslehre, so z.B. bei *H. Müller-Merbach*. Für das in Abschnitt 4 untersuchte 2-Maschinenproblem ist die Orginalarbeit von *E. G. Coffman und R. L. Graham* angegeben:

P. Brucker: *Scheduling.* Akademische Verlagsgesellschaft, Wiesbaden, 1981.

E. G. Coffman, R. L. Graham: *Optimal scheduling for two-processor systems.* Acta Informatica 1 (1972), 200–213.

R. L. Graham: *Combinatorial scheduling theory.* In: L. A. Steen (Hrg.), Mathematics today, twelve informal essays, Springer, New York, 1978.

H. Müller–Merbach: *Einführung in die Betriebswirtschaftslehre.* 2. Auflage, Vahlen, München, 1976.

# Lösungshinweise

## Kapitel I

1. a) Es kann der Graph aus Abb. 1(ii) verwendet werden: Die Ecken als Teams, die Kanten als Spiele; an einem Spieltag dürfen nur paarweise disjunkte Kanten gespielt werden.

   b) Durch Probieren kann man eine Lösung in 4 Spieltagen finden. Es gibt keine Lösung in 3 Spieltagen: Eine solche Lösung müßte zwei Spieltage mit genau zwei Spielen (Kanten) aus dem „äußeren" Fünfeck des Graphen haben, z.B. $ab-cd$, $ac-be$ und $ab-de$, $be-cd$. Diese beiden Spieltage hätten dann ein Spiel gemeinsam (nämlich $ad-ce$), was aber nicht erlaubt ist.

2. Es gibt genau 11 paarweise nicht isomorphe Graphen mit 4 Ecken.

7. Folgt mit 1.10.

8. Der Graph $G=(V,E)$ sei kubisch (und endlich). Mit 1.10 erhält man $2|E| = \sum_{v\in V} \operatorname{grd} v = 3|V|$. Dies ist nur für gerades $|V|$ möglich. Für $|V| = 2$ bzw. 4, 6, 8 gibt es genau 0 bzw. 1, 2, 5 kubische Graphen (natürlich bis auf Isomorphie). Dies findet man durch (systematisches) Probieren; im Fall $|V| = 8$ kann man z.B. die Eckenmenge in zwei 4–elementige Teilmengen zerlegen und von den möglichen Untergraphen auf diesen Teilmengen ausgehen.

9. Seien $v, w$ zwei Ecken, so daß $\{v, w\}$ *keine* Kante ist. Dann ist $v$ und genauso $w$ mit mindestens $\frac{n-1}{2}$ der restlichen $n-2$ Ecken durch eine Kante verbunden. Deshalb gibt es eine Ecke $x$, die mit $v$ *und* $w$ verbunden ist, und $(v, x, w)$ ist der gesuchte Kantenzug.

12. Man ersetze in 1.14 und im Beweis „zusammenhängend" durch „stark zusammenhängend" und „Kante" bzw. „Kantenzug" durch „gerichtete Kante" bzw. „gerichteter Kantenzug". Im Beweisteil „$\Leftarrow$" kann $V_1 := \{w \in V \mid$ es gibt einen gerichteten Weg von $v$ nach $w\}$ verwendet werden.

14. b), c) $K_n$ ist eulersch genau für $n$ ungerade, und hamiltonsch für alle $n$. $K_{m,n}$ ist eulersch genau für $m$ und $n$ gerade, und hamiltonsch genau für $m = n$.

15. a) Es gibt genau zwei Ecken mit ungeradem Grad.

    b) Beweisidee: Man verbindet die beiden Ecken ungeraden Grads durch eine zusätzliche Kante, erhält dann mit 2.2 einen eulerschen Kreis, aus dem die zusätzliche Kante wieder entfernt wird.

17. Ein eulerscher Kreis mit Startpunkt $a$ besteht aus zwei Kreisen durch $a$. Es gibt genau 12 Kreise der Länge 3 durch $a$, und aus den restlichen Kanten jeweils 12 Kreise der Länge 7 durch $a$. Das ergibt $12 \cdot 12 = 144$ Möglichkeiten. Entsprechend für andere Kreislängen:

$$3/7\colon\ 12 \cdot 12 = 144\,,\quad 4/6\colon\ 24 \cdot 4 = 96\,,\quad 5/5\colon\ 24 \cdot 2 = 48\,,\quad 6/4\colon\ 96\,,\quad 7/3\colon\ 144\,.$$

Also gibt es, bei beliebigem Startpunkt, $5(144 + 96 + 48 + 96 + 144) = 2640$ eulersche Kreise in $K_5$.

21. a) Die Ecken von $K_{2n+1}$ seien $0, 1, \ldots, 2(n-1)$ sowie $c$. Die gesuchten Kreise sind von der Form

$$C_i = (c, i, i+1, i-1, i+2, i-2, i+3, \ldots, i-(n-1), i+n, c)\,, \quad i = 0, 1, \ldots, n-1\,.$$

Dabei wird modulo $2n$ gerechnet. Es ist ziemlich leicht zu sehen, daß jede Kante nur einmal vorkommt.

b) Die Freunde als „Ecken“ des $K_9$ : Jede Sitzordnung entspricht einem hamiltonschen Kreis. Wegen a) sind $n = 4$ Abende möglich.

23. Sei $C = (v_0, v_1, \ldots, v_n = v_0)$ ein hamiltonscher Kreis von $G$. Dann ist $L(C) := (\{v_0, v_1\}, \{v_1, v_2\}, \ldots, \{v_{n-1}, v_n\}, \{v_n, v_1\} = \{v_0, v_1\})$ ein einfacher Kreis von $L(G)$. Falls $\{v_i, v_j\} \in E$ in $L(C)$ nicht enthalten ist, kann es eingefügt werden:

$$\widetilde{L(C)} := (\{v_0, v_1\}, \ldots, \{v_{i-1}, v_i\}, \underline{\{v_i, v_j\}}, \{v_i, v_{i+1}\}, \ldots, \{v_0, v_1\})\,.$$

Auf diese Weise können sukzessive alle noch fehlenden Ecken von $L(G)$ eingefügt werden.

24. Es gibt genau 11 paarweise nichtisomorphe Bäume auf 7 Ecken.

28. Die $k$-elementigen Teilmengen von $\{1, \ldots, n\}$ seien $T_1, \ldots, T_{f(n,k)}$. Die $n \times f(n,k)$-Matrix $A = (a_{ij})$ sei definiert durch: $a_{ij} = 1$ falls $i \in T_j$ und $a_{ij} = 0$ sonst. Das Prinzip der doppelten Abzählung liefert $n\, f(n-1, k-1) = k\, f(n,k)$. Ausgehend von $f(n-k, 0) = 1$ erhält man damit den bekannten Wert

$$f(n,k) = \frac{n(n-1) \ldots (n-k+1)}{k(k-1) \ldots 1}\,.$$

30. Man verwende 1.10 und die Tatsache, daß ein Baum mit $n$ Ecken genau $n-1$ Kanten hat.

35. Mit $n$, $m$, $f$ werde wie üblich die Anzahl der Ecken, Kanten, Flächen von $G$ bzw. des Diagramms von $G$ bezeichnet. Es läßt sich folgendes herleiten:

| | | |
|---|---|---|
| (1) | $5f \leq 2m$ | (Prinzip der doppelten Abzählung wie für 4.5), |
| (2) | $3n \leq 2m$ | (Handschlaglemma), |
| (3) | $n = m - f + 2$ | (eulersche Polyederformel), |
| (4) | $m \leq 3f - 6$ | ((3) eingesetzt in (2) und nach $m$ aufgelöst). |

Mit (1) und (4) ergibt sich $5f \leq 6f-12$, und es folgt $f \geq 12$.

36. a) Sei $m \geq 2$. Mit 4.5, 1.10 und der Definition von $n_r$ folgt $6n-12 \geq 2m = \sum_{v \in V} \operatorname{grd}(v) \geq (n-n_r)(r+1)$. Auflösen nach $n_r$ liefert die gewünschte Ungleichung. Für $m < 2$ und $n \geq 2$ gilt sie ohnehin.

38. Es gibt 7 paarweise nichtisomorphe solche Unterteilungen.

39. Graph (ii) ist planar. Die anderen beiden sind nicht planar und enthalten eine Unterteilung von $K_{3,3}$ als Teilgraph.

40. Beispiel: Dodekaeder–Graph. Zuerst betrachte man eine Fläche eines ebenen Diagramms mit den zusätzlichen Kanten an den Ecken der Fläche; siehe Skizze (1). Die fünf „äußeren“ Ecken sind untereinander und von den fünf „inneren“ Ecken verschieden, denn sonst könnten die Flächen $F_1, \ldots, F_5$ nicht von Kreisen der Länge 5 berandet sein. Deshalb kann auch keine der bisher betrachteten zehn Ecken die fünfte Randecke einer Fläche $F_i$ sein, und jede dieser fehlenden Randecken gehört nur zu einer Fläche $F_i$. Damit ergibt sich Skizze (2). Von hier aus gelangt man schließlich schnell zu einem Diagramm wie in Abb. 20(v).

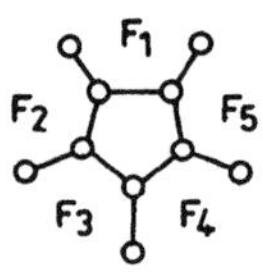


(1)

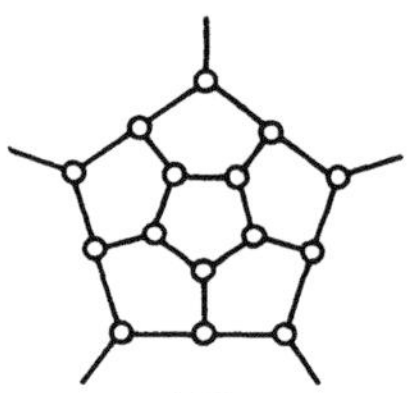

(2)

44. Man beachte: Obwohl die Graphen in b) und c) isomorph sind, ergeben sich aufgrund der unterschiedlichen Diagramme Landkarten, deren zugrundeliegende Graphen nicht isomorph sind.

47. Mit dem Berechnungsverfahren von Abb. 32 ergibt sich schließlich genau einmal der Graph $K_n$ und für jede der $\binom{n}{2}-m$ in $G$ „fehlenden“ Kanten genau eine Kopie von $K_{n-1}$ (und ansonsten kleinere vollständige Graphen). Daher gilt:

$$\begin{aligned} f(G,x) &= f(K_n,x) + \left[\binom{n}{2}-m\right] f(K_{n-1},x) + \ldots \\ &= \left[x^n - \binom{n}{2} x^{n-1} + \ldots\right] + \left[\binom{n}{2}-m\right] (x^{n-1} + \ldots) + \ldots \\ &= x^n - mx^{n-1} + \ldots \end{aligned}$$

Es ist leicht zu sehen, daß das konstante Glied 0 ist.

49. Da $G$ zusammenhängend ist, tritt bei dem in der Aufgabe angegebenen Verfahren schließlich mindestens einmal ein Summand $\pm f(\overline{K_1},x) = \pm x$ auf. Für

ungerades $n$ ist das Vorzeichen immer „+“ und für gerades $n$ immer „−“ (denn bei jeder Reduktion der Eckenzahl um 1 wechselt das Vorzeichen). **Anmerkung:** Mit einem ähnlichen Argument kann man zeigen, daß die Vorzeichen der Koeffizienten von $f(G,x)$ *alternieren*, d.h. abwechselnd „+“ und „−“ sind.

50. $f(K_{1,n},x)=x(x-1)^n$, $f(K_{2,n},x)=x(x-1)(x-2)^n+x(x-1)^n$, $f(K_{3,n},x)=x(x-1)(x-2)(x-3)^n+3x(x-1)(x-2)^n+x(x-1)^n$.

53. $\Leftarrow$, Beweisidee: Sei $G=(V,E)$ o.B.d.A. ein zusammenhängender Graph. Für beliebiges $v_0 \in V$ ist dann

$$S := \{v \in V \mid \text{es gibt einen Weg gerader Länge von } v_0 \text{ nach } v\}, \quad T := V \setminus S,$$

die gewünschte Zerlegung von $V$.

54. Zum Beispiel: a) $safjt$, $sdgkt$, $seilt$, b) $safjt$, $sbfgkt$, $sdilt$, $seint$, c) $\{d,e,f\}$, d) $\{sd,se,fg,fj\}$.

58. Sei $G(N,A)$ der bipartite Graph mit $N=\{1,\ldots,n\}$, wobei $\{i,a\}$ genau dann eine Kante ist, wenn $a \in S_i$ gilt. Die vollständigen Heiraten von $G(N,A)$ entsprechen genau den Transversalen von $\mathcal{S}$, und die Bedingung in 6.7 wird zur Bedingung in der Aufgabe.

59. Beweisidee: Man fügt $d$ neue Ecken zu $T$ hinzu und verbindet jede dieser Ecken mit allen Ecken in $S$. Dieser neue Graph besitzt genau dann eine vollständige Heirat, wenn der alte Graph eine Heirat von Defekt $d$ besitzt.

60. Hinweis: Es handelt sich um die „Transversalenversion“ von Aufgabe 59 (der *Defekt* ist $n-k$).

61. Die Bedingung ist: Für alle $I \subseteq S$ gilt $\sum_{i \in I} p_i \leq |\varphi(I)|$. Beweisidee: Jedes $s \in S$ wird durch $p_s$ verschiedene Ecken ersetzt, die mit denselben Ecken von $T$ verbunden sind wie vorher $s$. Damit ist das „Haremsproblem“ auf das Heiratsproblem zurückgeführt.

62. Nur die zweite Verknüpfungstafel ist die einer Gruppe (es handelt sich um eine zu $(\mathbb{Z}_4,+)$ isomorphe Gruppe).

64. Da $z_1,\ldots,z_k$ ziffernfremd sind, gilt $g^i=z_1^i \circ \ldots \circ z_k^i$ für alle $i$. Also gilt $g^i=id$ genau dann, wenn alle Zahlen $\operatorname{ord}(z_1),\ldots,\operatorname{ord}(z_k)$ Teiler von $i$ sind.

67. a) Jedes $f \in S_n$ ist durch die Funktionswerte $f(1),\ldots,f(n)$ festgelegt. Für $f(1)$ gibt es $n$ Möglichkeiten (alle Werte aus $\{1,\ldots,n\}$), für $f(2)$ anschließend noch $n-1$ Möglichkeiten (alle Werte aus $\{1,\ldots,n\} \setminus \{f(1)\}$), usw. Insgesamt ergeben sich $n\cdot(n-1)\cdot\ldots\cdot 2\cdot 1 = n!$ Möglichkeiten.
b) Die Gruppe $G$ operiere auf $A$. Für jedes $a \in A$ gilt $a^G=A$. Mit 7.12 folgt $|G|=n|G_a|$.

70. Es gibt genau 12 Automorphismen von $\Gamma$.

72. a) Es handelt sich um den Petersengraphen (siehe Abb. 1(ii) oder Abb. 38).

73. b) Es gilt $|G| = 120$. Also sind die Automorphismen in 72b schon alle Automorphismen des Petersengraphen!

# Kapitel II

3. a) Es gibt mindestens $2m$ eulersche Kreise (dieses ist die genaue Anzahl, wenn $G$ selbst ein einfacher Kreis ist).
   b) Es bleiben $m!$ Folgen übrig.

5. a) Es handelt sich bei $\sim_\Theta$ um eine *Äquivalenzrelation*, denn für alle Funktionen $f(n)$, $g(n)$, $h(n)$ von $\mathbb{N}$ nach $\mathbb{R}^+$ gilt:

$$f(n) \sim_\Theta f(n) \qquad \text{(Reflexivität)},$$
$$f(n) \sim_\Theta g(n) \implies g(n) \sim_\Theta f(n) \qquad \text{(Symmetrie)},$$
$$f(n) \sim_\Theta g(n),\ g(n) \sim_\Theta h(n) \implies f(n) \sim_\Theta h(n) \qquad \text{(Transitivität)}.$$

   b) $\sim_O$ und $\sim_\Omega$ sind keine Äquivalenzrelationen, denn die Symmetrie ist verletzt. Beispielsweise gilt $n \in O(n^2)$ und $n^2 \in \Omega(n)$, aber nicht $n^2 \in O(n)$ und $n \in \Omega(n^2)$.

6. a) Mit dem Ansatz $f(N_0) = 10 f(n_0)$ ergibt sich:

| $f(n)$ | $n$ | $n^2$ | $5n^2$ | $n^k$ | $2^n$ | $c^n$ |
|---|---|---|---|---|---|---|
| $N_0$ | $10n_0$ | $\sqrt{10}n_0$ | $\sqrt{10}n_0$ | $10^{1/k}n_0$ | $n_0 + \log_2 10$ | $n_0 + \log_c 10$ |

   b) Bei polynomialen Algorithmen wird $n_0$ mit einer Konstanten *multipliziert*. Das ist grundsätzlich besser als für exponentielle Algorithmen, bei denen zu $n_0$ lediglich eine Konstante *addiert* wird.

9. Eine Möglichkeit:

   **Algorithmus.** Sei $G$ ein durch seine Adjazenzlisten $A_v$ gegebener Graph. Zusätzlich sei $V$ eine Liste der Ecken von $G$. Es werden Mengen $K(1)$, $K(2)$, ... berechnet (die Zusammenhangskomponenten von $G$):

   (1) $i \leftarrow 1$,
   (2) **while** $V \neq \emptyset$ **do**
   (3) sei $v_0$ das erste Element in $V$,
   (4) führe 2.2 durch für $G$ und $v_0$,
   (5) $K(i) \leftarrow \bigcup \{V(j) \mid j \text{ mit } V(j) \neq \emptyset\}$,
   (6) $V \leftarrow V \setminus K(i)$,
   (7) **for** $j$ mit $V(j) \neq \emptyset$ **do** $V(j) \leftarrow \emptyset$ **end**,
   (8) $i \leftarrow i + 1$,

(9) **end.**

13. Die Menge $U$ sei als Liste gegeben:
(3a) Sei $u$ das erste Element von $U$,
(3b) **for** $i = 2, \ldots, |U|$ **do**
(3c) sei $v$ das $i$-te Element von $U$,
(3d) **if** $d(v) < d(u)$ **then** $u \leftarrow v$ **end**,
(3e) **end**.

16. Das einfachste Beispiel ist 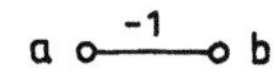

. Der Kantenzug $abab\ldots ab$ ($k$ mal $ab$) hat die Länge $-2k$.

17. Man kann z.B. hinter Zeile (4) eine neue Zeile einfügen:
(4′) Für alle $v \in U$ mit $uv \in E$ und $d(u)+w(uv) < d(v)$ setze $\varphi(v) := u$.
Auf diese Art wird eine Funktion $\varphi$: $V \setminus \{v_0\} \to V$ berechnet; $\varphi(v)$ gibt den Vorgänger von $v$ auf einem kürzesten Weg an.

21. Es ergibt sich ein maximaler Fluß $f$ mit $\Phi(f) = 8$. Für $S = \{s, c, f, b\}$ ist $E_S$ ein minimaler Schnitt.

23. a) ist klar.
b) Sei $\{x, y\}$ eine Kante mit $x \in V_1 \cap S$. Im Fall $f(x, y) = 0$ gilt $y \in S$. Im Fall $f(x, y) = 1$ wird $x$ bei der Berechnung von $S$ auf einer Rückwärtskante erreicht. Da nur eine von $x$ ausgehende Kante den Fluß 1 haben kann, muß $(x, y)$ diese Kante sein, und es folgt wieder $y \in S$. Damit ist $W$ als überdeckende Eckenmenge nachgewiesen. Für die Minimalität von $W$ genügt es, $|W| \leq |M|$ zu zeigen: Für jedes $x \in V_1 \setminus S$ gilt $f(s, x) = 1$. Deshalb gibt es (genau) ein $y_x \in V_2 \setminus S$ mit $f(x, y_x) = 1$, d.h. mit $\{x, y_x\} \in M$. Ebenso gibt es zu jedem $y \in V_2 \cap S$ (genau) ein $x_y \in V_1 \cap S$ mit $\{x_y, y\} \in M$.
c) Für $y, z \in V_2 \cap S$ mit $y \neq z$ gilt $x_y \neq x_z$ (Bezeichnungen wie im Beweisteil b). Für $I' := \{x_y \mid y \in V_2 \cap S\}$ folgt $|I'| = |V_2 \cap S|$. Allgemein gilt $\varphi(V_1 \cap S) = V_2 \cap S$ und $I' \subseteq V_1 \cap S$. Dies beendet den Beweis, denn falls die Heirat $M$ nicht vollständig ist, gibt es ein „nicht verheiratetes" $x \in V_1$, d.h. ein Element $x \in (V_1 \cap S) \setminus I'$.

28. Werde o.B.d.A. angenommen, daß sich $T_1$ mit 5.3 ergeben hat. Sei $T_1 = \{f_1, \ldots, f_k\}$ mit $w(f_1) \leq \ldots \leq w(f_k)$ und $T_2 = \{g_1, \ldots, g_k\}$ mit $w(g_1) \leq \ldots \leq w(g_k)$. Im Beweis von 5.4 wurde $w(g_i) \geq w(f_i)$ für alle $i$ gezeigt. Da auch $T_2$ minimal ist, folgt $w(g_i) = w(f_i)$.

30. Nur in b) handelt es sich um ein Matroid. In a) ist (**) und in c) ist (*) verletzt.

32. a) $\mathcal{T} \neq \emptyset$ und $(*)$ ist klar. Für den Nachweis von $(**)$ seien $A, B \in \mathcal{T}$, $|A| = r$, $|B| = r-1$. Eine zulässige Reihenfolge der Jobs in $A$ bzw. $B$ sei $a_1, \ldots, a_r$ bzw. $b_1, \ldots, b_{r-1}$. Sei $i$ maximal mit $a_i \in A \backslash B$. Folgendermaßen entsteht ein zulässiger Plan für $B \cup \{a_i\}$: Zuerst werden die $i-1$ Jobs in $B \backslash \{a_{i+1}, \ldots, a_r\}$ ausgeführt, in derselben Reihenfolge wie im Plan für $B$. Anschließend werden, in dieser Reihenfolge, $a_i, \ldots, a_r$ durchgeführt. Dieser Plan ist tatsächlich pünktlich, denn kein Job kommt später dran als im Plan für $A$ bzw. $B$.

35. Ein **Isomorphismus** der Matroide $(E, \mathcal{T})$ und $(E', \mathcal{T}')$ ist eine bijektive Abbildung $\varphi: E \to E'$, so daß für alle $T \subseteq E$ folgendes gilt:
$$T \in \mathcal{T} \iff \varphi(T) \in \mathcal{T}'.$$
Sei jetzt $G = (V, E)$ ein endlicher Graph und $(E, \mathcal{T})$ das zugehörige graphische Matroid. Die Elemente von $V$ seien $v_1, \ldots, v_n$. Es werde der Vektorraum $F^n$ über dem Körper $F = \{0, 1\}$ betrachtet. Für jedes $e \in E$ sei $\varphi(e) = (x_1, \ldots, x_n)$ mit $x_i = 1$, falls $v_i \in e$, und $x_i = 0$ sonst. Dann ist $\varphi$ ein Isomorphismus von $(E, \mathcal{T})$ auf das zur Teilmenge $\varphi(E) \subseteq F^n$ gehörige vektorielle Matroid: Offenbar ist $\varphi$ bijektiv. Für $T \subseteq E$ gilt genau dann $T \notin \mathcal{T}$, wenn es eine Teilmenge $T' \subseteq T$ gibt, die in $G$ einen Kreis bildet. In diesem Fall gilt $\sum \{\varphi(e) \mid e \in T'\} = 0$, denn jede Ecke kommt in einer geraden Anzahl von Kanten vor. Also ist $\varphi(T)$ dann linear abhängig. Ist umgekehrt $\varphi(T)$ linear abhängig, dann gibt es eine Teilmenge $T' \subseteq T$ mit $\sum \{\varphi(e) \mid e \in T'\} = 0$ und mit dem Satz von Euler (I.2.2) folgt, daß die Kanten in $T'$ einen Kreis bilden.

36. $\Rightarrow$: Folgt mit $(**)$ für $A := D$ und $B := C \backslash \{c\}$.
$\Leftarrow$: Sei $\mathcal{T} := \{T \subseteq E \mid \exists B \in \mathcal{B}: T \subseteq B\}$. Dann gilt $\mathcal{T} \neq \emptyset$ und $(*)$. Für den Nachweis von $(**)$ seien $A, B \in \mathcal{T}$ mit $|A| = |B|+1$ gegeben. Es gelte $A \subseteq D$, $B \subseteq C$ für $C, D \in \mathcal{B}$. Sei $c \in C \backslash (D \cup B)$. Wegen $(\overset{*}{**})$ gibt es ein $d \in D \backslash C$ mit $C^{(1)} := (C \backslash \{c\}) \cup \{d\} \in \mathcal{B}$. Dieses Verfahren wird wiederholt, bis sich schließlich eine Menge $C^{(k)}$ mit $C^{(k)} \subseteq D \cup B$ ergibt. Wegen $|A| > |B|$ gibt es ein $a \in A \backslash B$ mit $B \cup \{a\} \subseteq C^{(k)}$, d.h. mit $B \cup \{a\} \in \mathcal{T}$. Damit ist $(**)$ gezeigt, und $(E, \mathcal{T})$ ist ein Matroid. Es ist klar, daß die Mengen in $\mathcal{B}$ gerade die Basen von $(E, \mathcal{T})$ sind.

38. Für die Mengen $\mathcal{B}$ bzw. $\mathcal{B}^*$ der Basen von $M$ bzw. $M^*$ gilt $\mathcal{B}^* = \{E \backslash B \mid B \in \mathcal{B}\}$. Es genügt, für $\mathcal{B}^*$ die Bedingung $(\overset{*}{**})$ aus Aufgabe 37 nachzuweisen. Sei $C', D' \in \mathcal{B}^*$, $c' \in C' \backslash D'$. Für $C := E \backslash C'$ und $D := E \backslash D'$ gilt $c' \in D \backslash C$. Mit $(\overset{*}{**})$, angewandt auf $\mathcal{B}$, folgt die Existenz eines $d' \in C \backslash D$ mit $(D \backslash \{c'\}) \cup \{d'\} \in \mathcal{B}$, d.h. mit $(D' \backslash \{d'\}) \cup \{c'\} \in \mathcal{B}^*$. In anderen Worten: Jedes Element von $C' \backslash D'$ kann ein Element von $D' \backslash C'$ ersetzen. Tut man dies sukzessive für alle Elemente von $C' \backslash D'$ mit Ausnahme eines gegebenen Elementes $c \in C' \backslash D'$, dann erhält man schließlich $(C' \backslash \{c\}) \cup \{d\} \in \mathcal{B}^*$ für ein gewisses $d \in D' \backslash C'$. Damit ist $(\overset{*}{**})$ für $\mathcal{B}^*$ gezeigt.

39. Das fehlende Wort ist: „dieselben“.

43. HC kann auf HP transformiert werden: Sei $G$ ein Graph und $v_0$ eine Ecke von $G$. Aus $G$ entsteht ein neuer Graph $G'$, indem drei neue Ecken $u_0, u_1, u_2$ hinzugefügt werden, wobei $u_0$ mit $v_0$ durch eine neue Kante verbunden wird, $u_1$ mit allen Nachbarecken (in $G$) von $v_0$, und $u_2$ mit $u_1$. Man überlegt, daß $G$ genau dann einen hamiltonschen Kreis besitzt, wenn $G'$ einen hamiltonschen Weg besitzt.

44. a) Für großes $k$ ist schon das „Hinschreiben" von $k$ Rundreisen nicht in polynomialer Rechenzeit möglich.
b) Natürlich kann eine solche Problemstellung vernünftig sein, nämlich wenn man sich für die Antwort interessiert. Wenn man aber vorhat, die Lösungen wirklich zu verwenden, dann muß man sie alle „hinschreiben", wie in der Definition von NP gefordert. Dies wird aus Komplexitätsgründen oft nicht durchführbar sein!

## Kapitel III

1. In b) und d) handelt es sich nicht um Blockpläne, in a) um einen $2-(4,2,1)$ Blockplan und in c) um einen $3-(4,3,1)$ Blockplan.

3. a) Die Inzidenzstrukturen $\mathcal{I} = (P, \mathcal{B}, \mathrm{I})$ und $\mathcal{I}' = (P', \mathcal{B}', \mathrm{I}')$ sind **isomorph**, falls es bijektive Abbildungen $f \colon P \to P'$ und $g \colon \mathcal{B} \to \mathcal{B}'$ gibt, so daß folgendes gilt:
$$(p, B) \in \mathrm{I} \iff (f(p), g(B)) \in \mathrm{I}'.$$
b) $\Leftarrow$ ist klar. $\Rightarrow$: Setze $P' := P$, $f(p) := p$ für alle $p \in P$, $g(B) := \{p \in P \mid p \,\mathrm{I}\, B\}$, $\mathcal{B}' := \{g(B) \mid B \in \mathcal{B}\}$. Wenn $\mathcal{I}$ einfach ist, erfüllen $f$ und $g$ offenbar die Bedingung aus a).

12. Die Axiome (1), (3), (4) sind klar. Für den Nachweis von (2') seien $p = \langle \boldsymbol{p} \rangle$, $q = \langle \boldsymbol{q} \rangle$, $r = \langle \boldsymbol{r} \rangle$, $s = \langle \boldsymbol{s} \rangle$ vier verschiedene, von den Vektoren $\boldsymbol{p}, \boldsymbol{q}, \boldsymbol{r}, \boldsymbol{s}$ aufgespannte eindimensionale Untervektorräume, und es gelte $\dim(\langle \boldsymbol{p}, \boldsymbol{q} \rangle \cap \langle \boldsymbol{r}, \boldsymbol{s} \rangle) \geq 1$. Mit der Dimensionsformel erhält man:
$$\begin{aligned}\dim(\langle \boldsymbol{p}, \boldsymbol{r} \rangle + \langle \boldsymbol{q}, \boldsymbol{s} \rangle) &= \dim(\langle \boldsymbol{p}, \boldsymbol{q} \rangle + \langle \boldsymbol{r}, \boldsymbol{s} \rangle) \\ &= \dim \langle \boldsymbol{p}, \boldsymbol{q} \rangle + \dim \langle \boldsymbol{r}, \boldsymbol{s} \rangle - \dim(\langle \boldsymbol{p}, \boldsymbol{q} \rangle \cap \langle \boldsymbol{r}, \boldsymbol{s} \rangle) \\ &\leq 2 + 2 - 1 = 3.\end{aligned}$$
Hiermit folgt das gewünschte Resultat:
$$\begin{aligned}&\dim(\langle \boldsymbol{p}, \boldsymbol{r} \rangle \cap \langle \boldsymbol{q}, \boldsymbol{s} \rangle) \\ &\quad = \dim \langle \boldsymbol{p}, \boldsymbol{r} \rangle + \dim \langle \boldsymbol{p}, \boldsymbol{s} \rangle - \dim(\langle \boldsymbol{p}, \boldsymbol{r} \rangle + \langle \boldsymbol{q}, \boldsymbol{s} \rangle) \\ &\quad \geq 2 + 2 - 1 = 1.\end{aligned}$$

14. Offenbar gilt $\binom{r}{0}_q = 1$. Sei jetzt $s \geq 1$. Es gibt genau $(q^r - 1)(q^r - q) \ldots (q^r - q^{s-1})$ Tupel $(\boldsymbol{b}_1, \ldots, \boldsymbol{b}_s)$ von Vektoren aus $V$, die einen $s$-dimensionalen Untervektorraum aufspannen: Für die Wahl von $\boldsymbol{b}_1$ gibt es $q^r - 1$ Möglichkeiten, für

die Wahl von $\boldsymbol{b}_2$ dann noch $q^r - q$ Möglichkeiten, usw. Entsprechend gibt es in jedem $s$-dimensionalen Untervektorraum von $V$ genau $(q^s-1)(q^s-q)\dots(q^s-q^{s-1})$ solche „Basistupel". Die Anzahl der $s$-dimensionalen Untervektorräume von $V$ ist deshalb

$$\binom{r}{s}_q = \frac{(q^r-1)(q^r-q)\dots(q^r-q^{s-1})}{(q^s-1)(q^s-q)\dots(q^s-q^{s-1})}\,.$$

Durch Herauskürzen möglichst vieler Faktoren $q$ bzw. $q-1$ ergibt sich der gewünschte Ausdruck.

16. Die Parallelenscharen können im Vektorraum $V=K^2$ über dem Körper $K=\{0,1,x,x+1\}$ leicht berechnet werden (Rechnungen modulo $x^2+x+1$, siehe 3.11a). Die folgende Skizze zeigt eine der fünf Parallelenscharen:

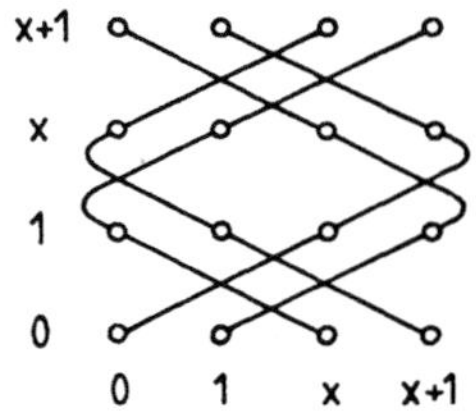


18. Genau für $q=2$ ist $\mathcal{A}_t(V)$ ein 3–Blockplan, und $\mathcal{P}_t(V)$ ist nie ein 3–Blockplan.

21. Genau ein Unterkörper hat $p^n$ Elemente: Er besteht genau aus den Nullstellen von $x^{p^n}-x$ (wegen 3.21, 3.12).

25. Binomische Formel: $(b+c)^p = \sum_{i=0}^{p}\binom{p}{i}b^ic^{p-i}$. Für $i\neq 0$ und $i\neq p$ ist $\binom{p}{i}$ ein Vielfaches von $p$ und deshalb gleich $0$.

31. $B_1=\{(0,0),(1,0),(0,1)\}$, $B_2=\{(0,0),(2,0),(0,2)\}$, $B_3=\{(0,0),(2,1),(3,3)\}$, $B_4=\{(0,0),(3,1),(4,4)\}$.

35. a)

| $x$ | 0 | 1 | 2 | 3 | 4 | 5 | 6 | $\infty$ |
|---|---|---|---|---|---|---|---|---|
| $f(x)$ | 4 | $\infty$ | 6 | 2 | 3 | 0 | 1 | 5 |
| $g(x)$ | 3 | 1 | 2 | $\infty$ | 5 | 6 | 4 | 0 |

b) $(f\circ g) = \frac{4x+5}{x+6}$,

c) $h(x) = \frac{4x+3}{2x+1}$.

36. a) Sei $A=\begin{pmatrix} a & b\\ c & d\end{pmatrix}$, $A'=\begin{pmatrix} a' & b'\\ c' & d'\end{pmatrix}$. Aus $f_A(x)=f_{A'}(x)$ folgt für $x=0$, $x=\infty$, $x=1$:

$$\frac{a}{c}=\frac{a'}{c'},\quad \frac{b}{d}=\frac{b'}{d'},\quad \frac{a+b}{c+d}=\frac{a'+b'}{c'+d'}\,.$$

Hieraus ergibt sich die Behauptung.

b) rechnet man nach.

c) Die Matrizen $A$ mit $\det A \neq 0$ sind invertierbar: es gibt eine Matrix $A^{-1}$ mit $AA^{-1} = A^{-1}A = E$ (Einheitsmatrix). Mit Teil b) folgt deshalb $f_A \circ f_{A^{-1}} = f_{A^{-1}} \circ f_A = f_E = id$, womit die Abbildungen in $G(K)$ als Permutationen nachgewiesen sind. Wegen $\det(AA') = (\det A)(\det A')$ und $\det(A^{-1}) = (\det A)^{-1}$ sind mit $f_A$ und $f_{A'}$ auch $f_A \circ f_{A'} = f_{AA'}$ und $f_A^{-1} = f_{A^{-1}}$ in $G(K)$ enthalten. Nach I.7.5 ist $G(K)$ daher eine Gruppe.

37. Gegeben seien paarweise verschiedene Elemente $b_1, \ldots, b_t \in A$ und paarweise verschiedene Elemente $c_1, \ldots, c_t \in A$.
a) Gesucht ist ein $f \in G$ mit $f(b_i) = c_i$ für alle $i$. Nach Voraussetzung gibt es $g_1 \in G$, $g_2 \in G_{a_1}$, $\ldots$, $g_t \in G_{a_1 \ldots a_{t-1}}$ mit $g_1(b_1) = a_1$, $g_2(g_1(b_2)) = a_2$, $\ldots$, $g_t((g_{t-1} \circ \ldots \circ g_1)(b_t)) = a_t$. Für $g := g_t \circ \ldots \circ g_1$ gilt dann $g(b_i) = a_i$ für alle $i$. Analog gibt es ein $h \in G$ mit $h(c_i) = a_i$ für alle $i$. Die gesuchte Abbildung ist $f := h^{-1}g$.
b) Gelte $f(b_i) = c_i$ für alle $i$. Es gibt $g, h \in G$ mit $g(b_i) = a_i$ und $h(c_i) = a_i$ für alle $i$. Dann gilt $hfg^{-1} \in G_{a_1 \ldots a_t} = \{id\}$, und es folgt $f = h^{-1}g$, d.h. $f$ ist eindeutig festgelegt.

38. Man wende Aufgabe 37 an für $t = 3$ und $a_1 = \infty$, $a_2 = 0$, $a_3 = 1$.

39. a) Es ist klar, daß die Abbildungen in $H(K)$ Permutationen sind. Für $g(x) = sx + a$ und $h(x) = tx + b$ mit $s, t \in Q$ und $a, b \in K$ gilt $(g \circ h)(x) = stx + (sb + a)$ und $g^{-1}(x) = s^{-1}x - s^{-1}a$, mit $st, s^{-1} \in Q$. Also ist $H(K)$ eine Gruppe.
b) Die Gruppe $H'$ entstehe, indem man jedes $h \in H$ auf der Menge $\mathcal{P}_2(K)$ der zweielementigen Teilmengen von $K$ operieren läßt: $h'\{x, y\} = \{h(x), h(y)\}$. Zu zeigen ist, daß $H' = \{h' \mid h \in H\}$ transitiv auf $\mathcal{P}_2(K)$ operiert. Nach I.7.12 gilt $H' = |\{0,1\}^{H'}|\,|H'_{\{0,1\}}|$. Wegen $|Q| = \frac{q-1}{2}$ gilt $|H'| = |H| = \frac{q(q-1)}{2}$. Wegen $|\mathcal{P}_2(K)| = \frac{q(q-1)}{2}$ reicht es also, $H'_{\{0,1\}} = \{id\}$ nachzuweisen. In $H'_{\{0,1\}}$ können nur die Abbildungen $sx + a$ mit $s = 1$, $a = 0$ oder $s = -1$, $a = 1$ liegen. Die Untergruppe $Q$ der multiplikativen Gruppe $K \setminus \{0\}$ hat die Ordnung $|Q| = (|K| - 1)/2 = (q-1)/2$. Wegen $q = 3 \pmod 4$ ist die Ordnung ungerade, und $s = -1$ als Element von Ordnung 2 kann nicht in $Q$ enthalten sein.
c) Wegen 4.6 ist $\mathcal{D}$ ein 2–Blockplan. Klar ist $v = q$ und $k = \frac{q-1}{2}$. Es gilt

$$b = |\{sQ + a \mid s \in Q,\ a \in K\}| = |\{Q + a \mid a \in K\}| \leq |K| = v,$$

und mit 1.9 folgt $b = v$. Damit ergibt sich $\lambda = \frac{k(k-1)}{v(v-1)}b = \frac{k(k-1)}{v-1} = \frac{q-3}{4}$.

40. Es läßt sich die Existenz von $2-(v, 4, 1)$ Blockplänen nachweisen mit $v = 3^n \cdot 13 + (3^n - 1)/2$, $n \in \mathbb{N}$.

41. Man verwende 4.11.

# Kapitel IV

1. Typ 2: $a\,b$ stehe korrekt an den Stellen $j$, $j+1$ (und anschließend verkehrtherum). Die Summe $\sum_{i=1}^{10} ib_i$ ergibt dann nicht mehr 0, sondern $(jb+(j+1)a)-(ja+(j+1)\,b) = a-b \neq 0 \pmod{11}$. Also wird dieser Fehler immer erkannt. Ebenso wird Typ 3 immer erkannt. Auch Typ 4 wird erkannt, außer der Fehler tritt an den Stellen 5 und 6 auf.

6. Die $k\times n$ – Matrix $G$ sei eine Generatormatrix des linearen Codes $\mathcal{C}$. Dann hat $G$ den Rang $k$, und mit dem Gaußschen Algorithmus, angewandt auf die Zeilen von $G$, erhält man eine Matrix, zu deren Spaltenvektoren sämtliche Einheitsvektoren gehören. Befinden sich die Einheitsvektoren in den Spalten $i_1,\ldots,i_k$, dann ist $\mathcal{C}$ offenbar systematisch in $i_1,\ldots,i_k$.

7. a) Sei $\boldsymbol{c}$ ein Codewort von ungeradem Gewicht, und sei $\mathcal{C}_0$ der Untervektorraum von $\mathcal{C}$, der aus den Codewörtern von geradem Gewicht besteht. Dann gilt $\mathcal{C}=\mathcal{C}_0 \,\dot\cup\, (\boldsymbol{c}+\mathcal{C}_0)$, wobei $\mathcal{C}_0$ und $\boldsymbol{c}+\mathcal{C}_0$ gleichviele Elemente haben.

   b) kann analog bewiesen werden.

10. a) $\alpha_0=1$, $\alpha_1=2$, $\alpha_2=1$, $\alpha_3=\alpha_4=0$, $w_a(p) = 1-((1-p)^4+2p(1-p)^3+p^2(1-p)^2)$. Also: $w_a(0{,}1)=0{,}19$.

    b) $\alpha_0=\alpha_1=1$, $\alpha_2=\alpha_3=0$, $w_b(p) = 1-((1-p)^3+p(1-p)^2)$. Also: $w_b(0{,}1)=0{,}19$.

    c) Ausklammern und Ausmultiplizieren liefert $w_a(p) = w_b(p) = 1-(1-p)^2$. Die Fehlerwahrscheinlichkeiten sind also gleich. Der Code in b) ist besser, denn er übermittelt dieselbe Informationsmenge auf weniger Stellen.

12. a) Sei $d$ der Minimalabstand des Codes $\mathcal{C}$, und sei $\boldsymbol{c}$ ein Codewort von Gewicht $d$. Dann gilt $H\boldsymbol{c}=\boldsymbol{0}$, d.h. die Summe der $d$ Spalten von $H$ an den Stellen, wo $\boldsymbol{c}$ Einsen hat, ist $\boldsymbol{0}$. Für jeden Vektor $\boldsymbol{v}\neq\boldsymbol{0}$ von geringerem Gewicht gilt $H\boldsymbol{v}\neq\boldsymbol{0}$, d.h. weniger als $d$ Spalten sind linear unabhängig.

    b) Wegen Rang $H=n-k$ sind $n-k+1$ Spalten von $H$ immer linear abhängig, und mit a) folgt $d\leq n-k+1$.

14. Sei $H$ eine Kontrollmatrix des Codes mit $n-k=r$ Zeilen. Wegen $d=3$ korrigiert der Code *einen* Fehler. Deshalb sind die Spalten von $H$ alle verschieden, und der Nullvektor kommt als Spalte nicht vor. Da $H$ genau $n=2^r-1$ Spalten hat, tritt jeder Vektor aus $F^n\backslash\{\boldsymbol{0}\}$ genau einmal als Spalte auf.

20. $I_2$ ist ein Ideal mit Generatorpolynom $g(x)=x^4+x^2+1$.

21. Man führe Division mit Rest durch für $\rho(x)$ und $g(x)$ (vgl. Beweis von 3.6).

24. a) Nein, z.B. ist 1110000 im Code, aber nicht 0111000.

    b) Durch Vertauschen der Spalten kann die Kontrollmatrix eines Hamming-Codes immer auf die Form wie vor 4.7 gebracht werden. Eine solche Vertauschung bewirkt eine Vertauschung der Koordinaten des Codes.

27. Das Generatorpolynom ist $g(x)=\mu(x)\,\mu^{(3)}(x)\,\mu^{(5)}(x)$ (Ausnahme: für $r=3$ gilt $\mu^{(3)}(x)=\mu^{(5)}(x)$ und deshalb $g(x)=\mu(x)\,\mu^{(3)}(x)$). Nullstellen von $g(x)$ sind auf jeden Fall $a$, $a^2, a^4$ und $a^3, a^6$ und $a^5$. Mit 4.11 folgt $d\geq 7$.

28. Wegen III.3.12 zerfällt $g(x)$ als Teiler von $x^{q^r}-x$ über $F_{q^r}$ in Linearfaktoren: $g(x)=(x-b_1)\dots(x-b_s)$. Genau dann ist $v(x)$ ein Vielfaches von $g(x)$, wenn $v(x)$ ebenfalls die Nullstellen $b_1,\dots,b_s$ hat.

29. Die Generatorpolynome $g(x)$ sind genau die Teiler von $x^7-1$. $g(x)=1$: $\mathcal{C}=F[x]_7$. $g(x)=1+x$: Paritätskontrolle (Codewörter sind die Vektoren geraden Gewichts). $g(x)=1+x+x^3$ bzw. $g(x)=1+x^2+x^3$: Hamming-Codes $\mathcal{H}_3$ bzw. $\mathcal{H}'_3$. $g(x)=(1+x)(1+x+x^3)$ bzw. $g(x)=(1+x)(1+x^2+x^3)$: Codewörter in $\mathcal{H}_3$ bzw. in $\mathcal{H}'_3$ von geradem Gewicht (sog. *Simplex-Codes*). $g(x)=1+x^7=x^7-1$: $\mathcal{C}=\{\mathbf{0}\}$.

32. a) Schlüsselwort: jc (= Julius Cäsar). Es handelt sich um die erste Strophe von Heinrich Heines „Deutschland, ein Wintermärchen". **Zusatzaufgabe** (ohne kryptographischen Hintergrund): Lies dieses Gedicht vollständig!

    b) Die erste Vermutung, daß die am häufigsten auftretenden Buchstaben N und W für die e's stehen (bei Schlüsselwortlänge 2) trifft offenbar nicht zu. Trotzdem kann man Schlüsselwortlänge 2 vermuten (denn N und W treten vorwiegend an ungeraden Stellen auf, was N betrifft in Abständen, deren größter gemeinsamer Teiler 2 ist). Vermutung: N steht für e, W steht für n. Also ist (vermutlich) j der erste Buchstabe des Schlüsselworts. Es bleibt der zweite Buchstabe zu finden: Von den an den geraden Stellen häufig auftretenden Buchstaben erweist sich zwar T als falsch (für e), aber der zweite Versuch mit G für e (und P für n) liefert einen sinnvollen Text. Der zweite Buchstabe des Schlüsselworts ist deshalb c.

38. Sei $A=\begin{pmatrix} a & b \\ c & d \end{pmatrix}$. (i) $\Rightarrow$ (ii): Wegen $\mathrm{ggT}(\det A, N)=1$ ist $\det A = ad-bc$ in $\mathbb{Z}_N$ invertierbar. Deshalb ist $A$ invertierbar mit $A^{-1}=(\det A)^{-1}\begin{pmatrix} d & -b \\ -c & a \end{pmatrix}$. (ii) $\Rightarrow$ (iii): Aus $A\boldsymbol{x}=A\boldsymbol{y}$ folgt $\boldsymbol{x}=A^{-1}A\boldsymbol{x}=A^{-1}A\boldsymbol{y}=\boldsymbol{y}$. (iii) $\Rightarrow$ (i): Sei $s:=\mathrm{ggT}(\det A, N)$ und $t:=N/s$. Sind $a$ und $b$ nicht beide durch $s$ teilbar, dann gilt $\begin{pmatrix} -bt \\ at \end{pmatrix}\neq\begin{pmatrix} 0 \\ 0 \end{pmatrix}$, aber $A\begin{pmatrix} -bt \\ at \end{pmatrix}=\begin{pmatrix} 0 \\ t\det A \end{pmatrix}=\begin{pmatrix} 0 \\ 0 \end{pmatrix}$, im Widerspruch zu (iii). Falls $c$ und $d$ nicht beide durch $s$ teilbar sind, gilt entsprechend $\begin{pmatrix} dt \\ -ct \end{pmatrix}\neq\begin{pmatrix} 0 \\ 0 \end{pmatrix}$, aber $A\begin{pmatrix} dt \\ -ct \end{pmatrix}=\begin{pmatrix} 0 \\ 0 \end{pmatrix}$. Es bleibt noch der Fall, daß $s$ alle

Werte $a, b, c, d$ teilt. Doch dann liefert $A\begin{pmatrix} t \\ t \end{pmatrix} = \begin{pmatrix} 0 \\ 0 \end{pmatrix}$ den gewünschten Widerspruch.

39. Mit einer Verschlüsselungsfunktion $f_{A,\beta}$, $A = \begin{pmatrix} a & b \\ c & d \end{pmatrix}$, $\beta = \begin{pmatrix} e \\ f \end{pmatrix}$, wurde $\begin{pmatrix} 17 \\ 14 \end{pmatrix}$ $\begin{pmatrix} 1 \\ 4 \end{pmatrix}\begin{pmatrix} 17 \\ 19 \end{pmatrix}$ als BWRGGB $\simeq \begin{pmatrix} 1 \\ 22 \end{pmatrix}\begin{pmatrix} 17 \\ 6 \end{pmatrix}\begin{pmatrix} 6 \\ 1 \end{pmatrix}$ verschlüsselt. Es ergeben sich die folgenden Gleichungssysteme in $\mathbb{Z}_{26}$:

$$\begin{aligned} 17a + 14b + e &= 1 \qquad & 17c + 14d + f &= 22 \\ a + 4b + e &= 17 & c + 4d + f &= 6 \\ 17a + 19b + e &= 6 & 17c + 19d + f &= 1 \end{aligned}$$

Der Gaußsche Algorithmus (Achtung: nicht jedes Element ungleich 0 kann invertiert werden) liefert vier Lösungen. In zwei Fällen ist $A$ nicht invertierbar. In den übrigen beiden Fällen ergibt die Entschlüsselung von REND die Nachricht „nein" bzw. „neia". Also lautet die gesamte Nachricht vermutlich „neinrobert".

46. b) Sei $k \in \mathbb{N}$ maximal mit $2^k \leq s$. Für das Quadrieren sind höchstens $k$ Multiplikationen nötig, und anschließend müssen nochmal höchstens $k$ Multiplikationen durchgeführt werden. Also wird insgesamt höchstens $(\log_2 s)^2$ mal multipliziert.

47. In $\mathbb{Z}_p$ gilt $a = a^{-1}$ nur für $a = 1$ und $a = p-1$. Im Produkt $(p-1)!$ heben sich also alle Elemente und ihre Inversen auf, mit Ausnahme von 1 und $p-1$. Es folgt $(p-1)! = -1$ in $\mathbb{Z}_p$.

49. a) $p = 19$, $q = 41$, $\varphi(779) = (19-1)(41-1) = 720$.
b) $x = y^d = 152^7 = 19 \pmod{779}$.

50. Anmerkung: Auch verschlüsselte Texte können gelogen sein!

# Kapitel V

1. Nur $R_3$ ist eine Ordnung.

3. a) Es gibt genau 16 paarweise nichtisomorphe geordnete Mengen auf vier Elementen.

6. c) Sei $p_1 = 2$, $p_2 = 3$, $p_3 = 5$, ... eine Auflistung aller Primzahlen. Durch $\varphi(p_{i_1} \cdot \ldots \cdot p_{i_k}) := p_{i_1+1} \cdot \ldots \cdot p_{i_k+1}$ ist ein Isomorphismus von $(\mathbb{N}, |)$ auf $(\mathbb{N}_u, |)$ gegeben (jede Primzahl wird durch die nächstgrößere ersetzt).

8. Für $z \neq 0$ gilt $z < 0$ oder $z > 0$, wegen (1). Mit (2) und (3) folgt $z^2 > 0$. Also gilt $1 = (-1)^2 > 0$ und $-1 = i^2 > 0$. Doch der additive Teil von (2) liefert jetzt $0 = 1 + (-1) > 0$, einen Widerspruch.

14. Anmerkung: Es ist kein Zufall, daß die Verbände in a) und in b) isomorph sind. Für jeden Teiler $k$ von $n$ sei $\varphi(k) := \langle n/k \rangle$, die von $n/k$ erzeugte Untergruppe von $(\mathbb{Z}_n, +)$. Dann ist $\varphi$ ein Isomorphismus des Teilerverbandes von $n$ auf den Untergruppenverband von $(\mathbb{Z}_n, +)$.

15. Nur in c) handelt es sich um einen Hüllenoperator.

18. Extensivität: 2.11(ii). Monotonie: Mit 2.11(i) folgt aus $A_1 \subseteq A_2$ erst $A_1' \supseteq A_2'$ und dann $A_1'' \subseteq A_2''$. Idempotenz: Wegen 2.11(iii) gilt $(A''')' = (A')'$, also $(A'')'' = A''$.

19.

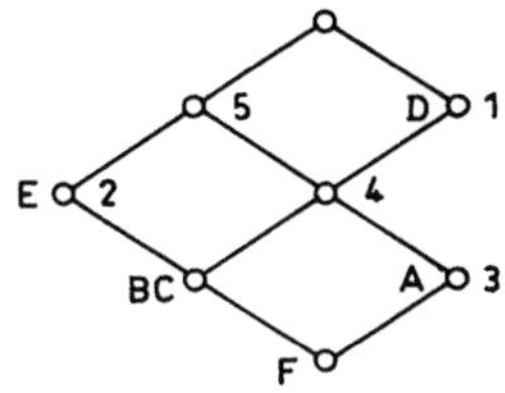


20. Für $U \subseteq V$ sei $U^\perp = \{\boldsymbol{v} \in V \mid \forall \boldsymbol{u} \in U : \boldsymbol{u} \cdot \boldsymbol{v} = 0\}$. In jedem endlichdimensionalen Vektorraum $V$ gilt $U^{\perp\perp} = U$ für alle $U \in \mathcal{U}(V)$. Also sind die Begriffe genau die Paare $(U, U^\perp)$, $U \in \mathcal{U}(V)$.

22. Ein (Ordnungs-) Isomorphismus $\varphi: L \to L(\mathcal{K})$ wird gegeben durch $\varphi(x) := (\{x\}'', \{x\}')$. Wegen $\{x\}'' = \{y \in L \mid y \leq x\}$ muß nur noch die Surjektivität von $\varphi$ nachgewiesen werden: Jeder Begriff von $\mathcal{K}$ hat die Form $(A'', A')$ mit $A \subseteq L$. Es gilt $A' = \{b \in L \mid \forall a \in A : b \geq a\} = \{b \in L \mid b \geq \bigvee A\}$, letzteres da $L$ ein vollständiger Verband ist. Mit $x := \bigvee A$ gilt also $A' = \{x\}'$ und $A'' = \{x\}''$.

24. Nur in b) handelt es sich um eine boolesche Algebra: Da jeder Primteiler nur einfach in 30 vorkommt, ist $T_{30}$ isomorph zur Potenzmengenalgebra auf $A = \{2, 3, 5\}$. Ein Isomorphismus wird gegeben durch $\varphi(x) :=$ Menge der Teiler von $x$.

26. a) $t(x_1, x_2, x_3) \equiv x_1x_2x_3 + x_1x_2x_3' + x_1x_2'x_3 + x_1x_2'x_3' + x_1'x_2'x_3'$.
b) Es gilt $t' \equiv x_1'x_2x_3 + x_1'x_2x_3' + x_1'x_2'x_3$ (fehlende Glieder in der disjunktiven Normalform). Also: $t \equiv (x_1'x_2x_3 + x_1'x_2x_3' + x_1'x_2'x_3)' \equiv (x_1 + x_2' + x_3')(x_1 + x_2' + x_3)(x_1 + x_2 + x_3')$.

28. a) Die Ringaxiome rechnet man leicht nach; z.B. erhält man folgendermaßen das Distributivgesetz:
$$\begin{aligned} xy \triangle xz &= xy(xz)' + (xy)'xz = xy(x'+z') + (x'+y')xz \\ &= xyz' + xy'z = x(yz'+y'z) = x(y \triangle z). \end{aligned}$$
Der Ring ist insbesondere boolesch, denn $xx = x$ gilt in jeder booleschen Algebra.
b) Man setze $x + y := x \triangle y \triangle xy$ und $x' := x \triangle 1$. Als Beispiel wird das Distributivgesetz (für boolesche Algebren) nachgerechnet:

$$x(y+z) = x(y\triangle z\triangle yz) = xy\triangle xz\triangle xyz\,,$$
$$xy+xz = xy\triangle xz\triangle xyxz = xy\triangle xz\triangle xyz\,.$$

Ähnlich rechnet man die anderen Axiome nach. Die Operationen $+$, $'$, $\triangle$ sind wie in a) verbunden:

$$xy'+x'y = x(y\triangle 1)\triangle(x\triangle 1)y\triangle x(y\triangle 1)(x\triangle 1)y = \dots$$
$$= xy\triangle xy\triangle xy\triangle xy\triangle xy\triangle xy\triangle x\triangle y = x\triangle y\,,$$

wobei zuletzt verwendet wird, daß in booleschen Ringen die Gleichung $z\triangle z=0$ gilt.

30. Mit Hilfe einer Wertetabelle ergibt sich der zugehörige Term in disjunktiver Normalform (vgl. 3.10); vor der Umsetzung in einen Schaltkreis kann man den Term noch vereinfachen:
$t(x_1,x_2,x_3) = x_1x_2x_3 + x_1x_2x_3' + x_1x_2'x_3 + x_1'x_2x_3 \equiv x_2x_3 + x_1(x_2x_3' + x_2'x_3)\,.$

31. a) Nur $x_2'x_3$ ist ein Primimplikant.
b) Es existiert nur die Verschmelzung von $x_1x_2'x_3$ und $x_3'x_4$, sie ist $x_1x_2'x_4$.

32. Die Primimplikanten sind $x_1x_2$, $x_1x_3'$, $x_1'x_2'$, $x_2'x_3'$. Davon kann entweder der zweite oder der vierte entfernt werden (vgl. 3.15). Es ergeben sich also zwei minimale Summen von Produkten, jeweils mit 3 Summanden und 6 Variablen.

33. Primimplikanten: $x_1'x_2x_4$, $x_2x_3'x_4$, $x_1x_3'$, $x_1'x_3$, $x_1x_2'$, $x_2'x_3$. Einer der ersten beiden und einer der letzten beiden kann entfernt werden. Es ergeben sich vier minimale Summen von Produkten, jeweils mit 4 Summanden und 9 Variablen.

35. Die erste Aussageform ist konsistent, die zweite widersprüchlich und die dritte eine Tautologie.

36. Ordnet man Klaras möglichen Beschäftigungen „mit Klaus fort", „im Kino", „in der Disco" die Variablen $x$, $y$, $z$ zu, dann ergibt ihre Aussage die Aussageform:
$$(x \vee y \vee z) \wedge (\neg x \vee \neg y \vee \neg z) \wedge (\neg x \vee \neg y \to \neg z) \wedge (x \vee y \to z)\,.$$
Durch Umformen oder mit einer Wahrheitswerttabelle stellt man fest, daß die Aussageform äquivalent zu 0 ist, d.h. widersprüchlich.

## Kapitel VI

1. b) Die Mindestdauer beträgt $T=38$. Die kritischen Aufgaben sind $a, b, g, h$.

4. Nur im Fall b) handelt es sich um einen Ablaufplan (sonst wird entweder die Vorgängerrelation nicht eingehalten oder eine Maschine doppelt belegt).

7. Anmerkung: In b) und in c) verlängern sich die minimalen Ablaufzeiten sogar gegenüber a), obwohl mehr Maschinen bzw. kürzere Ausführungsdauern gegeben sind!

9. Es ergibt sich ein Plan mit maximaler Verspätung 2.

10. b) Sei $R: a_1, \ldots, a_n$ der vom Algorithmus berechnete Plan und $S: b_1, \ldots, b_n$ ein optimaler Plan. Sei $R \neq S$, und gelte $b_1 = a_1, \ldots, b_k = a_k$, aber $b_{k+1} = a_j \neq a_{k+1}$. Im Plan $S$ kann $a_{k+1}$ an den Anfangszeitpunkt von $a_j$ gesetzt werden, wodurch die Jobs in $S$, die nach $a_k$, aber vor $a_{k+1}$ begonnen werden, um maximal $d(a_{k+1})$ Zeiteinheiten nach rechts rücken. Es entsteht ein Plan $S'$, der ebenfalls optimal ist, und sogar in den ersten $k+1$ Jobs mit $R$ übereinstimmt. Wiederholte Anwendung dieses Verfahrens liefert schließlich einen optimalen Plan, der die Jobs in derselben Reihenfolge abarbeitet wie $R$.

14. a)

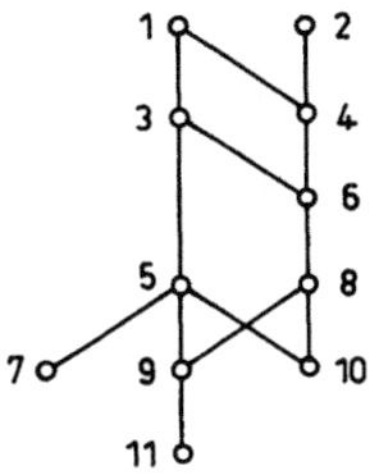


b), c)

| $T_4$ | | $T_3$ | $T_2$ | $T_1$ | |
|---|---|---|---|---|---|
| $a_{11}$ | $a_9$ | $a_8$ | $a_6$ | $a_4$ | $a_2$ |
| $a_{10}$ | $a_7$ | $a_5$ | $\emptyset$ | $a_3$ | $a_1$ |

15. a) gilt, da Maschine 1 immer den Job $a_k$ mit dem größten noch übrigen Index $k$ durchführt.

b) folgt aus a), da Maschine 1 immer vor Maschine 2 belegt wird.

c) Für alle $a_k \in T_i$, die auf Maschine 1 bearbeitet werden, gilt $k > l$ wegen a). Für alle $a_k \in T_i$, die auf Maschine 2 bearbeitet werden, gilt $k > l$, da $a_k$ sonst nach Definition nicht zu $T_i$ gehören würde.

d) Wegen a) und b) hat der auf Maschine 1 zuerst bearbeitete Job von $T_i$ den größten Index und wegen c) der zuletzt bearbeitete Job von $T_i$ den kleinsten Index aller Jobs von $T_i$. Die Behauptung folgt daher mit a).

# Literaturverzeichnis


A. V. Aho, J. E. Hopcroft, J. D. Ullman: *Data structures and algorithms.* Addison-Wesley, Reading, 1983.

M. Aigner: *Graphentheorie.* Teubner, Stuttgart, 1984.

M. Artin: *Algebra.* Birkhäuser, Basel, 1993.

H. Beker, F. Piper: *Cipher systems.* Northwood, London, 1982.

Th. Beth, D. Jungnickel, H. Lenz: *Design theory.* Bibliographisches Institut, Mannheim, 1985.

A. Beutelspacher: *Einführung in die endliche Geometrie I.* Bibliographisches Institut, Mannheim, 1982.

A. Beutelspacher: *Kryptologie.* Vieweg, Braunschweig, 1993.

A. Beutelspacher, U. Rosenbaum: *Projektive Geometrie.* Vieweg, Braunschweig, 1992.

N. Biggs: *Algebraic graph theory.* Cambridge University Press, Cambridge, 1979.

G. Birkhoff: *Lattice Theory.* AMS Colloquium Publications vol. 25, Providence, R.I., dritte Ausgabe, zweite Auflage, 1973.

J. A. Bondy, U. S. R. Murty: *Graph theory with applications.* Macmillan, London, 1976.

P. Brucker: *Scheduling.* Akademische Verlagsgesellschaft, Wiesbaden, 1981.

E. G. Coffman, R. L. Graham: *Optimal scheduling for two-processor systems.* Acta Informatica 1 (1972), 200–213.

B. A. Davey, H. A. Priestley: *Introduction to lattices and order.* Cambridge University Press, Cambridge, 1990.

G. Dueck, T. Scheuer: *Threshold Accepting.* J. Comput. Phys. 90, No. 1 (1990), 161–175.

M. Erné: *Einführung in die Ordnungstheorie.* Bibliographisches Institut, Mannheim, 1982.

L. Euler: *Solutio problematis ad geometriam situs pertinentis.* Comment. Academiae Sci. Imper. Pertropolitanae 8 (1736), 128–140.

L. R. Ford, D. R. Fulkerson: *Flows in networks.* Princeton University Press, Princeton, 1962.

M. R. Garey, D. S. Johnson: *Computers and intractability – a guide to the theory of NP–completeness.* Freeman, New York, 1979.

R. L. Graham: *Combinatorial scheduling theory.* In: L. A. Steen (Hrg.), Mathematics today, twelve informal essays, Springer, New York, 1978.

H.–P. Gumm, W. Poguntke: *Boolesche Algebra.* Bibliographisches Institut, Mannheim, 1981.

H.–R. Halder, W. Heise: *Einführung in die Kombinatorik.* Hanser, München, 1976.

M. Hall: *Combinatorial theory.* Blaisdell, Waltham, 1967.

F. Harary: *Graphentheorie.* Oldenbourg, München, 1974.

D. Jungnickel: *Finite fields – structure and arithmetics.* Bibliographisches Institut, Mannheim, 1993.

D. Jungnickel: *Graphen, Netzwerke und Algorithmen.* Bibliographisches Institut, Mannheim, 1987.

N. Koblitz: *A course in number theory and cryptography.* Springer, New York, 1987.

P. Läuchli: *Algorithmische Graphentheorie.* Birkhäuser, Basel, 1991.

E. L. Lawler: *Combinatorial optimization: networks and matroids.* Holt, Rinehart and Winston, New York, 1976.

J. H. van Lint: *Introduction to coding theory.* Springer, New York, 1982.

F. J. MacWilliams, N. J. A. Sloane: *The theory of error–correcting codes.* North–Holland, Amsterdam, 1978.

E. Mendelson: *Theory and problems of boolean algebra and switching circuits.* Schaum's Outline Series, McGraw–Hill, New York, 1970.

J. D. Monk (Hrg.): *Handbook of boolean algebras.* 3 Bände, North–Holland, Amsterdam, 1989.

H. Müller–Merbach: *Einführung in die Betriebswirtschaftslehre.* 2. Auflage, Vahlen, München, 1976.

W. Oberschelp: *Lotto–Garantiesysteme und Blockpläne.* Math. Phys. Semesterberichte 19 (1972), 55–67.

C. H. Papadimitriou, K. Steiglitz: *Combinatorial optimization – algorithms and complexity.* Prentice Hall, Englewood Cliffs, 1982.

G. Pickert: *Projektive Ebenen.* Springer, Berlin, 1955.

H. Rademacher, O. Toeplitz: *Von Zahlen und Figuren.* Nachdruck der Orginalausgabe von 1930, Springer, Berlin, 1968.

R.-H. Schulz: *Codierungstheorie.* Vieweg, Braunschweig, 1991.

A. Sgarro, M. Würmli: *Geheimschriften.* Weltbild Verlag, Augsburg, 1991.

D. J. A. Welsh: *Codes and cryptography.* Oxford University Press, Oxford, 1988.

D. J. A. Welsh: *Matroid theory.* Academic Press, New York, 1976.

H. Wielandt: *Finite permutation groups.* Academic Press, New York, 1964.

R. Wille: *Bedeutungen von Begriffsverbänden.* In: B. Ganter, R. Wille, K. E. Wolff (Hrg.), Beiträge zur Begriffsanalyse, Bibliographisches Institut, Mannheim, 1987.

R. J. Wilson: *Einführung in die Graphentheorie.* Vandenhoeck und Ruprecht, Göttingen, 1976.

# Stichwortverzeichnis

Wegener
# Theoretische Informatik

**Eine algorithmenorientierte Einführung**

Von Prof. Dr. **Ingo Wegener**
Universität Dortmund

1993. IX, 235 Seiten.
16,2 x 22,9 cm.
Kart. DM 36,80
ÖS 269,– / SFr 33,–
ISBN 3-519-02123-4

(Leitfäden und Monographien der Informatik)

Diese Einführung in die Theoretische Informatik umfaßt im Kernbereich die üblichen Inhalte der entsprechenden Grundstudiumsvorlesungen im Studiengang Informatik. Darüber hinaus werden in ergänzenden Kapiteln für individuelle Schwerpunktbildungen oder Proseminare weitergehende Themen behandelt.
Die einzelnen Kapitel befassen sich mit: Turingmaschinen, Chruchsche These und Entscheidbarkeit; NR-Vollständigkeitstheorie; Endliche Automaten; Grammatiken; die Chomsky-Hierarchie und das Wortproblem; Kellerautomaten und kontextfreie Grammatiken; deterministisch kontextfreie Sprachen und LR (k) Parser. Es folgen eine Zusammenfassung, um eine Wiederholung zu erleichtern und Querverbindungen gebündelt aufzuzeigen, und eine Liste typischer Prüfungsfragen, um den Studierenden die Prüfungsvorbereitung zu erleichtern.

Das grundlegend Neue an dieser Einführung in die Theoretische Informatik ist die konsequent algorithmenorientierte Vorgehensweise. Für alle Probleme wird versucht, theoretisch und praktisch effiziente Algorithmen zu entwerfen. Wenn dies nicht gelingt, werden die Gründe mit Hilfe der Komplexitätstheorie, insbesondere der Entscheidbarkeitstheorie und der NP-Vollständigkeitstheorie ergründet. Diese Vorgehensweise soll eine Brücke von der Theoretischen Informatik zu den Anwendungen schlagen, die Probleme und Ergebnisse der Theoretischen Informatik besser motivieren und die Lernfreude bei den Studierenden steigern.

**InterDoc · global info**

Das Projekt hat zum Ziel, volltextbasierte Informations- und Publikationsdienste für Naturwissenschaft und Technik zu konzipieren, prototypisch zu entwickeln und zu erproben. In diesem Rahmen wird eine verteilte elektronische Bibliothek aufgebaut, die hochwertige wissenschaftliche Fachliteratur im Volltext mit multimedialen Elementen bietet. Zu den lizenzgebenden Verlagen gehört auch der Verlag B. G. Teubner, Stuttgart und Leipzig, der mit 10 Titeln an dem Projekt beteiligt ist.

Dieses Projekt wird mit Mitteln des Bundesministeriums für Bildung, Wissenschaft, Forschung und Technologie gefördert.

B. G. Teubner Stuttgart · Leipzig

GPSR Compliance

*The European Union's (EU) General Product Safety Regulation (GPSR) is a set of rules that requires consumer products to be safe and our obligations to ensure this.*

*If you have any concerns about our products, you can contact us on ProductSafety@springernature.com*

In case Publisher is established outside the EU, the EU authorized representative is:

Springer Nature Customer Service Center GmbH
Europaplatz 3
69115 Heidelberg, Germany

**Batch number: 10584556**

Printed by Printforce, the Netherlands